U0883955

高等职业教育机电类专业“互联网+”创新教材

数控机床

第2版

主　编　任立军　韩　伟　张小丽
副主编　张国政　史文雅
参　编　高　峰　王国章
主　审　张　勇　王建军

机械工业出版社

本书共分八个学习项目：数控机床的初始认知、数控机床典型部件结构分析与调整、液压与气压系统在数控机床中的应用、数控车床结构分析、数控铣床与加工中心结构分析、其他数控机床的结构分析、数控机床的调试与维护、机床的数控化改造。本书制作了动画、视频等数字资源，以二维码形式放置于相应知识点处，学生手机扫码即可观看相应资源，丰富了教学手段，有利于信息化教学。

本书可作为高等职业院校数控技术、机电一体化技术专业教材，也可作为相关工程技术人员的参考用书。

本书配有电子课件及复习思考题答案，凡使用本书作为教材的教师可登录机械工业出版社教育服务网 www.cmpedu.com，注册后免费下载。咨询电话：010-88379375。

图书在版编目（CIP）数据

数控机床/任立军，韩伟，张小丽主编. --2 版. 北京：机械工业出版社，2024.8（2026.1 重印）. --（高等职业教育机电类专业“互联网+”创新教材）. -- ISBN 978-7-111-75973-7

Ⅰ. TG659

中国国家版本馆 CIP 数据核字第 2024B9Q280 号

机械工业出版社（北京市百万庄大街 22 号　邮政编码 100037）

策划编辑：刘良超　　　责任编辑：刘良超

责任校对：贾海霞　牟丽英　封面设计：王　旭

责任印制：刘　媛

北京建宏印刷有限公司印刷

2026 年 1 月第 2 版第 2 次印刷

184mm×260mm · 19.75 印张 · 490 千字

标准书号：ISBN 978-7-111-75973-7

定价：59.80 元

电话服务

客服电话：010-88361066

010-88379833

010-68326294

网络服务

机　工　官　网：www.cmpbook.com

机　工　官　博：weibo.com/cmp1952

金　书　网：www.golden-book.com

机工教育服务网：www.cmpedu.com

前言

数控机床是集机、电、液、计算机、自动控制及测试技术于一体的典型机电一体化设备。数控技术专业应用型人才只有掌握数控机床的结构、特点、工作原理、调整方法和工艺范围等知识，才能更好地使用和维护数控机床。本书以项目任务为导向，全面介绍了各类数控机床的结构和工作原理、液压与气压传动基础及其在数控机床中的应用、数控机床维护及改造等知识。本书主要有以下特点：

1）有机融入素养提升元素。本书深入贯彻落实党的二十大精神，以立德树人为根本任务，充分应用国内外先进职业教育理念，结合编者多年来对数控技术类专业及数控机床课程教学改革的体会，立足专业特点，将社会主义核心价值观、家国情怀、工匠精神、劳动精神、职业道德等思想融入知识技能的编写中。

2）突出理实一体系统设计。本书是数控技术专业核心课程教材，从培养数控技术专业应用型人才的角度出发，注重理论知识与实践应用的有机结合，按照“教、学、做”一体化的思路进行设计，将相关知识贯穿在工作任务中，每个项目既有理论基础知识，又有操作性很强的综合训练，边讲边练，做到理实一体系统设计。

3）加强标准引领课证融通。本书以培养学生职业能力为核心，对接国家教学标准与岗位标准要求，加强课证融通，真正“以能力为起点”来确定教材内容，采用任务驱动教学模式，每个学习任务开始设有任务目标，以帮助学生达到能力要求。本书将“液压与气压系统”的知识纳入，更加符合当前人才培养体系要求。书中所选案例来自生产实际和职业技能等级证书考核试题，内容先进，实用性强。

4）充分使用信息化教学手段。本书制作了动画、视频等数字资源，以二维码形式放置于相应知识点处，学生手机扫码即可观看相应资源。本书还配有“数控机床”精品在线开放课程，丰富了教学手段，有利于信息化教学，实现了线上、线下混合式学习。

本书共分八个学习项目：数控机床的初始认知、数控机床典型部件结构分析与调整、液压与气压系统在数控机床中的应用、数控车床结构分析、数控铣床与加工中心结构分析、其他数控机床的结构分析、数控机床的调试与维护、机床的数控化改造。书中带 * 内容为选学内容。本书由河北机电职业技术学院任立军、韩伟、张小丽担任主编，编写分工为：学习项目一由任立军、张小丽编写，学习项目二由河北机电职业技术学院高峰编写，学习项目三由张小丽、河北机电职业技术学院史文雅编写，学习项目四由高峰、张小丽、安徽机电职业技术学院张国政编写，学习项目五、项目七由河北机电职业技术学院王国章编写，学习项目六由史文雅编写，学习项目八由韩伟、张小丽、史文雅编写。河北机电职业技术学院张勇、王建军担任本书主审，北京精雕科技集团有限公司李渊志、河北创力机电科技有限公司李昊为本书提供了部分案例和资料，并提出了宝贵意见。

编者在编写过程中参阅了同行专家、学者的资料，参阅了沈阳机床有限责任公司、汉川机床集团有限公司、北京第一机床厂有限公司、浙江凯达机床股份有限公司、青海一机数控机床有限责任公司、自贡长征机床股份有限公司、武汉华中数控股份有限公司等制造商的产品资料，并做了大量调研，得到许多同行专家的支持和帮助，在此深表感谢。

由于编者水平有限，书中疏漏之处在所难免，敬请广大读者批评指正。

编　者

目　录

学习项目一

数控机床的初始认知

任务一　认识数控机床

任务内容： 数控机床的产生、发展及我国数控机床的现状，数控加工的特点与应用范围，数控机床的组成和基本工作原理。

任务目标： 通过学习，掌握数控机床的组成和基本工作原理，理解数控加工的特点与应用范围，了解数控机床的产生、发展及我国数控机床的现状。

数控机床的组成

一、数控机床的产生、发展历程及在国民经济中的地位和作用

1. 数控机床的产生与发展历程

随着科学技术的飞速发展和经济竞争的日趋激烈，产品更新速度越来越快，复杂形状的零件越来越多，精度要求越来越高，多品种、中小批量生产的比重明显增加。激烈的市场竞争使产品研制、生产周期越来越短。传统的加工设备和制造方法已难以适应这种多样化、柔性化与复杂形状零件的高效、高质量加工要求。数控机床就是为了满足单件、小批量的生产需求，以及复杂型面零件的自动化加工需求而产生的。

数字控制（Numerical Control，简称 NC）技术是利用数字化信息对机械运动及加工过程进行控制的一种方法，简称数控。数控机床是指采用了数控技术进行控制的机床，或者说是装备了数控系统的机床，即 NC 机床。由于现代数控系统是通过计算机进行控制的，因此，数控机床又称为 CNC 机床。

近几十年来，世界各国十分重视发展数控加工技术，在加工设备中大量采用以微电子技术和计算机技术为基础的数控技术。目前，数控技术正在发生根本性变革，它集微电子、计算机、信息处理、自动检测、自动控制等高新技术于一体，具有高精度、高效率、柔性自动化等特点，对制造业实现柔性自动化、集成化、智能化起着举足轻重的作用。

数控机床是在机械制造技术和控制技术的基础上发展起来的，其发展过程大致如下：

1948 年，美国帕森斯公司接受美国空军委托，研制直升机螺旋桨叶片轮廓检验用样板的加工设备。由于样板形状复杂多样，精度要求高，一般加工设备难以适应，于是提出采用

数字脉冲控制机床的设想。

1949年，帕森斯公司与美国麻省理工学院（MIT）开始共同研究，并于1952年试制成功第一台三坐标数控铣床。当时的数控装置采用电子管元件。

1959年，数控装置采用了晶体管元件和印制电路板，出现了带自动换刀装置的数控机床，称为加工中心（Machining Center），数控装置进入了第二代。

1965年，出现了第三代数控机床，采用集成电路数控装置，体积小，功率消耗低，可靠性更高，价格进一步下降，促进了数控机床品种和产量的发展。

20世纪60年代末，出现了由一台计算机直接控制多台机床的群控系统（简称DNC），以及采用小型计算机控制的计算机数控系统（简称CNC），使数控装置进入了以小型计算机化为特征的第四代。

1974年，使用微处理器和半导体存储器的微型计算机数控装置（简称MNC）研制成功，这是第五代数控系统。

20世纪80年代初，随着计算机软、硬件技术的发展，出现了能进行人机对话式自动编制程序的数控装置；数控装置日趋小型化，可以直接安装在机床上；数控机床的自动化程度进一步提高，具有自动监控刀具破损和自动检测工件等功能。

20世纪90年代后期，出现了PC+CNC智能数控系统，即以PC为控制系统的硬件部分，在PC上安装NC软件系统。此种方式系统维护方便，易于实现网络化制造。

2. 数控机床的加工特点与结构特点

（1）数控机床的加工特点

1）加工精度高、质量稳定。数控机床是按数字信号给出的指令进行加工的，脉冲当量普遍达到0.001mm，且传动链之间的间隙得到了有效补偿。同时数控机床的传动装置与床身结构具有很高的刚度和热稳定性，有利于保证工件尺寸的一致性。因此数控机床不仅具有较高的加工精度，而且加工质量稳定。

2）生产率高、经济效益好。数控机床进行工件粗加工时可以进行大切削用量的强力切削，移动部件的空行程时间短，工件装夹时间短，更换零件时几乎不需要调整机床，有效地缩短了加工时间。同时，由于数控机床对市场需求响应快，生产率高，使总成本下降，可获得良好的经济效益，对加工对象的适应性强。

数控机床改变加工工件时，只需改变加工程序，特别适用于单件、小批量、加工难度大、精度要求较高的工件的加工。

3）自动化程度高，劳动强度低。数控机床加工是自动进行的，工件加工过程不需要人工干预，且自动化程度较高，大大改善了操作者的劳动强度。

4）有利于现代化管理。数控机床使用数字信号与标准代码处理、传递信息，使用了计算机控制方法，为计算机辅助设计、制造及管理一体化奠定了基础。

5）具有很强的通信功能。数控机床通常具有RS-232接口，有的还备有DNC接口，可与CAD/CAM软件的设计与制造相结合。高档数控机床还可与MAP（制造自动化协议）相连，接入工厂的通信网络，适应FMS、CIMS的应用要求。

（2）数控机床的结构特点 为了保证高精度、高效率的加工，要求数控机床的结构具有以下特点：

1）高刚度和高抗振性。由于数控机床经常在高速和连续重载切削条件下工作，所以要求机床的床身、工作台、主轴、立柱、刀架等主要部件均需有很高的刚度，工作中应无变形和振动。例如，床身各部分合理分布加强筋，以承受重载与重切削力；工作台与拖板应具有足够的刚度，以承受工件重量，并使工作平稳；主轴在高速下运转，应具有较高的径向转矩和轴向推力；立柱在床身上移动时应平稳，且能承受大的切削力；刀架在切削加工中应平稳而无振动等。

2）高灵敏度。数控机床在加工过程中，要求运动部件具有高的灵敏度。导轨部件通常采用滚动导轨、塑料导轨、静压导轨等，以减小摩擦力，在低速运动时无爬行现象。由电动机驱动，经滚珠丝杠或静压丝杠带动数控机床的工作台、刀架等部件移动，主轴既要在高刚度、高速下回转，又要有高灵敏度，因而多数采用滚动轴承和静压轴承。

3）热变形小。为保证部件的运动精度，要求数控机床的主轴、工作台、刀架等运动部件的发热量要小，以防止产生热变形。为此，立柱一般采取双壁框式结构，在提高刚度的同时使零件结构对称，防止因热变形而产生倾斜偏移。通常采用恒温冷却装置，以减少主轴轴承在运转中产生的热量。为减小电动机运转发热的影响，在电动机上安装有散热装置和热管消热装置。

4）高精度保持性。在高速、强力切削下满载工作时，为保证数控机床长期具有稳定的加工精度，要求其具有较高的精度保持性。除了应正确选择有关零件的材料，以防止使用中的变形和快速磨损外，还要求采取一些工艺性措施，如淬火、磨削导轨、粘贴抗磨塑料导轨等，以高运动部件的耐磨性。

5）高可靠性。数控机床应能在高负荷下长时间无故障地连续工作，因而对机床部件和控制系统的可靠性提出了很高的要求。柔性制造系统中的数控机床需要在24h运转中实现无人管理，可靠性显得更为重要。为此，除保证运动部件不出故障外，频繁动作的刀库、换刀机构、托盘、工件交换装置等部件，必须保证能长期而可靠地工作。

6）工艺复合化和功能集成化。工艺复合化即一次装夹、多工序加工。功能集成化主要是指数控机床的自动换刀机构和自动托盘交换装置的功能集成化。随着数控机床向柔性化和无人化发展，功能集成化的水平更高地体现在工件自动定位、机内对刀、刀具破损监控、机床与工件精度检测和补偿等功能上。

为了提高生产率，数控机床的机械结构也在随着数控技术的发展而变化，两者相互促进，相互推动，衍生出不少有别于普通机床的、新颖的机械结构。

二、数控机床的组成和基本工作原理

数控机床基本工作原理：按照零件加工的技术与工艺要求，编写零件的加工程序，然后将加工程序输入到数控装置，通过数控装置控制机床的主运动、进给运动、刀具更换、工件的夹紧与松开、冷却润滑泵的开与关等动作，使刀具、工件和其他辅助装置严格按照加工程序规定的顺序、轨迹和参数进行工作，从而加工出符合图样要求的零件。

数控机床由程序载体、人机交互装置、数控装置、伺服驱动系统、机床本体和辅助控制装置等组成，如图1-1所示。

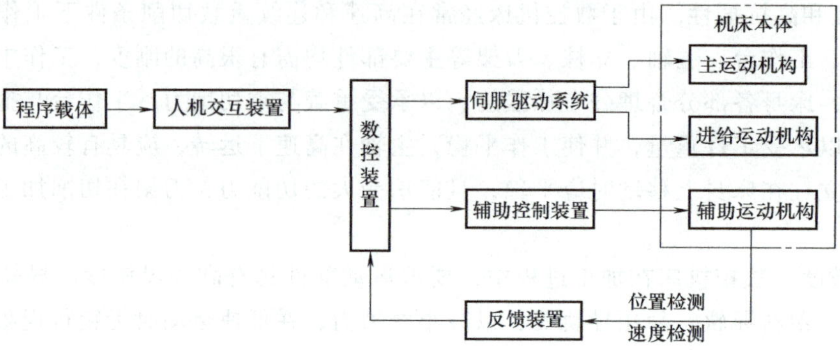

图 1-1　数控机床的组成

数控机床简介及数控机床组成

1. 程序载体

数控程序是数控机床自动加工零件的工作指令。在对加工零件进行工艺分析的基础上，确定工件坐标系在机床坐标系上的相对位置、刀具与零件相对运动的尺寸参数、零件加工的工艺路线、切削加工的工艺参数以及辅助装置的动作等，得到零件的运动、尺寸、工艺参数等加工信息后，用由文字、数字和符号组成的标准数控代码，按规定的方法和格式，编制零件加工的数控程序单。编制程序的工作可由人工进行，对于形状复杂的零件，则要在专用的编程机或通用计算机上进行自动编程。编好的数控程序，存放在便于输入到数控装置的存储载体上，如硬盘、U 盘、存储卡等。采用哪一种程序载体，取决于数控装置的设计类型。

2. 人机交互装置（输入/输出装置）

数控机床在加工运行时，通常需要将程序载体上的数控代码传递并存入数控系统内，操作人员对数控系统进行状态干预，对输入的加工程序进行编辑、修改和调试，而数控机床要能够显示运行状态信息等，也就是数控机床要具有人机交互的功能。常用的人机交互设备有键盘、显示器等。数控机床加工程序可以通过键盘用手工方式直接输入数控系统，现代的数控系统一般都具有信息交换的能力。它们是实现 CAD/CAM 的集成、FMS 和 CIMS 的基础技术，采用的方式有串行通信、自动控制专用接口和规范（DNC 方式，MAP 协议等）和网络技术（Internet，LAN 等）。数控加工程序可由编程计算机采用上述方式传送到数控系统中。

3. 数控装置

数控装置是数控机床的核心，由计算机系统、位置控制板、PLC 控制板，通信接口板、特殊功能模块以及相应的控制软件组成，如图 1-2 所示。数控装置从内部存储器中取出或接受输入装置送来的一段或几段数控加工程序，经过数控装置的逻辑电路或系统软件进行编译、运算和逻辑处理后，输出各种控制信息和指令，控制机床各部分的工作，使其进行规定的有序运动和动作。零件的轮廓图形往往由直线、圆弧或其他非圆弧曲线组成，刀具在加工过程中必须按零件形状和尺寸的要求进行运动，即按图形轨迹移动。但输入的零件加工程序只能是各线段轨迹的起点和终点坐标值等数据，不能满足要求，因此要进行轨迹插补，也就是在线段的起点和终点坐标值之间进

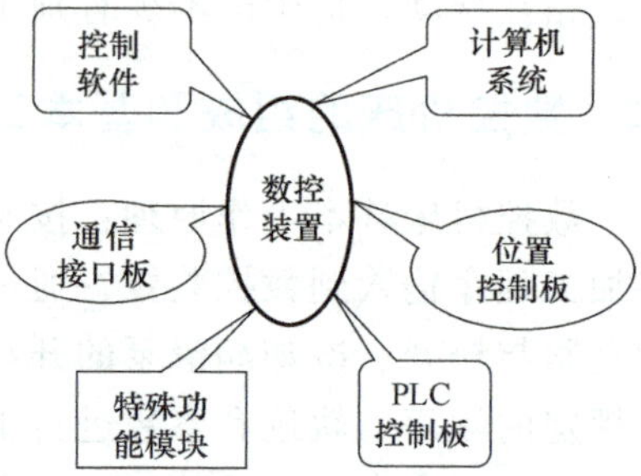

图 1-2　数控装置的构成

行“数据点的密化”，求出一系列中间点的坐标值，并向相应坐标输出脉冲信号，控制各坐标轴（即进给运动的各执行元件）的进给速度、进给方向和进给位移量等。

4. 伺服驱动系统

伺服驱动系统是由调节放大单元、执行单元、检测反馈单元和控制对象组成的数控机床执行机构。其作用是接受数控装置发出的指令信息并经过功率放大后，带动机床移动部件做精确定位或按照规定的轨迹和速度运动。伺服系统作为数控机床的最后控制环节，其控制精度和动态响应特性，对机床工作性能、加工精度和加工效率有直接影响。相对于数控系统发出的每一个脉冲信号，机床移动部件的位移量称为脉冲当量，常用的脉冲当量有 0.01mm、0.001mm、0.0005mm 和 0.0001mm 等。

调节放大单元是将数控装置发出的指令信号和反馈信号加以比较后，变换成为电压信号并放大，驱动执行元件的有关电路。

执行单元又称为驱动单元，它是将电信号转换为机械运动，产生一定的功率，用电动机驱动工作台等移动。执行单元一般选择步进电动机或伺服电动机。

检测反馈单元将数控机床各坐标轴的实际位移量检测出来，经反馈系统输入到机床的数控装置之后，数控装置将反馈回来的实际位移量值与设定值进行比较，控制驱动装置按照指令设定值运动。图 1-3 所示为数控机床反馈系统。检测单元安装在数控机床的工作台或丝杠上，反馈系统的作用是通过检测单元将机床移动的实际位置、速度参数检测出来，转换成电信号，并反馈到 CNC 装置中，使 CNC 能随时判断机床的实际位置、速度是否与指令一致，并发出相应指令，纠正所产生的误差。检测反馈单元是高性能数控机床的重要组成部分。

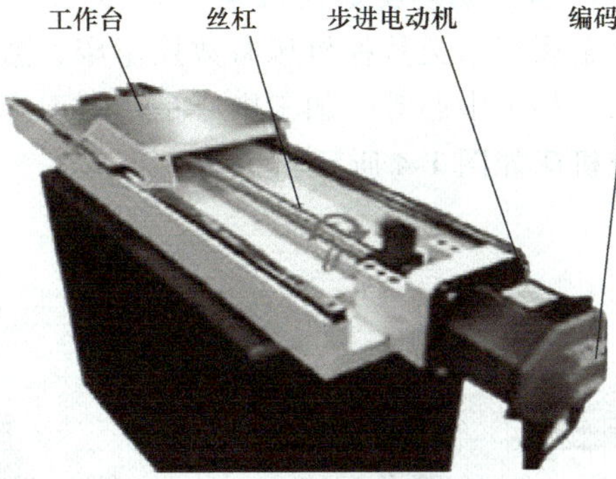

图 1-3 数控机床反馈系统

5. 机床本体

数控机床的机床本体包括主运动部件、进给运动部件、床身、立柱等支承部件，此外，还有冷却、润滑、转位和夹紧等辅助装置。对于加工中心类的数控机床，还有存放刀具的刀库，交换刀具的机械手等部件。数控机床是高精度和高生产率的自动化加工机床，与普通机床相比，应具有更好的抗振性和刚度，要求相对运动面的摩擦因数要小，进给传动部分之间的间隙要小。所以数控机床本体设计要求比普通机床更严格，加工制造要求更精密，并采用加强刚性、减小热变形、提高精度的设计措施。

6. 辅助控制装置

辅助控制装置的主要作用是接收数控装置输出的开关量指令信号，经过编译、逻辑判别和运动，再经功率放大后驱动相应的电器元件动作，带动机床的机械、液压、气动等辅助装置完成指令规定的开关量动作。这些控制包括主轴运动部件的变速、换向和起停指令，刀具的选择和交换指令，冷却、润滑装置的起动停止，工件和机床部件的松开、夹紧，分度工作台转位分度等开关辅助动作。

任务二 了解数控机床的分类

任务内容： 数控机床按照工艺用途、运动方式、伺服驱动控制方式等标准的分类。

任务目标： 通过学习，掌握按照运动方式、伺服驱动控制方式等标准对数控机床进行分类的方法，了解按照工艺用途的不同，数控机床所进行的分类。

一、按照工艺用途分类

数控机床的分类及应用范围

数控机床是在通用机床的基础上发展起来的，与传统的通用机床工艺用途相似。所以，按照工艺用途对数控机床进行分类是基本的分类方法，可以将其分为金属切削类数控机床、金属成形类数控机床、数控特种加工机床以及测量、绘图类机床四类。

1. 金属切削类数控机床

金属切削类数控机床有数控车床、数控铣床、数控钻床、数控镗床、数控磨床、数控镗铣床、加工中心等，加工中心是带有刀库和自动换刀装置的数控机床。部分典型金属切削类数控机床如图 1-4 所示。

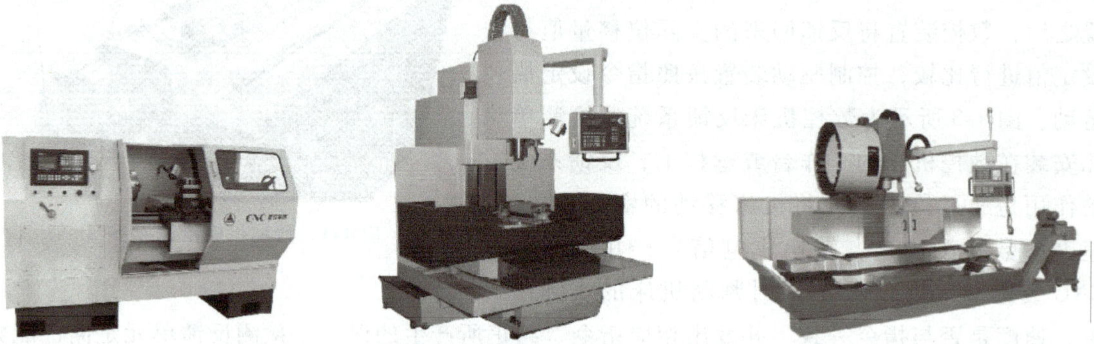

a) b) c)

图 1-4 金属切削类数控机床

a）数控车床 b）数控铣床 c）加工中心

2. 金属成形类数控机床

金属成形类数控机床指采用挤、冲、压、拉等成形工艺方法加工零件的数控机床。金属成形类数控机床有数控折弯机、数控弯管机和数控压力机等，如图 1-5 所示。

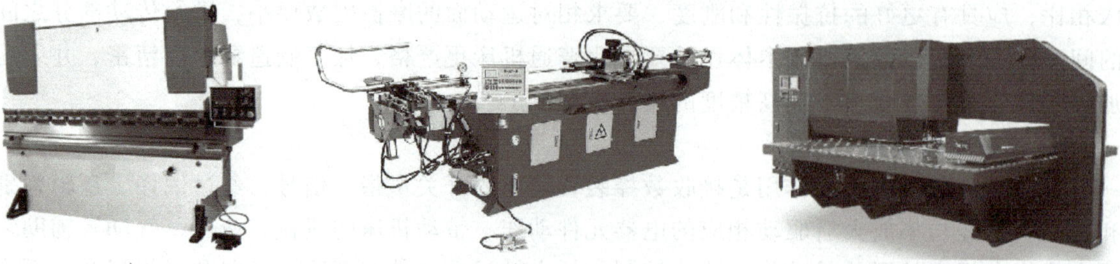

a) b) c)

图 1-5 金属成形类数控机床

a）数控折弯机 b）数控弯管机 c）数控压力机

3. 数控特种加工机床

数控特种加工机床有数控电火花加工机床、数控线切割机床、数控激光加工机床等，如图 1-6 所示。

a)　　b)　　c)

图 1-6　数控特种加工机床

a）数控电火花加工机床　b）数控线切割机床　c）数控激光加工机床

4. 测量、绘图类机床

测量、绘图类机床主要有三坐标测量机、数控对刀仪、数控绘图机等。图 1-7 所示为三坐标测量机的外观图。三坐标测量机是利用测量技术、计算机测控技术和动态测量系统进行工件表面点的采集和数据处理。三坐标测量机主要用于机械、汽车、模具、航空等行业，对齿轮、凸轮、蜗轮、蜗杆、机架、箱体、叶轮及其他零件上的曲线或曲面、孔系尺寸进行测量。

图 1-7　三坐标测量机

二、按照运动方式分类

1. 点位控制系统数控机床

点位控制是指数控系统只控制刀具或机床工作台，从一点准确地移动到另一点，而点与点之间运动的轨迹不需要严格控制。为了减少移动部件的运动与定位时间，一般先快速移动到终点附近位置，然后低速准确移动到终点定位位置，以保证良好的定位精度。移动过程中刀具不进行切削。使用这类控制系统的主要有数控坐标镗床、数控钻床、数控压力机等，图 1-8 所示为点位控制数控钻孔加工示意图。

2. 点位直线控制系统数控机床

点位直线控制是指数控系统不仅控制刀具或工作台从一个点准确地移动到下一个点，而且保证两点之间的运动轨迹是一条直线。刀具在移动过程可以实施切削加工。应用这类控制系统的有数控车床、数控钻床和数控铣床等，图 1-9 所示为点位直线控制切削加工示意图。

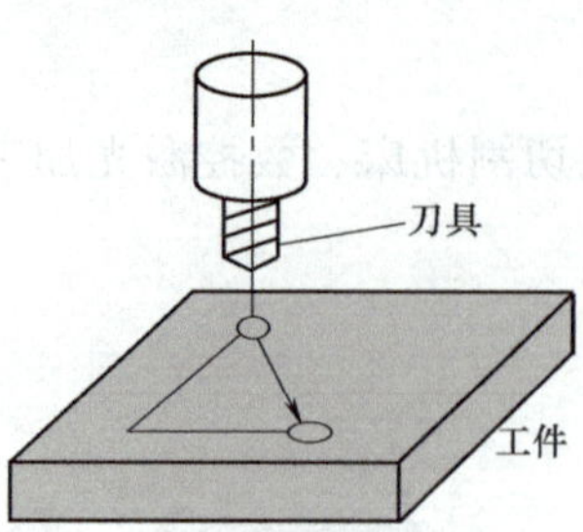

图 1-8 点位控制数控钻孔加工示意图

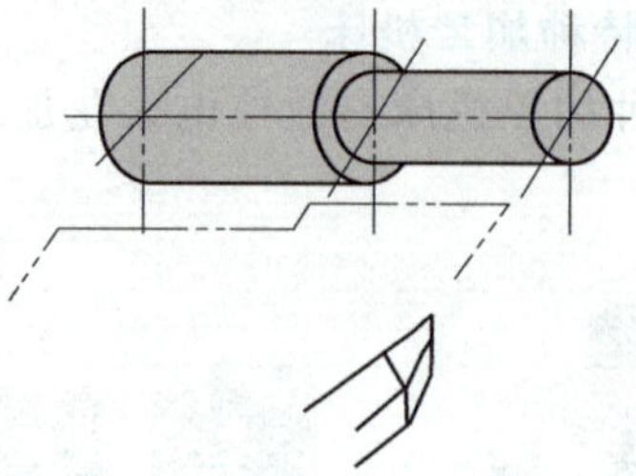

图 1-9 点位直线控制切削加工示意图

3. 轮廓控制系统数控机床

轮廓控制也称为连续切削控制，是指数控系统能够对两个或两个以上的坐标轴同时进行严格连续的控制。轮廓控制系统不仅能控制移动部件从一个点准确地移动到另一个点，而且还能控制整个加工过程每一点的速度与位移量，将零件加工成一定的轮廓形状。应用这类控制系统的有数控铣床、数控车床、数控齿轮加工机床和加工中心等，图 1-10 所示为轮廓控制数控机床加工示意图。

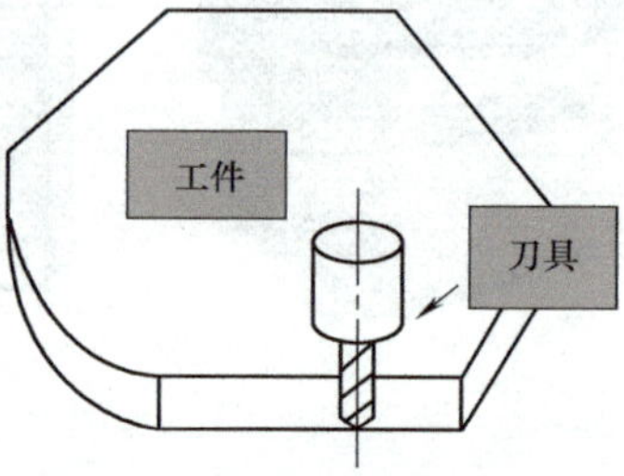

图 1-10 轮廓控制数控机床加工示意图

三、按照伺服驱动控制方式分类

按照数控伺服系统的形式不同，数控机床可分为开环控制数控机床、半闭环控制数控机床和闭环控制数控机床。

1. 开环控制数控机床

开环控制系统的特征是系统中没有检测反馈装置，指令信息单方向传送，并且指令发出后，不再反馈回来。受步进电动机的步距精度和工作频率以及传动机构传动精度的影响，开环系统的速度和精度都较低。但由于开环控制结构简单，调试方便，容易维修，成本较低，仍被广泛应用于经济型数控机床上。典型的开环控制系统框图如图 1-11 所示。

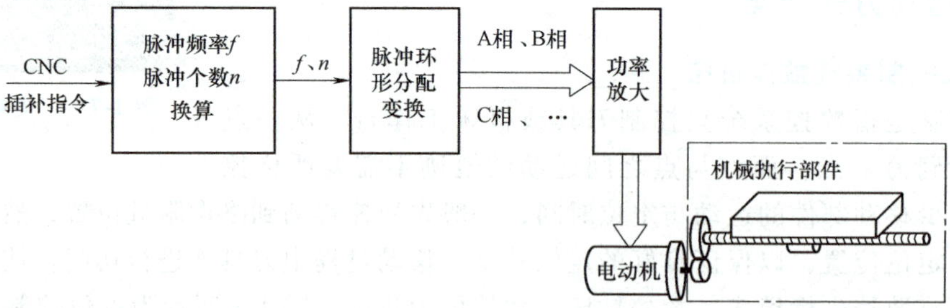

图 1-11 开环控制系统框图

2. 半闭环控制数控机床

半闭环控制系统框图如图 1-12 所示。半闭环控制数控机床不是直接检测工作台的位移量，而是采用转角位移检测元件，测出伺服电动机或丝杠的转角，推算出工作台的实际位移量，反馈到计算机中进行位置比较，用比较的差值进行控制。由于反馈环内没有包含工作台的运动量，故称半闭环控制。

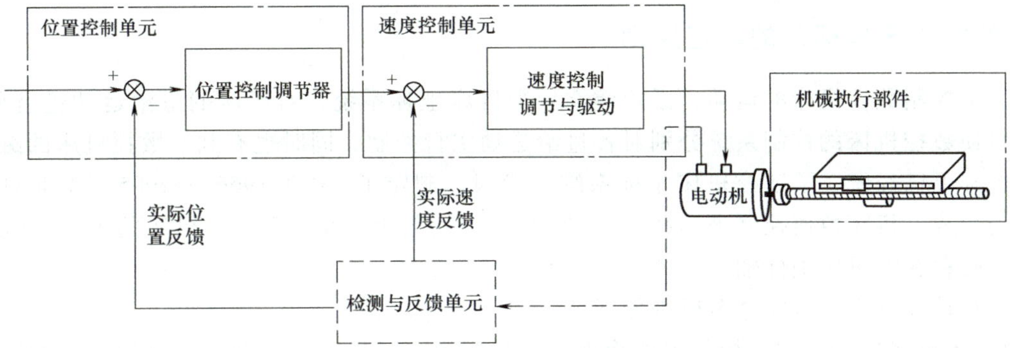

图 1-12　半闭环控制系统框图

半闭环控制精度较闭环控制差，但稳定性好，成本较低，调试维修也较容易，兼顾了开环控制和闭环控制两者的特点，因此应用最为普遍。

3. 闭环控制数控机床

闭环控制系统框图如图 1-13 所示。闭环控制系统的特点是利用安装在工作台上的检测元件将工作台实际位移量反馈到计算机中，与所要求的位置指令进行比较，用比较的差值进行控制，直到差值消除为止。可见，闭环控制系统可以消除机械传动部件的各种误差和工件加工过程中所受干扰的影响，从而使加工精度大大提高。速度检测元件的作用是将伺服电动机的实际转速变换成电信号送到速度控制电路中，进行反馈校正，保证电动机转速保持恒定不变。常用速度检测元件是测速发电机。

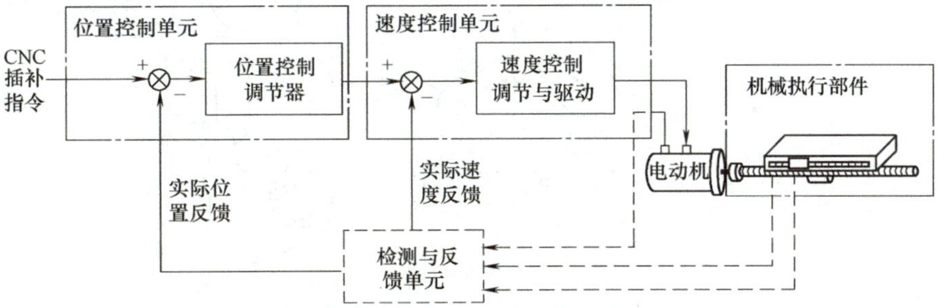

图 1-13　闭环控制系统框图

闭环控制的特点是加工精度高，移动速度快。这类数控机床采用直流伺服电动机或交流伺服电动机作为驱动元件，电动机的控制电路比较复杂，检测元件价格昂贵，因而调试和维修比较复杂，成本高。

任务三　确定数控机床坐标系

任务内容： 数控机床坐标系的确定原则、各种数控机床坐标系统的构成、机床坐标系与工件坐标系。

任务目标： 通过学习，掌握数控机床坐标系的确定原则、各种数控机床坐标系统的构成，了解机床坐标系与工件坐标系的概念及应用。

一、数控机床坐标系的确定原则

为了控制数控机床的运动，必须建立一个机床坐标系统，对机床的进给运动进行分类，这样可使数控机床的控制系统分别对各进给运动实行控制，同时也有利于数控机床的编程加工。国际上已经统一了数控机床坐标系统，我国也制定了 GB/T 19660—2005《工业自动化系统与集成　机床数值控制坐标系和运动命名》，它与 ISO 841 等效。机床的坐标系统包括所有实际存在的机床坐标轴。

坐标轴及其运动方向命名原则如下：

1）不管机床的具体结构是工件静止、刀具运动，还是工件运动、刀具静止，数控机床的坐标运动指的是刀具相对于工件的运动，即规定以工件为基准，假定工件不动，刀具相对工件运动，编程时也是以刀具的运动轨迹来编程。

2）机床运动部件运动正方向。依据 GB/T 19660—2005，规定增大工件与刀具之间距离的方向是机床运动的正方向。

3）数控机床的坐标系统采用笛卡儿直角坐标系，各坐标轴方向用右手定则确定，如图 1-14 所示。

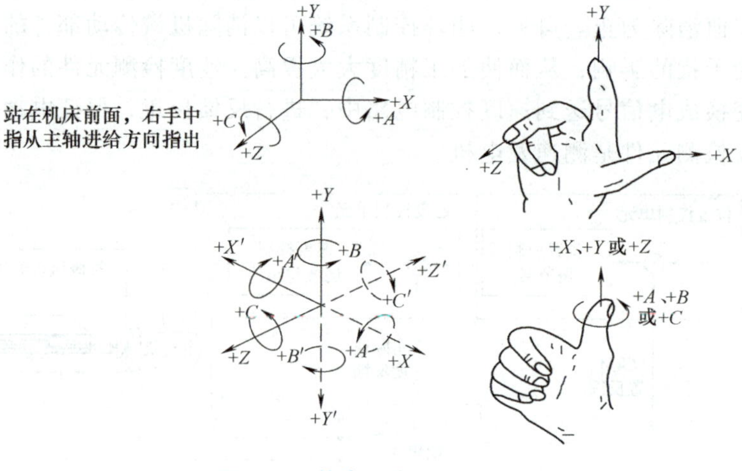

图 1-14　笛卡儿直角坐标系

二、各种数控机床坐标系介绍

常见数控机床的坐标系如图 1-15 所示。

1. *Z* 轴坐标运动的定义

平行于机床主轴的坐标轴为 *Z* 轴，正方向为刀具远离工作台的运动方向。

2. *X* 轴坐标运动的定义

对于工件旋转机床（车、磨），*X* 轴在工件径向上，平行于横滑板；刀具离开工件旋转中心的方向为 *X* 轴正方向。

对于立式机床，*X* 轴为水平的、平行于工件装夹面的坐标轴；从主轴向立柱看，水平向右为正方向。

对于卧式机床，*X* 轴为水平的、平行于工件装夹平面的坐标轴；从主轴后端向前端看，

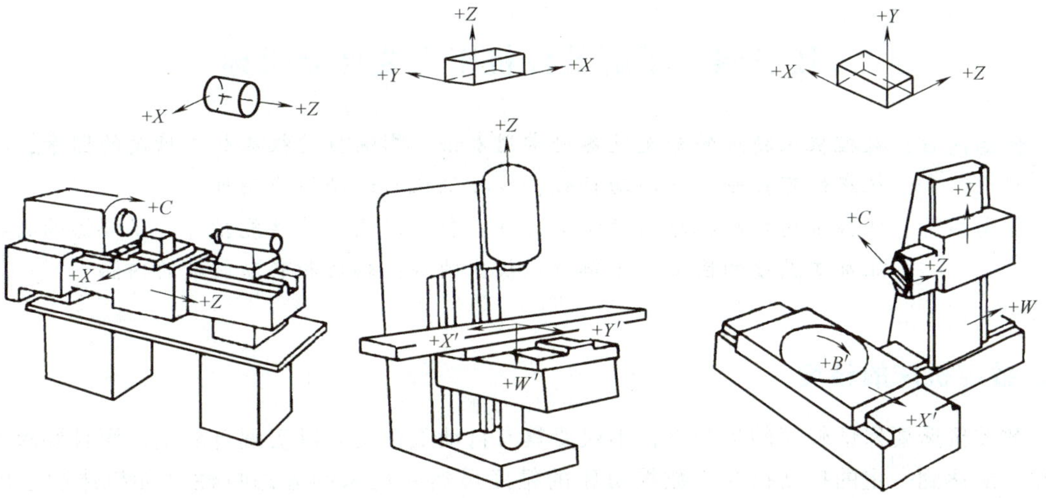

a)　　b)　　c)

图 1-15　常见数控机床的坐标系

a）数控车床　b）立式数控铣床　c）卧式数控铣床

水平向右为正方向。

3. *Y* 轴坐标运动的定义

根据 *X* 轴和 *Z* 轴按笛卡儿直角坐标系右手定则确定 *Y* 轴方位和正方向。

4. 旋转轴坐标运动的定义

旋转坐标轴 *A*、*B* 和 *C* 的正方向相应地在 *X*、*Y*、*Z* 坐标轴正方向上，按右手法则来确定。

三、机床坐标系与工件坐标系

数控机床在工作过程中显示屏坐标系页面上一般都有下列坐标系显示：相对坐标系、剩余坐标系、工件（绝对）坐标系、机床坐标系，在应用中比较关键的是机床坐标系和工件坐标系。

1. 机床坐标系

前面建立的数控机床标准坐标系为确立数控机床坐标系打下了基础，其关键是确定数控机床坐标系的零点（原点）。数控机床设计有机床零点，即确定数控机床坐标系的坐标原点，也是其他坐标系和机床参考点的出发点。机床坐标系是由生产厂家事先确定的，可由机床用户说明书查到。

通常车床的机床零点在主轴法兰盘接触面的中心，即主轴前端面的中心上。数控铣床和加工中心的机床零点因生产厂家而异，如有的数控铣床的机床零点在机床左前方。

2. 工件坐标系

机床坐标系是机床进行设计和加工的基准，但是有时利用机床坐标系编制零件的加工程序并不方便。为了解决这一问题，数控机床引入了工件坐标系。工件坐标系是指编程人员或机床操作人员，依照零件设计基准，兼顾编程计算及对刀、测量方便而建立的用于描述零件图样上节点位置的坐标系统。

任务四　了解数控机床主要性能指标

任务内容： 数控机床精度的含义及各种常用术语，影响数控机床加工精度的因素，数控机床的可控轴数和联动轴数，数控机床的运动性能指标。

任务目标： 掌握常用数控机床精度指标的特定含义以及运动性能指标，了解影响数控机床加工精度的因素，了解数控机床的可控轴数和联动轴数的内涵。

一、数控机床的精度

数控机床要保证较高的生产率，不仅要具有自动工作功能以实现自动化，而且要求加工合理，能达到一定的精度指标。数控机床的精度虽然受机床的静态特性（如机床静态的几何精度和刚度）影响，但更多地还是取决于机床的动态特性，即运动精度（包括运动的直线性、稳定性和回转精度）和抗振性（加工过程的稳定性）。

“精度”是指实际值接近给定值（或理论值）的程度。工程中使用的数值是表示实际值与给定值之间的偏差，即“不精确度”。所以，在定量地评价机床的精度时，常使用的是“偏差”“误差”和“公差”等术语。例如，在讨论机床的定位精度时，实际给出的是最大定位误差 0.03mm（公差带宽度表示法）和定位偏差±0.015mm（测量偏差表示法）。

1. 数控机床各项精度指标的含义

（1）测量精度　测量精度是指数控机床测量系统的精度，包括测量基准的误差、测量系统的误差以及读数误差等。

（2）控制系统定位精度　控制系统定位精度是指伺服驱动系统和测量系统配合工作时沿坐标轴方向某一点相对另一点进行定位的精度（以最大偏差衡量）。它除了表示测量精度，还表示伺服系统准确执行定位指令的能力。伺服系统元件开关时间和动作起停（包括正、反、换向）时间的波动，都会引起控制系统实际定位点的分散。

（3）重复定位精度　重复定位精度是指机床滑板位置的可重复性。重复定位精度主要由伺服系统和机床进给系统的性能决定。例如，伺服元件开关特性，进给部件的间隙、刚性和摩擦特性等。一般情况下，重复定位精度是呈正态分布的偶然性误差，即在相同条件下，需在某一点定位时的预计离散程度作为其重复定位精度。

（4）机床几何精度　机床几何精度是指机床各部件工作表面的几何形状及相互位置接近正确几何基准的程度。对于多坐标轴数控机床而言，各导轨面的直线度和平行度误差将引起各个坐标轴的相应角度变化，即颠摆、摇摆和滚摆。

（5）机床定位精度　机床定位精度是指机床在规定的加工空间范围内进行定位的精度，以可能出现的最大定位偏差表示。换句话说，机床定位精度是指按照允许输入的位移指令进行定位时可能产生的最大偏差。机床定位精度包括测量系统、伺服系统、进给系统以及各机床部件相互几何关系的影响。

（6）机床定位稳定性（也称机床定位再现性）　机床定位稳定性是指在相当长的时间内保持机床定位精度的能力，它反映了环境温度、机床温度、外加载荷重量和机床磨损等因素的变化对机床定位精度的影响。

（7）机床精度　机床精度是指机床在规定的条件（主要是温度条件）工作时所能达到的机床定位精度。

上述七项指标都是静态的（即在运动停止后进行测定的），对各种数控机床都适用。但对于轮廓控制的机床，还要考核轮廓跟随精度，这是一项动态精度，反映在运动过程中。

（8）轮廓跟随精度　轮廓跟随精度是指实际运动轨迹接近于程序给定轨迹的程度。它影响着轮廓的加工精度，与伺服系统的速度放大系数、驱动时间常数、运动速度、轮廓切线方向变化率等因素有关。

（9）机床加工精度（也称加工精度）　机床加工精度是指机床上加工的工件所达到的精度。它不仅取决于上述各种机床精度指标，还与夹具、刀具和工件本身的误差有关。

2. 数控机床加工精度的影响因素

数控机床的加工精度不仅与数控机床本身的机床精度有关，还与夹具、刀具和工件本身的误差有关。例如，夹具的几何精度和变形、刀具和工件的弹性变形和热变形、工件在机械加工过程中产生的内应力以及刀具和工件的装夹定位误差等，都将影响机床的加工精度。机床、夹具、刀具和工件在一起组成了加工工艺系统。再进一步考虑环境条件、运动工作状况以及检测系统的误差的影响，数控机床加工精度的影响因素是综合而复杂的。

影响数控机床加工精度的内部因素：切削力及其力矩、摩擦力、振动、加工工艺系统元件的发热和本身载荷以及工艺系统中各零部件的几何精度和刚度等。

影响数控机床加工精度的外部因素是周围环境的温度、设备的振动、空气温度与污染及操作者的干扰等。

从加工工艺系统的角度分析影响加工精度的因素，数控机床加工误差主要由工件及夹具系统位置误差、机床主机的空间位置误差和刀具系统的位置误差组成。

工件及夹具系统位置误差由工件、夹具的安装定位误差，夹紧变形误差，工件夹具系统在切削力作用下的弹性变形，切削过程中的热变形和工件材质不匀的随机误差组成。

机床主机的空间位置误差主要由机床的几何位置误差和伺服进给系统位移误差组成。机床的几何位置误差由机床构件间的相对位置误差和机床部件移动轨迹的运动误差组成。这种误差主要是机床部件的制造安装误差、承载后的变形和热变形形成的误差。伺服进给系统位移误差则是由进给系统中传动元件间隙和制造误差、坐标测量系统测试误差和伺服系统跟踪误差组成。伺服系统跟踪误差是在伺服系统的性能和数控系统的插补误差综合作用下产生的。

刀具系统的位置误差是在刀具系统受切削力作用产生的弹性变形、刀尖的磨损、刀具尺寸调整（包括刀具的安装和对刀）误差、刀具的热变形及刀具积屑瘤产生与消失的随机误差综合作用下形成的。

必要时还要结合环境条件（如环境温度及其波动、机床安装条件、地基变形和外界干扰振动）与机床运行情况（如机床的升温运行时间、切削条件等）等因素分析影响数控机床加工精度的原因。

决定零件加工精度的最主要因素是数控机床基本部件的精度和运动精度。因而在应用数控技术时，要求各控制坐标轴之间的相互协调尽可能完善。同时，为了使机床在空载条件下所确定的导轨面直线度和工作台与主轴的垂直度等静态精度在加载后仍然保持在规定的误差范围内，也要求机床的结构在加上切削力后弹性变形尽可能小，即机床的刚度要足够大。在精度指标中使用最多的是加工精度、定位精度、重复定位精度以及轮廓控制精度。

二、数控机床的可控轴数和联动轴数

由于数控机床是以数字的形式给出相应的脉冲指令，控制运动部件进行加工，因此数控机床控制的轴数与普通机床中的主轴及传动轴的概念截然不同。图 1-16 所示为五轴控制数控机床外观图，其中工作台可以做 *X*、*Y* 两个方向的直线运动和绕 *C* 方向的转动；主轴箱可以做 *Z* 方向的直线运动和绕 *B* 方向的摆动；主轴带动刀具旋转。主轴的旋转是工件表面成形运动中的主运动，其他五种运动是工作表面成形运动中的进给运动，而且都有各自的伺服驱动控制单元，数控装置发出的控制信息，通过伺服驱动控制单元转换成坐标轴的运动。可见，数控机床的可控轴数（也称坐标数）是指机床数控装置能够控制的坐标数目。五轴控制的数控机床包含了三个移动坐标轴和两个转动坐标轴。数控机床完成的运动越多，控制轴数就越多，对应的功能就越强，同时机床结构的复杂程度与技术含量也就越高。

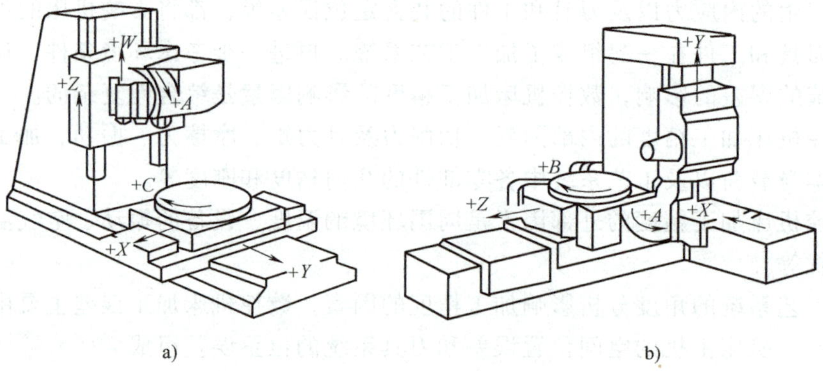

图 1-16 五轴控制数控机床外观图

a）立式五轴联动数控铣床 b）卧式五轴联动数控铣床

数控机床实现了对多个坐标轴的控制，并不等于就可以加工出任何形状的零件。点位直线控制机床和轮廓控制数控机床需要对两个或两个以上的运动同时、协调地进行控制，才能满足零件的加工要求。将机床数控装置控制各坐标轴协调动作的坐标轴数目称为联动轴数。目前有两轴联动、两轴半联动、三轴联动、四轴联动、五轴联动等。当然，数控机床联动轴数越多，控制系统就越复杂，加工的能力就越强。两轴联动通常用于数控车床加工回转曲面或数控铣床加工图 1-17 所示的曲面；两轴半联动是三个坐标轴中有两个轴联动，另外一个坐标轴只做周期性进给，加工图 1-18 所示的三维空间曲面时，*X*、*Z* 两坐标轴联动，*Y* 轴控

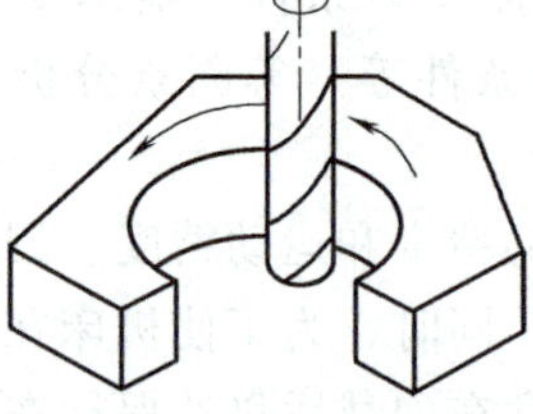

图 1-17 两轴联动加工

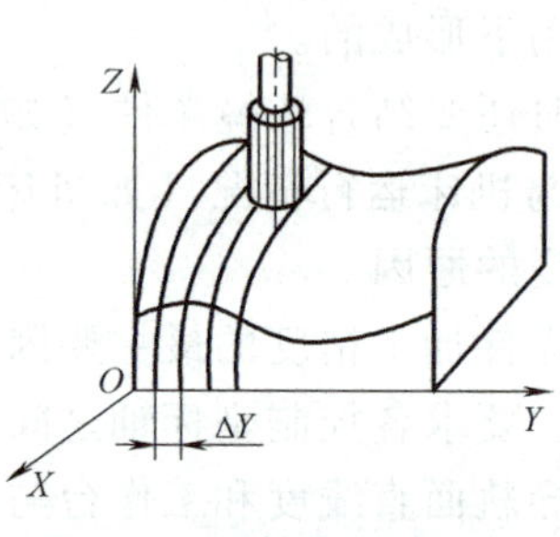

图 1-18 两轴半联动加工

制每次进给量 ΔY；三轴联动数控机床可以使用球头铣刀加工图 1-19 所示的三维空间曲面；四轴联动、五轴联动数控机床可以加工宇航叶轮、螺旋桨等零件。图 1-20 所示为五轴联动加工中心加工叶轮的实例图，加工用刀具为球头铣刀，获得叶轮轮廓需要 X 轴和 Y 轴进给、数控回转工作台做圆周进给及 B 轴摆动。

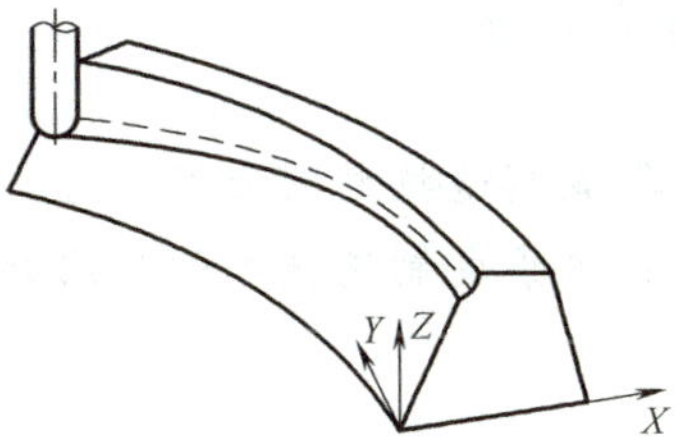

图 1-19　三轴联动加工

图 1-20　五轴联动加工实例

三、数控机床的运动性能指标

数控机床的运动性能指标主要包括主轴转速、进给速度和进给加速度、坐标行程、回转轴的转角范围、刀库容量和换刀时间等。

1. 主轴转速

数控机床的主轴驱动，在早期多采用直流主轴驱动系统，20 世纪 70 年代末、80 年代初开始采用交流主轴驱动系统，以保证主轴具有较大的输出功率和宽的调速范围。随着刀具、轴承、冷却、润滑及数控系统等相关技术的发展，中等规格的数控机床的主轴转速大大提高，数控车床主轴转速从过去的 1000~2000r/min 提高到 4000~6000r/min，加工中心主轴转速从过去的 2000~3000r/min 提高到现在的 10000r/min 以上。在高速加工的数控机床上，通常采用电动机转子和主轴一体的电主轴，可以使主轴转速达到每分钟数万转。

2. 进给速度和进给加速度

数控机床的进给速度和切削速度一样，是影响零件加工质量、加工效率和刀具寿命的主要因素之一。进给速度的提高受数控装置的运算速度、机床的运动特性及工艺系统刚度等因素限制。统计资料表明，数控机床的快速进给速度已从过去的 8~12m/min 提高到 20~30m/min，有的可达到 60m/min。

进给加速度是反映进给速度提速能力的性能指标，也是反映机床加工效率的重要指标。

3. 坐标行程

坐标行程是指移动坐标轴可控制的运动区间。数控机床移动坐标轴 X、Y、Z 行程的大小，决定了数控机床允许的空间加工范围，因此认为各坐标轴的行程是体现机床加工能力的性能参数指标。在选择机床时，应注意工件的加工尺寸要在机床坐标轴行程允许的范围内。

4. 回转轴的转角范围

回转轴的转角范围是指回转坐标轴可控制的摆角区间。对于具有回转坐标轴的数控机床，其转角的大小将直接影响加工零件空间部位的能力。

5. 刀库容量和换刀时间

刀库容量和换刀时间会影响数控机床的加工效率。刀库容量是指刀库内所能存放刀具的数量。大容量的刀库相对于小容量的刀库，在选刀时占用的时间长。一般地，中小型加工中心的刀库容量为16~60把，大型加工中心的刀库容量达到100把以上。

换刀时间是指在具备自动换刀系统的数控机床中，刀具交换机构将主轴上的刀具与刀库中下一个工步需用的刀具进行交换所用的时间。目前，国内加工中心的换刀时间已经由原来的10~20s，缩短为1~5s。

任务五 了解数控机床的发展

任务内容：数控机床的发展趋势和柔性制造与计算机集成制造技术的应用。

任务目标：了解数控机床的发展趋势，柔性制造与计算机集成制造技术的应用知识。

一、数控机床的发展趋势

数控机床是20世纪50年代发展起来的新型自动化机床，较好地解决了形状复杂、精密、小批量零件的加工问题，具有适应性强、加工精度高和生产率高的优点。由于综合了电子计算机、自动控制、伺服驱动、精密测量和新型机械结构等许多方面的先进技术，数控机床的功能越来越强大，主要表现在以下几个方面。

1. 技术集成和技术复合趋势明显

技术集成和技术复合是数控机床技术最活跃的发展趋势之一。复合加工技术逐步成熟，包括车铣复合、车-镗-钻-齿轮加工复合、车磨复合，以及跨加工类别技术复合——金属切削与激光、冲压与激光、金属烧结与镜面切削复合等。目前，已由机加工复合发展到非机加工复合，进而发展到零件制造和管理信息及应用软件的兼容，目的在于实现复杂形状零件的全部加工及生产过程集约化管理。复合加工的精度和效率大大提高。“一台机床就是一个加工厂”“一次装夹，完全加工”等理念正在被更多人接受，复合加工机床发展正呈现多样化的态势。

2. 数字控制技术智能化

数字控制技术发展经历了三个阶段：数字化控制技术对机床单机控制；集合生产管理信息，形成生产过程自动控制；生产过程远程控制，实现网络化和无人化工厂的智能化新阶段。智能化指工作过程智能化，利用计算机、信息、网络等智能化技术的有机结合，对数控机床加工过程实行智能监控和人工智能自动编程等。

加工过程智能监控可以实现工件装夹定位自动找正，刀具直径和长度误差测量，加工过程刀具磨损和破损诊断，零件装卸物流监控，自动进行补偿、调整、自动更换刀具等，智能监控系统可对机床的机械、电气、液压系统出现的故障进行自动诊断、报警、故障显示等，直至停机处理。随着网络技术的发展，远程故障诊断专家智能系统开始应用，数控系统有了在线技术支持和在线服务支持。

人工智能自动编程系统能按机床加工要求对零件进行自动加工。在线服务可以根据用户要求随时接通Internet接受远程服务。采用智能技术来实现与管理信息融合下的重构优化的智能决策、过程适应控制、误差补偿智能控制、故障自诊断和智能维护等功能，大大提高了成形和加工精度及制造效率。信息化技术在制造系统上的应用，已经发展出柔性制造单元和智能网络工厂，并进一步向制造系统可重组的方向发展。

3. 机器人使柔性化组合效率更高

机器人与主机的柔性化组合得到广泛应用，使得柔性线更加灵活、功能进一步扩展、柔性线进一步缩短、效率更高。机器人与加工中心、车铣复合机床、磨床、齿轮加工机床、电加工机床、冲压机床、激光加工机床等组成的多种形式的柔性单元和柔性生产线已经开始应用。

4. 精密加工技术有了新进展

数控机床的加工精度已从原来的丝级（0.01mm）提升到目前的微米级（0.001mm），有些品种的加工精度已达到 0.05μm 左右。超精密数控机床的微细切削和磨削加工，精度可稳定达到 0.05μm 左右，形状精度可达 0.01μm 左右。采用光、电、化学等能源的特种加工精度可达到纳米级（0.001μm）。通过对机床结构进行优化设计，机床零部件采用超精加工和精密装配，采用高精度的全闭环控制及温度、振动等动态误差补偿技术，提高机床加工的几何精度，降低几何误差、表面粗糙度等，数控机床正在步入纳米级超精加工时代。

5. 功能部件性能不断提高

功能部件不断向高速度、高精度、大功率和智能化方向发展，并取得成熟的应用。全数字交流伺服电动机和驱动装置，高技术含量的电主轴、力矩电动机、直线电动机，高性能的直线滚动组件，高精度主轴单元等功能部件的推广应用，极大地提高了数控机床的技术水平。高速加工技术发展迅速，在高档数控机床中得到广泛应用。应用新的机床运动学理论和先进的驱动技术，优化了机床结构，采用高性能功能部件使移动部件轻量化，减少了运动惯性。随着刀具材料和结构的不断发展，数控机床从单一的刀具切削高速加工，发展到机床加工全面高速化，如数控机床主轴的转速从每分钟几千转发展到几万转；快速移动速度从每分钟十几米发展到超过百米；换刀时间从十几秒下降到 1s 以内。应用高速加工技术可达到缩短切削时间和辅助时间的目的，从而实现加工制造的高质量和高效率。

二、柔性制造与计算机集成制造

制造自动化是当今制造技术最显著的特征，制造自动化技术经历了刚性自动化、数控加工、柔性制造和计算机集成制造等多个发展阶段。其中柔性制造主要包含柔性制造单元和柔性制造系统等，特别适用于多品种、中小批量生产；计算机集成制造强调制造全过程的系统性和集成性，所涉及的学科技术非常广泛，主要包括现代制造技术、管理技术、计算机技术、信息技术、自动化技术及系统工程技术等。

1. 柔性制造单元（FMC）

1967 年，英国的 Molins 公司研制出了世界上第一个柔性制造系统（FMS）。在 FMS 诞生 8 年之后，出现了柔性制造单元（FMC）。柔性制造单元是一种根据一定的零件族由一台或者数台数控机床组成的自动化生产集合。尽管 FMC 可以作为组成 FMS 的基本单元，但由于 FMC 本身具备了 FMS 绝大部分的特性和功能，因此 FMC 可以看作是独立的、最小规模的 FMS，是 FMS 向廉价、小型化以及实用化方向发展的一种产物。FMC 具有非常好的应用前景，深受中小企业的欢迎。

(1) FMC 的组成　FMC 通常由 1~2 台加工中心、工业机器人、工件交换系统（AMC）以及物料运输存储设备构成。FMC 具有独立的自动加工功能，部分 FMC 具有工件自动传送和监控管理的功能，以适应多品种、中小批量产品的生产，是实现单机柔性化和自动化的理想手段。通常 FMC 有两种组成形式：托盘交换式和工业机器人搬运式。图 1-21 所示为托盘交换式 FMC 示意图，由卧式镗铣加工中心 4、环形交换工作台 1、工件托盘 3、托盘座 2 及托盘交换装置 5 组成。托盘是固定工件的器具，通常在加工之前由操作者将相同或不同的工件分别安装在若干个托盘上。托盘交换式 FMC 适用于非回转体零件或箱体零件的加工。

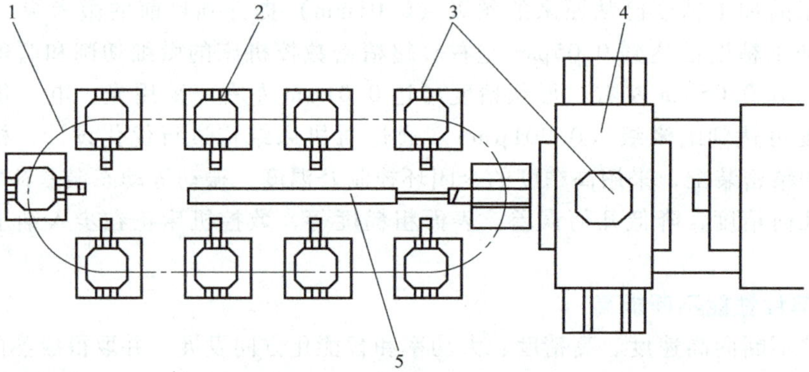

图 1-21　托盘交换式 FMC

1—环形交换工作台　2—托盘座　3—工件托盘　4—卧式镗铣加工中心　5—托盘交换装置

(2) FMC 的特点　FMC 作为柔性制造单元，可以在整个系统中执行自动化的加工过程，具备以下特点：

1）有比较完善的自动检测功能。FMC 的自动检测系统可以自动检测刀尖位置；可以将传感器检测到的工件数据与系统的检验信息进行比较，做出判断，以修正加工信息；对于检验合格的工件，由工业机器人放入合格品的台架上，不合格品则自动淘汰。

2）有比较可靠的自动监控功能。FMC 的自动监控系统可以对切削状态进行监视和控制，例如对工件安装错误、刀具的寿命和破损、主轴的热变形及过载等进行监控，发现故障会立即停机。

3）实现对工件的自动装卸和计数管理。柔性制造单元中的加工中心、工业机器人和工件台架能协调配合，实现工件的自动装卸和计数管理。

2. 柔性制造系统（FMS）

柔性制造系统是由多台单机组成、由计算机控制和管理的加工系统，它没有固定的加工顺序和节拍，在加工一定批量的某种工件后能在不停机的条件下，自动转换为加工另一种工件。FMS 是高柔性和高自动化程度的制造系统，它可以使劳动生产率大幅度提高，并大大降低劳动强度和改善劳动条件。

(1) FMS 的组成　FMS 主要由加工系统、物流系统和控制与管理系统三个子系统构成。它能根据制造任务或生产环境的变化迅速进行调整，适用于多品种、中小批量生产。FMS 的组成框图如图 1-22 所示。

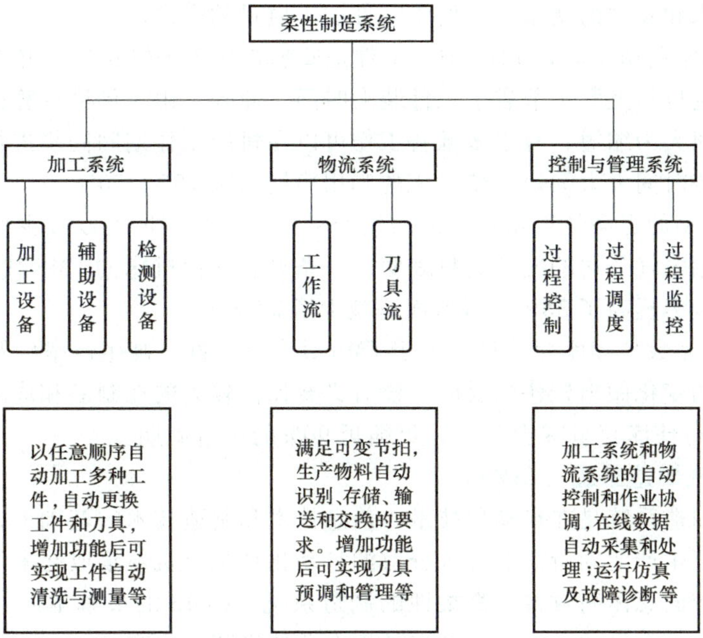

图 1-22　FMS 的组成框图

1）加工系统由两台以上的镗铣加工中心、车削中心或 FMC、辅助加工设备和检测设备所组成。

2）物流系统包含工作流和刀具流两部分，有仓库、自动上下料装置，如传送带、自动小车、机器人、上下料托盘、交换工作台等组成部分，能对刀具、夹具、工件等物料进行自动装卸和储运。

3）控制与管理系统包括过程控制、过程调度和过程监控三个系统，能够实现对 FMS 的运行控制、刀具管理、质量控制以及在线状态数据自动采集和处理、网络通信等。

除了上述的三个主要组成部分，FMS 还包含冷却系统、排屑系统、刀具监控和管理等附属系统。

（2）FMS 的特点　柔性制造系统是在成组技术、数控技术、计算机技术和自动检测与控制技术迅速发展的基础上产生的综合技术产物。该制造系统通过计算机管理和控制实现生产过程的实时调度，最大限度地发挥设备潜力，缩短了工件搬运过程的等待时间，使多品种、中小批量生产的经济效益接近大批量生产的水平。FMS 的特点主要体现在以下几个方面：

1）减少操作人员，提高劳动生产率。除了少数操作（如装卸、维修和调整）由人工实施，机床的工作过程是由计算机自动控制的。因此，FMS 可以实施 24h 工作制，将所有靠人力完成的操作集中安排在白班进行，晚班除留一人看管之外，系统完全在无人操作状态下工作，直接生产工人大为减少，劳动生产率提高。

2）大大地缩短了生产周期。由于 FMS 备有较多的刀具、夹具以及数控加工程序，因而能接受各种不同零件的加工，柔性度很高，大大地缩短了产品的生产周期，有利于新产品的开发和小批量、多品种生产。

3）提高产品质量。由于 FMS 的自动化水平高，工件装夹次数和经过的机床数减少，操作者主要负责机床和零件的调整，有助于零件加工质量的提高。

4）提高了机床利用率。在 FMS 中，工件是安装在托盘上输送的，并能够通过托盘快速地在机床上进行定位与夹紧，节省了工件装夹时间。此外，由于借助计算机管理，使加工不同零件的准备时间大为缩短，有很多准备工作可以在机床工作期间同步进行。因而，零件在加工过程中的等待时间大大缩短，使机床的利用率提高到 75%~90%。

5）机床利用率的提高使得每台机床的生产率提高，相应地可以减少设备数量，降低生产成本。美国通用电气公司的统计资料表明，一条具有 9 台机床的 FMS 代替了原来的 29 台机床，还使加工能力提高了 38%，占地面积减少了 25%。

6）减少在制品数量和库存数量。由于 FMS 具有高柔性、高生产率以及准备时间短等特点，能够对市场的变化做出较快的反应，没有必要保持较大的在制品和成品库存量。据有关报道，使用 FMS 可使库存量减少 75%，可缩短 90%的制造周期。

3. 计算机集成制造系统（CIMS）

计算机集成制造系统是在自动化技术、信息技术和制造技术的基础上，通过计算机及其软件，将制造工厂生产活动所需的各种分散的自动化系统有机地集成起来的，是适合于多品种、中小批量生产的总体高效益、高柔性的制造系统。CIMS 的最基本内涵是用集成的观点组织生产经营，即用全局的、系统的观点处理企业的经营与生产。

（1）CIMS 的组成 CIMS 是以计算机为工具，以集成为主要特征的制造自动化系统。CIMS 的组成框图如图 1-23 所示，其中管理信息分系统、工程设计自动化分系统、制造自动化分系统和质量保证分系统是 CIMS 的四个应用分系统；计算机通信网络分系统和数据库分系统是 CIMS 的两个信息支持分系统。

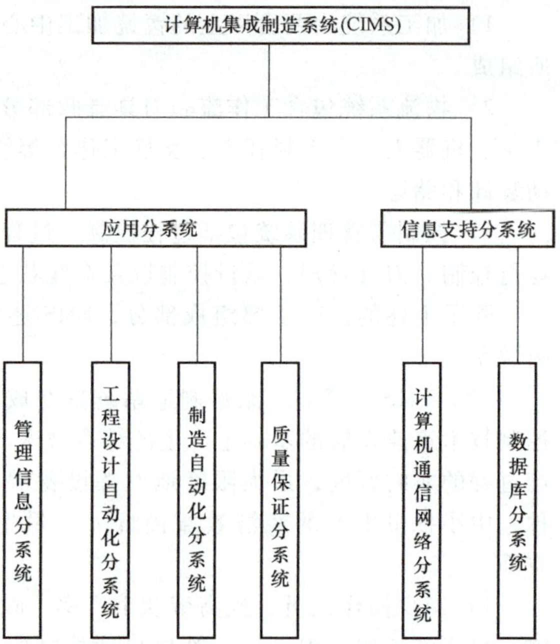

图 1-23 CIMS 的组成框图

1）管理信息分系统包括对企业制造全过程的经营决策管理、生产计划管理、物料管理、人力资源管理、财务管理、客户关系管理等。通过信息集成，达到缩短产品生产周期、减少占用的流动资金，提高企业的应变能力的目标。

2）工程设计自动化分系统是在产品开发过程中，引入计算机技术而形成的系统，其主要功能是进行工程设计和分析等，主要的功能模块有计算机辅助设计（CAD）、计算机辅助工程（CAE）、计算机辅助工艺规程设计（CAPP）、计算机辅助数控程序编制（NCP）等。工程设计自动化分系统的应用使得产品的开发更加优质、高效，同时通过与 CIMS 的其他分系统进行信息交换，实现整个制造系统的信息集成。

3）制造自动化分系统是 CIMS 最终产生经济效益的聚集地，包括 FMC、FMS、工业机器人、自动装配（AA）等。该系统根据产品的工程技术信息、车间层的加工指令，完成对工件毛坯加工的作业调度、制造等工作，使产品制造活动优化、周期短、成本低、柔性高。

4）质量保证分系统主要是采集、存储、评价与处理存在于产品设计和产品制造过程中与质量有关的信息，从而进行一系列的质量决策与控制，有效地保证质量并促进质量的提高。系统保证从产品设计、制造、检验到售后服务的整个过程的控制。

5）计算机通信网络分系统是支持 CIMS 各个分系统的开放型网络通信系统，采用国际标准和工业标准规定的网络协议进行互联，以分布方式满足各应用分系统对网络支持服务的不同需求，支持资源共享、分布处理、分布数据库和实时控制。

6）数据库分系统是指支持 CIMS 各分系统的数据库，以实现企业数据的共享和信息集成。开发与实施 CIMS 的核心是将各子系统通过集成、综合及一体化等手段，融合成一个高效、统一的有机整体。集成的发展大体可划分为信息集成、过程集成和企业集成三个阶段。目前，CIMS 的集成已经从原来的企业内部的信息集成和功能集成，发展到当前的以并行工程为代表的过程集成，并正在向以敏捷制造为代表的企业集成发展。

（2）CIMS 的特点　CIMS 是一个复杂的制造自动化系统，它包含人员、经营和技术三要素。CIMS 不同于企业的一般自动化系统，从形式到内容、从广度到深度、从工作模式到追求目标，表现出以下特点：

1）CIMS 是人员、经营、技术三要素统一协调的系统。具体地说，是以经营过程为对象，以人员为主导，以技术为手段，三者之间协调一致。该系统涉及的范围比一般自动化系统广泛得多。

2）CIMS 是以集成为基础追求全局优化的系统。它是以计算机为工具，以物流集成和信息集成为主要特征，以整个企业的生产经营活动为对象，追求企业经营、管理、运行的全局与全过程的优化，目的是降低成本，提高质量，缩短产品交货期，获得全局效益。

3）CIMS 是一个具有高度柔性的系统。人员是该系统中的关键要素，信息集成为企业管理者灵活组织生产提供了有效的帮助。系统能根据市场和环境的变化，快速组织生产，使企业具有应变能力和市场竞争能力。

4）CIMS 是一个具有现代化生产模式的制造系统。它是以信息集成为基础，通过信息自动采集、加工、转换、处理、资源分配和调度等手段来组织生产和进行相关的经营活动，确保企业在现代化、科学化的生产模式下进行各类生产经营活动。

（3）CIMS 的发展　随着企业类型的不同或生产方式的不同等，CIMS 具有不同的模式。CIMS 是一个复杂的制造系统工程，必须在总体规划的基础上，根据企业的实际情况、具备的条件进行决策，分步实施，重点突破，确保系统的实用性和有效性。

由于 CIMS 技术属于多种学科和多种专业技术的高度综合，因此技术复杂、难度极大，加之对人力资源的要求非常高，投资强度也远远大于其他规模经济的制造模式，因而投资风险很大。从目前来看，各国的 CIMS 尽管发展较快，但成熟的、实用的系统仍属于少数。因此，CIMS 的成功运用依然需要相当长的时间和不懈的努力。

4. 我国数控机床的发展

我国数控机床水平在近年来得到了显著的提升，我国已经成为全球机床市场的重要参与者。随着国家对制造业的重视和大力支持，我国数控机床行业不断引进、消化和吸收国际先进技术，逐渐缩小了与国际领先水平的差距。

中国数控机床发展

目前，我国数控机床已经具备了较高的加工精度和稳定性，能够满足国内外市场的多样化需求。在五轴联动数控机床、超精密加工机床、智能制造装备等领域，我国已经具备了一定的自主研发和创新能力。同时，我国数控机床行业的产业链不断完善，从原材料到零部件制造，再到整机装配和销售服务，已经形成了完整的产业链条。

然而，与国际领先水平相比，我国数控机床仍存在一些不足。例如，在高端数控机床的核心技术和关键零部件方面，我国还需要进一步加强自主研发和创新投入。同时，我国数控机床行业还需要加强品牌建设和市场营销，提高我国数控机床品牌的知名度和美誉度。

总的来说，我国数控机床水平已经得到了显著提升，在国内外市场都具有一定的竞争力。未来，随着技术的不断进步和产业链的完善，我国数控机床行业将继续朝着高端化、智能化、绿色化的方向发展，不断提升自身的技术水平和品牌影响力。

5. 数控机床结构的发展

(1) “箱中箱”结构　为了提高刚度和减轻重量，可采用框架式箱形结构，将一个框架式箱形移动部件嵌入另一个框架箱中，如图 1-24 所示。

(2) “台上台”结构　为了扩充立式加工中心的工艺功能，可使用双重回转工作台，即在一个回转工作台上加装另一个（或多个）回转工作台，如图 1-25 所示。

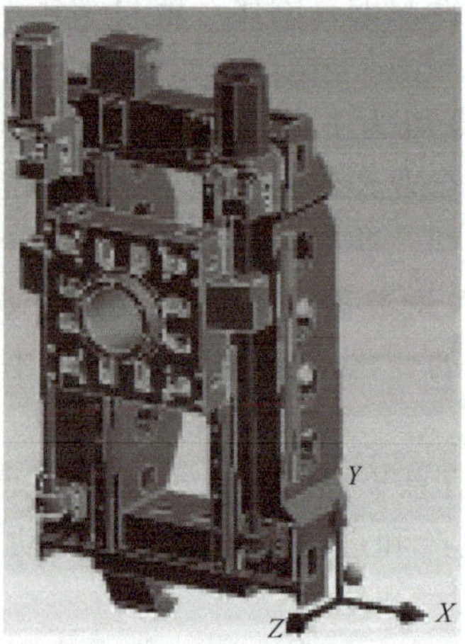

图 1-24 “箱中箱”结构

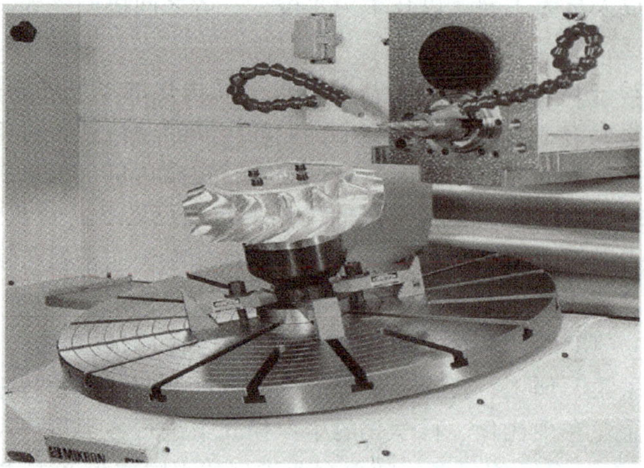

图 1-25 “台上台”结构

(3) 双重主轴摆头　为了扩充卧式加工中心的工艺功能，可使用双重主轴摆头，如图 1-26 所示。

(4) 重心驱动　对于龙门式机床，横梁和龙门架用两根滚珠丝杠驱动，形成虚拟重心驱动。如图 1-27 所示，Z_1 和 Z_2 形成横梁的垂直运动重心驱动，X_1 和 X_2 形成龙门架的重心驱动。

(5) 螺母旋转的滚珠丝杠副　重型机床的工作台行程通常有几米到十几米，过去使用齿轮齿条传动，为消除间隙使用双齿轮驱动，但这种驱动结构复杂，且高精度齿条制造困难。目前使用大直径（直径已达 200~250mm）的滚珠丝杠副，通过丝杠固定、螺母旋转来实现工作台的移动，如图 1-28 所示。

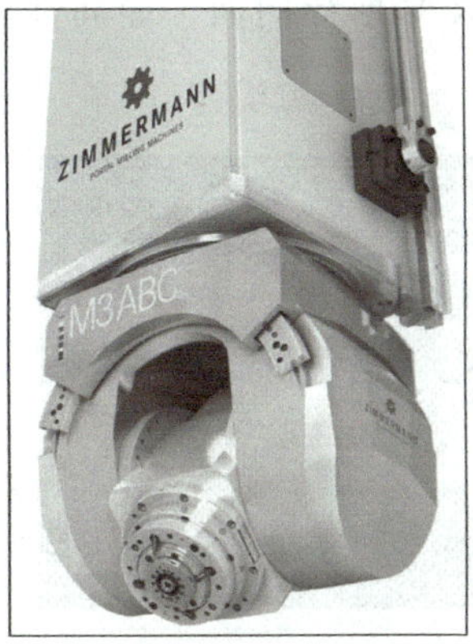

图 1-26　双重主轴摆头

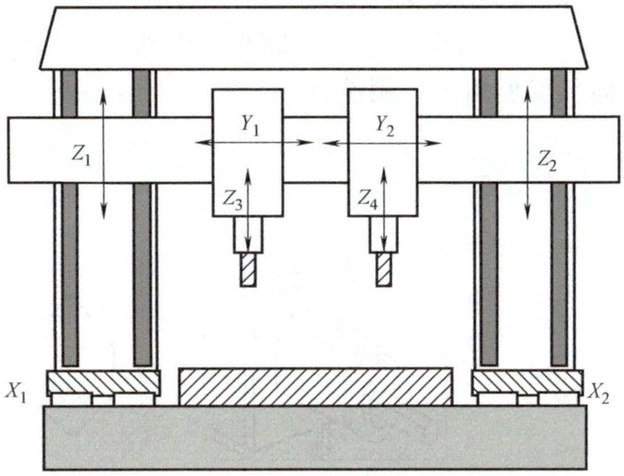

图 1-27　重心驱动

a)

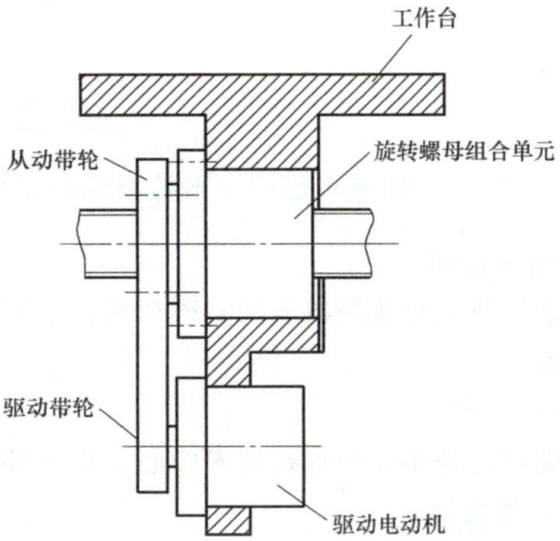

b)

图 1-28　螺母旋转的滚珠丝杠副

a）实物图　b）重型机床的工作台驱动方式

(6) 电磁伸缩杆　电磁伸缩杆是一种应用交流同步直线电动机原理的新型位移部件，它在功能部件壳体内安放环状双向电动机绕组，中间是次级伸缩杆，伸缩杆外部有环状的永久磁铁层，如图 1-29 所示。

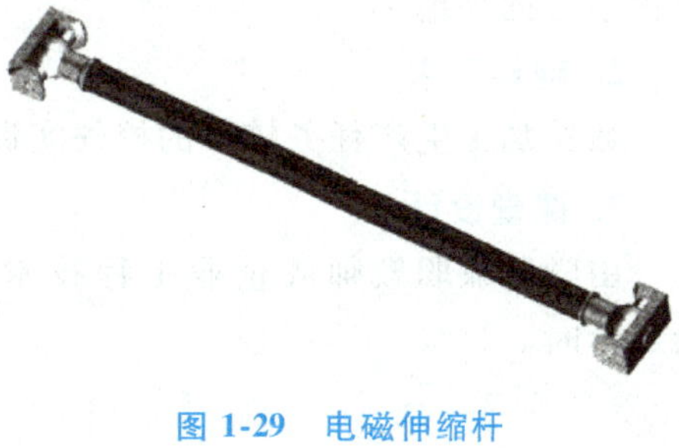

图 1-29　电磁伸缩杆

(7) 球电动机　球电动机是一种新型电动机，在多棱体的表面上间隔分布着不同极性的永久磁铁，构成一个磁性球体，具有 3 个回转自由度（相当于传统电动机的转子），球体的顶端有可以连接杆件或其他构件的工作端面，底部有静压支承用于承受载荷。当供给定子绕组一定频率的交流电源后，球体就偏转一个角度。事实上，球体就相当于传统电动机的转子，不过不是实现绕固定轴线的回转运动，而是实现绕球心的角度偏转。

(8) 八角形滑枕 如图 1-30 所示，八角形滑枕形成双 V 形导向面，导向性能好，各方向热变形均匀，刚性好。

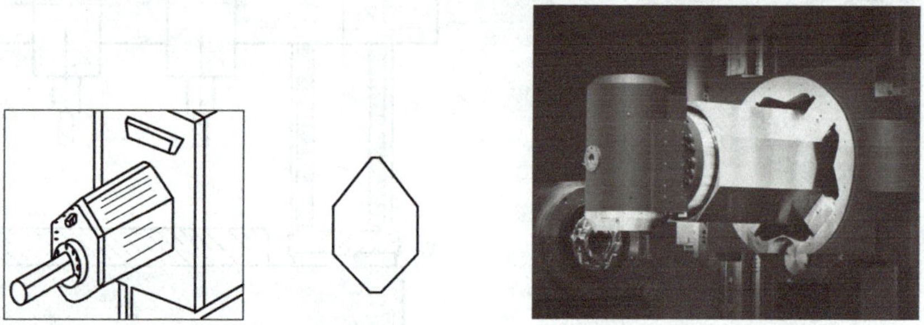

a) b) c)

图 1-30 八角形滑枕

a）结构图 b）示意图 c）实物图

综 合 训 练

训练项目一 数控机床的结构认知（参观数控技术中心）

1. 训练目的

使学生建立对数控机床的基础认识，掌握常用数控机床的种类、数控机床的一般组成和加工特点。

2. 硬件要求

学院应具备相应的数控技术中心，机床种类齐全，有一定的生产任务。

3. 课堂设计

以学生自主参观为主，教师适时提问并引导学生观察。课时为 2 学时。

华中五轴机械结构及基本操作

训练项目二 数控机床的应用认知（参观数控加工企业）

1. 训练目的

使学生对企业应用数控机床现状有一个基本认识，了解安全规程和岗位要求，增强对本课程学习的兴趣。

2. 硬件要求

数控加工生产任务较多的校外实训基地或其他生产企业，安全环境达标。

3. 课堂设计

由学院兼职教师或企业工程技术人员引导参观、讲解，教师配合提问、引导。课时为 2 学时。

复习思考题

1. 数控机床的加工原理是什么？它由哪些部分组成？

2. 数控机床与普通机床相比有哪些特点？
3. 数控机床有哪些类型？什么是开环、半闭环和闭环控制数控机床？各有何优缺点？
4. 数控机床的坐标系有哪些确定原则？数控车床、数控铣床的坐标系又是如何规定的？
5. 数控机床有哪些精度指标？
6. 可控轴数与联动轴数有何联系？又有什么区别？
7. 数控机床有哪些发展趋势？
8. 什么是 FMC、FMS 和 CIMS？各自有哪些组成部分？有何特点？

素养提升

中国数控机床之最

数控机床作为工业的“工作母机”，是一个国家工业化水平和综合国力的衡量标志。近年来，随着我国装备制造业的迅速发展，重型机床硕果累累，“中国制造”享誉全球。

1. 世界最大模锻液压机

2017 年，中国第二重型机械集团成功制造世界最大模锻液压机，这台 8 万 t 级模锻液压机，地上高 27m、地下 15m，总高 42m，设备总质量为 2.2 万 t，是我国国产大飞机 C919 试飞成功的重要功臣之一。

2. 世界最大超重型数控卧式机床

2015 年，武汉重型机床集团成功研制出世界最大规格的超重型数控卧式机床 DL250。该机床身长 50m，总重 1450t，最大回转直径达 5m，具有完全自主知识产权，该机床加工出了重 106.3t、直径 9.1m 的螺旋桨，提升了我国能源发电、远洋船舶的制造水平。

3. 世界最大立式车铣床

2019 年，齐齐哈尔重型数控装备有限公司研制成功世界最大立式车铣床 DMVTM2500×60/550L-NC，其质量超过 550t，加工直径达 25m，代表着我国高档数控重型机床最高水平。

4. 世界最大数控龙门镗铣床

2017 年，北一数控机床制造有限公司制造出世界上最大的数控龙门镗铣床，这台被誉为“机床航母”的大国重器，总高 15m，总宽 22m，总长 39m，总质量为 900t，可将篮球场大小的钢铁部件加工成任意形状。我国百万千瓦级核电的低压内缸和高压外缸就是由它加工而成的。

5. 世界最大高精度数控轧辊磨床

2017 年，由上海机床厂有限公司研制的世界最大的数控轧辊磨床制造成功，其最大磨削直径为 2500mm，有效磨削工件长度为 15m，最大磨削工件质量为 250t，并配以具有自主知识产权的软件系统。

6. 世界最大齿轮数控加工机床

2013 年，中信重工研制出了直径 16m 的特大型滚齿加工设备，这也是目前世界上加工直径最大、技术性能最先进的齿轮数控加工设备。其最大加工直径 16m，完全具有自主知识产权。同时研制成功全功能、高精度数控重型曲轴复合加工机床，使我国掌握了重型船用曲轴加工技术，摆脱了之前大型船用曲轴严重依赖进口的局面。

7. 世界最大加工直径的螺旋桨加工机床

2014年，中传重型机床有限公司自主研制出世界最大加工直径的七轴六联动螺旋桨加工机床，最大可加工直径11m的螺旋桨。海军潜艇的静音性能是衡量潜艇战斗力的核心指标，而制约潜艇噪声的核心部件就是潜艇尾部的螺旋桨，七轴六联动螺旋桨加工机床的投产助力了我国海军潜艇噪声性能的质变。

学习项目二

数控机床典型部件结构分析与调整

任务一　分析与调整数控机床主轴系统结构

任务内容： 数控机床对主轴系统的要求，变速传动方式的实现，主轴组件结构，主轴的支承与润滑，主轴准停功能的实现以及电主轴的应用和发展。

任务目标： 通过学习，掌握主轴变速驱动的方式，主轴组件结构，主轴支承配置选择和预紧调整，主轴的润滑、保养方法；理解数控机床对主轴系统的要求和主轴准停功能的实现途径；了解电主轴的应用和发展状况。

一、数控机床主轴系统的要求

普通机床主轴的变速通常是利用齿轮变速箱来实现的，一般只需要控制主轴的起动、停止、正转和反转，而不需要其他的控制。随着数控技术的不断发展，传统的主轴系统已不能满足数控加工的要求，如数控车床要求主轴驱动与伺服进给同步，以便加工螺纹；加工中心要求主轴具有准停功能，以实现自动换刀等。这就要求能够对主轴系统进行复杂的控制。数控机床对主轴系统具有以下要求：

1. 具有更大的调速范围并能够实现无级变速

数控机床主轴系统要求有较大的调速范围，以满足各种工况的切削，获得最合理的切削速度，从而保证加工精度、加工表面质量及高的生产率。特别是对于具有自动换刀装置的加工中心，为适应各种刀具、各种材料的加工，对主轴系统的调速范围要求更高。同时，数控机床主轴的速度是由数控加工程序中的 S 指令控制的，要求主轴能在较大的转速范围内进行无级连续调速，减少中间传动环节，简化主轴系统的机械结构，一般要求主轴具备 1∶（100~1000）的恒转矩调速范围和 1∶10 的恒功率调速范围。

2. 具有较高的精度和刚度，传动平稳，噪声低

数控机床加工精度的高低与主轴系统精度的高低密切相关。因此，要提高传动件的制造精度与刚度，传动齿轮齿面要进行高频淬火，以增加耐磨性；最后一级传动要采用斜齿轮传动，使传动平稳；采用精度高的轴承及合理的支承跨距等，以提高主轴系统的刚性。

3. 具有良好的抗振性和热稳定性

数控机床加工时，断续切削、加工余量不均匀、运动部件不平衡以及切削过程中的自振

等原因引起的冲击力和交变力的干扰，会使主轴产生振动，影响加工精度和表面粗糙度，严重时甚至可能破坏刀具和主轴系统中的零件，使其无法工作。主轴系统的发热会使其中所有零部件产生热变形，降低传动效率，破坏零部件之间的相对位置精度和运动精度，造成加工误差。为此，主轴系统要有较高的固有频率、良好的动平衡，能够保持合适的配合间隙并能够进行循环润滑等。

4. 具有 C 轴控制、高精度准停及恒线速切削等现代数控机床功能

在车削中心上，为了实现螺旋槽车削功能，要求主轴能够与进给驱动系统实现同步控制，即要求主轴具有旋转进给轴（C 轴）的控制功能。另外，在加工中心自动换刀时，主轴须停止在一个固定不变的方位上，以保证换刀位置准确以及满足某些加工工艺的需要，即要求主轴具有高精度的准停功能。

当利用车床和磨床进行工件端面加工时，为了保证其表面粗糙度的一致性，要求刀具切削的线速度为恒定值，随着刀具的径向进给，切削直径逐渐减小，应不断提高主轴转速，并维持线速度 $v=\pi nD$ 为常数，其中 v 为切削线速度，n 为主轴转速，D 为加工时的切削直径。在控制系统中，D 可由坐标轴的进给量算出，然后计算出对应的主轴转速 n，以保证切削的线速度保持不变。

二、主轴系统的传动方式

数控机床主轴系统传动有三种配置方式，分别是分段无级变速、同步带传动变速以及调速电动机直接驱动，如图 2-1 所示。

主传动

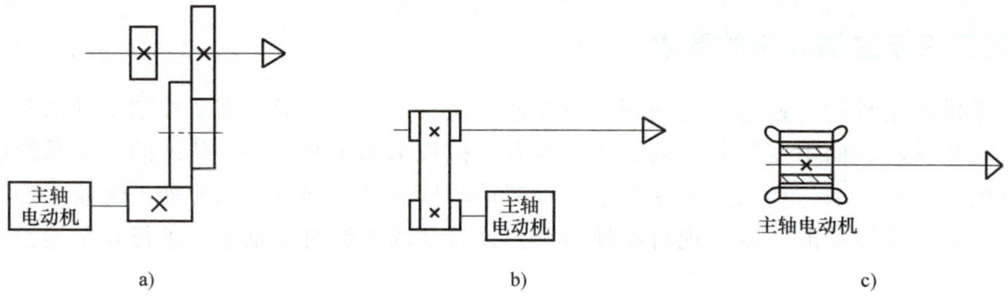

图 2-1 数控机床主轴系统传动的配置方式

a）分段无级变速 b）同步带传动变速 c）调速电动机直接驱动

1. 分段无级变速

数控机床在实际生产中，并不需要在整个变速范围内均为恒功率。一般要求中、高速段为恒功率传动，低速段为恒转矩传动。为了确保数控机床主轴低速时有较大的转矩和主轴的变速范围尽可能大，有的数控机床在交流或直流电动机无级变速的基础上配以齿轮变速，即解决电动机驱动和主轴传动功率的匹配问题，使之成为分段无级变速，如图 2-1a 所示。

在带有齿轮变速的分段无级变速系统中，主轴的正、反向起动与停止、制动是由电动机实现的，主轴变速则由电动机无级变速与齿轮有级变速相配合来实现。这种配置适用于大中型机床，确保主轴低速时输出大转矩，高速时输出恒功率特性的要求。

在带有齿轮变速的主轴传动系统中，液压拨叉操纵方式和电磁离合器操纵方式是两种常用的变速操纵方式。

(1) 液压拨叉操纵方式 图 2-2 所示为三位液压拨叉工作原理图，通过拨叉带动滑移齿轮实现变速。

工作原理：①液压缸 1 通液压油，液压缸 5 卸荷，滑移齿轮在最左侧，如图 2-2a 所示；②液压缸 5 通液压油，液压缸 1 卸荷，滑移齿轮在最右侧，如图 2-2b 所示；③液压缸 1、5 同时通液压油，套筒 4 在液压缸 5 的最右侧，活塞杆顶在套筒 4 上，滑移齿轮在中间位置，如图 2-2c 所示。这里，活塞杆小头面积最小，套筒面积最大，活塞杆大头面积介于两者之间。

(2) 电磁离合器操纵方式 电磁离合器是靠磁力吸引，增加片间摩擦力或使两齿啮合，从而传递转矩。这里介绍无集电环摩擦片式电磁离合器、啮合式电磁离合器的结构及工作原理。

图 2-3 所示为无集电环摩擦片式电磁离合器的结构示意图。线圈 8 与铁心 9 是固定不动的，连接件 2 及套筒 3 是输入/输出端，即通电后，2 与 3 连在一起运动，断电后，2、3 各自独立运转、互不干涉。套筒 3 的内孔和外圆均有花键，与挡环 6 用螺钉 11 连成一体。套筒 3 套装在外圆花键上，套装着内摩擦片 5，内摩擦片 5 的内孔为花键孔。连接件 2 的外周边上有六条直槽与外摩擦片 4 上的六个花键齿相配。通电时，衔铁 10 被吸引向右移，把内、外摩擦片压在挡环 6 上，内、外摩擦片一起转动；断电时，外摩擦片 4 上的弹性爪使衔铁 10 迅速恢复到原来位置，内、外摩擦片松开。

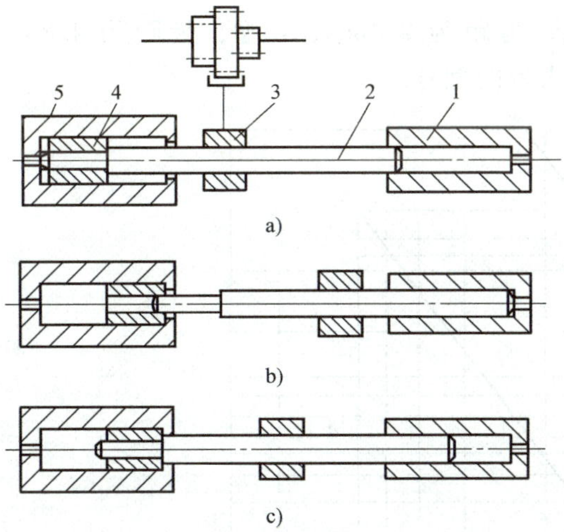

图 2-2 三位液压拨叉工作原理图

1、5—液压缸 2—活塞杆 3—拨叉 4—套筒

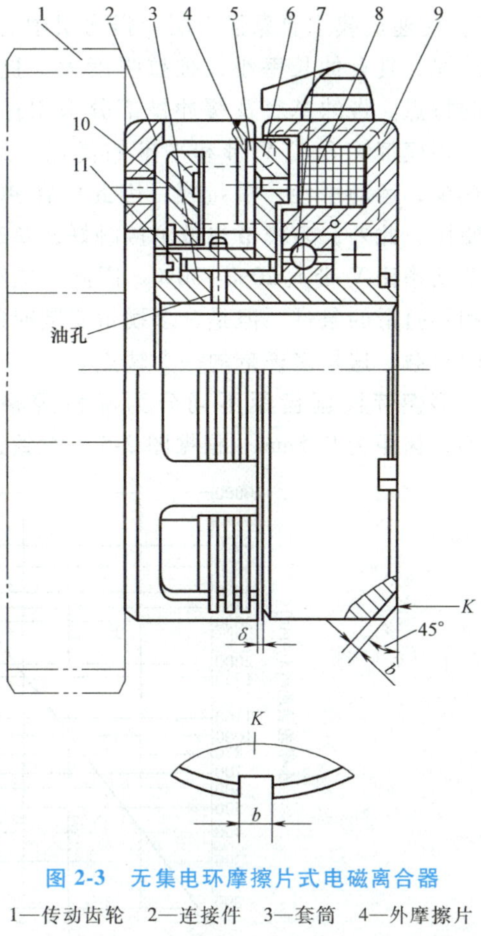

图 2-3 无集电环摩擦片式电磁离合器

1—传动齿轮 2—连接件 3—套筒 4—外摩擦片 5—内摩擦片 6—挡环 7—滚动轴承 8—线圈 9—铁心 10—衔铁 11—螺钉

图 2-4 所示为啮合式电磁离合器的结构示意图。线圈 1 通电，带有端面齿的衔铁 2 通过渐开线齿形花键与定位环 5 相连，再通过连接螺钉 7 与传动件相连，磁轭 9 内孔的花键与另一个轴相连。这样，就使与连接螺钉 7 相连的轴与另一个轴同时旋转。隔离环 6 的作用是防止传动轴分离一部分磁力线，进而削弱电磁吸引力。衔铁采用渐开线齿形花键与定位环相连是为了保证同轴度。这种离合器必须在低于 1～2r/min 的转速下变速。

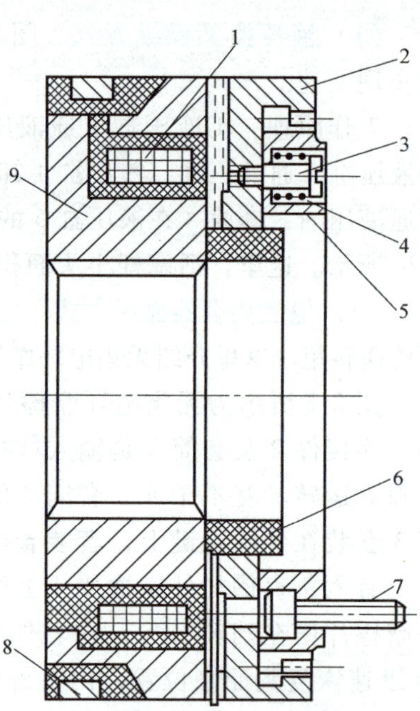

图 2-4 啮合式电磁离合器

1—线圈 2—衔铁 3—螺钉 4—弹簧 5—定位环 6—隔离环 7—连接螺钉 8—旋转集电环 9—磁轭

2. 数控机床主轴同步带传动变速

主轴带同步传动变速主要是将电动机的旋转运动通过带传动传递给主轴。这种传动方式多见于数控车床和中、小型加工中心，可避免齿轮传动时引起的振动与噪声，这种结构的配置形式如图 2-1b 所示。

数控机床主轴带传动变速常采用多楔带和同步带。多楔带又称复合 V 带，横向断面呈多个楔形，楔角为 40°，传递负载主要靠强力层。强力层中有多根钢丝绳或涤纶绳，具有伸长率小，抗拉强度大，抗弯疲劳强度较大的特点。带的基底及缓冲楔部分采用橡胶或聚氨酯制成。多楔带综合了 V 带和平带的优点，运转时振动小，发热少，运动平稳，重量轻，因此可在 40m/s 的线速度下使用。此外，多楔带与带轮接触好，负载分布均匀，即使瞬时超载，也不会产生打滑，而传动功率比 V 带大 20%～30%。因此，能够达到加工中心主轴系统要求的转速，并满足大转矩和不打滑的条件。但是，多楔带安装时需要较大的张紧力，使得主轴和电动机承受较大的径向负载，这是多楔带的一大缺点。

多楔带根据齿距不同分为三种规格：J 型，齿距为 2.4mm；L 型，齿距为 4.8mm；M 型，齿距为 9.5mm。根据图 2-5 可大致选出所需带的型号。

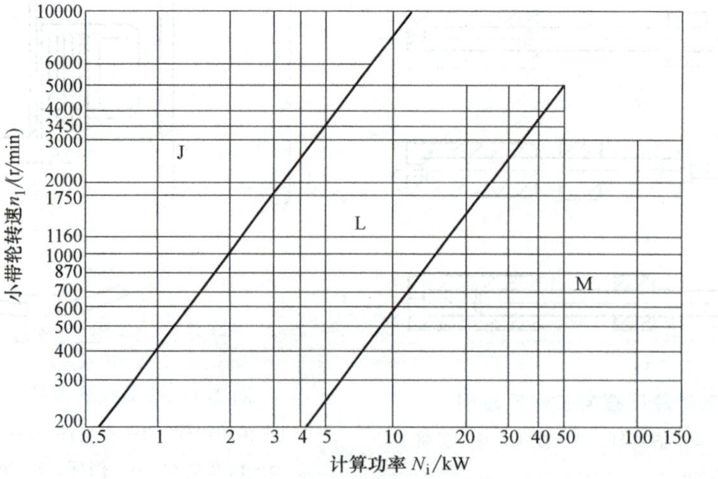

图 2-5 多楔带型号选择图

同步带按齿形不同可分为梯形齿同步带和圆弧齿同步带两种。图 2-6 所示为这两种齿形同步带的纵向断面图。其中，梯形齿同步带多用在转速不高或小功率动力传动中，圆弧齿同步带多用在加工中心等要求较高的数控机床主轴系统中。

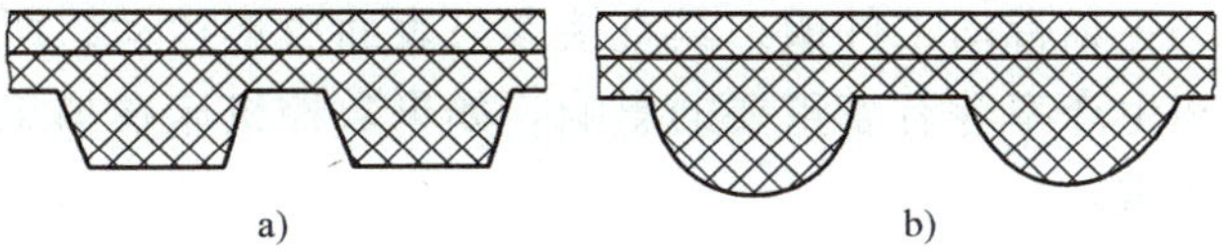

图 2-6　同步带纵向断面图

a）梯形齿同步带　b）圆弧齿同步带

同步带的最大优点是不会打滑，且无需很大的张紧力，因此大大减轻了轴的静态径向拉力，传动效率高达 98%~99.5%。用在高速传动（速度在 60~80m/s 以上）时，为了考虑轮齿槽的排气，以免引起啸叫噪声，设计带轮时附有轮缘装置。同时，对于直径较小的带轮，在应用梯形齿同步带时要考虑因齿形变形而引起带轮齿的啮合状态不佳，受力情况不好，应力集中在梯形齿的根部，从而引起强度和寿命降低的问题。应在齿形选择上加以考虑或者降低传动功率。

同步带的规格是以相邻两齿的节距来表示的（与齿轮的模数相似），主轴功率为 3~10kW 的加工中心多用节距为 5mm 和 8mm 的圆弧齿同步带，型号分别为 5M 和 8M，型号的选择可参考图 2-7。

3. 调速电动机直接驱动主轴传动

数控机床一般采用直流或交流主轴伺服电动机直接驱动主轴实现主轴无级变速，配置方式如图 2-1c 所示。

交流主轴电动机及交流变频驱动装置（笼型感应交流电动机配置矢量变换变频调速系统），由于没有电刷不产生火花，所以使用寿命长，且性能已达到直流驱动系统的水平，甚至在噪声方面还有所降低，因此，目前应用较为广泛。

主轴直接驱动还有一种方式是内置电动机主轴变速，将调速电动机与主轴合成一体（电动机转子轴即为机床主轴），大大简化了主轴箱体与主轴的结构，有效地提高了主轴组件的刚度。但主轴的输出转矩较小，电动机发热对主轴精度影响较大。图 2-8 所示为立式加工中心主轴组件，其内置电动机主轴最高转速可达 20000r/min。

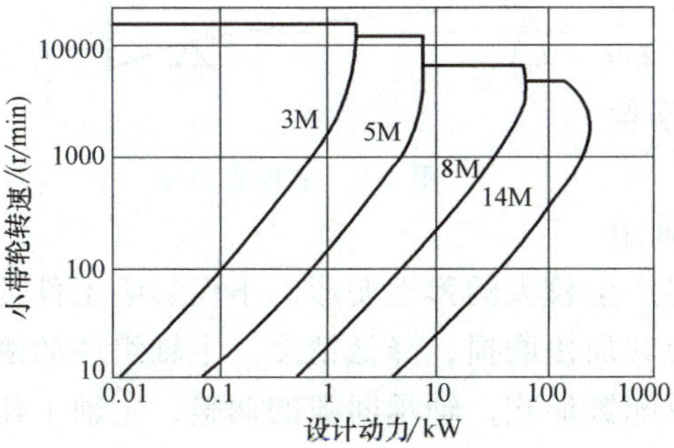

图 2-7　同步带型号选择图

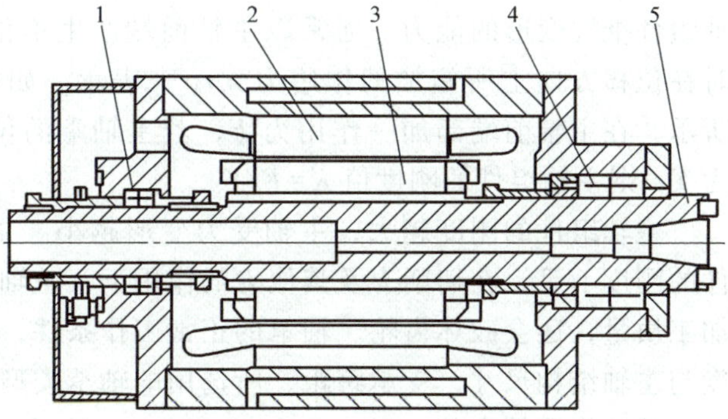

图 2-8　立式加工中心主轴组件

1—后轴承　2—定子　3—转子　4—前轴承　5—主轴

三、主轴组件

主轴组件是机床的一个关键部件，由主轴、主轴支承，以及装在主轴上的传动件和密封件组成。机床加工时，主轴带动工件或刀具直接参与表面成形运动，所以主轴的精度、刚度和热变形对加工质量和生产率等有着重要的影响。如果数控机床在加工过程中不进行人工调整，这些影响就更为严重。

1. 对主轴组件的要求

(1) 回转精度　主轴组件的回转精度是指主轴的回转精度。当主轴做回转运动时，线速度为零的点的连线称为主轴的回转轴线，回转轴线的空间位置在理想情况下应是固定不变的。但实际上，由于主轴组件中各种因素的影响，回转轴线的空间位置每一瞬间都是变化的，这些瞬间回转轴线的平均空间位置称为理想回转轴线。瞬间回转轴线相对于理想回转轴线在空间的位置距离，就是主轴的回转误差，而回转误差的范围，就是主轴的回转精度。主轴回转运动误差可以分解为三种独立运动误差分量，即主轴的纯径向跳动误差、角度摆动误差和轴向窜动误差。上述三种独立运动误差分量很少单独存在，当纯径向跳动误差和角度摆动误差同时存在时，构成径向圆跳动，而角度摆动误差和轴向窜动误差同时存在时构成轴向圆跳动。由于主轴的回转误差一般都是对一个空间的旋转矢量，故并不是在所有的情况下都表示为被加工工件所得到的加工形状误差。

主轴回转精度的测量一般分为三种：静态测量、动态测量和间接测量。目前我国在生产中沿用传统的静态测量法，即用一个精密的检测棒插入主轴锥孔中，使千分表测头触及检测棒圆柱表面，以低速转动主轴进行测量。千分表最大与最小的读数差即认为是主轴的径向回转误差。端面误差一般以主轴所在平面内的直角坐标系的垂直度数据综合表示。动态测量是用一标准球装在主轴轴线上，与主轴同时旋转，在工作台上安装两个互成90°的非接触传感器，通过仪器记录回转情况。间接测量是用小的切削用量加工有色金属试件，然后在圆度仪上测量试件的圆度来评价。出厂时，普通级加工中心的回转精度用静态测量法测量，当$L=300$mm时误差应小于0.02mm。造成主轴回转误差的因素主要有主轴的结构及其加工精度，主轴轴承的类型及刚度等。主轴及其回转零件的不平衡，在回转时引起的激振力，也会造成主轴的回转误差。因此，加工中心的主轴不平衡量一般要控制在0.4m/s以下。

(2) 刚度　主轴组件的刚度是指受外力作用时，主轴组件抵抗变形的能力。通常以主轴前端产生单位位移时在位移方向上所施加的作用力大小来表示。如图2-9所示，在主轴前端部加一作用力F，若主轴端的位移量为Y，则主轴组件的刚度值$K=F/Y$。

图2-9　主轴受力图

主轴组件的刚度越大，主轴受力变形越小。主轴组件的刚度不足，在切削力及其他力的作用下，主轴将产生较大的弹性变形。不仅影响工件的加工质量，还会破坏齿轮、轴承的正常工作条件，使其加快磨损，降低精度。主轴组件的刚度与主轴结构尺寸，支承跨距，所选用的轴承类型及配置形式，轴承间隙的调整，主轴上传动元件的位置等有关。

(3) 抗振性　主轴组件的抗振性是指切削加工时，主轴保持平稳运转而不发生振动的能力。主轴组件抗振性差，工作时容易产生振动，不仅降低加工质量，而且限制了机床生产率的提高，使刀具寿命下降。提高主轴抗振性必须提高主轴组件的静刚度，采用较大阻尼比的前轴承，以及在必要时安装阻尼器，使主轴的振动频率远远大于激振力的频率。

（4）主轴温升　主轴运转时，温升过高会引起两方面的不良结果：一是主轴及箱体受热变形，主轴的回转轴线和机床其他零部件的相对位置发生变化，直接影响加工精度；二是轴承的正常润滑条件遭到破坏，影响轴承的正常工作，甚至出现“抱轴”。数控机床一般采用恒温主轴箱解决温升的问题。

（5）耐磨性　主轴组件必须有足够的耐磨性，以便能长期保持精度。主轴上易磨损的部位是刀具或者工件的安装部位，以及移动式主轴的工作表面。为了提高耐磨性，主轴的上述部位应该淬硬或者经过渗氮处理，以提高其硬度，增加耐磨性。主轴轴承也需要良好地润滑，以提高其耐磨性。

2. 主轴组件的类型

（1）只做旋转运动的主轴组件　这类主轴组件结构较为简单，如车床、铣床和磨床等的主轴组件。

（2）既有旋转运动又有轴向进给运动的主轴组件　这类主轴组件有钻床和镗床等的主轴组件。主轴组件与轴承装在套筒内，主轴在套筒内做旋转主运动，套筒在主轴箱的导向孔内做直线进给运动。

（3）既有旋转运动又有轴向调整移动的主轴组件　这一类的主轴组件有滚齿机、部分立式铣床等的主轴组件。主轴在套筒内做旋转运动，并可根据需要随主轴套筒一起做轴向调整移动。主轴组件工作时，用其中的夹紧装置将主轴套筒夹紧在主轴箱内，提高主轴组件的刚度。

（4）既有旋转运动又有径向进给运动的主轴组件　这一类的主轴组件有卧式镗床的平旋盘主轴组件和组合机床的镗孔车端面头主轴组件。主轴做旋转运动时，装在主轴前端平旋盘上的径向滑块可带动刀具做径向进给运动。

（5）既做旋转运动又做行星运动的主轴组件　新式内圆磨床砂轮主轴组件的工作原理如图 2-10 所示，砂轮主轴 1 在支承套 2 的偏心孔内做旋转主运动。支承套 2 安装在套筒 4 内，套筒 4 的轴线与工件被加工孔的轴线重合，当套筒 4 由蜗杆 6 经蜗轮 W 传动，在箱体 3 中缓慢地旋转时，带动套筒 4 及砂轮主轴 1 做行星运动，即圆周进给运动。通过传动支承套 2 来调整砂轮主轴 1 与套筒 4 的偏心距 e，实现横向进给。

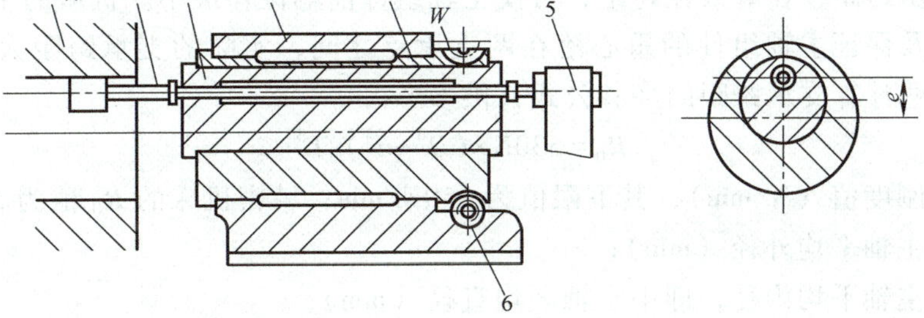

图 2-10　新式内圆磨床砂轮主轴组件

1—砂轮主轴　2—支承套　3—箱体　4—套筒　5—传动带　6—蜗杆

3. 主轴

主轴是主轴组件的重要组成部分。它的结构尺寸和形状、制造精度、材料及热处理，对主轴组件的工作性能都有很大的影响。主轴结构随主轴系统设计要求的不同而有各种形式。

(1) 主轴的主要尺寸参数 主轴的主要尺寸参数包括主轴直径、内孔直径、悬伸长度和支承跨距。评价和考虑主轴主要尺寸参数的依据是主轴的刚度、结构工艺性和主轴组件的工艺使用范围。

1) 主轴直径的确定。主轴直径越大，其刚度越高，但使得轴承和轴上其他零件的尺寸相应增加。轴承的直径越大，同等级精度轴承的公差值也越大，要保证主轴的旋转精度就越困难，同时极限转速下降。主轴前支承轴颈的直径可根据主电动机功率和机床种类由表 2-1 初步估计。主轴后端支承轴颈的直径可为前支承轴颈直径值的 70%~80%，实际尺寸要在主轴组件结构设计时确定。前、后轴颈直径的差值越小，主轴的刚度越高，工艺性能也越好。

表 2-1 主轴前支承轴颈的直径 D_1 （单位：mm）

功率/kW	1.47~2.5	2.6~3.6	3.7~5.5	5.6~7.3	7.4~11	11.1~14.7	14.8~18.4	18.5~22	22.1~29.5
车床	60~80	70~90	70~105	95~130	110~145	140~165	150~190	220	230
升降台铣床	50~90	60~90	60~95	75~100	90~105	100~115	—	—	—
外圆磨床	—	50~60	55~70	70~80	75~90	75~100	90~100	105	105

2) 内孔直径的确定。主轴的内孔用来通过棒料或通过刀具夹紧装置固定刀具等。主轴内孔直径越大，可通过的棒料直径也越大，机床的使用范围就越广，同时主轴组件的相对重量也越轻。主轴内孔直径的大小主要受主轴刚度的制约。主轴的内孔直径与主轴直径之比小于 0.3 时，空心主轴的刚度几乎与实心主轴的刚度相当；等于 0.5 时，空心主轴的刚度为实心主轴刚度的 90%；大于 0.7 时，空心主轴的刚度就急剧下降。一般可取其比值为 0.5 左右。

3) 悬伸长度的确定。主轴的悬伸长度与主轴前端结构的形状尺寸，前轴承的类型、组合方式以及轴承的润滑与密封有关。主轴的悬伸长度对刚度影响很大，主轴悬伸长度越短，其刚度越高。

4) 支承跨距的确定。主轴组件的支承跨距对主轴本身刚度和支承刚度有着很大的影响。主轴的支承跨距存在着最佳跨距，可使主轴组件前端位移最小。机床的主轴组件，由于受结构限制以及保证主轴组件的重心落在两支承点之间，实际的支承跨距大于最佳支承跨距。下面为企业计算支承跨距的经验公式，供参考。

$$R_0 = 530\text{N} \times (D^4 - d^4)/L^3$$

式中 R_0——刚度值（N/mm），其下限值为 250N/mm；精密机床的 R_0 值为 500N/mm；

D——主轴平均外径（mm）；

d——主轴平均内径，即中空轴平均直径（mm）；

L——主轴轴承支承跨距（mm）。

(2) 主轴端部的结构形式 主轴端部用于安装刀具或夹持工件的夹具。在设计要求上，应能保证定位准确、安装可靠、连接牢固、装卸方便，并能传递足够的转矩。主轴端部的结构形式都已标准化，图 2-11 所示为普通机床和数控机床通用的几种主轴端部的结构形式。

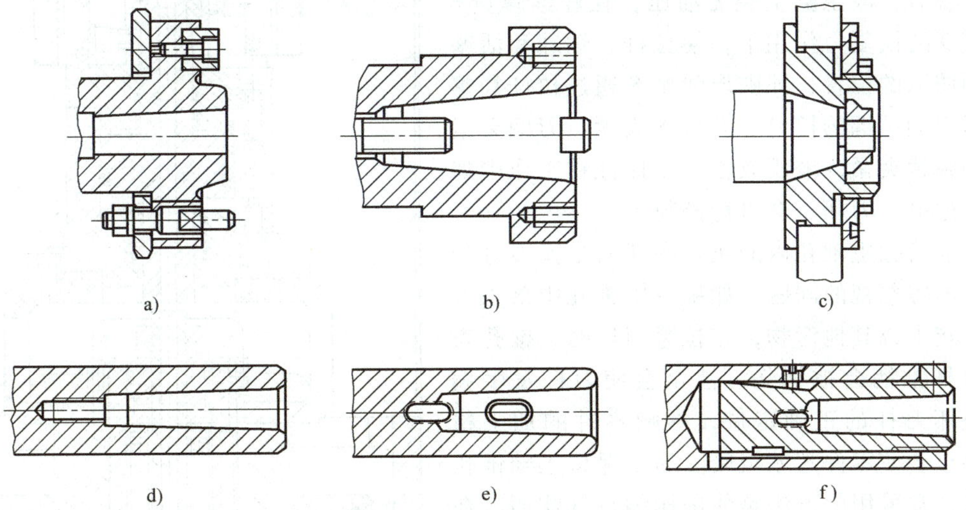

图 2-11 主轴端部的结构形式

a）车床主轴端部 b）铣、镗类机床主轴端部 c）外圆磨床砂轮主轴端部 d）内圆磨床砂轮主轴端部 e）普通镗杆装在钻床主轴上的端部 f）组合机床主轴端部

(3) 主轴的材料及热处理 主轴材料主要根据刚度、载荷特点、耐磨性和热处理变形大小等因素确定。主轴材料常采用 45 钢、38CrMoAlA、GCr15、9Mn2V 等，需经渗氮和感应淬火。

(4) 主轴主要精度指标

1）前支承轴承轴颈的同轴度公差为 5μm 左右。

2）轴承轴颈需按照轴承内孔的“实际尺寸”配磨，且须保证配合过盈 1~5μm。

3）锥孔与轴承轴颈的同轴度公差为 5μm，与锥规的接触面积不小于 80%，且大端接触较好。

4）装 3182100 型调心圆柱滚子轴承的 1∶12 锥面，与轴承内圈接触面积不小于 85%。

4. JCS—018A 型加工中心主轴组件结构

图 2-12 所示为 JCS—018A 型加工中心主轴箱结构简图，主轴箱主要由主轴组件、刀具自动夹紧机构、切屑清除装置和主轴准停装置四个功能部件构成。

图 2-12 中，1 为主轴，主轴的前支承 4 配置了三个高精度的角接触球轴承，用以承受径向载荷和轴向载荷，前两个轴承大口朝下，后面一个轴承大口朝上。前支承按预加载荷计算的预紧量由螺母 5 来调整。后支承 6 为一对小口相对配置的角接触球轴承，它们只承受径向载荷，因此轴承外圈不需要定位。该主轴选择的轴承类型和配置形式，满足主轴高转速和承受较大轴向载荷的要求。主轴受热变形向后伸长，不影响加工精度。

主轴内部和后端安装的是刀具自动夹紧机构。它主要由拉杆 7、拉杆端部的四个钢球 3、碟形弹簧 8、活塞 10、液压缸 11 等组成，机床执行换刀指令，机械手从主轴拔刀时，主轴需松开刀具。这时液压缸上腔通压力油，活塞推动拉杆向下移动，使碟形弹簧压缩，钢球进入主轴锥孔上端的槽内，刀柄尾部的拉钉（拉紧刀具用）2 被松开，机械手拔刀。之后，压缩空气进入活塞和拉杆的中孔，吹净主轴锥孔，为装入新刀具做好准备。当机械手将下一把刀具插入主轴后，液压缸上腔无油压，在碟形弹簧 8 和弹簧 9 的恢复力作用下，使拉杆、钢球和活塞退回到图示的位置，即碟形弹簧 8 通过拉杆和钢球拉紧刀柄尾部的拉钉，刀具被夹紧。刀柄夹紧机构用弹簧夹紧，液压放松，以保证在工作中如果突然停电，刀柄不会自行松脱。

自动清除主轴孔内的灰尘和切屑是换刀过程中一个不容忽视的问题。如果主轴锥孔中落入了切屑、灰尘或其他污物，在拉紧刀杆时，锥孔表面和刀杆锥柄会被划伤，甚至会使刀杆发生偏斜，破坏刀杆的正确定位，影响零件的加工精度，甚至会使零件超差报废。为了保持主轴锥孔的清洁，常采用的方法是使用压缩空气吹屑。在图 2-12 中，活塞 10 及拉杆 7 的心部钻有压缩空气通道，当活塞向下移动时，压缩空气经过活塞 10 由喷气小孔喷出，将锥孔清理干净。为了提高吹屑效率，喷气小孔要有合理的喷射角度，并均匀布置。

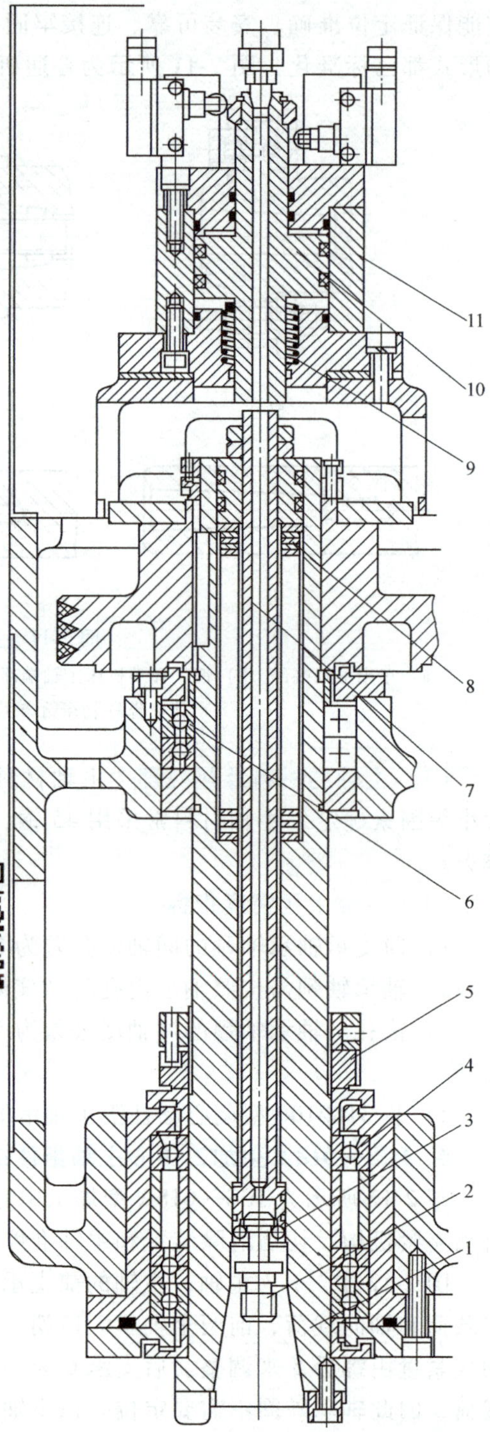

图 2-12　JCS—018A 型加工中心主轴箱结构简图

1—主轴　2—拉钉　3—钢球　4—前支承　5—螺母　6—后支承　7—拉杆　8—碟形弹簧　9—弹簧　10—活塞　11—液压缸

四、主轴支承（轴承）

主轴支承

1. 数控机床主轴部件常用轴承类型

数控机床主轴部件常用滚动轴承的类型如图 2-13 所示。

图 2-13a 所示为锥孔双列圆柱滚子轴承，内圈为 1∶12 的锥孔，当内圈沿锥形轴颈轴向移动时，内圈胀大以调整滚道的间隙。滚子数目多，两列滚子交错排列，因而承载能力大，刚性好，允许转速高。它的内、外圈均较薄，因此，要求主轴颈与箱体孔均有较高的制造精度，以免轴颈与箱体孔的形状误差使轴承滚道发生畸变而影响主轴的旋转精度。该轴承只能承受径向载荷。

图 2-13b 所示为双列角接触球轴承，接触角 60°，球径小，数目多，能承受双向轴向载荷。磨薄中间隔套，可以调整间隙或预紧，轴向刚度较高，允许转速高。该轴承一般与双列圆柱滚子轴承配套用作主轴的前支承，并将其外圈外径公

差做成负值，保证只承受轴向载荷。

图 2-13c 所示为双列圆锥滚子轴承，它有一个公用外圈和两个内圈，由外圈的凸肩在箱体上进行轴向定位，箱体孔可以镗成通孔。磨薄中间隔套可以调整间隙或预紧，两列滚子的数目相差一个，能使振动频率不一致，明显改善了轴承的动态特性。这种轴承能同时承受径向和轴向载荷，通常用作主轴的前支承。

图 2-13d 所示为带凸肩的双列空心圆柱滚子轴承，结构上与图 2-13c 所示的双列圆锥滚子轴承相似，可用作主轴前支承。滚子做成空心的，保持架为整体结构，润滑油由空心滚子端面流向挡边摩擦处，可有效地进行润滑和冷却。空心滚子承受冲击载荷时可产生微小变形，能增大接触面积并且有吸振和缓冲作用。

图 2-13e 所示为带有预紧弹簧的单列圆锥滚子轴承，弹簧数目为 16~20 根，均匀增减弹簧，可以改变预加载荷的大小。

图 2-13f 所示为角接触球轴承，这种类型的轴承既可承受径向载荷，又可承受轴向载荷。接触角 α 有 15°、25°、40°三种。15°接触角多用于轴向载荷较小，转速较高的场合；25°、40°接触角多用于轴向载荷较大的场合。将内、外圈相对轴向移动，可以调整间隙，实现预紧。它们多用于高速主轴。为了提高轴的刚度和承载能力，多个轴承可以组合使用。图 2-14 所示为角接触球轴承的三种基本组合方式：图 2-14a 为背靠背组合，图 2-14b 为面对面组合，图 2-14c 为同向组合。这三种组合方式，两个轴承都共同承担径向载荷；图 2-14a 和图 2-14b 所示组合方式可承受双向轴向载荷；图 2-14c 所示组合方式则只能承受单向载荷，但承载能力较大，轴向刚度较高。这种轴承还可以三联组配、四联组配。

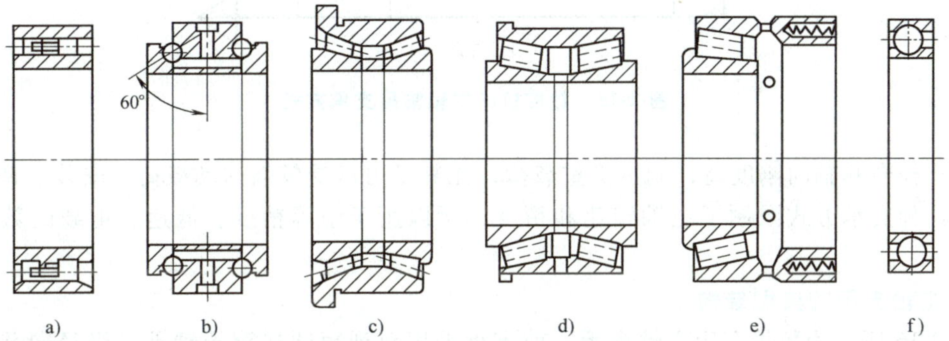

图 2-13　主轴常用滚动轴承

2. 主轴常见支承方式

数控机床主轴常见的支承方式有三种，如图 2-15 所示。

1）前支承采用双列短圆柱滚子轴承和 60°角接触双列向心推力球轴承组合，后支承采用成对向心推力球轴承（见图 2-15a）。此配置可提高主轴的综合刚度，可满足强力切削的要求，普遍用于各类数控机床主轴。

2）前支承采用一对高精度角接触球轴承和一个角接触球轴承的组合，后支承采用角接触球轴承（见图 2-15b）。角接触球轴承有良好的高速性，主轴最高转速可达 4000r/min，但它的承载能力小，适用于高速、轻载、高精密的数控机床主轴。

3）前支承采用双列圆锥滚子轴承，后支承采用单列圆锥滚子轴承（见图 2-15c）。这种

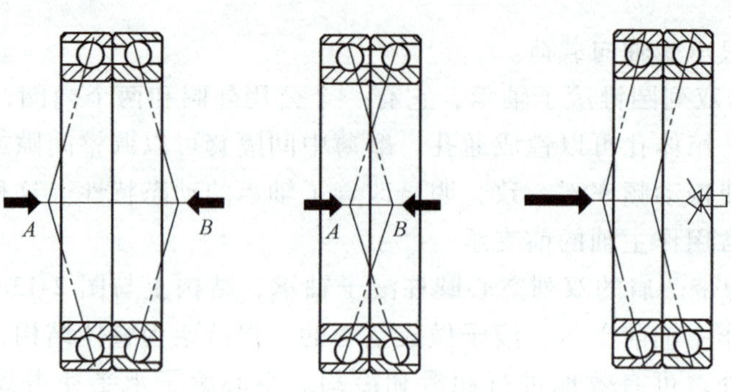

图 2-14 角接触球轴承的三种基本组合方式

a）背靠背 b）面对面 c）同向组合

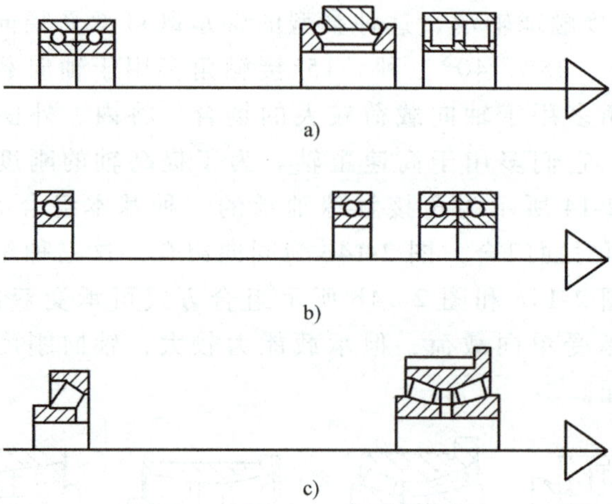

图 2-15 数控机床主轴常见支承方式

支承方式径向和轴向刚度高，能承受重载荷，尤其是可承受较强的动载荷。安装、调整性能好，但这种支承方式限制了主轴转速和精度，所以用于中等精度、低速、重载的数控机床主轴。

3. 主轴支承的典型结构

图 2-16 所示为数控车床主轴支承，前支承采用双列短圆柱滚子轴承承受径向载荷，采用 60°双列角接触球轴承承受轴向载荷；后支承采用双列短圆柱滚子轴承。这种支承结构适用于中等转速，能承受较大的切削负载，主轴刚性高。

图 2-17 所示为卧式铣床主轴支承，轴的径向刚度好，适用于较高转速。

图 2-18 所示为卧式镗铣床主轴支承，这种支承方式可以承受双向轴向载荷和径向载荷，承载能力大，刚性好，结构简单。

4. 滚动轴承的间隙与预紧

滚动轴承存在较大间隙时，载荷将集中作用于受力方向上的少数滚动体，使得轴承刚度下降，承载能力下降，旋转精度变差。将滚动轴承适当预紧，使滚动体与内、外圈滚道在接触处产生一定过盈量，使受载后承载的滚动体数量增多，受力趋向均匀，从而提高轴承承载能力和刚度，有利于减少主轴回转轴线的漂移，提高旋转精度。但过盈量不宜太大，否则轴

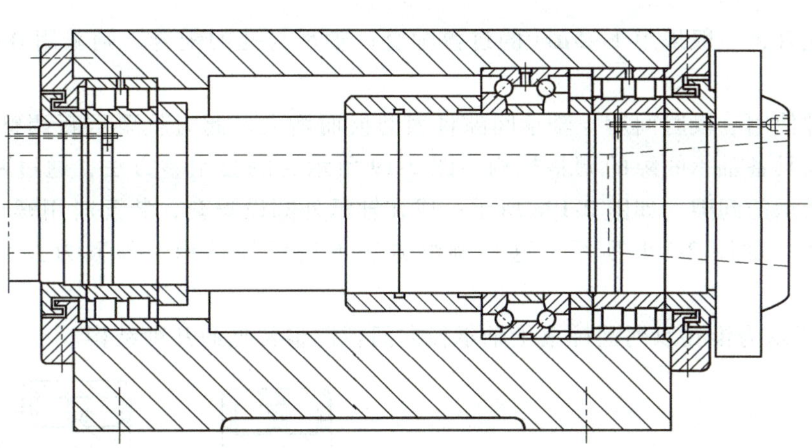

图 2-16　数控车床主轴支承

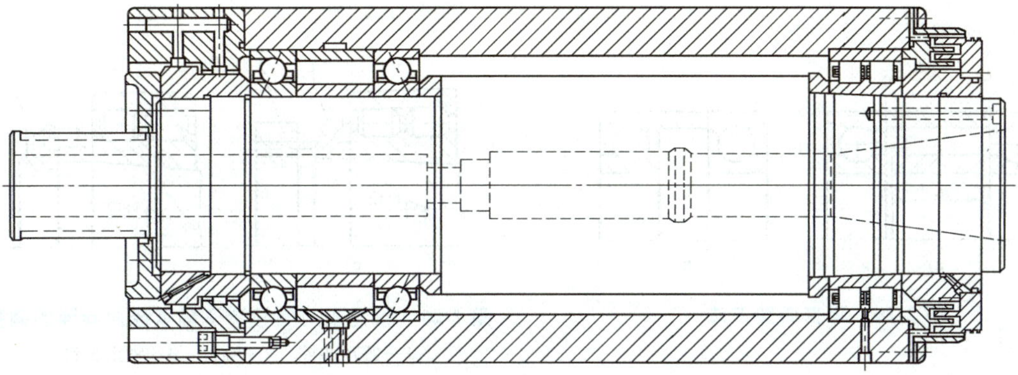

图 2-17　卧式铣床主轴支承

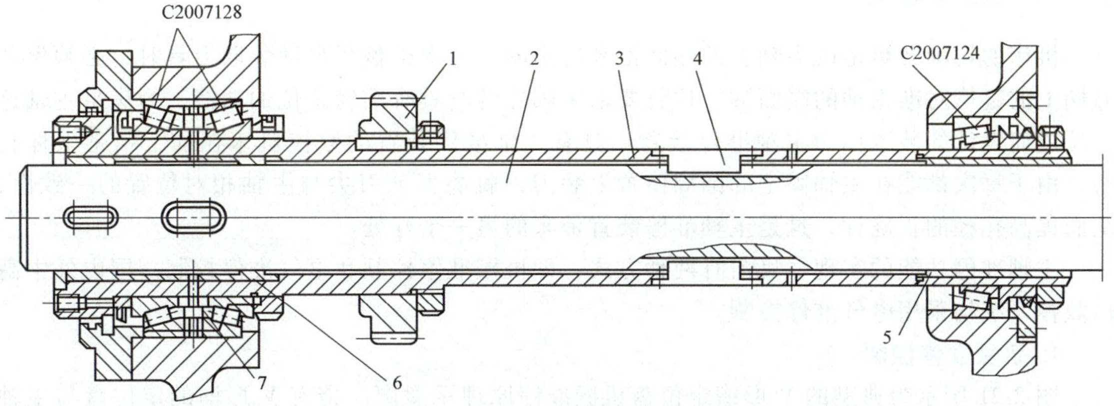

图 2-18　卧式镗铣床主轴支承

1—齿轮　2—主轴　3—铣主轴　4—双键　5、6—主轴套　7—前轴承

承的摩擦磨损加剧，承载能力将显著下降。公差等级、轴承类型和工作条件不同的主轴组件，其轴承所需的预紧量各有所不同。如在加工中心上，角接触球轴承在主轴上安装时，轴

承与主轴的配合，一般采用 1~5μm 的过盈配合；轴承与孔的配合，则采用 0~5μm 的间隙配合。

主轴组件使用一段时间后，轴承间隙将因磨损而增大，此时就要重新调整间隙。因此，主轴部件必须具备轴承间隙的调整机构。图 2-19 所示为隔套调整方法，通过两个隔套的宽度差，调整轴承的间隙，如图 2-19a 所示；或在轴承外圈设隔套，装配时用螺母压紧内圈获得所需预紧力，如图 2-19b 所示。这种调整方法不用拆卸轴承，预紧力大小由工人经验确定。

图 2-20 所示为锥孔双列圆柱滚子轴承径向间隙调整常见的几种结构。

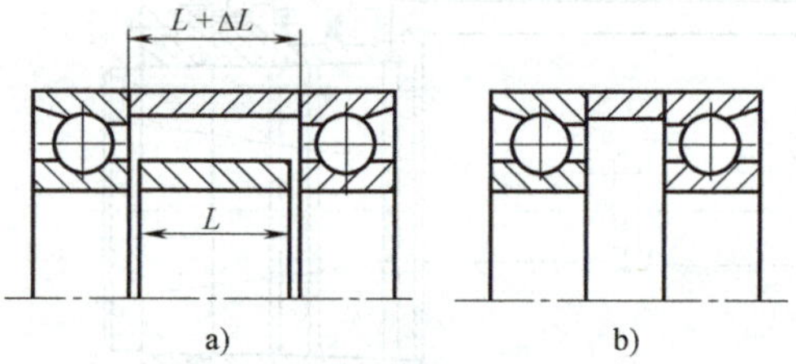

图 2-19　隔套调整方法

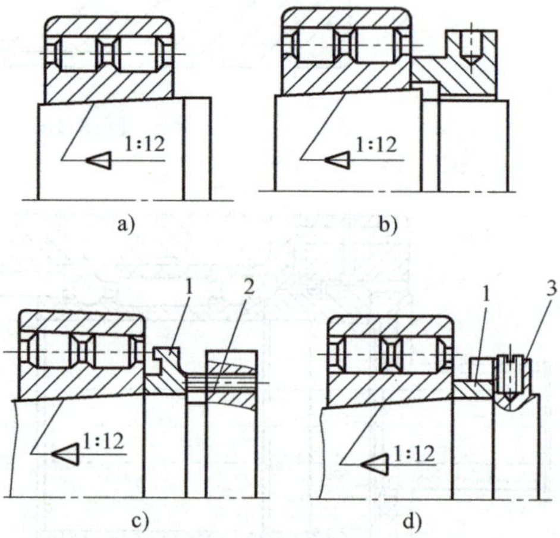

图 2-20　锥孔双列圆柱滚子轴承径向间隙的调整

1—圆环垫圈　2—螺钉　3—紧定螺钉

五、主轴准停功能

机床的切削转矩是由主轴上的端面键来传递的。每次机械手自动装取刀具时，必须保证刀柄上的键槽对准主轴的端面键。这就要求主轴停转时具有准确定位的功能。为满足主轴这一功能而设计的装置称为主轴准停装置。具有主轴准停装置的数控机床在加工精密坐标孔时，由于每次都能在主轴固定的圆周位置上装刀，就能保证刀尖与主轴相对位置的一致性，从而提高孔径的正确性，这是主轴准停装置带来的另一个好处。

主轴准停功能的实现，目前有两种方式，即机械准停控制和电气准停控制。国内外中高档数控系统均采用电气准停控制。

1. 机械准停控制

图 2-21 所示为典型的 V 形槽定位盘机械准停原理示意图。带有 V 形槽的定位盘与主轴端面保持一定的关系，以确定定位位置。当准停指令到来时，首先使主轴减速至某一可以设定的低速转动，当无触点开关有效信号被检测到后，立即使主轴电动机停转并断开主轴传动链，此时主轴电动机与主轴传动件依惯性继续空转，同时定位液压缸定位销伸出并压向定位盘。当定位盘 V 形槽与定位销正对时，由于液压缸的压力，定位销插入 V 形槽中，准停到 LS_2 信号有效，表明准停动作完成。这里 LS_1 为准停释放信号。采用这种准停方式，必须有

一定的逻辑互锁，即 LS_2 有效时才能进行下面诸如换刀等动作。而只有当 LS_1 有效时才能起动主轴电动机正常运转。上述准停功能通常可由数控系统所配的可编程序控制器完成。

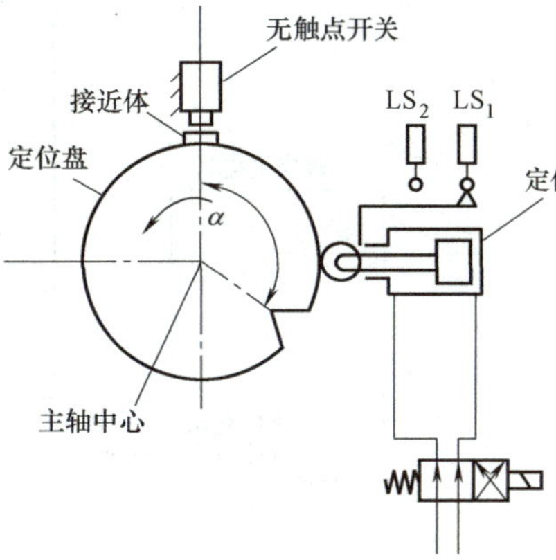

图 2-21　V 形槽定位盘机械准停原理示意图

2. 电气准停控制

电气准停控制又分为电磁传感器主轴准停控制、编码器主轴准停控制和数控系统主轴准停控制三种。

（1）电磁传感器主轴准停控制　图 2-22 所示为电磁传感器主轴准停控制装置。主轴 8 的尾部安装有发磁体 9，它随主轴转动，在距发磁体外缘 14mm 处，固定了一个磁传感器 10，它经过放大器 11 与主轴伺服单元 3 连接。主轴定向指令 1 发出后，主轴处于定向状态，当发磁体上的判别孔转到对准磁传感器上的基准槽时，主轴立即停止。

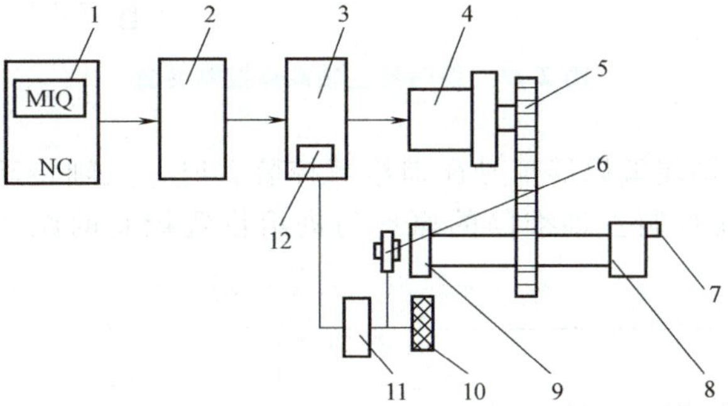

数控机床主轴准停装置及准停

图 2-22　电磁传感器主轴准停控制装置

1—主轴定向指令　2—强电时序电路　3—主轴伺服单元　4—主轴电动机　5—同步带　6—位置控制回路　7—主轴端面键　8—主轴　9—发磁体　10—磁传感器　11—放大器　12—定向电路

（2）编码器主轴准停控制　图 2-23 所示为编码器主轴准停控制装置。编码器主轴准停控制可采用主轴电动机内部安装的编码器信号（来自主轴驱动装置），也可以在主轴上直接安装另外一个编码器。采用前一种方式要注意传动链对主轴准停精度的影响。主轴驱动装置内部可自动转换，使主轴驱动处于速度控制或位置控制状态。准停角度可由外部开关量（12 位）设定，这一点与电磁传感器主轴准停控制不同，电磁传感器主轴准停控制的角度无法随意设定，要想调整准停位置，只有调整发磁体与磁传感器的相对位置。其步骤与传感器类似。

（3）数控系统主轴准停控制　这种准停控制方式是由数控系统完成的，采用这种控制方式时需注意以下问题：

1）数控系统须具有主轴闭环控制功能。通常为避免冲击，主轴驱动都具有软起动功能，但这对主轴位置闭环控制会产生不良影响。此时，若位置增益过低，则准停精度和刚度（克服外界扰动的能力）不能满足要求；若过高，则会产生严重的定位振荡现象。因此，必须使主轴进入伺服状态。此时其特性与进给伺服系统相近，才可进行位置控制。

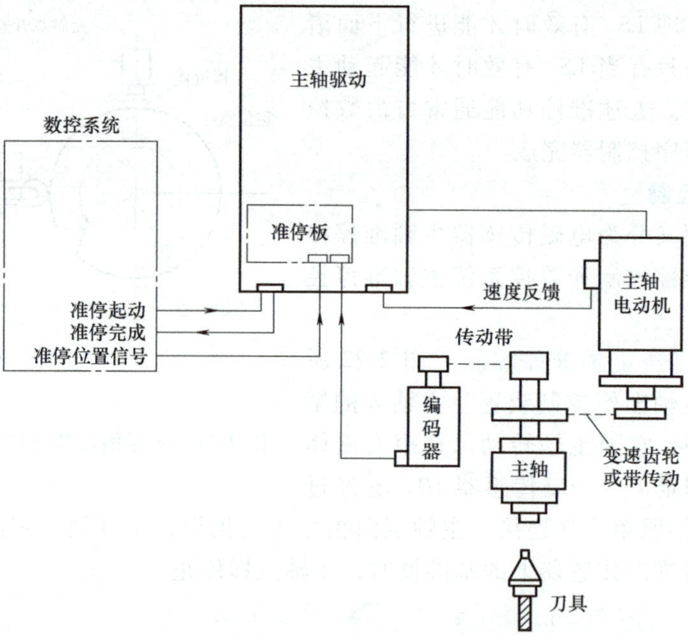

图 2-23 编码器主轴准停控制装置

2）当采用电动机轴端编码器信号反馈给数控装置时，主轴传动链精度可能对主轴精度产生影响。数控系统控制主轴准停的原理与进给位置控制的原理非常相似，如图 2-24 所示。

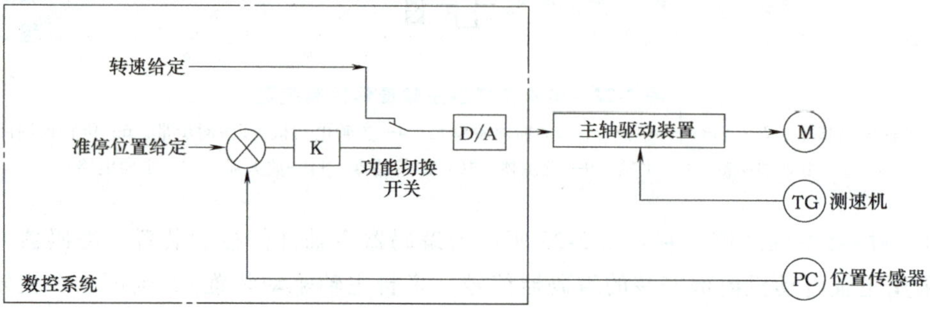

图 2-24 数控系统控制主轴准停原理图

当采用数控系统控制主轴准停时，角度指令由数控系统内部设定，因此准停角度的设定更加方便。其工作原理是：数控系统执行准停指令 M19 或 M19 S ** 时，首先将 M19 送至可编程序控制器，可编程序控制器经译码送出控制信号使主轴驱动进入伺服状态，同时数控系统控制主轴电动机降速并寻找零位脉冲 C，然后进入位置闭环控制状态。如执行 M19，无 S 指令，则主轴定位于相对于零位脉冲 C 的某一默认位置（可由数控系统设定）。如执行 M19 S ** ，则主轴定位于指令位置，也就是相对零位脉冲 S ** 的角度位置。

例 M03 S1000 //主轴以 1000r/min 正转

M19 //主轴准停于默认位置

M19 S100 //主轴准停转至 100°处

S1000　　　　//主轴再次以 1000r/min 正转

M19 S200　　　//主轴准停至 200°处

相对机械准停控制，采用电气准停控制有如下优点：

1）简化机械结构。与机械准停控制相比，电气准停控制只需在旋转部件和固定部件上安装传感器即可。

2）缩短准停时间。准停时间包括在换刀时间内，而换刀时间是加工中心的一项重要指标。若采用电气准停控制，即使主轴在高速转动时，也能快速定位于准停位置。

3）可靠性增加。由于无需复杂的机械、开关和液压缸等装置，也没有机械准停控制所形成的机械冲击，因此准停控制的寿命与可靠性大大增加。

4）性价比提高。由于简化了机械结构和强电控制逻辑，因此，机床这部分的成本大大降低。但电气准停控制常作为选择功能，这是因为订购电气准停控制附件需另加费用。但总体来看，其性价比比机械准停控制大大提高。

六、主轴部件的润滑与密封

1. 主轴的密封

在密封件中，被密封的介质往往是以滴漏、渗透或扩散的形式，越界泄漏到密封连接处的彼侧。造成泄漏的基本原因是流体从密封面上的间隙中溢出，或是由于密封部件内外两侧密封介质的压力差或浓度差，致使流体向压力低或浓度低的一侧流动。

图 2-25 所示为卧式加工中心主轴前支承的密封结构，采用的是双层小间隙密封装置。主轴前端加工有两组锯齿形护油槽，在法兰盘 4 和 5 上开有沟槽及泄油孔，喷入轴承 2 内的油液流出后被法兰盘 4 内壁挡住，并经其下部的泄油孔 9 和套筒 3 上的回油斜孔 8 流回油箱，少量油液沿主轴 6 流出时，在离心力的作用下被主轴护油槽甩至法兰盘 4 的沟槽内，经回油斜孔 8 重新流回油箱，达到了防止润滑介质泄漏的目的。

当外部切削液、切屑及灰尘等沿主轴 6 与法兰盘 5 之间的间隙进入时，经法兰盘 5 的沟槽由泄漏孔 7 排出，少量的切削液、切屑及灰尘进入主轴前锯齿沟槽，在主轴 6 高速旋转的离心力作用下，仍被甩至法兰盘 5 的沟槽内由泄漏孔 7 排出，达到了主轴端部密封的目的。

要使间隙密封结构能在一定的压力和温度范围内具有良好的密封防漏性能，必须保证法兰盘 4、5 与主轴及轴承端面的配合间隙。

1）法兰盘 4 与主轴 6 的配合间隙应控制在 0.1～0.2mm（单边）范围内。如果间隙偏大，则泄漏量将按间隙值的三次方扩大；若间隙过小，由于加工及安装误差，容易与主轴局部接触，使主轴局部升温并产生噪声。

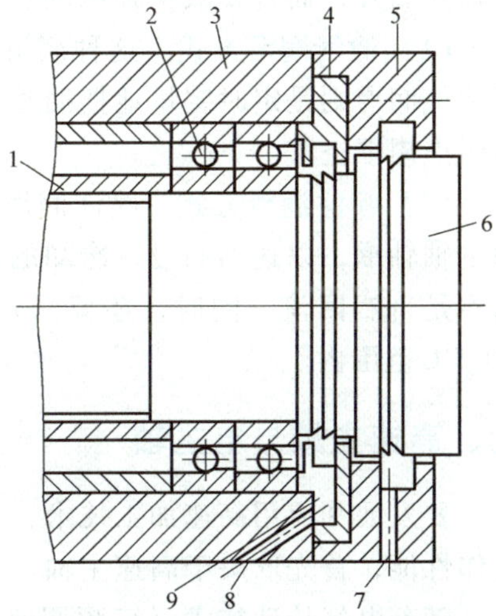

图 2-25　卧式加工中心主轴前支承的密封结构

1—套筒　2—轴承　3—套筒　4、5—法兰盘　6—主轴　7—泄漏孔　8—回油斜孔　9—泄油孔

2）法兰盘 4 内端面与轴承端面的间隙应控制在

0.15~0.3mm。小间隙可使压力油直接被挡住，并沿法兰盘4内端面下部的泄油孔9经回油斜孔8流回油箱。

3）法兰盘5与主轴的配合间隙应控制在0.15~0.25mm（单边）。间隙太大，进入主轴6内的切削液及杂质会显著增多；间隙太小，则易与主轴6接触。法兰盘5沟槽深度应大于1mm（单边），泄漏孔7直径应大于6mm，并位于主轴下端靠近沟槽内壁处。

4）法兰盘4的沟槽深度大于1.2mm（单边），主轴上的锯齿尖而深，一般在5~8mm，以确保具有足够的甩油空间。法兰盘4处的主轴锯齿向后倾斜，法兰盘5处的主轴锯齿向前倾斜。

5）法兰盘4上的沟槽与主轴6上的护油槽对齐，以保证被主轴甩至法兰盘沟槽内腔的油液能可靠地流回油箱。

6）套筒前端的回油斜孔8及法兰盘4的泄油孔9流量为进油孔的2~3倍，以保证压力油能顺利地流回油箱。

这种主轴前端密封结构也适合于卧式车床的主轴前端密封。在油脂润滑状态下使用该密封结构时，取消了法兰盘泄油孔及回油斜孔，并且有关配合间隙适当放大，经正确加工及装配后同样可达到较为理想的密封效果。

2. 主轴的润滑

为了保证主轴有良好的润滑，减少摩擦发热，同时又能把主轴组件的热量带走，通常采用循环式润滑系统，用液压泵强力供油润滑，使用油温控制器控制油箱油液温度。高档数控机床主轴轴承采用了高级油脂封存方式润滑，每加一次油脂可使用7~10年，简化了结构，降低了成本且维护保养简单，但须防止润滑油和润滑脂混合，通常采用迷宫式密封方式。为了适应主轴高速化发展的需要，新的润滑冷却方式不断涌现，新型的润滑冷却方式不但要减少轴承温升，而且要减少轴承内、外圈的温差，以保证主轴热变形小。

（1）油气润滑方式　这种润滑方式近似于油雾润滑方式，但油雾方式是连续供给油雾，而油气润滑则是定时定量地把油雾送进轴承空隙中，既实现了油雾润滑，又避免了油雾太多而污染周围空气。

（2）喷注润滑方式　喷注润滑方式是将较大流量的恒温油（每个轴承3~4L/min）喷注到主轴轴承，以达到润滑、冷却的目的。这里，较大流量喷注的油必须靠排油泵强制排油，而不是自然回流。同时，还要采用专用的大容量、高精度恒温油箱，将油温变动控制在±0.5℃范围内。

七、高速主轴与电主轴

要发展和应用高速加工技术，首先必须有性能优良的高速数控机床，而高速数控机床的工作性能，首先取决于高速主轴。

随着电气传动技术（变频调速技术、电动机矢量控制技术等）的迅速发展和日趋完善，高速数控机床主传动的机械结构已得到极大的简化，取消了带传动和齿轮传动，机床主轴由内装式电动机直接驱动，从而把机床主传动链的长度缩短为零，实现了机床主运动的“零传动”。这种主轴电动机与机床主轴“合二为一”的传动结构形式，使主轴组件从机床的传动系统和整体结构中相对独立出来，因此可做成“主轴单元”，俗称“电主轴”。由于当前电主轴主要采用的是交流高频电动机，故也称为“高频主轴”。电主轴是一种智能型功能部件，不但转速高、功率大，还有一系列控制主轴温升与振动等机床运行参数的功能，以确保其高速运转的可靠性与安全。电主轴结构示意和系统基本配置如图 2-26 所示。

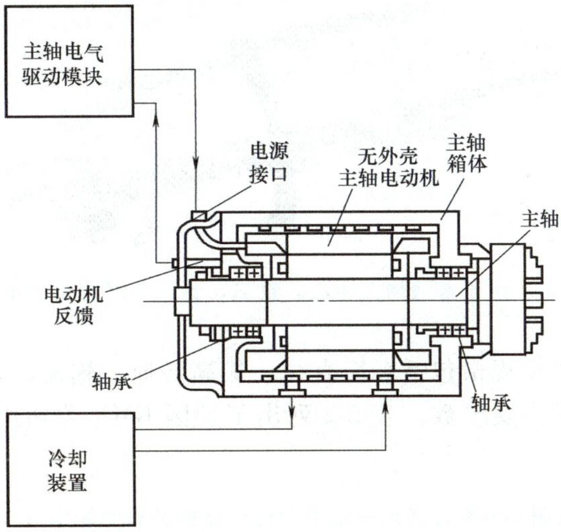

图 2-26　电主轴结构示意和系统基本配置

虽然将电动机内置会带来不少麻烦，但在高速加工时，采用这种配置方式是唯一的选择，也是最佳的选择。这是因为：

1）如果电动机不内置，仍采用带或齿轮等方式传动，则在电动机高速运转的条件下，由此产生的振动和噪声等问题很难解决，势必影响高速加工的精度、加工表面粗糙度，并导致环境质量的恶化。

2）高速加工的最终目的是为了提高生产率，相应地要求在最短时间内实现高转速的速度变化，也即要求主轴回转时具有极大的角加速度。达到这个要求的最经济的办法，是将主轴传动系统的转动惯量尽可能地减至最小。而只有将电动机内置，省掉齿轮、带传动等一系列中间环节，才有可能达到这一目的。

3）电动机内置于主轴的两支承之间，与用带、齿轮等作末端传动的结构相比，可较大幅度地提高主轴系统的刚度，也就提高了系统的固有频率，从而提高了其临界转速值。这样，电主轴即使在最高转速运转时，仍可确保低于临界转速，保证高速回转时的安全。

4）电主轴比传统的主轴传动系统的结构简单、紧凑，这样也便于把它用于多轴联动机床、多面体加工机床和并联（虚拟轴）机床。

内置于主轴组件后，电动机不可避免地会有发热的问题，从而需要专门用于冷却电动机的油冷或水冷系统。高频电动机要有变频器类的驱动器，以实现主轴转速的变换。高速轴承有时要有专门的润滑装置。为了保证高速回转部件的安全，要有报警及停车用的传感器及其控制系统等一系列支持电主轴运转的外围设备技术。因此，“电主轴”的概念不应简单理解为只是一根光主轴套筒，而是一个完整的系统。

目前，国内外专业的电主轴制造厂已可供应几百种规格的电主轴，其套筒直径范围为 32~320mm，转速范围为 10000~150000r/min，功率范围为 0.5~80kW，转矩范围为 0.1~300N·m。除可满足各类高速切削的要求外，还可供应各种规格带锥柄用于现有普通加工中心、铣床、钻床作增速用的电主轴（见图 2-27）。还有以水为介质的静压轴承和磁悬浮轴承电主轴，以及交流永磁同步电动机电主轴，这些都促进了电主轴技术进一步的发展。

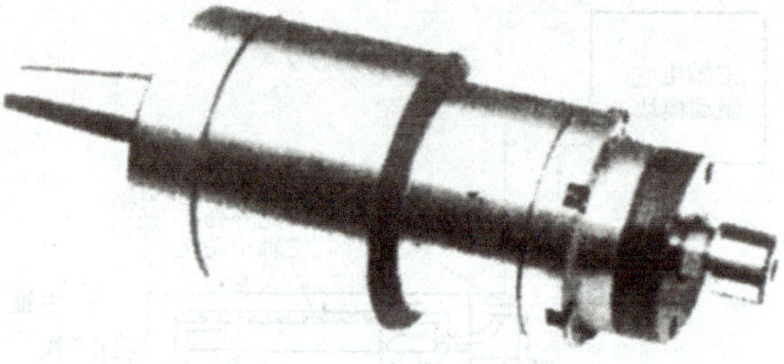

图 2-27 用于普通加工中心、铣床、钻床作增速用的电主轴

电主轴的基本参数主要规格包括套筒直径、最高转速、输出功率、转矩和刀具接口等，其中套筒直径为电主轴的主要参数。表 2-2 列出了德国 GMN 公司用于加工中心和铣床的电主轴型号和主要规格。

表 2-2 德国 GMN 公司用于加工中心和铣床的电主轴型号和主要规格

主轴型号	套筒直径 /mm	最高转速 /r·min^{-1}	输出功率 /kW	基速 /r·min^{-1}	基速转矩 /N·m	润滑	刀具接口
HC120-42000/11	120	42000	11	30000	3.5	OL	SK-30
HC120-50000/11	120	50000	11	30000	3.5	OL	HSK-E25
HC120-60000/5.5	120	60000	5.5	60000	0.9	OL	HSK-E25
HCS150g-18000/9	150	18000	9	7500	11	G	HSK-A50
HCS170-24000/27	170	24000	27	18000	14	OL	HSK-A63
HCS170-40000/60	170	40000	60	40000	14	OL	HSK-A50/E50
HCS170g-15000/15	170	15000	15	6000	24	G	HSK-A63
HCS170g-20000/18	170	20000	18	12000	14	G	HSK-F63
HCS180-30000/16	180	30000	16	15000	10	OL	HSK-A50/E50
HCS185g-8000/11	185	8000	11	2130	53	G	HSK-A63
HCS200-18000/15	200	18000	15	1800	80	OL	HSK-A63
HCS200-30000/15	200	30000	15	12000	12	OL	HSK-A50/E50
HCS200-36000/16	200	36000	16	6000	29	OL	HSK-A50/E50
HCS200-36000/76	200	36000	76	25000	29	OL	HSK-A50/E50
HCS200g-12000/15	200	12000	15	1800	80	G	SK40
HCS230-18000/15	230	18000	15	1800	80	OL	HSK-A63
HCS230-18000/25	230	18000	25	3000	80	OL	HSK-A63
HCS230-24000/18	230	24000	18	3150	57	OL	HSK-A63
HCS230-24000/45	230	24000	45	7500	58	OL	HSK-A63
HCS230g-12000/22	230	12000	22	2400	87	G	HSK-A63

（续）

主轴型号	套筒直径 /mm	最高转速 /r·min^{-1}	输出功率 /kW	基速 /r·min^{-1}	基速转矩 /N·m	润　滑	刀具接口
HCS230g-12000/25	230	12000	25	3000	80	G	HSK-A63
HCS230g-15000/9	230	15000	9	1220	70	G	HSK-A63
HCS275-20000/60	275	20000	60	10000	57	OL	HSK-A63
HCS285-12000/32	285	12000	32	1000	306	OL	HSK-A100
HCS300-12000/30	300	12000	30	1000	286	OL	HSK-A100
HCS300-14000/25	300	14000	25	1100	217	OL	HSK-A63
HCS300g-8000/30	300	8000	30	1000	286	G	HSK-A100

注：HCS—矢量控制；OL—油气润滑；G—永久油脂润滑；SK—ISO 锥度；全部使用陶瓷球轴承。

图 2-28 所示为高速电主轴的典型结构。主轴由前后两套轴承来支承。电动机的转子用压配合的方法安装在机床主轴上，处于前、后轴承之间，由压配合产生的摩擦力来实现大转矩的传递。在主轴上取消了键连接和螺纹连接，这种设计主要是为了容易使主轴运转部分达到精确的动平衡。由于转子内孔与主轴配合面之间有很大的过盈量，因此在装配时必须在油液中将转子加热至 200℃ 左右，并迅速进行热压装配。电动机的定子通过一个冷却套固装在电主轴的箱体中。这样，电动机的转子就是机床的主轴，电主轴的箱体的就是电动机座，成为机电一体化的一种新型主轴系统。主轴的转速用电动机的变频调速与矢量控制装置来改变。在主轴的后部安装有齿盘和测速、测角传感器。主轴前端外伸部分的内锥孔和端面用于安装和固定加工中心可换的刀柄。

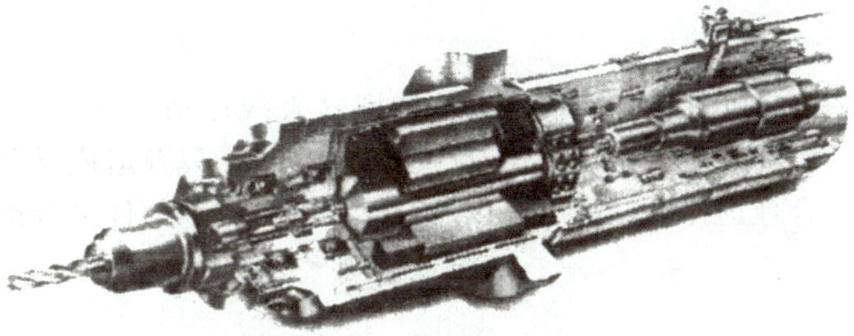

图 2-28　高速电主轴的典型结构

为了精确校正转子与主轴的动平衡，在转子两端设置有两个平衡环。每个环上有大小不同的许多均布螺纹孔。可根据动平衡测试的结果，在适当的螺纹孔中旋入平衡螺钉，螺钉旋入的深度应根据动平衡的要求来确定。达到精确动平衡后，再用环氧树脂将这些小螺钉紧固在相应位置上，以防止主轴高速旋转时被甩出。

图 2-29　无外壳主轴电动机

无外壳主轴电动机如图 2-29 所示，主要由定子和动子两部分组成。动子做成空心的结构，用于安装加工中心或其他机床的主轴。国外许多电动机厂或控制设备厂都有这种散装式主轴电动机，按订货要求生产，供机床制造厂自制电主轴用。

国内以洛阳轴承研究所生产的电主轴最为著名。在20世纪80年代，它从德国GMN公司引进了电主轴生产技术。近年来，它开发的加工中心、高速铣床和车床用电主轴，已与国产高速机床和国产并联（虚拟轴）机床配套，投入了使用。

任务二　分析与调整进给传动机构结构

任务内容： 数控机床对进给传动机构的要求，齿轮变速传动装置间隙的调整，联轴器的选用，滚珠丝杠副结构、调整、支承和应用特点，各种导轨的种类与应用，回转工作台与分度工作台的结构和工作原理等。

任务目标： 通过学习，掌握齿轮变速传动装置间隙的调整方法，滚珠丝杠副的结构、调整、支承和应用特点，贴塑导轨和直线滚动导轨的应用特点，回转工作台和鼠牙盘式分度工作台的结构和工作原理。理解数控机床对进给传动机构的要求，了解联轴器的选用知识，液压导轨工作原理，定位销式分度工作台结构原理。

一、对数控机床进给传动机构的要求

数控机床进给传动机构是将电动机的旋转运动转换为工作台或刀架的运动，包括齿轮传动副、丝杠副、蜗杆副、轴及其支承部件等。为了保证数控机床进给系统的定位精度和动态性能，对其机械传动装置提出了高传动刚度、高谐振、低摩擦、低惯量、无反向间隙等方面的要求。

1. 高传动刚度

进给传动系统的高传动刚度主要取决于丝杠副（直线运动）或蜗杆副（回转运动）及其支承部件的刚度。刚度不足会导致工作台产生爬行现象，以及造成反向死区，影响传动准确性。缩短传动链，合理选择丝杠尺寸，以及对丝杠副及支承部件进行预紧等是提高传动刚度的有效途径。

2. 高谐振

为提高进给系统的抗振性，应使机械构件具有高的固有频率和合适的阻尼。一般要求机械传动系统的固有频率高于伺服驱动系统固有频率的2~3倍。

3. 低摩擦

进给传动系统要求运动平稳，定位准确，快速响应特性好，必须减小运动的摩擦阻力和动、静摩擦因数之差。目前，在进给传动系统中普遍采用滚珠丝杠副。

4. 低惯量

进给系统由于需经常进行起动、停止、变速或反向，若机械传动装置惯量大，会增大负载并使系统动态性能变差。因此，在满足强度与刚度的前提下，应尽可能减小运动部件的重量以及各种传动元件的尺寸，以提高传动部件对指令的快速响应能力。

5. 无反向间隙

机械间隙是造成进给系统反向死区的另一主要原因，因此对传动链的各个环节，包括齿轮副、丝杠副、联轴器及其支承部件等，均要采用消除间隙的结构措施。

二、变速传动装置

进给变速传动装置

数控机床的机械进给装置中常采用齿轮传动副来达到一定的降速比和转矩的要求。由于齿轮在制造中总是存在着一定的误差，不可能达到理想齿面的要求，因此一对啮合的齿轮，必须有一定的齿侧间隙才能正常地工作。但齿侧间隙会造成进给系统的反向动作落后于数控系统指令要求，形成跟随误差甚至是轮廓误差；对闭环系统来说，齿侧间隙也会影响系统的稳定性。因此，齿轮传动副常采用各种消除侧隙的措施，以尽量减小齿轮侧隙。数控机床上针对不同类型的齿轮传动副有不同的调整齿侧间隙的方法。

1. 圆柱齿轮齿侧间隙的消除

(1) 偏心轴套调整法　如图 2-30 所示，齿轮 1 装在电动机轴上，调整偏心套 2 可以改变齿轮 1 和 3 之间的中心距，从而消除齿侧间隙。

(2) 锥齿轮调整法　如图 2-31 所示，将一对齿轮 1 和 2 的轮齿沿齿宽方向制成小锥度，使齿厚在齿轮的轴向稍有变化。调整时改变垫片 3 的厚度就能改变齿轮 1 和 2 的轴向相对位置，从而消除齿侧间隙。

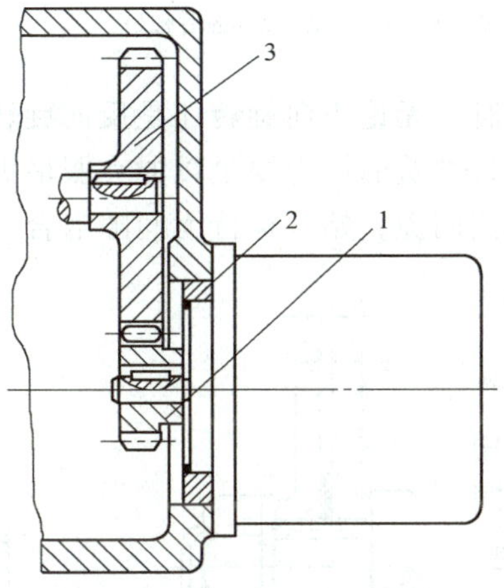

图 2-30　偏心轴套调整结构

1、3—齿轮　2—偏心套

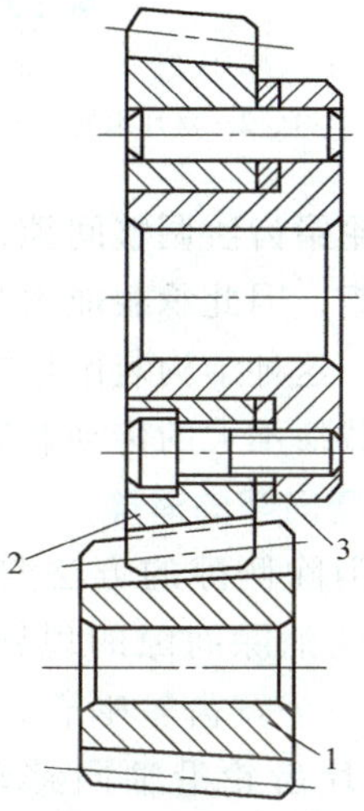

图 2-31　锥齿轮调整结构

1、2—齿轮　3—垫片

以上两种方法的特点是结构简单，能传递较大转矩，传动刚度好，但齿侧间隙调整好后不能自动补偿，属于刚性调整法。

(3) 双片齿轮错齿调整法　图 2-32a 所示为双片齿轮可调弹簧错齿消隙结构。两个相同齿数的薄片齿轮 1 和 2 与另一个宽齿轮啮合，两薄片齿轮可相对回转。在两个薄片齿轮 1 和 2 的端面均匀分布着四个螺纹孔，分别装上凸耳 3 和 8。薄片齿轮 1 的端面还有另外四个通孔，凸耳可以在其中穿过，弹簧 4 的两端分别钩在凸耳 3 和调节螺钉 7 上。通过螺母 5 调节弹簧 4 的拉力，调节完后用螺母 6 锁紧。弹簧的拉力使薄片齿轮错位，即两个薄片齿轮的左右齿面分别贴在宽齿轮齿槽的左右齿面上，从而消除了齿侧间隙。

图 2-32b 所示为另一种双片齿轮周向弹簧错齿消隙结构，两片薄片齿轮 1 和 2 套装一起，每片齿轮各开有两条周向通槽，在齿轮的端面上装有短柱 3，用来安装弹簧 4。装配时使弹簧 4 具有足够的拉力，使两个薄片齿轮的左右面分别与宽齿轮的左右面贴紧，以消除齿侧间隙。

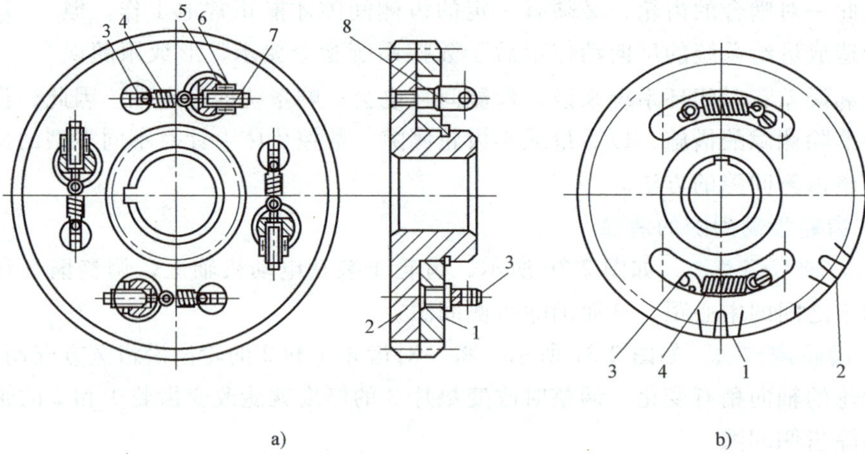

图 2-32 双片齿轮弹簧错齿消隙结构

a）可调弹簧式 b）周向弹簧式

1、2—薄片齿轮 3、8—凸耳 4—弹簧 5、6—螺母 7—调节螺钉

采用双片齿轮错齿法调整间隙，在齿轮传动时，无论正向旋转还是反向旋转，分别只有一片齿轮承受转矩，因此承载能力受到限制，并且弹簧的拉力要足以能克服最大转矩，否则起不到消隙作用。这种结构装配后能自动消除齿侧间隙，始终保持无间隙啮合，故称为柔性调整法，适合于载荷不大的传动装置。

2. 斜齿轮齿侧间隙的消除

斜齿轮传动消除侧隙的方法与直齿圆柱齿轮传动中双薄片齿轮消除间隙的思路相似，也是用两个薄片齿轮和一个宽齿轮啮合，只是通过不同的方法使两个薄片齿轮沿轴向移动合适的距离，相当于两薄片斜齿圆柱齿轮的螺旋线错开了一定的角度。两个齿轮与宽齿轮啮合时分别负责不同的方向（正向和反向），起到消除侧隙的作用。

（1）轴向垫片调整法 图 2-33 所示为斜齿轮轴向垫片调整结构。宽齿轮 4 同时与两个相同薄片斜齿轮 1 和 2 啮合，薄片斜齿轮由平键和轴连接，互相不能相对回转。薄片斜齿轮 1 和 2 的齿形拼装后一起加工，并与键槽保持确定的相对位置。装配时在两薄片齿轮之间装入厚度为 t 的垫片 3，使薄片斜齿轮 1、2 的螺旋线产生错位，其左右两齿

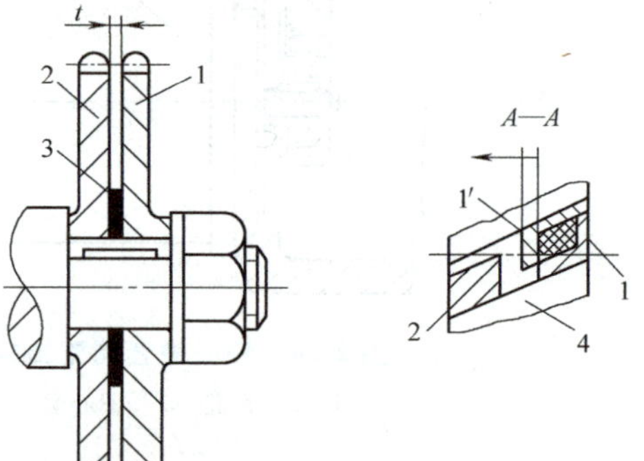

图 2-33 斜齿轮轴向垫片调整结构

1、2—薄片斜齿轮 3—垫片 4—宽齿轮

面分别与宽齿轮 4 的齿贴紧，消除齿侧间隙。垫片厚度的增减量 $t_{变化}$ 与齿侧间隙 Δ 和螺旋角 β 之间的关系式为

$$t_{变化}=\Delta\cos\beta$$

垫片的厚度一般由测试法确定，往往要经过几次修磨。这种结构的齿轮承载能力较小，且不能自动补偿间隙，属于刚性消除间隙的范畴。

（2）轴向压簧调整法　图 2-34 所示为斜齿轮轴向压簧消隙结构。该结构消隙原理与轴向垫片调整法相似，所不同的是利用薄片斜齿轮 2 右侧弹簧的压力使两个薄片斜齿轮产生相对轴向位移，从而使它们的左、右齿面分别与宽齿轮的左右齿面贴紧，以消除齿侧间隙。图 2-34a 所示为轴向压簧法消隙结构，图 2-34b 所示为碟形弹簧法消隙结构。

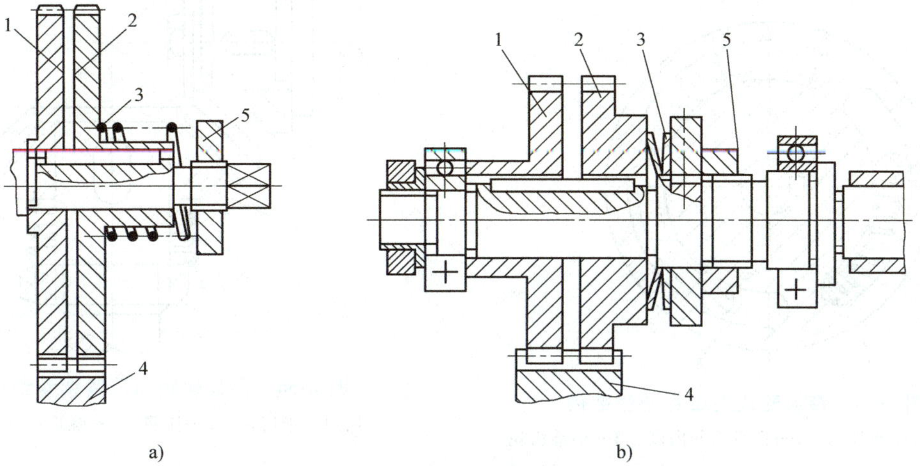

图 2-34　斜齿轮轴向压簧消隙结构

a）轴向压簧法　b）碟形弹簧法

1、2—薄片斜齿轮　3—弹簧　4—宽齿轮　5—螺母

3. 锥齿轮传动消隙

（1）周向压簧调整　如图 2-35 所示，将大锥齿轮加工成 1 和 2 两部分，锥齿轮的外圈 1 开有三个圆弧槽 8，内圈 2 的端面带有三个凸爪 4，套装在圆弧槽内。弹簧 6 的两端分别顶在凸爪 4 和镶块 7 上，使内外齿圈 1、2 的锥齿错位与小锥齿轮啮合达到消除间隙的作用。螺钉 5 将内外齿圈相对固定是为了安装方便，安装完毕后即可卸去。

（2）轴向压簧调整　如图 2-36 所示，锥齿轮 1、2 相啮合。在锥齿轮 1 的轴 5 上装有压簧 3，用螺母 4 调整压簧 3 的弹力。锥齿轮 1 在弹力作用下沿轴向移动，可消除锥齿轮 1 和 2 的间隙。

4. 齿轮齿条传动消隙

大型数控机床（如大型数控龙门铣床）工作台行程长，其进给运动不宜采用滚珠丝杠副传动，一般用齿轮齿条传动。

当载荷小时，可用双薄片齿轮错齿调整法，分别与齿条齿槽左、右侧贴紧，从而消除齿侧间隙。

当载荷大时，可采用径向加载法消除间隙。如图 2-37 所示，两个小齿轮 1 和 6 分别与齿条 7 啮合，并用加载装置 4 在齿轮 3 上预加负载，于是齿轮 3 使啮合的大齿轮 2 和 5 向外

伸开，与其同轴上的齿轮 1、6 也同时向外伸开，与齿条 7 上齿槽的左右两侧相应贴紧而无间隙。齿轮 3 由液压马达直接驱动。

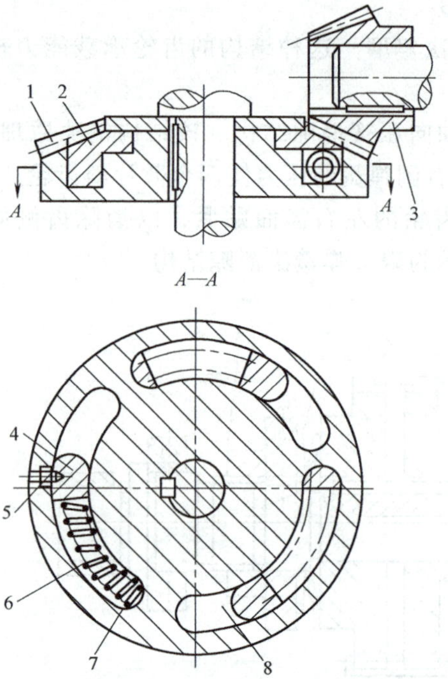

图 2-35 锥齿轮周向压簧调整结构

1—锥齿轮的外圈 2—锥齿轮的内圈 3—小锥齿轮
4—凸爪 5—螺钉 6—弹簧 7—镶块 8—圆弧槽

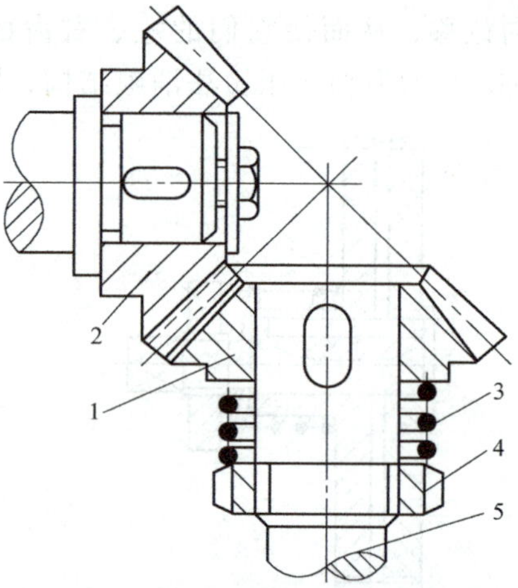

图 2-36 锥齿轮轴向压簧调整结构

1、2—锥齿轮 3—压簧 4—螺母 5—轴

三、滚珠丝杠副

滚珠丝杠副

1. 工作原理和特点

滚珠丝杠副由于在丝杠和螺母之间放入了滚珠，使丝杠与螺母间变为滚动摩擦，因而大大地减小了摩擦阻力，提高了传动效率。图 2-38 所示为滚珠丝杠副的结构示意图。丝杠 1 和螺母 3 上均制有圆弧型面的螺旋槽，将它们装在一起便形成了螺旋滚道，滚珠 4 在滚道内既自转又循环滚动。与传统的滑动丝杠副比较，滚珠丝杠副具有以下优点：

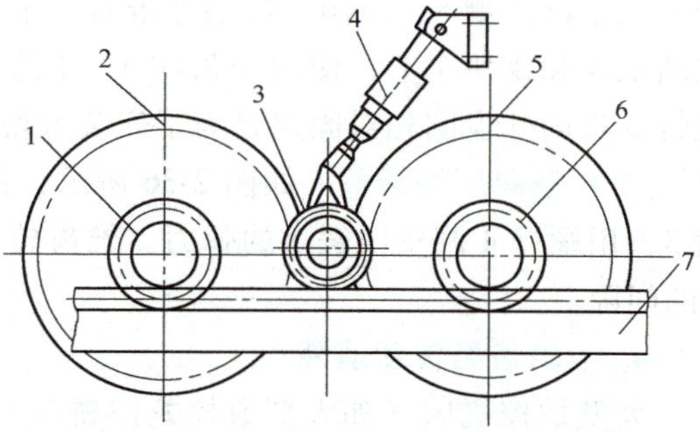

图 2-37 齿轮齿条传动的消隙结构

1、2、3、5、6—齿轮 4—加载装置 7—齿条

1）传动效率高，摩擦损失小。滚珠丝杠副的传动效率 $\eta=0.92\sim0.96$，比滑动丝杠副高了 3~4 倍，因此功率消耗只相当于滑动丝杠传动的 1/4~1/3。同时由于发热小，可实现高速运动。

2）运动平稳无爬行。由于摩擦阻力小，动、静摩擦因数之差极小，故运动平稳，不易出现爬行现象。

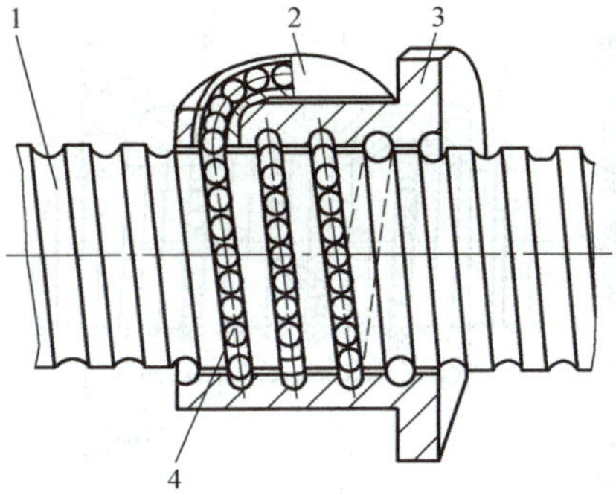

a)

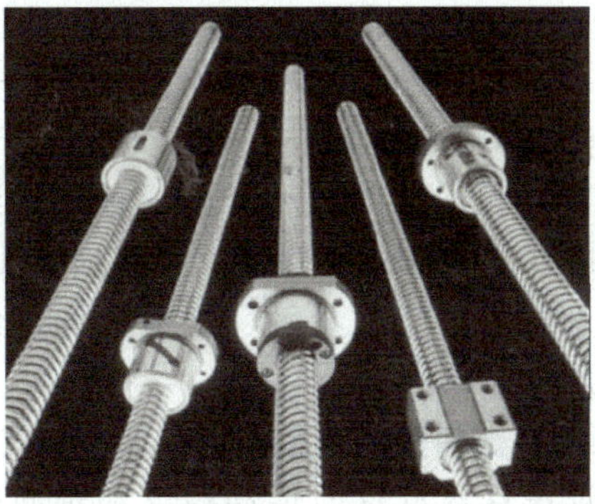
b)

图 2-38　滚珠丝杠副结构示意图

1—丝杠　2—滚道　3—螺母　4—滚珠

3）传动精度高，反向时无空程。滚珠丝杠副经预紧后，可消除轴向间隙，因而无反向死区，同时也提高了传动刚度。

4）磨损小，精度保持性好，使用寿命长。

5）具有运动的可逆性。由于摩擦因数小，不能自锁，因而可以将丝杠旋转运动转换成螺母直线运动，也可将螺母直线运动转换成丝杠旋转运动，即丝杠和螺母均可作主动件或从动件。

滚珠丝杠副的缺点是：

1）由于结构复杂，丝杠和螺母等元件的加工精度和表面质量要求高，故制造成本高。

2）由于不能自锁，特别是垂直安装的滚珠丝杠副，会因部件的自重而自动下降。当部件向下运动且切断动力源时，由于部件的自重和惯性，不能立即停止运动，因此必须增加制动装置。

由于其优点显著，虽成本较高，仍被广泛应用在数控机床中。

2. 结构类型

滚珠丝杠副按滚珠循环方式可以分为两种：

（1）外循环　滚珠从循环过程末端通过螺母外表面上的螺旋槽或插管返回螺母循环首端重新进入循环。图 2-39 所示为常见的外循环滚珠丝杠副结构。在螺母外圆上装有螺旋形的插管，其两端插入滚珠螺母工作始末两端孔中，以引导滚珠通过插管，形成滚珠的多圈循环链。这种形式结构简单，工艺性好，承载能力较高，但径向尺寸较大。目前应用最为广

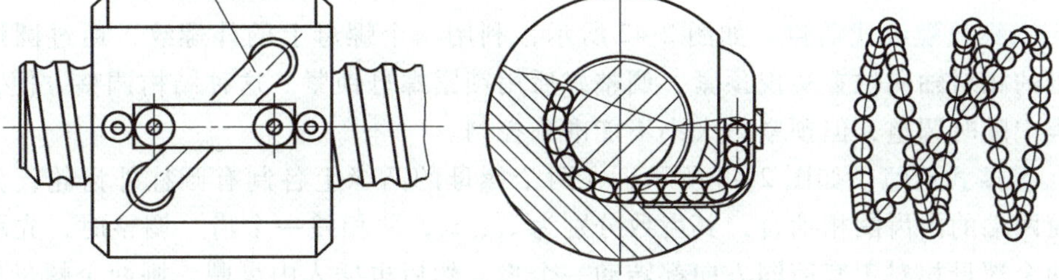

图 2-39　外循环滚珠丝杠副结构

泛，也可用于重载传动系统。

(2) 内循环　靠螺母上安装的反向器接通相邻滚道，使滚珠成单圈循环，如图2-40所示。反向器2的数目与滚珠圈数相等。这种形式结构紧凑，刚度好，滚珠流通性好，摩擦损失小，但制造较困难，适用于高灵敏、高精度的进给系统，不宜用于重载传动。

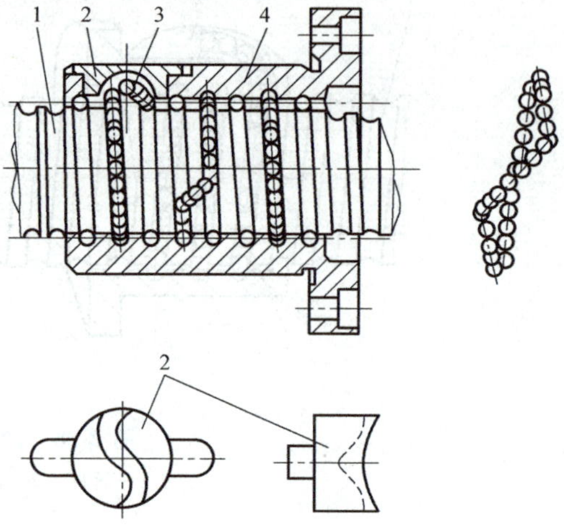

图2-40　内循环滚珠丝杠副结构

1—丝杠　2—反向器　3—滚珠　4—螺母

3. 滚珠丝杠副间隙的调整

为了保证滚珠丝杠反向传动精度和轴向刚度，必须消除滚珠丝杠副的轴向间隙。消除间隙的方法常采用双螺母结构，利用两个螺母的相对轴向位移，使每个螺母中的滚珠分别接触丝杠滚道的左右两侧。用这种方法预紧消除轴向间隙时，预紧力一般应为最大轴向负载的1/3。当要求不太高时，预紧力可小于此值。

常用的预紧方式有以下四种：

(1) 双螺母垫片式消隙　如图2-41所示，此种形式结构简单可靠、刚度好，应用最为广泛。在双螺母间加垫片的形式可由专业生产厂根据用户要求事先调整好预紧力，使用时装卸非常方便。

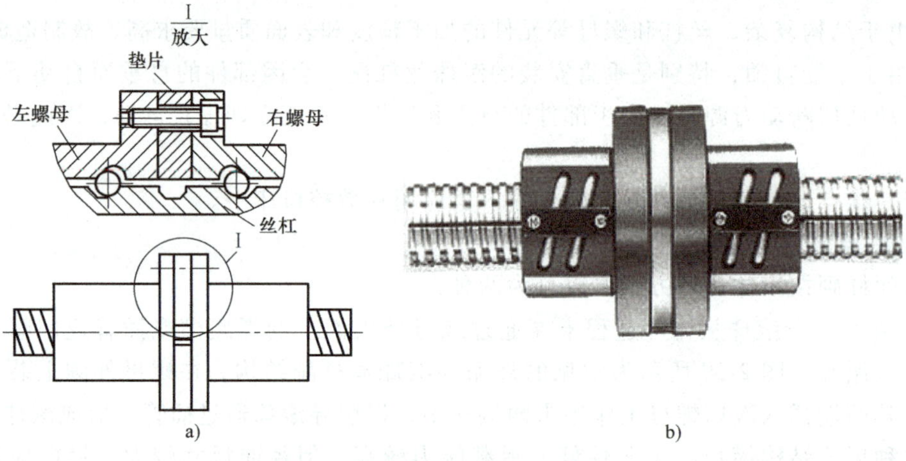

图2-41　双螺母垫片式消隙结构

(2) 双螺母螺纹式消隙　如图2-42所示，利用一个螺母上的外螺纹，通过圆螺母调整两个螺母的相对轴向位置实现预紧，调整好后用锁紧螺母锁紧。这种结构调整方便，且可在使用过程中随时调整，但预紧力大小不能准确控制。

(3) 齿差式消隙　如图2-43所示，在两个螺母的凸缘上各制有圆柱外齿轮，分别与紧固在套筒两端的内齿圈相啮合，其齿数分别为z_1、z_2，并相差一个齿。调整时，先取下内齿圈，让两个螺母相对于套筒同方向都转动一个齿，然后再插入内齿圈，则两个螺母便产生相对角位移，其轴向位移量为

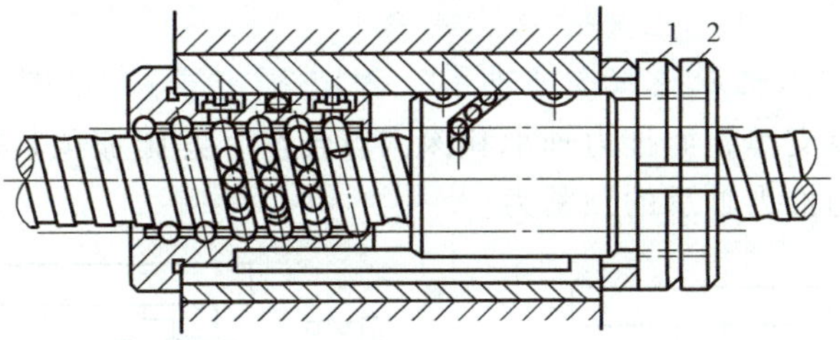

图 2-42 双螺母螺纹式消隙结构

1—圆螺母 2—锁紧螺母

$$S=\left(\frac{1}{z_1}-\frac{1}{z_2}\right)P_h$$

式中 z_1、z_2——齿轮的齿数；

P_h——滚珠丝杠的导程。

例如：$z_1=80$，$z_2=81$，滚珠丝杠的导程 $P_h=6\text{mm}$，则 $S=0.001\text{mm}$。这种方法能精确地调整预紧量，调整方便、可靠，但结构尺寸较大，多用于高精度的传动。

(4) 单螺母变位导程自预紧消隙 如图 2-44 所示，将螺母的内螺纹滚道在中部的一圈上产生一个 ΔL_0 导程突变量，从而使左右端的滚珠在装配后产生轴向错位，实现预紧。预紧力的大小取决于 ΔL_0。此种结构简单紧凑，运动平稳，特别适用于小型滚珠丝杠副。

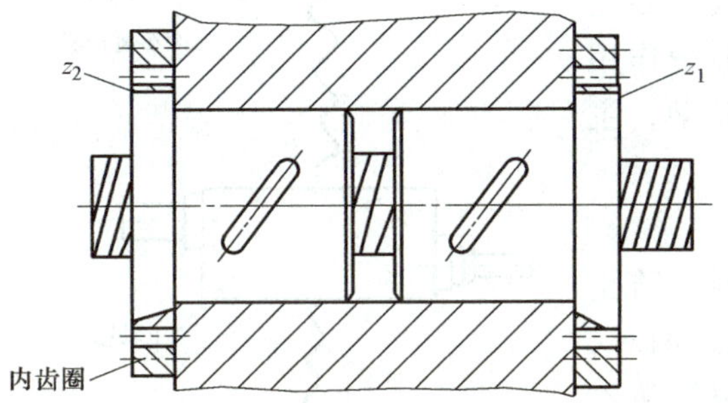

图 2-43 齿差式消隙结构

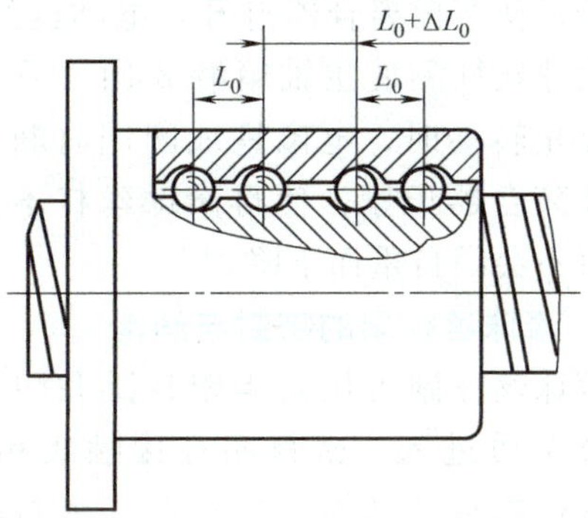

图 2-44 单螺母变位导程自预紧消隙结构

4. 滚珠丝杠副的支承方式

丝杠两端的支承和螺母座的刚度，以及它们与机床之间的连接刚度，对进给系统的传动精度有很大的影响，必须引起注意。典型的丝杠支承方式有如下四种：

(1) 一端装推力轴承（固定-自由式） 如图 2-45a 所示，这种安装方式的承载能力小，轴向刚度低，仅适用于短丝杠。

(2) 一端装推力轴承，另一端装深沟球轴承（固定-支承式） 如图 2-45b 所示，当滚珠丝杠较长时，可一端装推力轴承固定，另一端由深沟球轴承支承。为了减少丝杠热变形的影响，推力轴承的安装位置应远离热源。

(3) 两端装推力轴承（单推-单推式或双推-单推式） 如图 2-45c 所示，这种方式是对丝杠进行预拉伸安装。这样做的好处是减少丝杠因自重引起的弯曲变形；在推力轴承预紧力大于丝杠最大轴向载荷 1/3 的条件下，丝杠拉压刚度可提高四倍；丝杠不会因温升而伸长，从而保持丝杠的精度。

（4）两端装双重推力轴承及深沟球轴承（固定-固定式）　如图2-45d所示，为提高刚度，丝杠两端采用双重支承，如推力轴承和深沟球轴承，并施加预紧拉力。这种结构方式可使丝杠的热变形转化为推力轴承的预紧力。

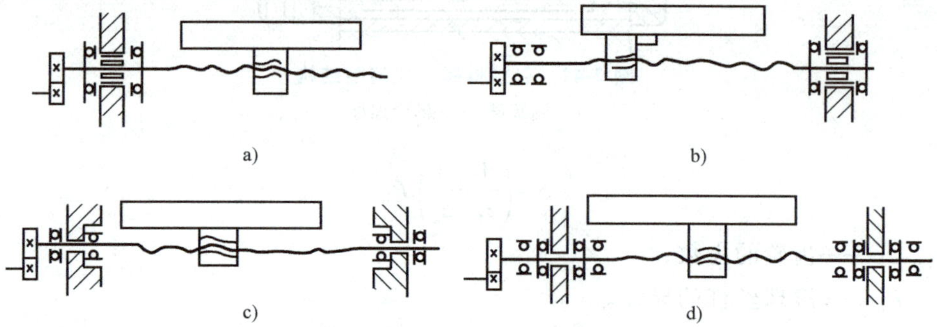

图 2-45　滚珠丝杠副的支承方式

5. 滚珠丝杠副的制动装置

图2-46所示为数控卧式镗铣床主轴Z向进给丝杠的制动装置示意图。机床工作时电磁铁线圈通电，吸住压簧，使摩擦离合器打开。电动机经减速齿轮传动，带动滚珠丝杠副使主轴箱沿Z向（垂直）移动。当电动机停止转动时，电磁铁线圈同时断电，在弹簧作用下摩擦离合器压紧，使得滚珠丝杠不能自由转动，主轴箱就不会因自重而下降。

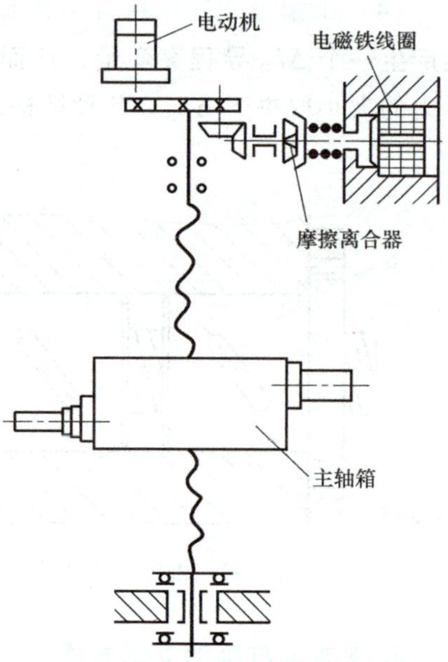

图 2-46　滚珠丝杠副的制动装置

6. 滚珠丝杠副的密封与润滑

滚珠丝杠副可用防尘密封圈和防护套密封，防止灰尘及杂质进入。密封圈有接触式和非接触式两种，装在滚珠螺母的两端。非接触式密封圈通常由聚氯乙烯等材料制成，其内孔螺纹表面与丝杠螺纹之间略有间隙，又称迷宫式密封圈。接触式密封圈用具有弹性的耐油橡胶和尼龙等材料制成，虽然会产生接触压力和一定的摩擦力矩，但防尘效果较好。防护套可防止尘土及杂质进入滚珠丝杠，影响传动精度。防护罩的形式有折叠式密封套、伸缩管套和伸缩挡板等，材料有耐油塑料、人造革等。

使用润滑剂润滑，以提高耐磨性及传动效率，从而保持传动精度，延长使用寿命。常用的润滑剂有润滑油和润滑脂两类。润滑脂一般在安装过程中放进滚珠螺母的滚道内，为定期润滑。使用润滑油润滑时应注意，要经常通过注油孔注油。

四、进给装置常用联轴器

无论是通过驱动源直接驱动滚珠丝杠副，还是经过有限级齿轮变速后再驱动滚珠丝杠副，轴与轴之间都需要用联轴器连接起来，以传递转矩和运动。为保证传动精度，消除回程误差，必须消除扭转方向的连接间隙。

1. 锥环无键联轴器

该机构利用锥环之间的摩擦实现轴与毂之间的无间隙连接，以传递转矩，且可任意调节两连接件之间的角度位置。通过选择锥环的对数，可传递不同大小的转矩。图 2-47 所示为采用锥环（锥形夹紧环）无键消隙联轴器，可使动力传递没有反向间隙。螺钉 5 通过压圈 3 施加轴向力时，由于锥环之间的楔紧作用，内外环分别产生径向弹性变形，消除配合间隙，并产生接触压力以传递转矩。为了能补偿同轴度及垂直度误差引起的干涉现象，可采用图 2-48 所示的挠性联轴器，柔性片 4 分别用螺钉和球面垫圈与两边的联轴套 2 相连，通过柔性片传递转矩。柔性片每片厚 0.25mm，材料为不锈钢。两端的位置偏差由柔性片的变形抵消。

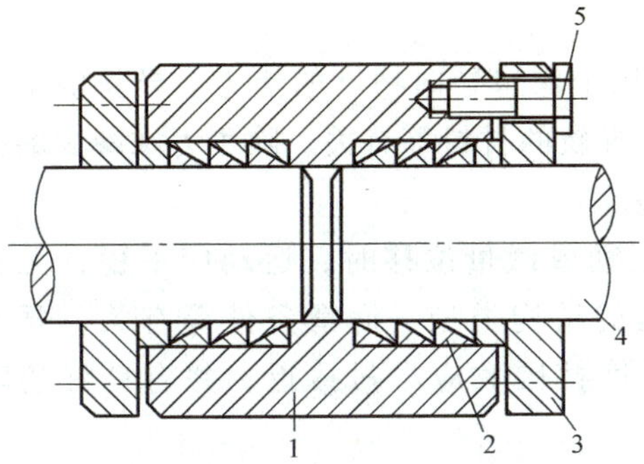

图 2-47　锥环无键消隙联轴器

1—轴套　2—弹簧环　3—压圈
4—从动轴　5—螺钉

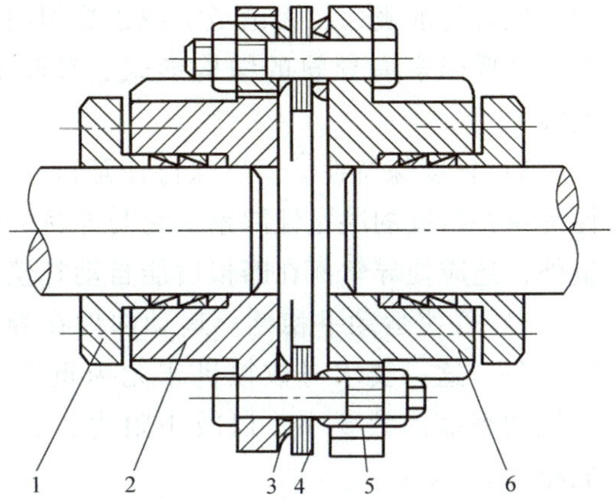

图 2-48　挠性联轴器

1—压圈　2—联轴套　3—垫圈
4—柔性片　5—挠性件　6—弹性件

无键锥环联轴器定心性好，承载能力强，传递功率大，转速高，使用寿命长，具有过载保护能力，能在受振动和冲击载荷等恶劣条件下连续工作，安装、使用和维护方便。

2. 套筒式联轴器

图 2-49 所示为套筒式联轴器的几种结构形式。套筒式联轴器结构简单，径向尺寸小，但拆装困难（要求两中心轴线严格对准，不允许存在径向及角度偏差），使用受到一定限制。其中图 2-49a 所示结构虽简单实用，但不太可靠。图 2-49b 所示结构简单，加工和安装容易，但消除周向间隙不可靠，且易松动。图 2-49c 所示为用十字滑块联轴器相连的结构，滑块的槽口配研，这种结构无法保证完全消除传动间隙。

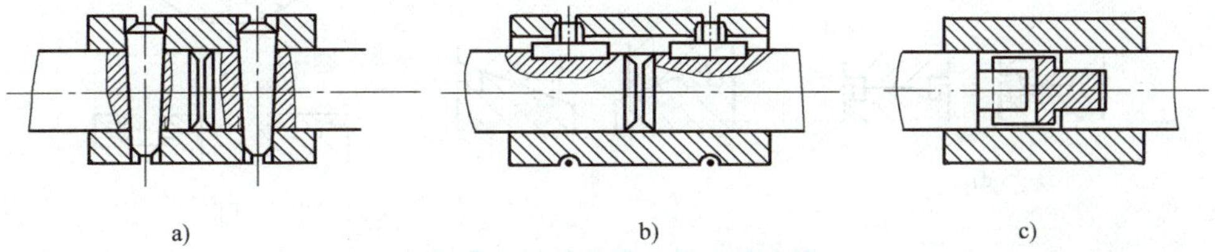

图 2-49　套筒式联轴器

五、导轨

进给传动机构结构分析与调整导轨

1. 对导轨的基本要求

机床的运动部件（如刀架、工作台等）都是沿着床身、立柱、横梁等基础件上的导轨运动的，因此导轨的功用就是支承和导向，也就是支承运动部件并保证运动部件在外力（运动部件本身的重量、工件的重量、切削力、牵引力等）的作用下，准确地沿着一定的方向运动。导轨的性能，直接影响机床的加工精度、承载能力和使用性能，因此，导轨应满足以下基本要求：

1）导向精度。导向精度是指机床运动部件沿导轨移动时的直线度和它与有关基面之间相互位置的准确性，无论是空载还是切削加工时，导轨都应有足够的导向精度。影响导向精度的主要因素有导轨的结构形式、导轨的制造精度和装配质量，以及导轨和基础件的刚度等。

2）精度保持性。精度保持性是指导轨在长期使用中保持导向精度的能力。导轨的耐磨性是保持精度的决定性因素，它与导轨的摩擦性质、导轨的材料等有关。除了力求减少磨损量外，还应使导轨面在磨损后能自动补偿和便于调整。

3）低速运动平稳性。运动部件在导轨上低速运动或微量位移时，运动应平稳，无爬行现象。这一要求对数控机床尤为重要，它与导轨的结构类型、润滑条件等有关，要求导轨的摩擦因数要小，以减小阻力，特别是动、静摩擦因数应尽量接近，并有良好的阻尼特性。

4）结构简单、工艺性好，便于加工、装配、调试和维修。

2. 数控机床常用导轨及特点

数控机床上常用的导轨，按其接触面间的摩擦性质的不同，可分为滑动导轨、滚动导轨和液压导轨三大类。

（1）滑动导轨　滑动导轨具有结构简单、制造方便、刚度好、抗振性强等优点，因此在一般的机床上应用最为广泛。滑动导轨刚度的大小、制造是否简单、调整是否方便、摩擦损耗大小以及能否保持导轨的初始精度等在很大程度上取决于导轨的横截面的形状。常见的滑动导轨横截面形状如图 2-50 所示。

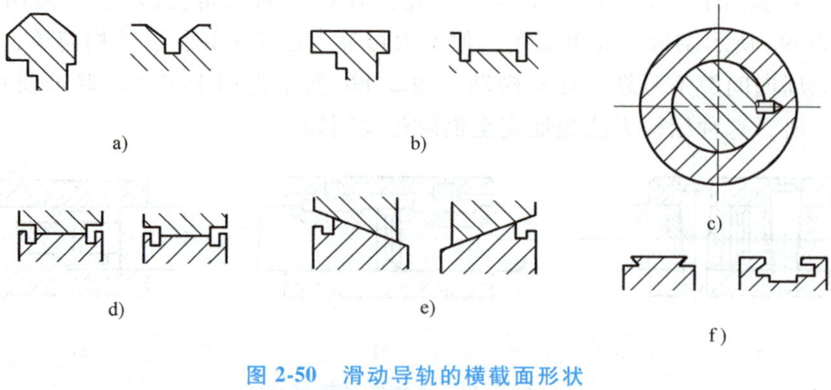

图 2-50　滑动导轨的横截面形状

1）V 形截面，如图 2-50a 所示。这种截面导轨的导向精度高，导轨磨损后靠自重下沉自动补偿。下导轨采用凸形时，有利于排污物，但不易保存油液；采用凹形时则相反。

2）矩形截面，如图 2-50b 所示。这种截面导轨制造维修方便，承载能力大，新导轨导向精度高，但磨损后不能自动补偿，需用镶条调节，影响导向精度。

3）圆柱形截面，如图 2-50c 所示。这种截面导轨制造简单，可以做到精密配合，但对温度变化较敏感，小间隙时很容易卡住，大间隙则导向精度差。它与上述几种截面比较，应用较少。

4）平面环形截面，如图 2-50d 所示。这种截面导轨适合于旋转运动，制造简单，能承受较大的轴向力，但导向精度较差。改用圆锥形环形截面（见图 2-50e），导向性较好。

5）燕尾形截面，如图 2-50f 所示。这种截面导轨结构紧凑，能承受侧倾力矩，但刚性较差，制造检修不方便，适用于导向精度不太高的情况。

直线运动导轨一般由两条导轨组成，不同的组合形式是为满足各类机床的工作要求。在数控机床上，滑动导轨组合形式主要有 V 形-矩形式和矩形-矩形式。只有少部分结构采用燕尾式。

滑动导轨的材料主要是铸铁、钢、塑料以及有色金属，应根据机床性能、成本的要求，合理选择导轨材料及热处理方式来降低摩擦因数，提高导轨耐磨性。传统的导轨常采用铸铁-铸铁、铸铁-淬火钢材料，缺点是静摩擦因数大，且动摩擦因数随速度变化而变化，摩擦损失大，低速时易出现爬行现象，影响运动平稳性和定位精度，因此在数控机床上已很少采用，而代之以铸铁-塑料或镶钢-塑料滑动导轨。目前，应用较多的塑料导轨材料有聚四氟乙烯（PTFE）和环氧型耐磨涂料。

1）聚四氟乙烯（PTFE）导轨软带是以聚四氟乙烯为基体，加入青铜粉、二硫化钼和石墨等填充剂混合烧结而成，具有摩擦特性好、耐磨性好、减振性好等特点，已成功地用在中、小型数控机床上。该种软带可在原有滑动导轨面上用粘结剂粘结，加压固化后进行精加工，故一般称为贴塑导轨。

塑料导轨软带与其他导轨相比，有以下特点：

① 摩擦因数低而稳定，比铸铁导轨副低一个数量级。

② 动、静摩擦因数相近，运动平稳性和爬行性能较铸铁导轨副好。

③ 吸收振动，具有良好的阻尼特性，优于接触刚度较低的滚动导轨和易漂浮的静压导轨。

④ 耐磨性好，有自身润滑作用，无润滑剂也能工作。灰尘磨粒的嵌入性好。

⑤ 化学稳定性好，耐低温，耐强酸、强碱、强氧化剂及各种有机溶剂。

⑥ 维护修理方便，软带耐磨，损坏后更换容易。

⑦ 经济性好，结构简单，成本低，约为滚动导轨成本的 1/20。

塑料导轨副多为塑料-金属结构。塑料软带一般粘贴在短的动导轨上，不受导轨形式的限制，各种组合形式的滑动导轨均可粘贴。图 2-51 所示为几种镶粘塑料-金属导轨结构。粘贴工艺如下：

① 金属导轨面加工。粘贴软带的导轨面可刨或铣削加工成表面粗糙度值 Ra 为 25～12.5μm 的凹槽或平面，槽边各留 3～10mm 宽的挡边，槽深一般可选软带厚度的 1/2～2/3。如加工成平面，要在两边临时粘结几个等高垫块，防止粘结软带加压时移位。胶层固化后再去掉垫块。配对金属导轨面的表面粗糙度值要求 Ra 为 0.4～0.8μm，太大会使软带产生划

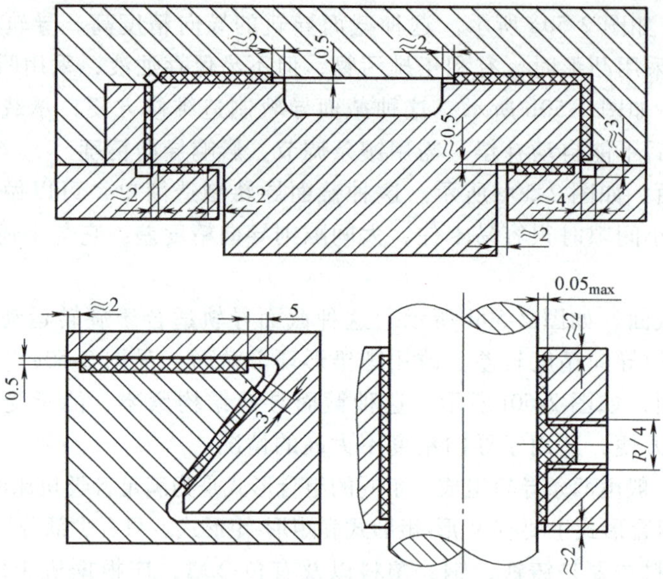

图 2-51 镶粘塑料-金属导轨结构

痕，太小则不能形成聚四氟乙烯转移膜，会使软带加快磨损。对应导轨面硬度要求在25HRC以上。

② 软带切割成形及清洗。粘结前按导轨面的几何尺寸将软带切割成形，适当考虑工艺余量。软带表面需经过处理，先用丙酮等清洗剂将软带洗净，在所使用牌号软带指定的去除不可粘性的溶液中按时浸透，再用丙酮和水等清洗后干燥备用。

③ 粘结及加工。粘结时，将该牌号软带指定的粘结剂按规定工艺用刮刀分别涂于软带表面和粘结软带导轨面上，胶层中间略高于四周。粘结层厚度为0.1mm左右，接触压力为0.05~0.1MPa。粘贴好后，把运动部件翻转就位扣压在静导轨上，利用运动部件自身重量或外加一定重量，使固化压力达到0.1~0.15MPa。经24h室温固化，将运动部件吊起翻转，用小木锤轻敲整条软带。若敲打时各处声响音调一致，说明粘结质量好。然后检查动静导轨的接触精度，让导轨副对研或机械加工，并刮研到接触面的斑点符合要求（接触面积达50%以上）为止。根据设计要求，可在软带上开出油槽，油槽一般不穿透软带，宽度5mm左右，并用仪器测出软带导轨的实际摩擦因数。

贴塑导轨不仅适用于数控机床，而且还适用于其他各种类型机床，它在旧机床修理和数控化改造中可以减少对机床结构的改动，扩大了塑料导轨的应用领域。

采用聚四氟乙烯软带的贴塑导轨的缺点是承载能力低、尺寸稳定性较差。DU导轨板则克服了这些缺点，DU导轨板是一种金属-氟塑料的复合板，是在镀铜的钢板上烧结了一层多孔青铜粉，上覆一薄层（约为0.025mm）带填料的聚四氟乙烯，经适当处理后形成的，这种导轨板既具有聚四氟乙烯良好的摩擦特性，又具有青铜与钢的刚度和导热性，可以用粘结或螺钉连接方法安装在机床导轨面上。

2）环氧型耐磨涂料是以环氧树脂为基体，加入二硫化钼和胶石墨以及铁粉等混合而成，再配以固化剂调匀涂刮或注入导轨面，故一般称为“涂塑导轨”或“注塑导轨”。涂塑导轨具有良好的摩擦特性和耐磨性，摩擦因数较低，$f=0.1\sim0.12$，在无润滑油的情况下仍有较好的润滑和防止爬行的效果。其抗压强度比导轨软带要高，尺寸稳定，因而可用在大型、重型数控机床上。

耐磨涂层加工工艺为：如图 2-52 所示，首先将导轨涂层面刨或粗铣成具有一定粗糙程度的粗糙表面，以便保证有良好的附着力。图中导轨面刀纹宽度为 1mm，刀纹深 0.5～0.8mm，两侧凸台宽 2mm，高 1.5mm，与塑料导轨相配的金属导轨面（或模面）用溶剂清洗后涂上一薄层硅油或专用脱模剂，以防止与耐磨导轨涂层粘结。将按配方加入固化剂调好的耐磨涂层材料涂抹于导轨面，然后叠合在金属导轨面（或模面）上进行固化。叠合前可放置成形油槽、油腔用模板。固化 24h 后，即可将两导轨分离。涂层硬化两三天后可进行下一步加工。从图 2-52 中可以看出，塑料导轨面宽度与贴塑导轨一样，需小于相配的金属导轨面。空隙处需用密封条堵住。涂层面的厚度以及导轨面与其他表面（如工作台面）的相对位置精度可借助高等级专用夹具保证。

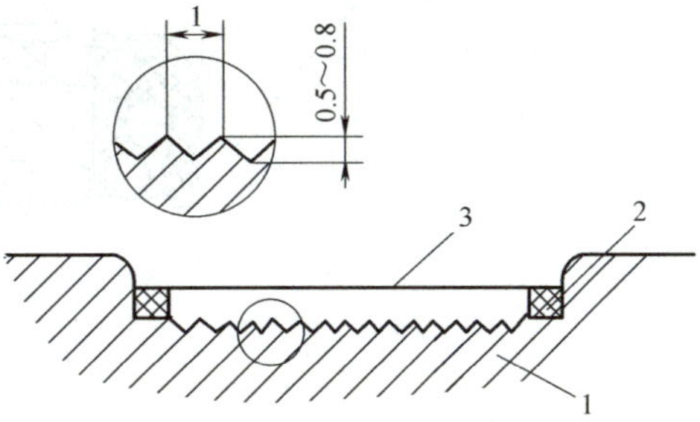

图 2-52　注塑导轨

1—滑座　2—胶条　3—注塑层

（2）滚动导轨　滚动导轨就是在导轨工作面之间安装滚动体，使导轨面之间为滚动摩擦。滚动导轨的滚动体可以是滚珠、滚柱或滚针。滚珠导轨的承载能力小，刚度低，适用于运动部件质量不大、切削力和颠覆力矩都较小的机床。滚柱导轨的承载能力和刚度都比滚珠导轨大，适用于载荷较大的机床。滚针导轨的特点是滚针尺寸小，结构紧凑，适用于导轨尺寸受到限制的机床。

滚动导轨分为开式和闭式两种。开式导轨用于加工过程中载荷变化较小，颠覆力矩较小的场合。当颠覆力矩较大、载荷变化较大时可用闭式导轨。

近代数控机床普遍采用了新型滚动导轨支承块（简称滚动导轨块），图 2-53 所示为滚动导轨块在数控车床上的应用实例。目前，滚动导轨块已做成独立的标准部件，具有刚度高、承载能力大以及便于拆装等优点，可直接装在任意行程长度的运动部件上，其结构形式如图 2-54 所示。1 为防护板，端盖 2 与导向片 4 引导滚动体返回，5 为保持架。当运动部件移动时，滚柱 3 在支承部件的导轨面与本体 6 之间滚动，同时又绕本体 6 循环滚动，滚柱 3 与运动部件的导轨面并不接触，因而该导轨面不需淬硬磨光。

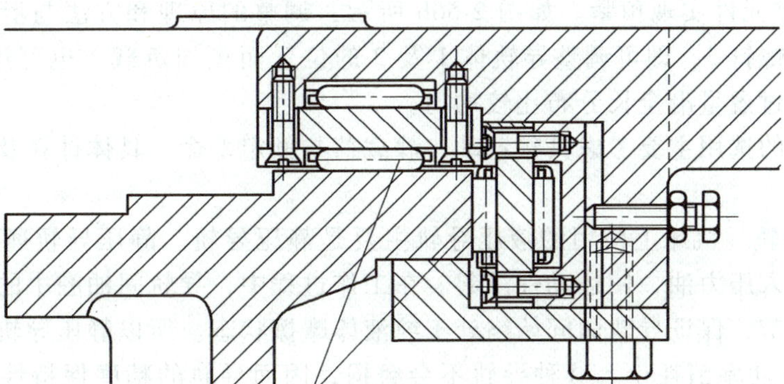

图 2-53　滚动导轨块的应用实例

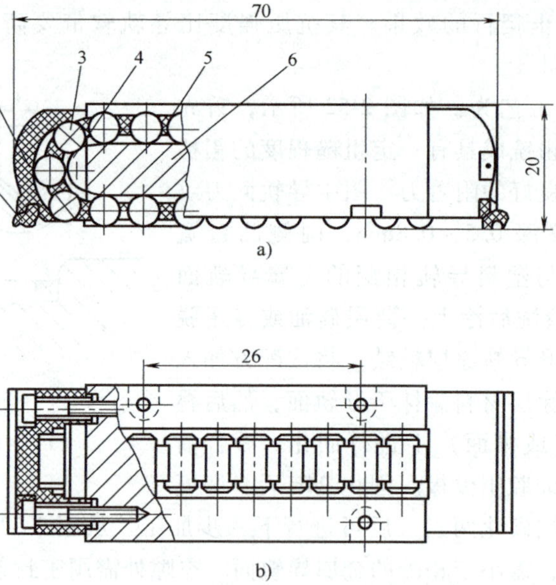

图 2-54 滚动导轨块结构图

1—防护板 2—端盖 3—滚柱 4—导向片 5—保持架 6—本体

图 2-55 所示为滚动体为滚珠的一种直线滚动导轨，它由 4 列滚珠组成，分别配置在导轨的两个肩部，可以承受任意方向（上、下、左、右）的载荷。与图 2-54 所示的滚动导轨支承相比较，后者可承受颠覆力矩和侧向力。

适当选择预紧力可以提高导轨的刚度，否则会使牵引力显著增加。为了达到下列目的，常对滚动导轨预紧：如立式导轨上为了防止滚动体脱落或歪斜；高精度机床为提高接触刚度；有些质量较轻的部件（如砂轮修整器）的滚动导轨是为了获得必要的刚度和移动精度；防止滚动导轨脱离接触，甚至翻转。

预紧的方法一般有两种：

1）采用过盈配合。如图 2-56a 所示。在装配导轨时，根据滚动件的实际尺寸量出相应的尺寸 A，然后再刮研压板与溜板的接合面，或在其间加一垫片，改变垫片的厚度，由此形成包容尺寸 $A-\delta$（δ 为过盈量）。过盈量 δ 的大小可以通过实际测量来确定。

2）采用调整元件实现预紧。如图 2-56b 所示，调整的原理和方法与滑动导轨调整间隙相似。调整侧面螺钉 3，即可调整导轨体 1 及 2 的位置而预加负载。也可用斜镶条来调整，此时，导轨上的过盈量沿全长分布比较均匀。

滚动导轨块的选用主要考虑其额定动、静载荷与额定寿命。具体计算及选用参见有关手册及产品样本。

（3）液压导轨 机床上使用的液压导轨主要是静压导轨。静压导轨通常在两个相对运动的导轨面间通入压力油，使运动件浮起。在工作过程中，导轨间油腔中的油压能随外加负载的变化自动调节，保证导轨面间始终处于纯液体摩擦状态。所以静压导轨的摩擦因数极小（约为 0.0005），功率消耗少。这种导轨不会磨损，因而导轨的精度保持性好，寿命长。它的油膜厚度几乎不受速度的影响，油膜承载能力大，刚度高、吸振性良好。这种导轨的运行很平稳，既无爬行也不会产生振动。静压导轨结构复杂，并需要有一套过滤效果良好的液压

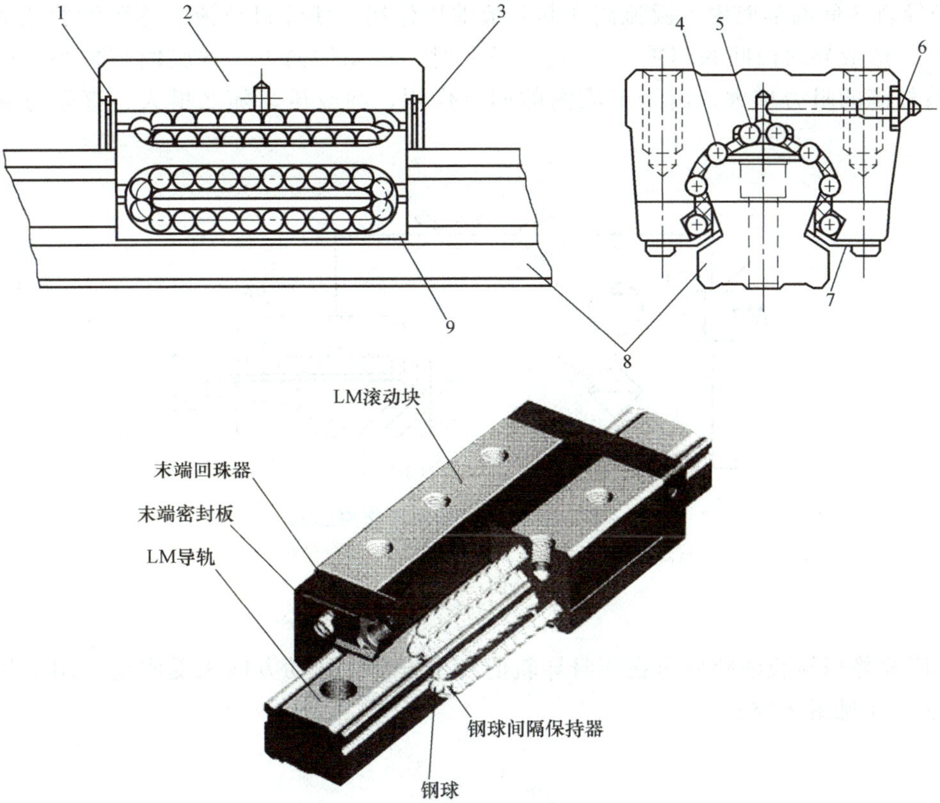

图 2-55　直线滚动导轨

1—压紧圈　2—支承块　3—密封板　4—承载钢珠列　5—反向钢珠列
6—加油嘴　7—侧板　8—导轨　9—保持器

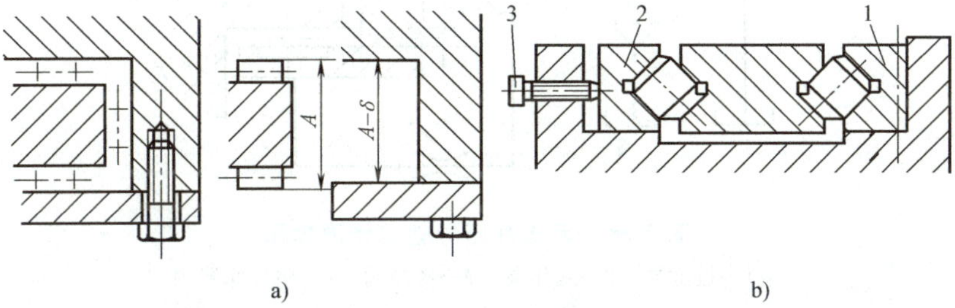

图 2-56　滚动导轨的预紧方式

1、2—导轨体　3—侧面螺钉

装置，制造成本较高。目前，静压导轨一般应用在大型、重型机床上。

静压导轨按导轨的形式分为开式和闭式两种，数控机床上常采用闭式静压导轨。静压导轨按供油方式又可分为恒压供油和恒量供油两种。

1）开式静压导轨依靠运动件自身质量及外载荷保持运动件不从床身导轨上分离，因而只能承受垂直方向的负载，用于颠覆力矩较小的机床，其工作原理如图 2-57 所示。液压泵 2 由电动机带动，从油箱经过滤器 1 吸入油液，再经精过滤器 4，通过节流阀 5 进入运动导轨

6 与床身导轨 7 间的油腔内，溢流阀 3 起调节油压作用，使经过节流后达到油腔压力，使运动件浮起，形成导轨面间的间隙 h_0。载荷增大时，运动件向下，油膜间隙减小，使导轨面间的油液外流的阻力增大，由于节流阀的调压作用，油腔压力随之增大，直至与载荷平衡为止。

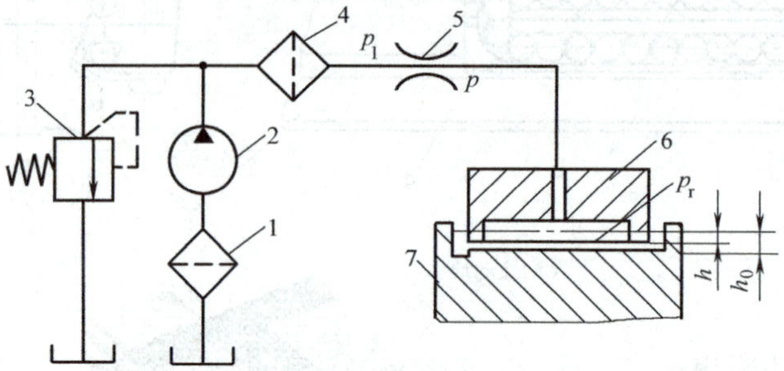

图 2-57 开式静压导轨工作原理图

1—过滤器 2—液压泵 3—溢流阀 4—精过滤器 5—节流阀 6、7—导轨

2）闭式静压导轨油腔分布在床身导轨的各个方向，运动方向未受限制，用于颠覆力矩较大的场合（见图 2-58）。

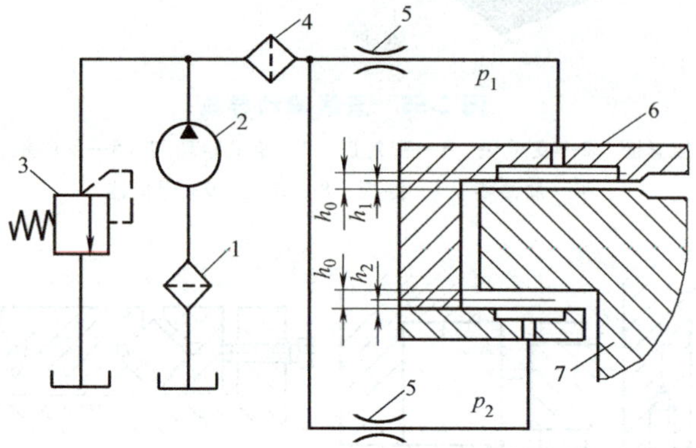

图 2-58 闭式静压导轨工作原理图

1—过滤器 2—液压泵 3—溢流阀 4—精过滤器 5—节流阀 6、7—导轨

3. 导轨的润滑与防护

导轨润滑的目的是减少摩擦阻力和磨损，避免低速爬行，降低高速时的温升。导轨常用的润滑剂有润滑油和润滑脂，前者用于滑动导轨，而滚动导轨则两者均采用。

数控机床上滑动导轨的润滑主要采用压力润滑。一般常用压力循环润滑和定时定量润滑两种方式。常用的润滑油牌号有：L-AN10、L-AN12、L-AN32、L-AN42、L-AN68，精密机床导轨油 L-HG68，汽轮机油 L-TSA32、L-TSA46 等。

为了防止切屑、磨粒或切削液散落在导轨面上，引起磨损加快、擦伤和锈蚀，导轨面上应有可靠的防护装置。常用的防护装置有刮板式、卷帘式和叠层式防护套，大多用于长导轨机床，如龙门刨床、导轨磨床等。另外，还有手风琴式的伸缩式防护罩等。

六、工作台

为了提高数控机床的生产效率，扩大其工艺范围，对于数控机床的进给运动除了沿坐标系 X、Y、Z 三个方向的直线进给运动之外，还需要工作台在圆周方向有进给运动和分度运动。这些运动通常用回转工作台实现。对于自动换刀的多工序数控机床来说，回转工作台已经成为一个不可缺少的部件，它给箱体零件的加工带来了便利。数控机床常用的回转工作台有分度工作台和数控回转工作台。

1. 数控机床的回转工作台

回转工作台结构分析

数控机床的圆周进给由回转工作台完成，称为数控机床的第四轴，回转工作台可以与 X、Y、Z 三个坐标轴联动，从而加工出各种曲面和曲线等复杂的形状。回转工作台对于加工中心是必备的部件。

数控回转工作台的外形和通用机床分度工作台相似，但采用伺服系统的驱动方式。图 2-59 所示为卧式加工中心的回转工作台。这是一种补偿型的开环数控回转工作台，它的进给、分度转位和定位锁紧都是由给定的指令控制的。

工作台的回转运动通过电液脉冲马达，经齿轮减速，由蜗杆 1 传给蜗轮 2。为了消除蜗杆副的传动间隙，采用了双螺距渐厚蜗杆，通过移动蜗杆的轴向位置来调整间隙。这种蜗杆的左右两侧面具有不同螺距，因此蜗杆齿厚从头到尾逐渐增厚。但由于同一侧的螺距是相同的，所以仍然可保持正常的啮合。

当工作台静止时，必须处于锁紧状态。为此，在蜗轮底部的辐射方向装有 8 对夹紧瓦 4 和 3，并在底座 9 上均布着同样数量的小液压缸 5。当小液压缸的上腔接通液压油时，活塞 6 便压向钢球 8，撑开夹紧瓦 4，并夹紧蜗轮 2。在工作台需要回转时，先使小液压缸的上腔接通回油路，在弹簧 7 的作用下，钢球 8 抬起，夹紧瓦将蜗轮松开。

回转工作台的导轨面由大型滚珠轴承 13 支承，并由圆锥滚柱轴承 12 及双列向心圆柱滚子轴承 11 保持准确的回转中心。

开环数控系统的回转工作台的定位精度主要取决于蜗杆副的传动精度，因而必须采用高精度的蜗杆副。除此之外，还可以在实际测量工作台静态定位误差之后，确定需要补偿角度的位置和补偿值的正负，记忆在补偿回路中，由数控装置进行误差补偿。

回转工作台设有零点，当它做回零运动时，先用挡块碰限位开关，使工作台减速，然后在无触点开关的作用下，使工作台准确地停在零位。数控回转工作台在作任意角度的转位和分度时，由光栅 10 进行读数，因此能够达到较高的分度精度。

2. 数控机床分度工作台

分度工作台结构分析

分度工作台只能完成分度运动，不能实现圆周进给。分度工作台的分度只限于某些特定的角度。分度工作台主要有两种形式：定位销式分度工作台和鼠牙盘式分度工作台。前者的定位分度主要靠工作台的定位销和定位孔实现，分度的角度取决于定位孔在圆周上的分布数量。鼠牙盘式分度工作台是利用一对上下啮合的齿盘，通过上下齿盘的相对旋转来实现工作台的分度，分度的角度范围依据齿盘的齿数而定。其优点是定位刚度好，重复定位精度高，且结构简单。目前，鼠牙盘式分度工作台已经广泛应用于各类加工中心。

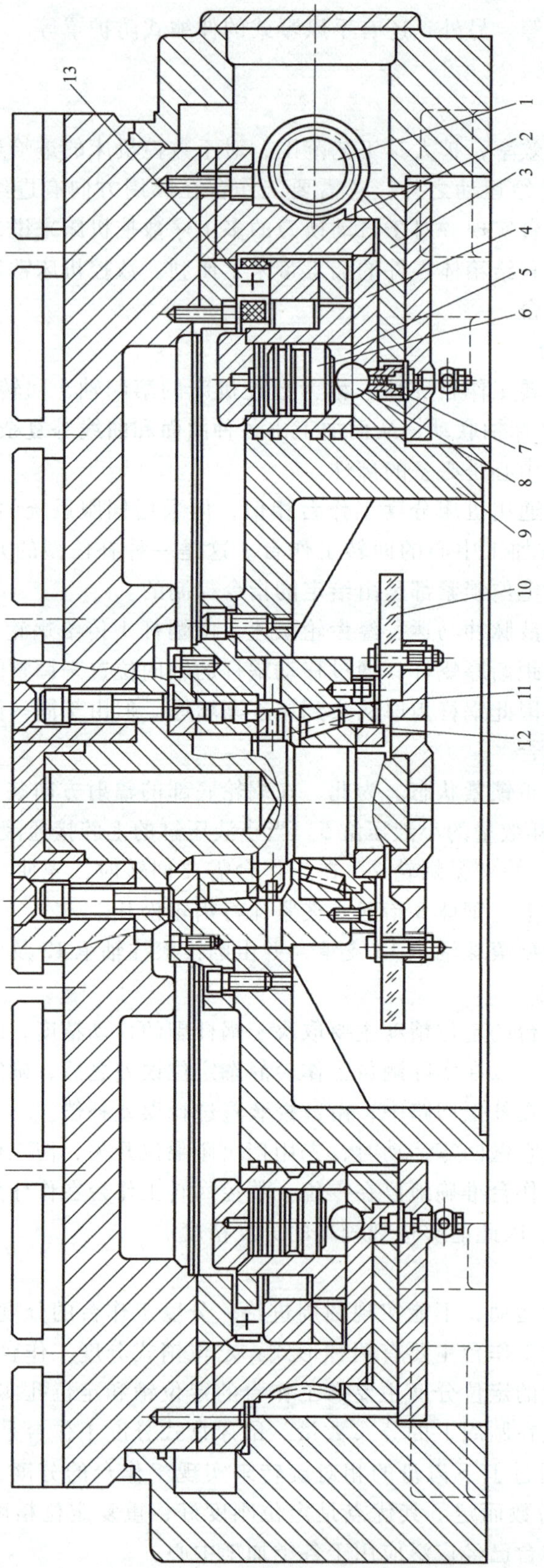

图 2-59 卧式加工中心回转工作台

1—蜗杆 2—蜗轮 3、4—夹紧瓦 5—小液压缸 6—活塞 7—弹簧 8—钢球 9—底座 10—光栅 11、12、13—轴承

（1）定位销式分度工作台　图 2-60 所示为在自动换刀数控卧式镗铣床上应用的一种定位销式分度工作台。分度工作台 1 位于矩形工作台 10 的中间，在不单独使用分度工作台 1 时，两个工作台可以作为一个整体工作台使用。这种工作台的定位分度主要靠定位孔来实现。在分度工作台 1 的底部均匀分布着八个削边圆柱定位销 7，在工作台上底座 21 上制有一个定位孔衬套 6 以及供定位销移动的环形槽。其中只能有一个定位销 7 进入定位孔衬套 6 中，其余七个定位销则都在环形槽中。八个定位销在圆周上均匀分布，其间隔为 45°，因此工作台只能做二、四、八等分的分度运动。

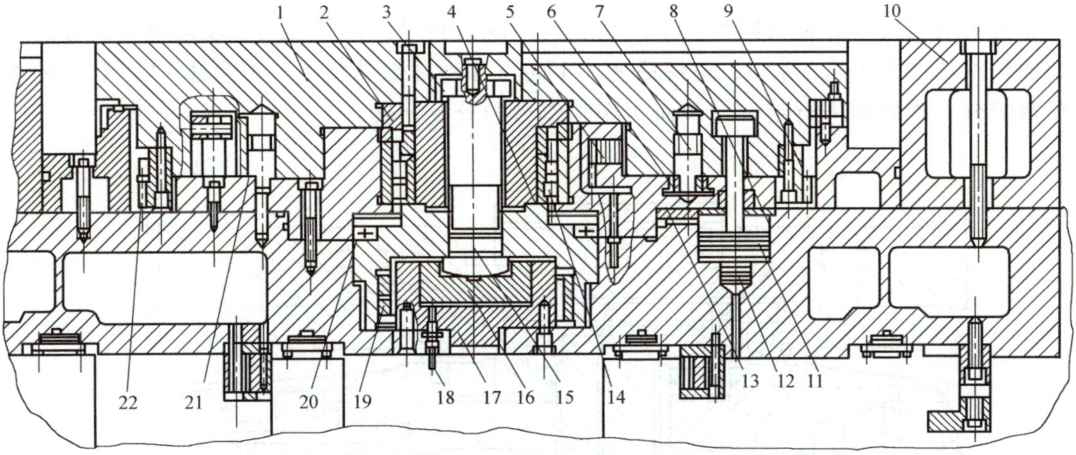

图 2-60　定位销式分度工作台

1—分度工作台　2—锥套　3—螺钉　4—支座　5—消隙液压缸　6—定位孔衬套　7—定位销　8—锁紧液压缸　9—大齿轮　10—矩形工作台　11—锁紧缸活塞　12—弹簧　13—油槽　14、19、20—轴承　15—螺栓　16—活塞　17—中央液压缸　18—油管　21—上底座　22—挡块座

分度时，数控装置发出指令，由电磁阀控制下底座上六个均匀分布的锁紧液压缸 8（图中只画出一个）中的液压油经环形槽流向油箱，锁紧缸活塞 11 被弹簧 12 顶起，分度工作台 1 处于松开状态。与此同时，消隙液压缸 5 卸荷，液压油经油管 18 流入中央液压缸 17，使活塞 16 上升，并通过螺栓 15 由支座 4 把推力轴承 20 向上抬起，顶在上底座 21 上，通过螺钉 3、锥套 2 使分度工作台 1 抬起。固定在工作台面上的定位销 7 从定位孔衬套 6 中拔出，做好分度前的准备工作。

分度工作台 1 抬起之后，数控装置发出指令使液压马达转动，驱动两对减速齿轮（图中未画出），带动固定在分度工作台 1 下面的大齿轮 9 回转，进行分度。在大齿轮 9 上每间隔 45°设置一挡块。分度时，工作台先快速回转，当定位销即将进入规定位置时，挡块碰撞第一个限位开关，发出信号使工作台减速，当挡块碰第二个限位开关时，工作台停止回转，此刻相应的定位销 7 正好对准定位孔衬套 6。分度工作台的回转速度由液压马达和液压系统中的单向节流阀来调节。

完成分度后数控装置发出信号使中央液压缸 17 卸荷，分度工作台 1 靠自重下降。相应的定位销 7 插入定位孔衬套 6 中，完成定位工作。定位完毕后消隙液压缸 5 通入液压油，活塞径向顶住分度工作台 1 消除径向间隙。然后，锁紧液压缸 8 的上腔通入液压油，推动锁紧缸活塞 11 下降，通过活塞杆上的 T 形头压紧工作台。至此，分度工作全部完成，机床可以进行下一工位的加工。

(2) 鼠牙盘式分度工作台　图 2-61 所示为某卧式加工中心带有托盘交换机构的鼠牙盘式分度工作台，采用鼠牙盘式分度结构。当回转工作台不转位时，鼠牙盘 6、7 总是啮合在一起。当控制系统给出分度指令后，电磁铁控制换向阀运动（图中未画出），使液压油进入油腔 3，使活塞体 1 向上移动，并通过推力轴承带动整个工作台体 13 向上移动，使得鼠牙盘 6 与 7 脱开，装在工作台体 13 上的齿圈 14 与驱动齿轮 15 保持啮合状态，电动机通过传动带和一个降速比 $i=1/30$ 的减速箱带动齿轮 15 和齿圈 14 转动。当控制系统给出转动指令时，驱动电动机旋转并带动鼠牙盘 7 旋转进行分度。转过所需角度后，驱动电动机停止，液压油通过液压阀 5 进入油腔 4，迫使活塞体 1 向下移动并带动整个工作台体 13 下移，使上下鼠牙盘啮合，准确地进行定位，从而实现工作台的分度回转。

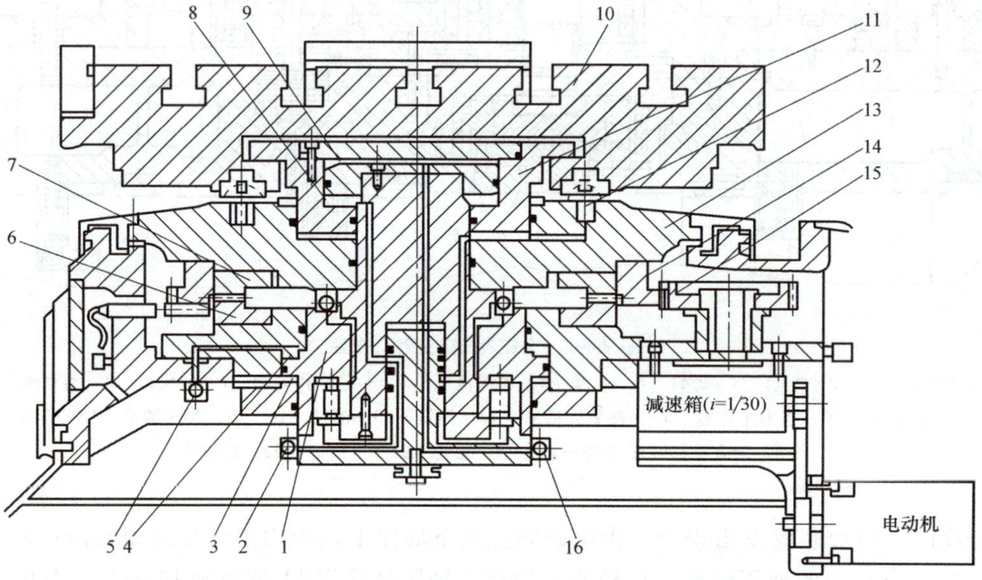

图 2-61　带有托盘交换机构的鼠牙盘式分度工作台

1—活塞体　2、5、16—液压阀　3、4、8、9—油腔　6、7—鼠牙盘　10—托盘　11—液压缸　12—定位销　13—工作台体　14—齿圈　15—驱动齿轮

分度工作台上的两个托盘是用来交换工件的。托盘台面上有五个 T 形槽，利用 T 形槽可安装夹具和工件。托盘是靠四个精磨的圆锥定位销 12 在分度工作台上定位。托盘的交换过程为：当需要更换托盘时，控制系统发出指令，使分度工作台返回零点，此时液压阀 16 接通，使液压油进入油腔 9，使得液压缸 11 向上移动，托盘则脱开定位销 12。当托盘被顶起后，液压缸带动齿条向左移动，从而带动与其相啮合的齿轮旋转并使整个托盘装置旋转，使托盘沿着滑动轨道旋转 180°从而达到托盘交换的目的。当新的托盘到达分度工作台上面时，空气阀接通，压缩空气经管路从托盘定位销 12 中间吹出，清除托盘定位销孔中的杂物。同时电磁液压阀 2 接通，液压油进入油腔 8，迫使液压缸 11 向下移动，并带动托盘夹紧在四个定位销 12 中，完成整个托盘的交换过程。

任务三　分析机床支承件结构

任务内容： 数控机床对支承件的基本要求，数控机床主要支承件结构等。

任务目标： 通过学习，理解数控机床对支承件的基本要求，掌握床身、立柱等数控机床主要支承件的结构特点。

一、对数控机床支承件的基本要求

机床的支承件主要指床身、立柱、横梁、底座等大件，它的作用是支承零部件，保证它们的相互位置，并承受各种作用力。承受加工时的进给力和动态力，如重力、切削力、摩擦力、夹紧力和惯性力。支承件不仅支承着主轴箱、床鞍、工作台、自动换刀装置等机床部件，而且支承件一般附有导轨，导轨主要起导向定位作用，以保证各部件正确的相对位置及运动。此外，其内部空间可存储切削液、润滑油，放置液压装置和电气装置等。

1. 对支承件的基本要求

支承件的种类很多，它们的形态、几何尺寸和材料是多种多样的，但都应满足下列基本要求：

(1) 刚度要求　支承件刚度是指支承件在恒定载荷和交变载荷作用下抵抗变形的能力。前者称为静刚度，后者称为动刚度。静刚度取决于支承件本身的结构刚度和接触刚度。动刚度不仅与静刚度有关，而且与支承件系统的阻尼、固有频率有关。

支承件要有足够的刚度，即在外载荷的作用下，变形量不得超过允许值。

(2) 抗振性要求　支承件的抗振性是指其抵抗受迫振动和自激振动的能力。机床在切削加工时产生振动，影响加工质量和刀具的寿命，影响机床的生产率。振动常常成为机床噪声的主要原因之一，因此支承件应有足够的抗振性，具有合乎要求的动态特性。

(3) 热变形和内应力要求　支承件应具有比较小的热变形和内应力，这对于精密机床更为重要。

(4) 其他要求　支承件设计时还应便于排屑，吊运安全，合理安置液压、电气部件，并具有良好的工艺性。

2. 支承件的刚度、抗振性和热变形

(1) 支承件的刚度　影响支承件刚度的因素是支承件的受力状态、支承件的材料和支承件的结构等。

改善支承件的受力状态，如使受力点靠近高刚度的支承点，降低弯矩和扭矩，可以降低变形量，提高支承件的刚度。

采用高刚性的材料。如人造花岗岩、树脂混凝土和优质钢材等，提高材料的弹性模量，从而提高支承件的刚度。

采用合理的结构加大接触刚度，整体结构的刚度大于分体的刚度。在支承件分体时，提高表面接触面积，加大预紧力，可较好地提高接触刚度。在支承件自身结构中，在材料截面积相同的条件下，空心结构的刚度比实心结构好；封闭式结构的刚度大于开放式结构的刚度；方形截面的抗弯刚度大于圆形截面的抗弯刚度，而圆形截面的抗扭刚度高于方形截面的

抗扭刚度。根据受力情况，选择好截面形状，能提高支承件的刚度。配置好加强肋板和加强肋条，能显著地提高支承件的刚度。肋板连接了支承件的两壁，纵向肋板要提高抗弯刚度，减少局部变形和薄壁振动。肋条也有纵向、横向和斜向的。如图 2-62 所示，图中口字形肋条最简单；纵横肋条，直角相交容易制造，但容易产生内应力；三角形肋条能够保证足够的刚度，多用于矩形截面床身的宽壁处；肋条交叉布置，能提高刚度，常用于重要床身的宽壁上；蜂窝形肋条用于平板上，由于各方面能够均匀收缩，所以内应力小；井字形肋条其单元壁板的抗弯刚度接近米字形肋条，但抗扭刚度是米字形肋条的二分之一；米字形肋条铸造困难，所以一般铸铁床身采用井字形肋条，焊接床身采用米字形肋条。肋条的高度一般不得大于支承件壁厚的 5 倍，肋条的厚度一般是床身壁厚的 70%～80%。

采用平衡和预变形的方法，可以降低变形量，提高刚度，如加工中心主轴箱的平衡等。

（2）支承件的抗振性　支承件抗振性的影响因素包括支承件的静刚度、固有频率、阻尼、支承情况和材料等。

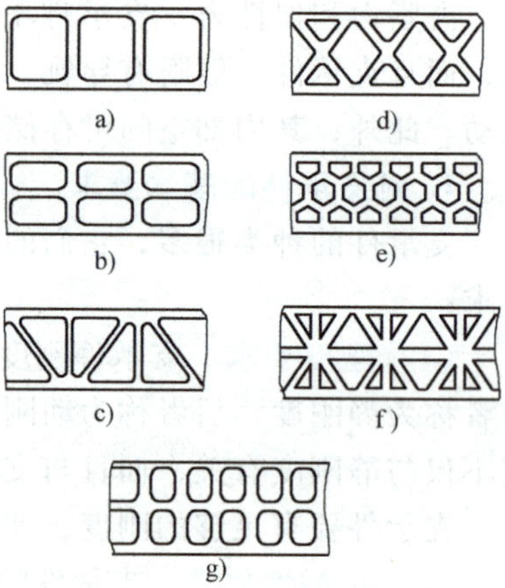

图 2-62　肋条形式

a）口字形　b）纵横肋条　c）三角形　d）肋条交叉　e）蜂窝形　f）米字形　g）井字形

采用高阻尼材料，提高抗振性。如铸铁的阻尼是钢的两倍，所以常用铸铁作为支承件的材料；焊接钢的阻尼和固有频率有了大幅度的提高，工艺性比较好，现在也常作为床身材料；还有如树脂粘结的混凝土、花岗岩等材料可用于制造床身底座。

采用高阻尼部件，如液压导轨，可提高抗振能力；也可在材料的表面涂贴阻尼材料，增大吸振能力；在支承件内填充泥芯、混凝土等阻尼材料，提高抗振性。

改善支承件的支承条件，如采用消振垫，加固地基，移开振源，提高抗振能力。机床支承在垫铁上时，抗振效果最差；在混凝土地基上抗振效果较好；在橡胶消振垫上抗振性最好。当然，提高支承件的静刚度，就可提高动刚度，加大抗振能力。在机床设计中，尽量把振源与支承件分开，如把电动机、传动装置、液压与冷却液装置等移出支承件，单独放置。

（3）支承件的热变形　支承件热变形的影响因素包括支承件的结构、运动部位的发热和外面热源（如室温、切屑和电动机）等。

在机床结构方面，采用热对称结构，如卧式加工中心的框式立柱结构、数控车床的倾斜床身、平床身和斜滑板结构、在加工中心上配有山形导轨防护罩，以及在机床上配有自动排屑装置等。

在机床上采取热平衡措施，如在支承件上包一层隔热层，使支承件在室温变化时能保持温度场均匀。隔离热源，将热源移出支承件。

在机床上采取控制温升的措施，如对机床发热部位（主轴箱、静压导轨等）采取散热、风冷和液冷等温控措施，对切削部位采用大量切削液来排除切削热，用大量切削液循环散热和用冷却装置制冷以控制温升。

采用热位移补偿，预测热变形规律，建立数学模型并存入计算机中进行实时补偿。

二、数控机床主要支承件结构

机床支承件结构分析

1. 床身

床身是机床的基础件，要求具有足够高的静、动刚度和精度保持性。床身设计受机床总体设计的制约，在满足总体设计要求的前提下，应尽可能够做到既要结构合理、肋板布置恰当，又要保证良好的冷、热加工工艺性。

（1）移动立柱卧式床身　移动立柱卧式床身通常用 T 形床身。它是由横置的前床身（也称为横床身）和与它垂直的后床身（也称为纵床身）组成。T 形床身有做成整体的，也有前、后床身分开组装的。整体式床身刚性和精度保持性都比较好，但是却给铸造和加工带来很大不便，尤其是大、中型机床的整体床身，要想制造，就非有大型设备不可。分离式 T 形床身的铸造工艺性和加工工艺性都有了很大改善。前、后床身连接处要配对刮研，连接时用定位键或特别的专用定位销（按现场铰刀的锥角，配磨圆柱销的锥角）定位，然后沿截面四周，用大螺栓紧固。这样连接的床身，在刚度和精度保持方面能基本满足使用要求，因此是大、中型卧式机床常用的结构形式。图 2-63 所示为卧式加工中心分离式 T 形床身。床身的截面形状受机床结构设计条件和铸造能力的制约，以及各厂家习惯的影响，种类繁多。

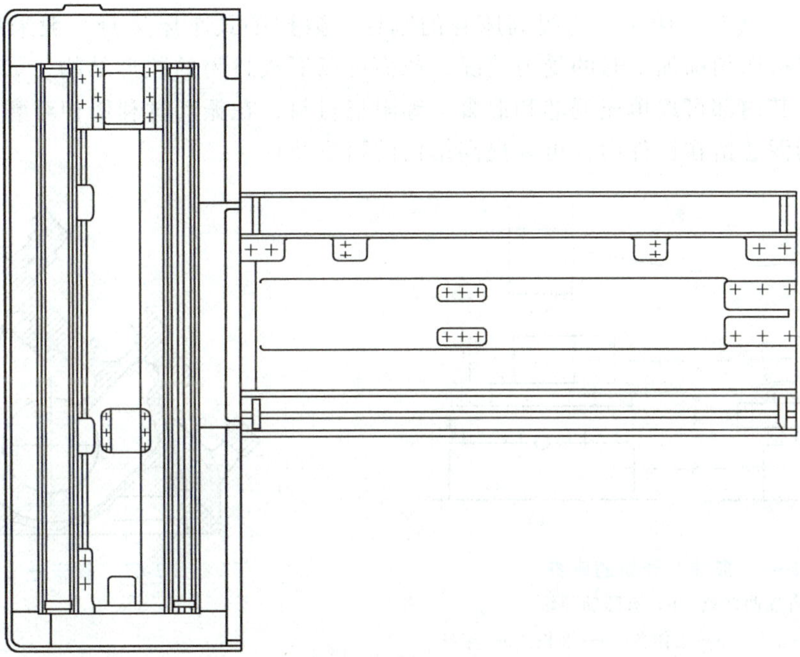

图 2-63　分离式 T 形床身

图 2-64 所示为 TH6350 型卧式加工中心前床身截面图。采用箱型结构，结合斜直组合布置肋板以提高床身的抗弯、抗扭能力。

（2）固定立柱卧式床身　小型卧式机床多数采用固定立柱卧式床身，而且床身也不大，故大多采用整体结构，如图 2-65 所示。

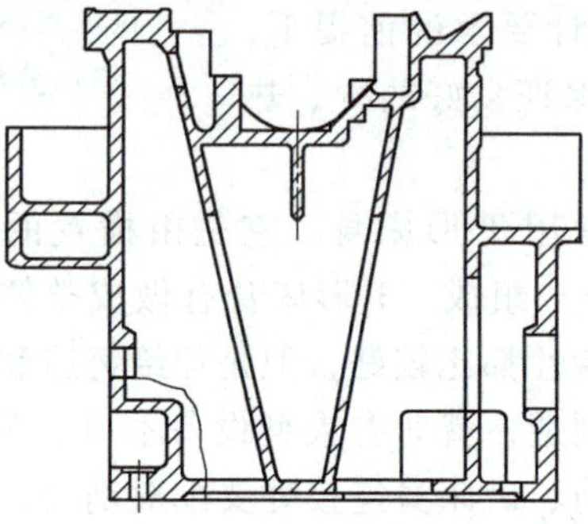

图 2-64 TH6350 型卧式加工中心前床身截面图

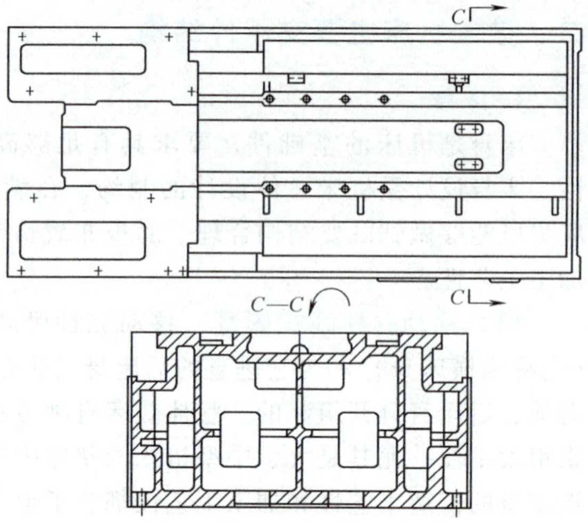

图 2-65 固定立柱卧式床身

当工作台在溜板上移动时，由于床身导轨跨距较窄，致使工作台在行程两端时容易出现翘曲，影响加工精度。为了避免工作台翘曲，有些床身增设了辅助导轨以保证移动部件的刚性，如图 2-66 所示。

(3) 数控卧式车床床身 为提高床身的刚性，数控卧式车床床身一般采用斜床身。斜床身可以改善机床切削加工时的受力情况，截面可以形成封闭的腔形结构，如图 2-67 所示，床身刚度好。其内部可以填充泥芯和混凝土等阻尼材料，在振动时利用相对磨损来耗散振动能量。大件的泥芯留在铸件内，可以提高结构的阻尼特性。

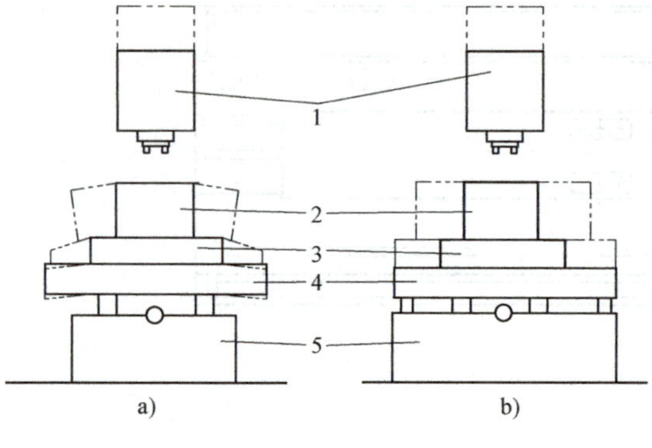

图 2-66 带辅助导轨的床身

a）有翘曲现象 b）有辅助导轨

1—主轴箱 2—工件 3—工作台 4—溜板 5—床身

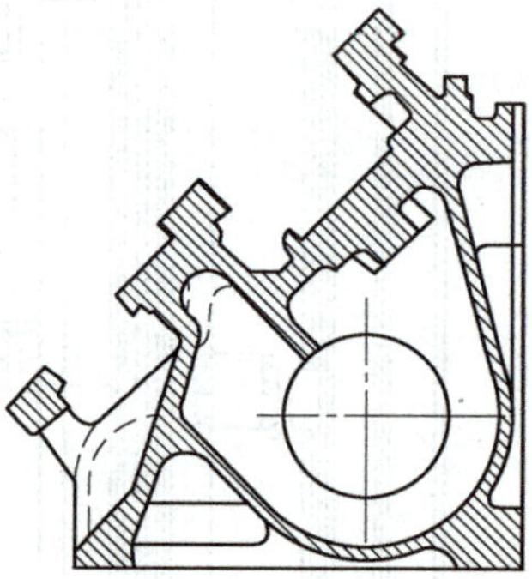

图 2-67 斜床身

图 2-68 所示为两种车床床身的结构及动态对比图示，填充泥芯后，床身的阻尼显著增加。

图 2-69 所示为德国 DNE480L 型数控车床底座和床身示意图，底座内所填充的混凝土的内摩擦阻力较高，再配以封砂的床身，使机床有较高的抗振性。该机床为四面密封结构，中间导轨后有纵向肋条，纵向每隔 250mm 有一横隔板。床身封闭截面可提高抗弯和抗扭刚度，

纵向肋条可提高中间导轨的局部刚度，隔板可减少截面的变形。

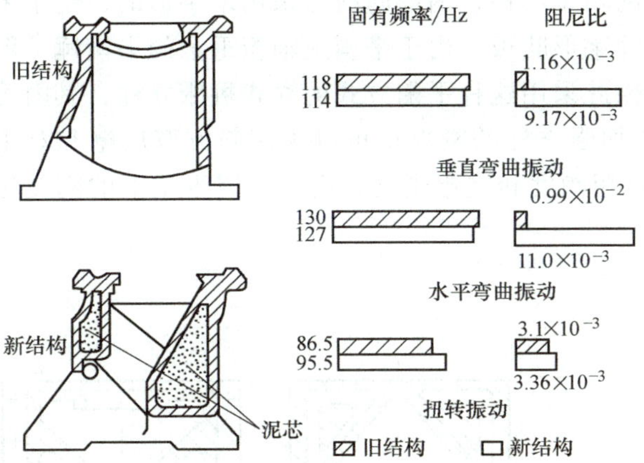

图 2-68　两种车床床身的比较图

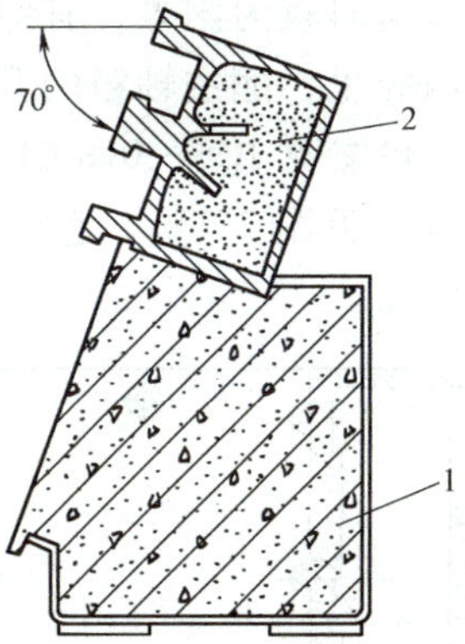

图 2-69　德国 DNE480L 型数控车床底座和床身示意图

1—实心混凝土底座　2—内封泥芯的铸铁床身

2. 立柱

(1) 卧式机床的立柱　目前普遍采用的是双立柱框架结构形式，如图 2-70 所示。

小型卧式机床，立柱直接固定于床身上，而大、中型卧式机床的移动立柱，则固定于滑座上。主轴箱装在双立柱的中间，如图 2-71 所示，沿立柱导轨上下运动。

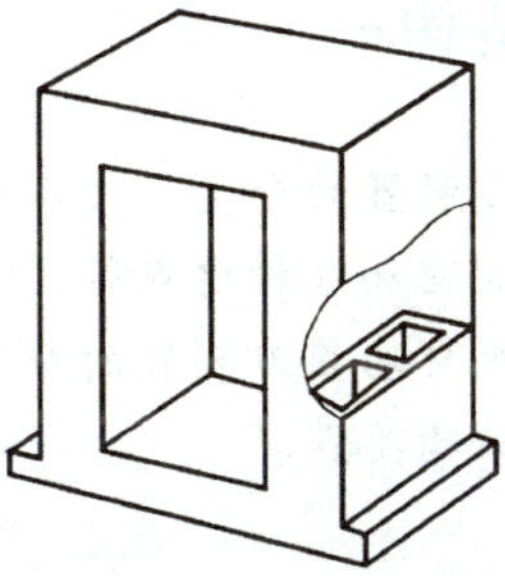

图 2-70　双立柱框架结构形式

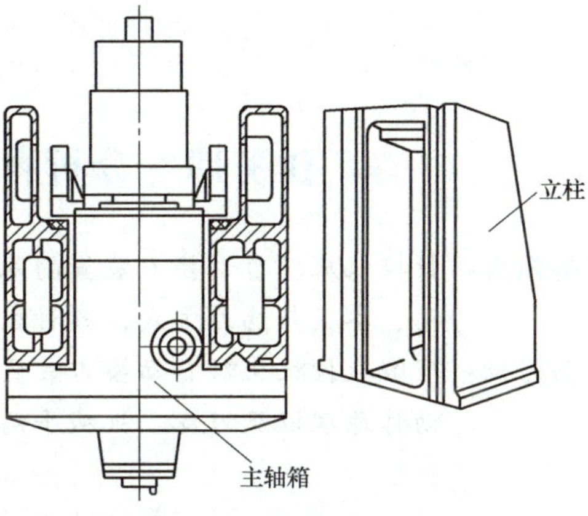

图 2-71　主轴箱与双立柱

卧式机床立柱结构的优点是：

1）刚性好，主轴承受切削力时，力的作用点在立柱中央，因此立柱所受扭矩较小，加之立柱的对称形状，大大加强了刚度。

2）热对称性好，主轴箱是机床的主要热源，而它正好处在双立柱的中间，使立柱结构成为热对称结构，这就减少了热变形的影响。

3）稳定性好，由于立柱内部肋板采用框架结构箱式布置，使立柱的抗弯、抗扭刚度以及构件的固有频率都得到提高。图 2-72 所示为卧式加工中心立柱的横向截面形状。卧式立柱结构的缺点是制造工艺性差，装配、调试不方便。

(2) 立式机床的立柱 因为立式机床主轴箱悬挂在立柱一侧，可参见 JCS—018 型加工中心布局。立式机床的立柱一般采用封闭的箱型结构，内部肋板常采用米字形的，由于米字形肋板铸造时较为困难，有些立柱仍采用井字形肋板。由于平衡主轴箱重量的平衡锤一般设在立柱内腔里，随主轴箱的升降而升降，因此采用这种平衡方式的立式机床立柱，其内腔是中空的，可参见 JCS—018 的立柱结构。为加强立柱的刚性也可以采用斜方双层壁和对角线交叉肋板（见图 2-73），它们都有很高的抗扭刚度和抗弯刚度，而且相同重量下的刚度比其他结构的高。

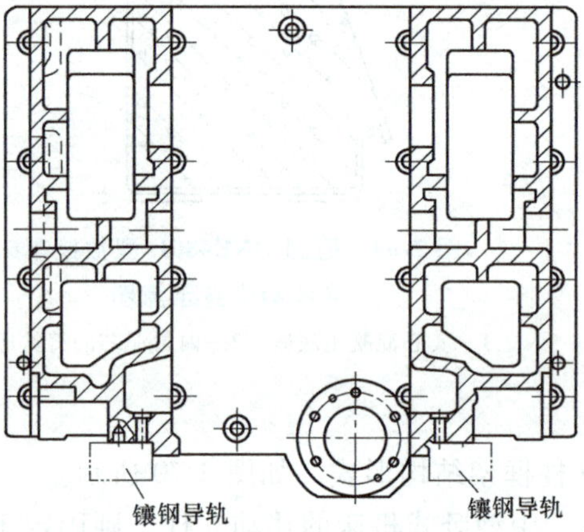

图 2-72 卧式加工中心立柱的横向截面形状

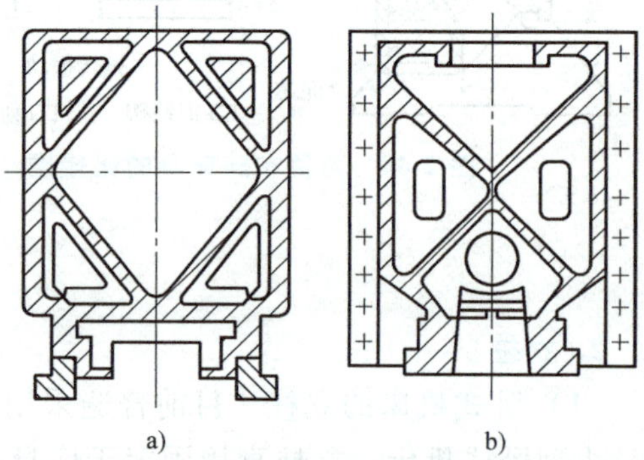

图 2-73 具有斜方双层壁和对角线交叉肋板的立柱

a）XK—716 型立式加工中心立柱

b）STAMA MC118 型立式加工中心立柱

任务四 分析自动换刀装置结构

任务内容： 数控机床对自动换刀装置的基本要求，自动换刀装置的分类，刀库的各种类型、参数与选刀方式，各种机械手的换刀动作原理和结构要点等。

任务目标： 理解数控机床对自动换刀装置的基本要求，掌握自动换刀装置的分类、换刀动作原理以及刀库、机械手两大主要组成件的结构要点。

一、对自动换刀装置的基本要求

自动换刀装置是加工中心区别于其他数控机床的特征结构之一。自动换刀装置具有根据工艺要求自动更换所需刀具的功能，即自动换刀（ATC）机能。

自动换刀装置应满足换刀时间短，刀具重复定位精度高，足够的刀具存储量，刀库占地面积小及安全可靠等基本要求。

二、自动换刀装置的分类

加工中心自动换刀装置根据其组成结构可以分为：转塔式自动换刀装置、无机械手自动换刀装置和有机械手自动换刀装置。其中，转塔式自动换刀装置不带刀库，而后两种换刀装置带刀库。

1. 转塔式自动换刀装置

转塔式自动换刀装置不带刀库，分回转刀架式和转塔头式两种。回转刀架式自动换刀装置用于各种数控车床和车削中心机床，转塔头式自动换刀装置多用于数控钻、镗、铣床。

转塔式自动换刀装置

（1）回转刀架式换刀装置　回转刀架式换刀装置是一种简单的自动换刀装置。在回转刀架各刀座上安装或夹持着各种不同用途的刀具，通过回转刀架的转位实现换刀。回转刀架可在回转轴的径向和轴向安装刀具。在数控车床上，回转刀架和其上的刀具布置大致有以下几种类型：

1）单回转刀架。外圆类、内孔类刀具混合放置。单回转刀架数控车床如图 2-74 所示。

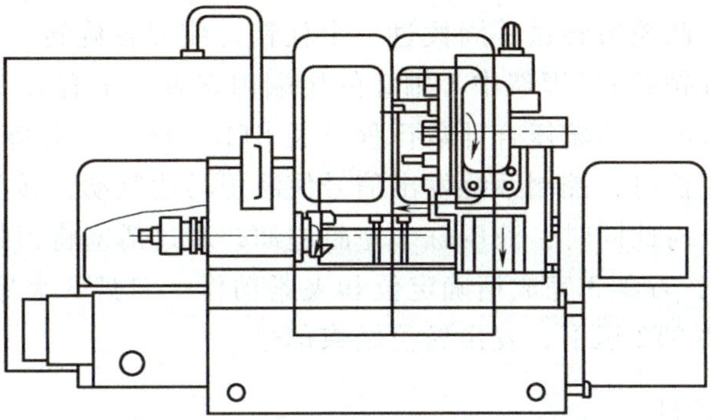

图 2-74　单回转刀架数控车床

2）双回转刀架。外圆类刀具和内孔类刀具分别布置。双回转刀架数控车床如图 2-75 所示，上刀架的回转轴与主轴平行，用于装外圆类刀具；下刀架的回转轴与主轴垂直，用于装内孔类刀具。

3）双排回转刀架。外圆类、内孔类刀具分别布置在刀架的两侧面。双排回转刀架外形如图 2-76 所示。回转刀架的回转轴与主轴倾斜，每个刀位上可装两把刀，用于加工外圆和内孔。

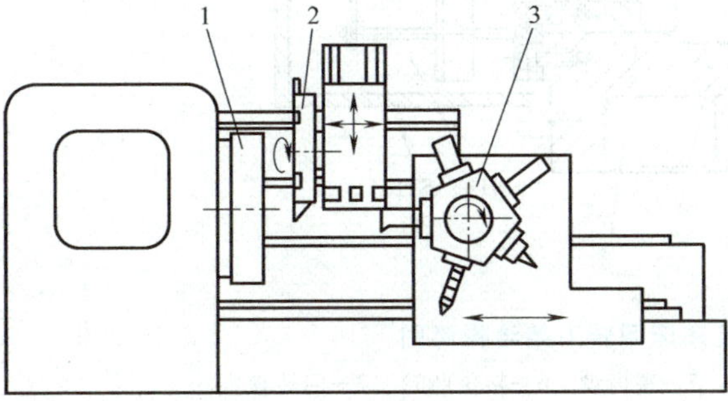

图 2-75　双回转刀架数控车床

1—主轴　2—上刀架　3—下刀架

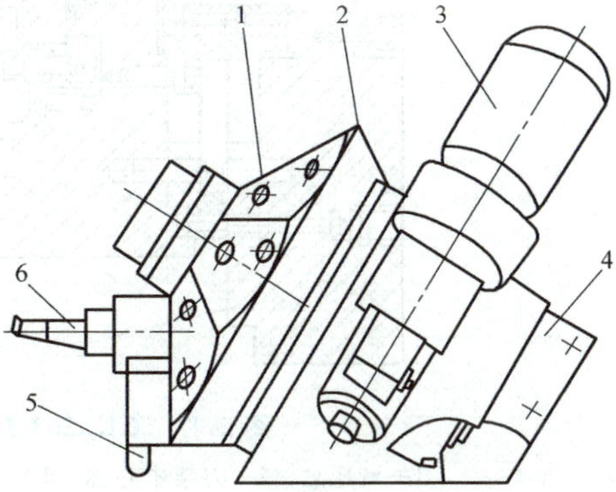

图 2-76　双排回转刀架外形图

1—刀具安装孔　2—转塔头　3—驱动电动机　4—底座　5—外圆刀具　6—内孔刀具

回转刀架的工位最多可达 20 多个，但最常用的是 8、10、12 和 16 工位 4 种。工位数越多，刀具间夹角越小，非加工位置刀具与工件相碰而产生干涉的可能性就越大，因此在刀架布刀时要给予考虑，避免发生干涉现象。

回转刀架在结构上必须具有良好的强度和刚度，以承受粗加工时的切削力，减小刀架在切削力作用下的位移变形，提高加工精度。回转刀架还要选择可靠的定位方案和定位结构，以保证回转刀架在每次转位之后具有高的重复定位精度。

CK3263 系列数控车床回转刀架结构如图 2-77 所示，回转刀架的升起、转位、夹紧等动作都是由液压装置驱动的。当数控装置发出换刀指令以后，液压油进入液压缸 1 的右腔，通过活塞推动刀架中心轴 2 将刀盘 3 左移，使定位副端齿盘 4 和 5 脱离啮合状态，为转位做好准备。齿盘处于完全脱开位置时，啮合状态行程开关 ST2 发出转位信号，液压马达带动转位凸轮 6 旋转，凸轮依次推动回转盘 7 上的分度柱销 8，使回转盘 7 通过键带动刀架中心轴 2 及刀盘 3 做分度转动。凸轮每转过一周拨过一个柱销，使刀盘旋转一个工位（$1/n$ 周，n 为刀架工位数，也等于柱销数）。刀架中心轴 2 的尾端固定着一个有 n 个齿的凸轮，每当刀架中心轴 2 转过一个工位时，凸轮压合计数行程开关 ST1 一次，开关将此信号送入控制系统。当刀盘 3 旋转到预定工位时，控制系统发出信号使液压马达制动，转位凸轮 6 停止运动，刀架处于预定工位状态。与此同时，液压缸 1 左腔进油，通过活塞将刀架中心轴 2 和刀盘 3 拉回，端齿盘 4、5 啮合，刀盘 3 完成精确定位和夹紧动作。刀盘 3 夹紧后，刀架中心轴 2 尾部将啮合状态行程开关 ST2 压下，发出转位结束信号。

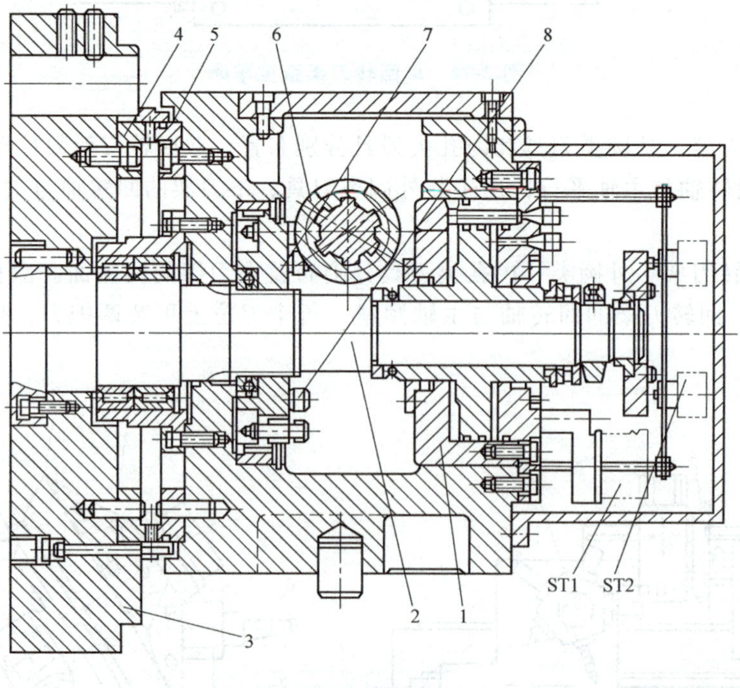

图 2-77 CK3263 系列数控车床回转刀架结构简图

1—液压缸 2—刀架中心轴 3—刀盘 4、5—端齿盘 6—转位凸轮 7—回转盘 8—分度柱销 ST1—记数行程开关 ST2—啮合状态行程开关

刀盘转位驱动采用圆柱凸轮步进传动机构，其工作原理如图 2-78 所示。圆柱凸轮是在

圆周面上加工出一条两端有头的凸轮轮廓。回转盘 3 端面有多个柱销，柱销数量与工位数相等。当凸轮 1 按图中所示方向旋转时，B 销先进入凸轮轮廓的曲线段，这时凸轮开始驱动回转盘 3 转位，与此同时，A 销与凸轮轮廓脱开。当凸轮转过 180°时，B 销接触的凸轮轮廓由曲线段过渡到直线段，同时与 B 销相邻的 C 销开始与凸轮的直线轮廓的另一侧面接触，凸轮 1 继续转动，回转盘 3 不动，刀架处于预定工位状态。由于凸轮 1 是一个两端开口的非闭合曲线轮廓，所以凸轮 1 在正、反转时均可带动回转盘 3 做正、反方向的旋转，因此这种刀架可通过控制系统中的逻辑电路来自动选择刀盘回转方向，以缩短转位时间，提高换刀速度。

(2) 转塔头式自动换刀装置　转塔头式自动换刀装置是数控机床中比较简单的换刀装置。转塔刀架上装有主轴头，转塔转动时更换主轴头以实现自动换刀。在转塔各个主轴头上，预先安装有各工序所需要的旋转刀具。如图 2-79 所示的数控钻镗铣床，可绕水平轴转位的转塔自动换刀装置上装有 8 把刀具，但只有处于最下端“工作位置”上的主轴头与主传动链接通并转动。待该工步加工完毕，转塔按照指令转过一个或几个位置，完成自动换刀，再进入下一步的加工。

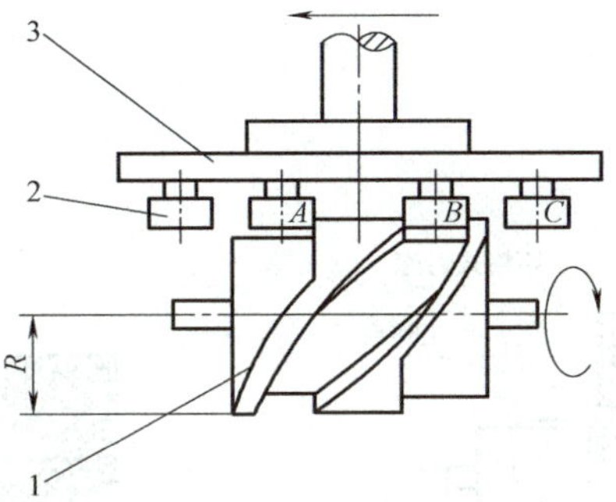

图 2-78　圆柱凸轮步进传动机构工作原理

1—凸轮　2—分度柱销　3—回转盘

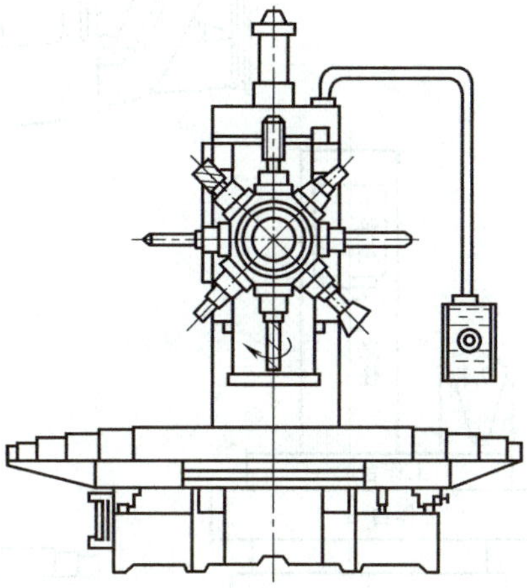

图 2-79　数控钻镗铣床

这种自动换刀装置存储刀具的数量较少，适用于加工较简单的工件。其优点是结构简单、可靠性高、换刀时间短。但由于空间位置的限制，主轴组件的结构刚性较低，且因安装于机床上，对机床的结构影响较大。它适用于工序较少，精度要求不太高的数控钻镗铣床等。

带有刀库的自动换刀装置

2. 带有刀库的自动换刀装置

目前，大量使用的是带有刀库的自动换刀装置，与转塔式自动换刀装置不同。由于有了刀库，加工中心只需要一个夹持刀具进行切削的主轴，当需要某一刀具进行切削加工时，将该刀具自动地从刀库交换到主轴上，切削完毕后又将用过的刀具自动地从主轴放回刀库。由于换刀过程是在各个部件之间进行的，所以要求各参与换刀的部件的动作必须准确协调。这种换刀方式由于主轴不像转塔式换刀机构那样受限制，因此主轴刚度可以提高，还有利于提高加工精度和效率。由于有了单独存储刀具的刀库，刀具的存储容量增多，有利于加工复杂零件，而且刀库可离开加工区，消除了很多干扰因素。带有刀库的自动换刀装置又可分为无机械手换刀装置和有机械手换刀装置两类。

(1) 无机械手换刀装置　一般是采用把刀库放在主轴箱可以运动到的位置，或整个刀库也可是某一刀位能移动到主轴箱可以到达的位置，同时刀库中刀具的存放方向一般与主轴箱装刀方向一致。换刀时，主轴和刀库相对运动进行换刀动作，利用主轴取走或放回刀具。图 2-80 所示为几种无机械手加工中心的自动换刀装置。

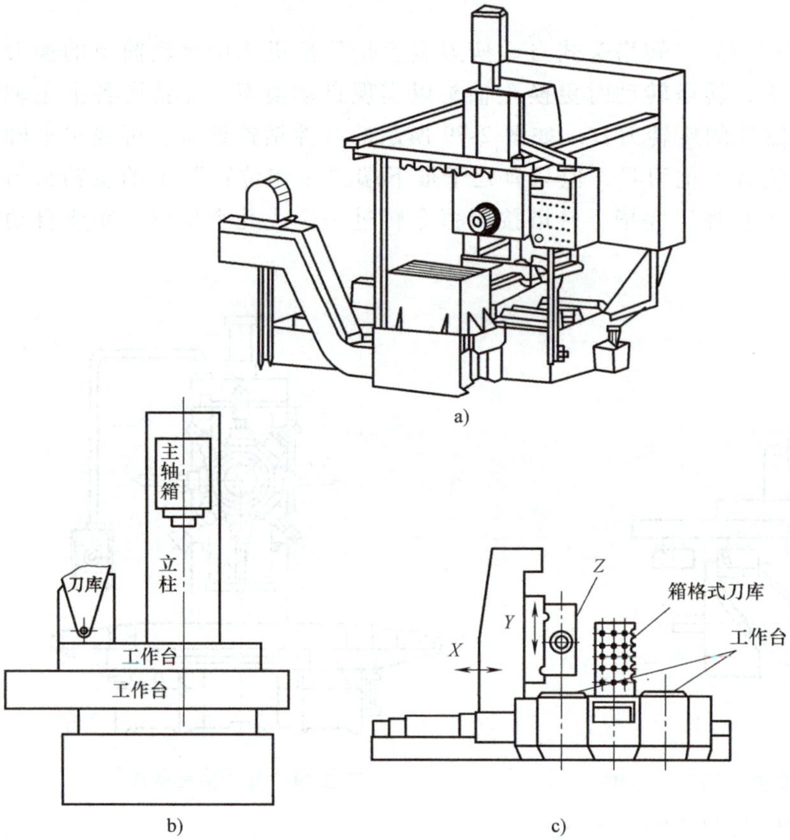

图 2-80　无机械手加工中心的自动换刀装置

无机械手加工中心的自动换刀过程

图 2-81 所示为 XH6150 型卧式加工中心无机械手换刀装置的换刀过程。

图 2-81a 为上一工步结束后，主轴准停定位，主轴箱上升。图 2-81b 为主轴箱上升到顶部换刀位置，刀具进入刀库的交换位置空位。刀具被刀库上的夹爪固定，主轴上的刀具自动夹紧装置松开。图 2-81c 为刀库前移，从主轴孔中把要更换的刀具拔出。图 2-81d 为刀库转位，根据程序把下一工序要用的刀具转到换刀位置，同时主轴孔清洁装置清洁主轴上的刀具孔。图 2-81e 为刀库后退，把需要的刀具插入主轴孔，主轴上的刀具夹紧装置把刀具夹紧。图 2-81f 为主轴箱下降到工作位置，开始进行下一步工作。

无机械手换刀装置的优点是结构简单，成本低，换刀可靠性也较高。其缺点是由于结构所限，刀库的容量不大，且换刀时间较长，一般需要 8~15s。因此，多为中、小型加工中心采用。

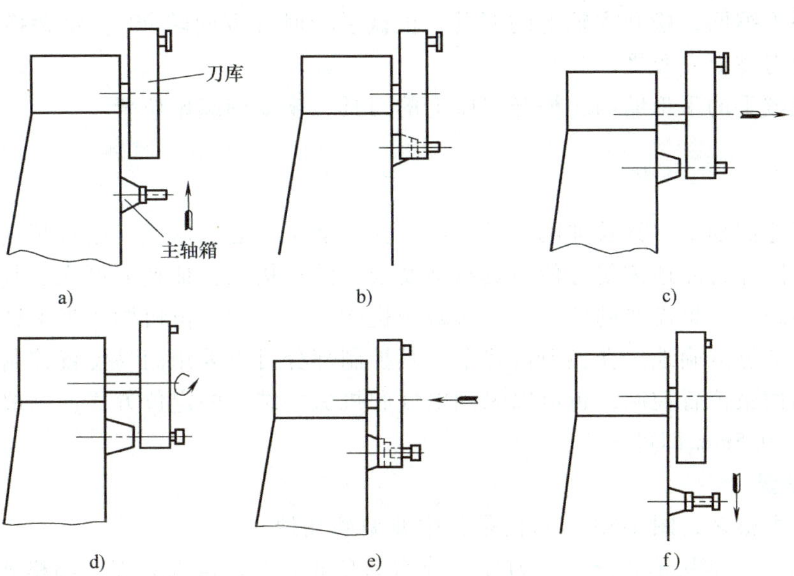

图 2-81　XH6150 型卧式加工中心无机械手换刀装置的换刀过程

（2）有机械手换刀装置　有机械手换刀装置一般由机械手和刀库组成。其刀库的配置、位置及数量的选用要比无机械手的换刀装置灵活得多，可以根据不同的要求配置不同形式的机械手，可以是单臂的、双臂的，甚至可以是一个主机械手和一个辅助机械手的形式。它能够配备多至数百把刀具的刀库。换刀时间可缩短到几秒甚至零点几秒。因此目前大多数加工中心采用配有机械手的换刀装置。由于刀库位置和机械手的换刀动作不同，其自动换刀装置的结构形式也多种多样。这里以某型立式加工中心换刀过程为例说明机械手换刀的工作原理，换刀的分解动作如图 2-82 所示。

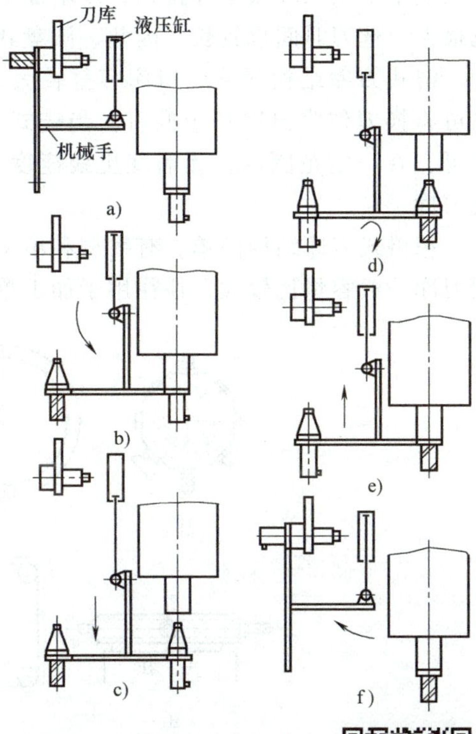

图 2-82　某型立式加工中心机械手换刀过程分解动作

有机械手加工中心的自动换刀过程

当主轴上刀具完成一个工步后，主轴准停定位，机械手手爪伸出，抓住刀库中的待换刀具（见图 2-82a）。

机械手的一个手爪抓住待换刀具逆时针方向转动 90°，使刀具轴线与主轴轴线平行，另一个手爪抓住主轴上的刀具，主轴松开刀杆（见图 2-82b）。

机械手前移，将刀具从主轴孔内取出（见图 2-82c）。

机械手绕垂直轴转动 180°，将两把刀具交换位置（见图 2-82d）。

机械手后退，将新刀具装入主轴，主轴夹紧刀具（见图 2-82e）。

机械手手爪缩回，松开主轴上的刀具。机械手顺时针方向转 90°，将替换下来的刀具送回刀库的相应刀座上（见图 2-82f）。

最后，机械手的手爪缩回，松开刀座上的刀具，恢复到起始位置。

三、刀库

刀库用于存储加工刀具及辅助工具。由于多数加工中心的取送刀位置都是在刀库中的某一固定刀位，因此刀库还需要有使刀具运动及定位的机构来保证换刀可靠。其动力可采用电动机或液压系统，如果需要的话，还要有减速机构。刀具的定位机构用来保证要更换的每一把刀具和刀套都能准确地停在换刀位置上。其控制部分可以采用简易位置控制器或类似半闭环进给系统的伺服位置控制，也可以采用电气和机械相结合的定位方式，一般要求综合定位精度达到 0.1~0.5mm 即可。

1. 刀库类型

刀库的种类很多，图 2-83 所示仅是其中典型的几种。

（1）按刀库的结构形式分类　刀库可分为圆盘式刀库、链式刀库、箱格式刀库。

圆盘式刀库结构简单，应用较多，但由于刀具环形排列，空间利用率低，因此有时将刀具在盘中采用双环或多环排列，以增加空间利用率。但这样会使刀库的外径扩大，转动惯量也很大，选刀时间也较长。因此，圆盘式刀库一般用于刀具容量较小的刀库。

链式刀库结构紧凑，刀库容量较大，链的形状可以根据机床的布局配置成各种形状，也可将换刀位突出以利于换刀。当链式刀库必须增加刀具容量时，只需增加链条的长度即可，在一定范围内，无需变更线速度及惯量。一般刀具数量在 30~120 把时，都采用链式刀库。

箱格式刀库结构简单，有线型和箱型两种。线型的刀库一般用于无机械手换刀装置；箱型刀库一般容量比较大，往往用于加工单元式加工中心。

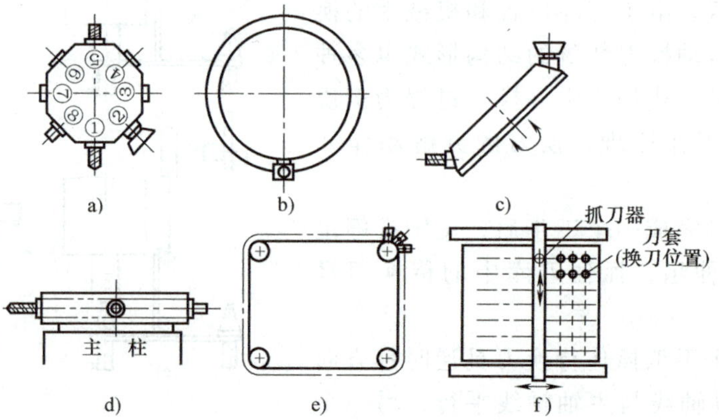

图 2-83　刀库形式

a）转塔式　b）侧置圆盘式　c）斜置圆盘式　d）顶置圆盘式
e）链式　f）箱格式

（2）按设置部位不同分类　刀库可以分为顶置式、侧置式、悬挂式和落地式等多种类型。

(3) 按交换的是刀具还是主轴箱分类 刀库可以分为普通刀库（简称刀库）和主轴箱库（见图 2-84）两种。

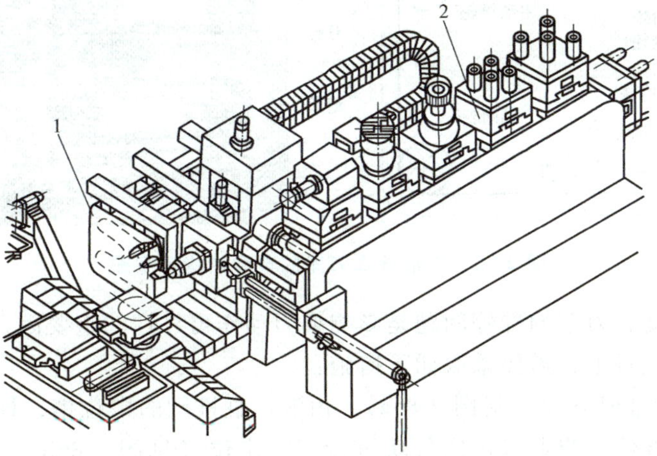

图 2-84 主轴箱换刀加工中心

1—刀库 2—主轴箱库

2. 刀库的容量

刀库的容量首先要考虑加工工艺的需要。例如，立式加工中心的主要工艺为钻、铣。统计了 15000 种工件，按成组技术分析，各种加工所必需的刀具数是：4 把铣刀可完成工件 95%左右的铣削工艺，10 把孔加工刀具可完成工件 70%的钻削工艺。因此，14 把刀的容量就可完成工件 70%以上的钻铣工艺。如果从完成工件的全部加工所需的刀具数目统计，所得结果是 80%的工件（中等尺寸，一般复杂程度）被完成全部加工任务所需的刀具数在 40 种以下。所以一般的中、小型立式加工中心配有 14～30 把刀具的刀库就能够满足 70%～95%的工件加工需要。

3. 链式刀库

链式刀库是目前使用得最多的一种形式，由一个主动链轮带动装有刀套的链条移动构成刀库。我国加工中心一般选用伺服电动机驱动方式驱动刀库，为使伺服电动机在最佳状态下工作，一般不采用伺服电动机低速段，而采用蜗杆减速装置，有时出于结构上的考虑还加上一对齿轮传动。

图 2-85 所示为方形链式刀库的典型结构示意图。主动链轮由伺服电动机通过蜗杆减速装置驱动（根据需要，还可经过齿轮副传动）。这种传动方式，不仅在链式刀库中采用，在其他形式的刀库传动中也多采用。

导向轮一般做成光轮，圆周表面硬化处理。兼起张紧轮作用的左侧两个导向轮，其轮座必须带有导向槽（或导向键），以免松开安装螺钉时，轮座位置歪扭，给张紧调节带来麻烦。回零撞块可以装在链条的任意位置上，回零开关则安装在便于调整的地方。调整回零开关位置，使刀套准确地停在换刀机械手抓刀位置上。这时处于机械手抓刀位置的刀套，编号为 1 号，然后依次编上其他刀号。刀库回零时，只能从一个方向回零，至于是顺时针方向回转回零还是逆时针方向回转回零，可由机电设计人员商定。

如果刀套不能准确地停在换刀位置上，将会使换刀机械手抓刀不准，以致在换刀时容易

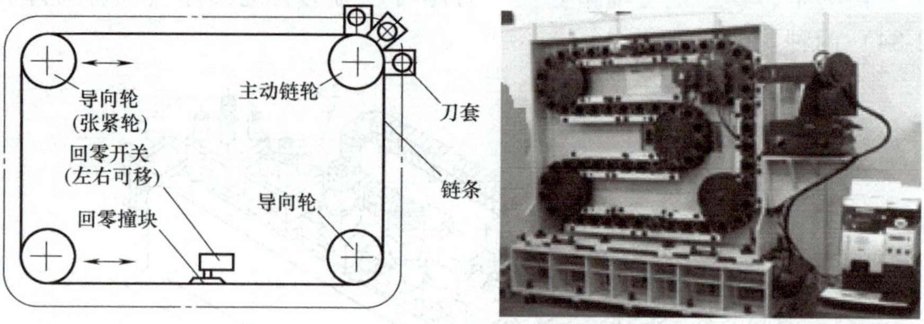

图 2-85　方形链式刀库的典型结构示意图

发生掉刀现象。因此，刀套的准停问题是影响换刀动作可靠性的重要因素之一。为了确保刀套准确地停在换刀位置上，需要采取如下措施：

1）采用定位盘准停方式（见图 2-86a），由液压缸推动的定位销，插入定位盘的定位槽内，以实现刀套的准停，或者采用定位块进行刀套定位（见图 2-86b）。定位盘上的每个定位槽（或定位孔），对应于一个刀套，而且定位槽（或定位孔）的节距要一致。这种准停方式的优点是：能有效地消除传动链反向间隙的影响；保护传动链，使其免受换刀撞击力；驱动电动机可不用制动自锁装置。

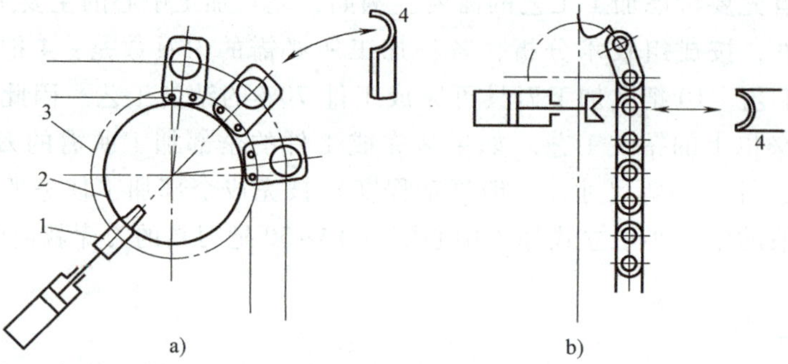

图 2-86　刀套的准停

1—定位销　2—定位盘　3—链轮　4—夹爪

2）链式刀库要选用节距精度较高的套筒滚子链和链轮，而且在把套筒装在链条上时，要用专用夹具来定位，以保证刀套节距一致。

3）传动时要消除反向传动间隙。消除反向传动间隙的方法有以下几种：电气系统自动补偿方式，在链轮轴上安装编码器，单头双导程蜗杆传动方式，使刀套单方向运行、单方向定位方式以及使刀套双向运行、单向定位方式等。

目前，国内外企业已制造出装有刀套的刀库专用链条，其性能较好。表 2-3 为日本椿本（TSUBAKI）集团生产的带导向轮的 SK04 型链条形式及尺寸。

4. 刀库的选刀方式

现代加工中心刀库已不用刀套编号或者刀具编码方式，而是由数控系统，根据最初输入的刀套号与刀具号，跟踪记忆刀套与刀具的对应号，并按程序指令准确地调用所需刀具。

表 2-3　SK04 型链条形式及尺寸

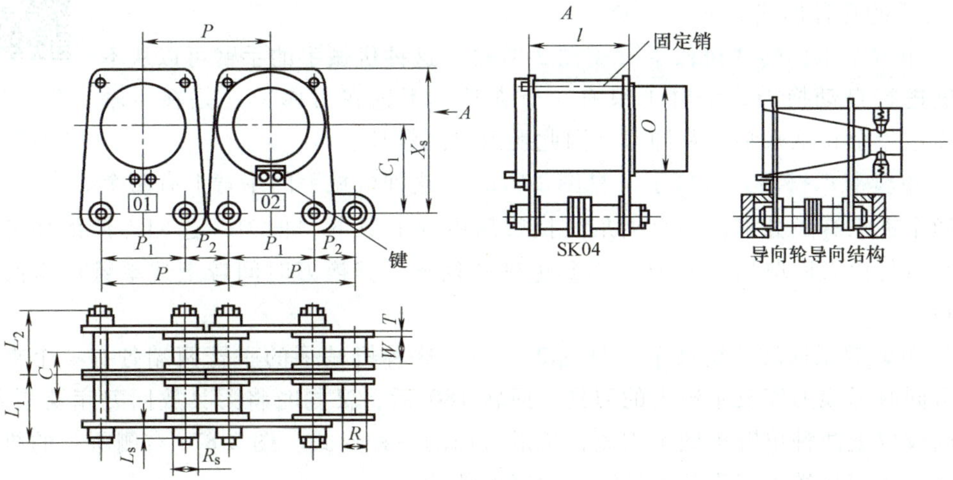

链条型号	刀具锥柄号	P	P_1	P_2	O	C_1	l	X_s	L_1	L_2	C	W	R	T	R_s	L_s
SK04	40	95.25	63.50	31.75	55	53	71.6	92	52.3	52.3	35.8	19.05	19.05	4	19.05	9.4
	50(45)	114.30	76.20	38.1	78	80	90.8	132.5	65.05	65.05	45.4	25.4	22.23	4.8	22.23	12.6
		133.35	88.9	44.45	78	80	97.8	133	68.55	68.55	48.9	25.4	25.4	5.6	22.23	12.6

目前使用的刀库的选刀方式有如下两种：

(1) 刀套号与刀具号随机变换方式　这是目前应用最普遍的方式。在第一次给刀库装刀时，告诉控制系统刀座号和在该刀套上的刀具号的对应关系，控制系统就会记住这个对应关系，以后该刀具在使用中不一定被送还到原来的刀套上，但是控制系统仍能记住该刀具号所在的新刀套号。这种方式有利于缩短换刀、选刀时间。由于这种方式经常改变刀具号与刀套的对应关系，所以在重新起动机床时，必须使刀库回零，校验一下显示器上显示的内容与实际刀具插存情况。

(2) 刀套号与刀具号固定对应方式　在这种选刀方式中，插在刀套上的刀具，使用后仍被送还到原来的刀套上，即刀具号与刀套号的对应关系始终不变。这种方式的好处在于，易于掌握刀具情况，一看刀套就能知道是什么样的刀具；另一好处是可以安放大直径刀具，只要设置相邻刀套上无刀即可。正是这种方便性，根据有些用户的要求，至今仍有采用这种选刀方式的。但是，这种方式因为用完的刀具必须被送还到原来的刀套上，才能移动下一个要用的刀具到换刀位置，因此增加了换刀时间。

刀库选刀方式一般采用“近路”移动原则。就是说，无论采用上述哪种选刀方式，根据程序指令，把下一工步要用的刀具移到换刀位置时，都向小于刀库半圈的方向移动，以节省选刀时间。

四、机械手

采用机械手进行刀具交换的方式应用最为广泛，这是因为机械手换刀有很大的灵活性，而且可以减少换刀时间。

1. 机械手的形式与种类

机械手的形式与种类

在自动换刀数控机床中，机械手的形式也是多种多样的，常见的有图 2-87 所示的几种形式。

(1) 单臂单爪回转式机械手（见图 2-87a） 这种机械手的手臂可以从不同的角度进行自动换刀，手臂上只有一个夹爪，不论在刀库上还是在主轴上，均靠这一个夹爪来装刀及卸刀，因此换刀时间较长。

(2) 单臂双爪摆动式机械手（见图 2-87b） 这种机械手的手臂上有两个夹爪，两个夹爪有所分工，一个夹爪只执行从主轴上取下“旧刀”送回刀库的任务，另一个夹爪则执行由刀库取出“新刀”送到主轴的任务，其换刀时间较上述单臂单爪回转式机械手要短。

(3) 单臂双爪回转式机械手（见图 2-87c） 这种机械手的手臂两端各有一个夹爪，两个夹爪可同时抓取刀库及主轴上的刀具，回转 180°后，又同时将刀具放回刀库及装入主轴。换刀时间较以上两种单臂机械手均短，是最常用的一种形式。图 2-87c 右侧所示的机械手在抓取刀具或将刀具送入刀库及主轴时，两臂可伸缩。

(4) 双机械手（见图 2-87d） 这种机械手相当于两个单臂单爪机械手相互配合，进行自动换刀。其中一个机械手从主轴上取下“旧刀”送回刀库，另一个机械手由刀库中取出“新刀”装入主轴。

(5) 双臂往复交叉式机械手（见图 2-87e） 这种机械手的两个手臂可以往复运动，并交叉成一定的角度。一个手臂从主轴上取下“旧刀”送回刀库，另一个手臂由刀库中取出“新刀”装入主轴。整个机械手可沿某导轨直线移动或绕某个转轴回转，以实现刀库和主轴间的运刀运动。

(6) 双臂端面夹紧式机械手（见图 2-87f） 这种机械手只是在夹紧部位上与前几种不同。前几种机械手均靠夹紧刀柄的外圆表面抓取刀具，这种机械手则夹紧刀柄的两个端面。

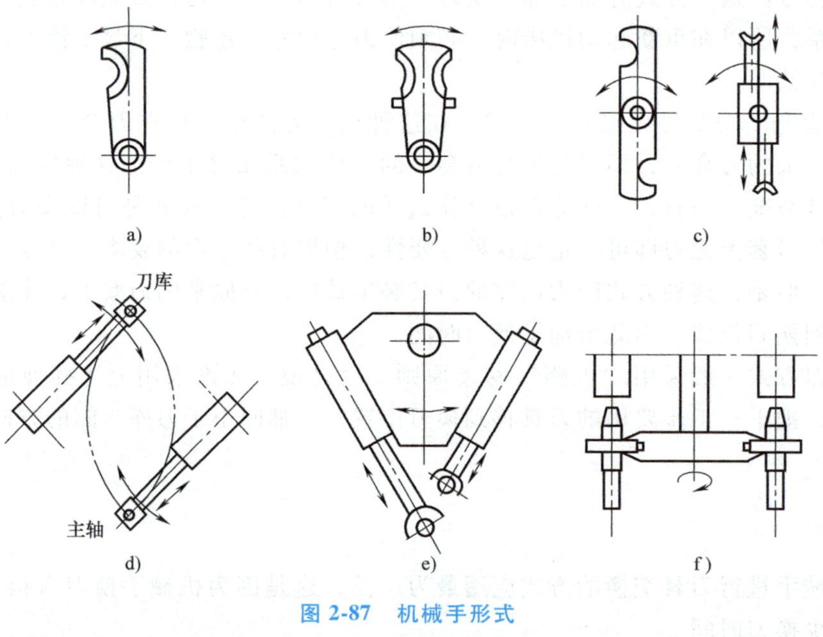

图 2-87 机械手形式

2. 常用换刀机械手

(1) 单臂双爪式机械手　单臂双爪式机械手也称为扁担式机械手，是目前加工中心上应用较多的一种。这种机械手的拔刀、插刀动作大都由液压缸驱动完成。根据结构要求，可以采取液压缸动、活塞固定，或活塞动、液压缸固定的结构形式。而手臂的回转动作，则通过活塞的运动带动齿条齿轮传动来实现。机械手臂的不同回转角度由活塞的可调行程来保证。

这种机械手采用了液压装置，既要保证不漏油，又要保证机械手动作灵活，而且每个动作结束之前均必须设置缓冲机构，以保证机械手工作平稳、可靠。由于液压驱动的机械手需要严格的密封，还需较复杂的缓冲机构，且控制机械手动作的电磁阀都有一定的时间常数，因而换刀速度慢。近年来国内外先后研制出凸轮联动式单臂双爪机械手，其工作原理如图 2-88 所示。

这种机械手的优点是：由电动机驱动，不需要较复杂的液压系统及其密封、缓冲机构，没有漏油现象，结构简单，工作可靠。同时，机械手手臂的回转和插刀、拔刀的分解动作是联动的，部分时间可重叠，从而大大缩短了换刀时间。

(2) 双臂单爪交叉型机械手　北京机床所精密机电有限公司开发和生产的 JCS—013 型卧式加工中心，所用换刀机械手就是双臂单爪交叉型机械手，如图 2-89 所示。

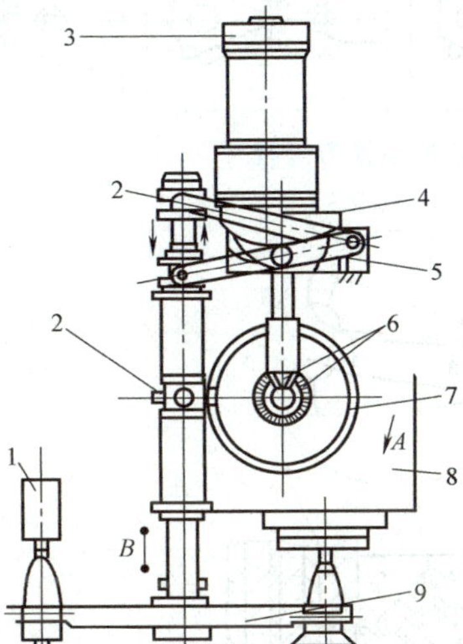

图 2-88　凸轮联动式单臂双爪机械手

1—刀套　2—十字轴　3—电动机　4—圆柱槽凸轮（控制手臂上下）
5—杠杆　6—锥齿轮　7—凸轮滚子（控制平臂旋转）　8—主轴箱
9—换刀手臂

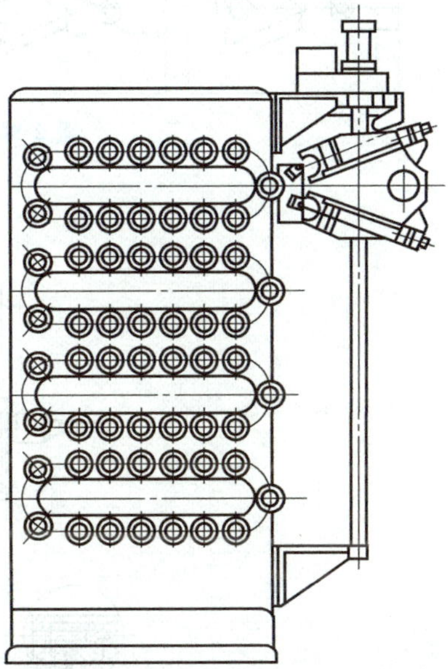

图 2-89　双臂单爪交叉型机械手

这种机械手的自动换刀过程如图 2-90 所示。

(3) 单臂双爪且手臂回转轴与主轴成 45°的机械手　机械手结构如图 2-91 所示。

机械手的换刀过程为：①抓刀；②拔刀；③换位（旋转 180°）；④插刀；⑤松刀；⑥返回原位（旋转 90°）。这种机械手换刀动作可靠，换刀时间短。缺点是刀柄精度要求高，结构复杂，联机调整的相关精度要求高，机械手离加工区较近。

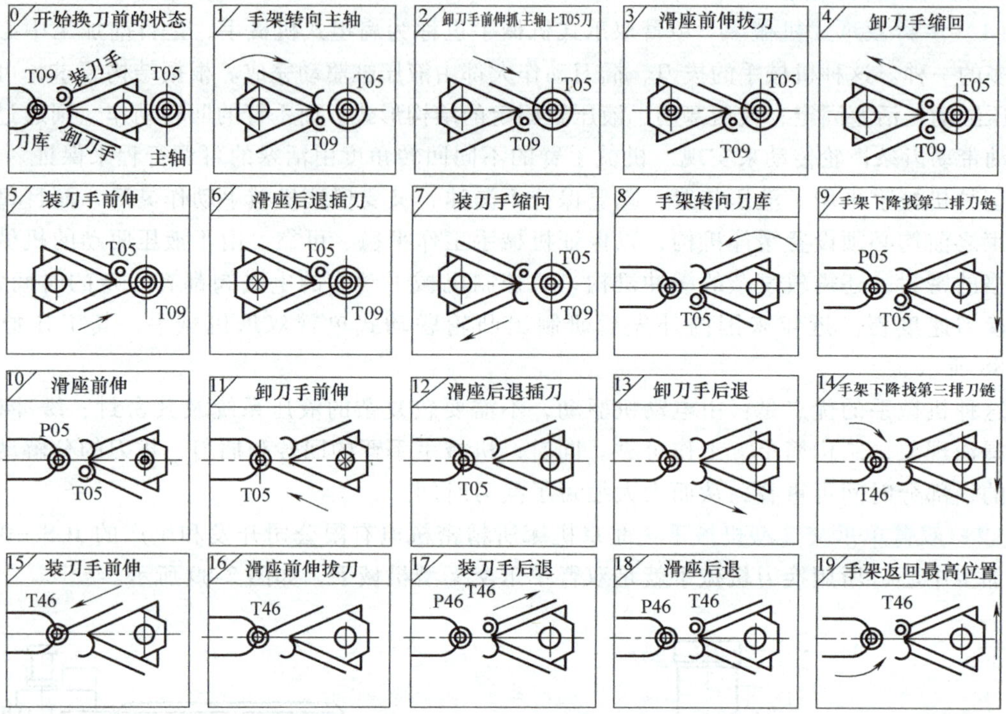

图 2-90 双臂单爪交叉型机械手换刀过程

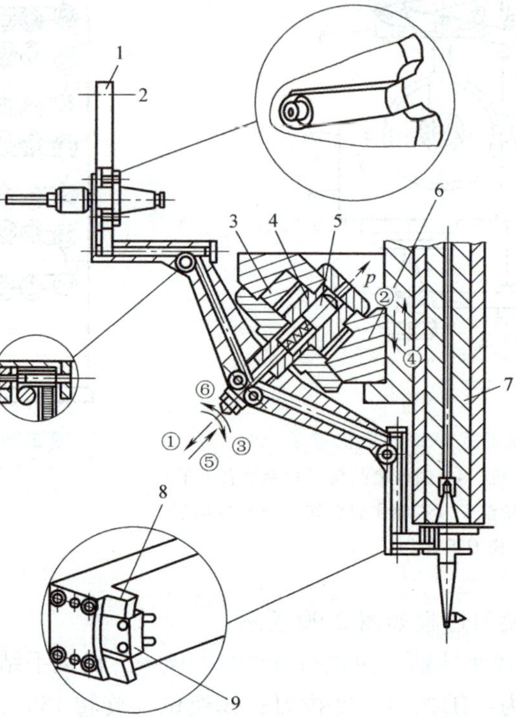

图 2-91 单臂双爪且手臂回转轴与主轴成 45°的机械手

1—刀库 2—刀库轴线 3—齿条 4—齿轮 5—抓刀活塞 6—机械手拖架 7—主轴 8—抓刀定块 9—抓刀动块

3. 手爪形式

（1）单臂双爪式机械手的手爪　较普遍采用的机械锁刀方式是手爪-弹簧销式手爪。

钳形机械手的杠杆手爪如图 2-92 所示。图中的锁销 2 在弹簧（图中未画出此弹簧）作用下，其大直径外圆顶着止退销 3，杠杆手爪 6 就不能摆动张开，手爪中的刀具就不会被甩出。当抓刀和换刀时，锁销 2 被装在刀库和主轴端部的撞块压回，止退销 3 和杠杆手爪 6 就能够摆动、放开，刀具就能装入和取出。这类手爪均为直线运动抓刀。

（2）刀库夹爪　刀库夹爪既起着刀套的作用，又起着手爪的作用，图 2-93 所示为刀库夹爪图。

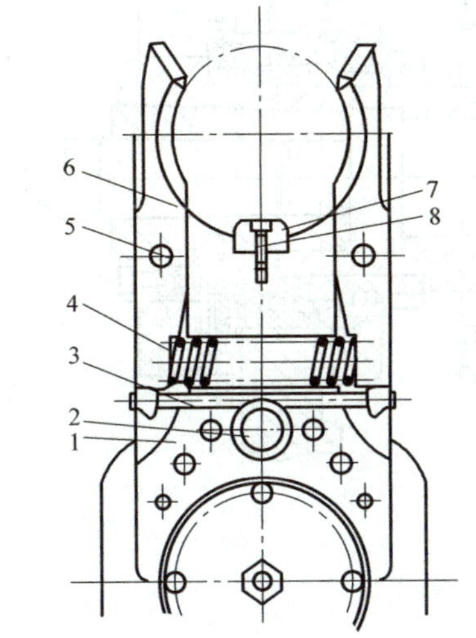

图 2-92　钳形机械手杠杆手爪

1—手臂　2—锁销　3—止退销　4—弹簧　5—支点轴　6—杠杆手爪　7—键　8—螺钉

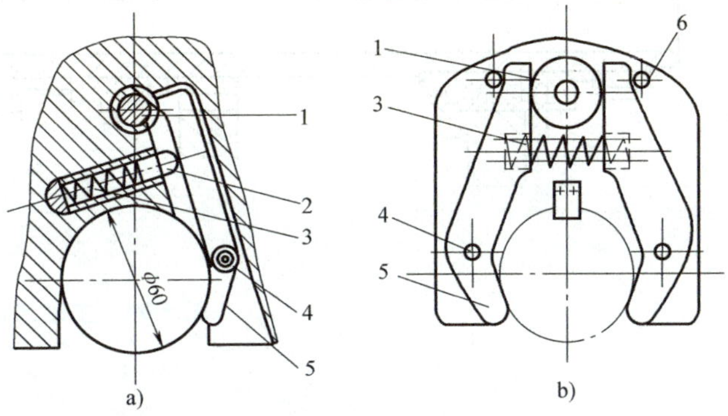

图 2-93　刀库夹爪

1—锁销　2—顶销　3—弹簧　4—支点轴　5—手爪　6—挡销

综合训练

训练项目一　主轴系统的结构分析与调整

1. 训练目的

通过对某车床主轴系统的分析，主要掌握以下内容：

1）数控机床主轴系统的传动特点、路线。

2）主轴组件的构成要点，连接、定位方式，润滑方式。

3）主轴支承的选择、主轴回转精度检测、间隙调整。

2. 硬件要求

CAK6150 型数控车床、螺钉旋具、内六角扳手、百分表、塞尺、丝棉等。

3. 训练步骤

1）教师讲解某数控车床的主轴运动特性。

2）学生拆卸主轴箱箱盖，观察内部结构，教师指导。

3）对照主轴系统图分析其传动特点、路线。

4）对照主轴组件装配图分析主轴组件的构成要点、连接、定位方式。

5）对照主轴组件装配图分析主轴支承轴承的类型及特点，用百分表检测主轴回转精度。确定调隙方法，进行适当调隙，并用百分表检测调隙效果。

6）对主轴系统进行润滑保养。

7）分析其他内容，撰写训练报告。

参考图样如图 2-94、图 2-95 所示。

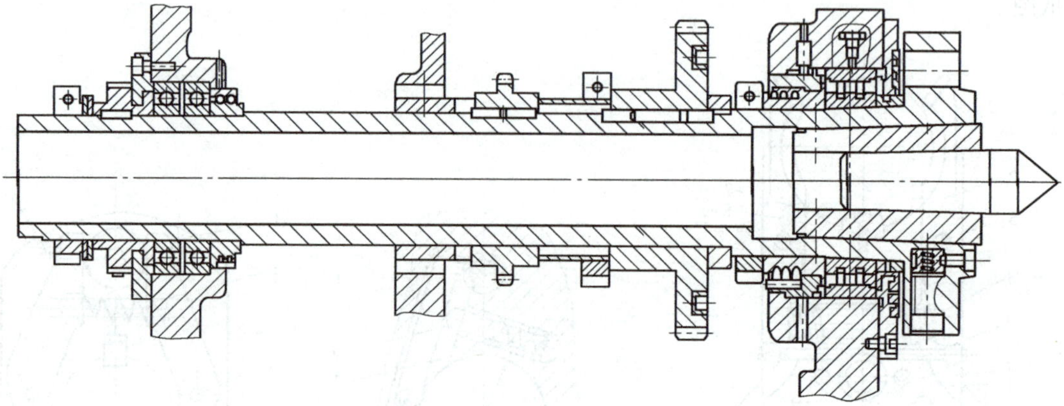

图 2-94 主轴结构图

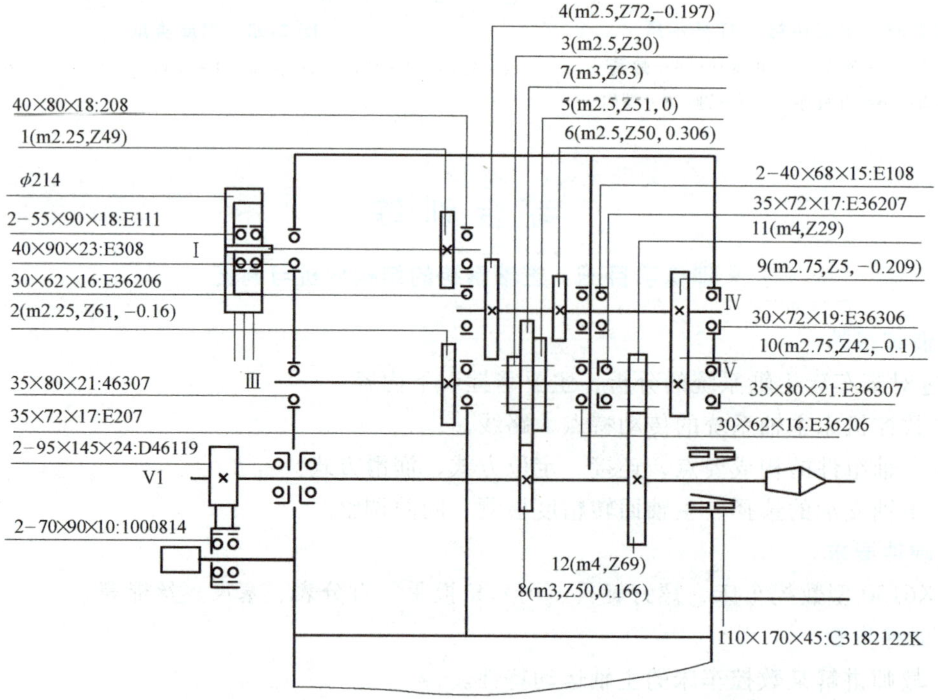

图 2-95 CAK6150 数控机床手动变频主轴系统图

训练项目二　进给传动系统的结构分析与调整

滚珠丝杠副：实操

1. 训练目的

通过对某数控铣床进给传动系统的分析，主要掌握以下内容：

1）数控机床进给传动系统的传动特点、路线。

2）反向空程误差的测定；滚珠丝杠副的结构、调整、支承和应用特点。

3）贴塑导轨的应用情况及润滑方式；动、静导轨间隙的测定及调整方法。

4）联轴器的选用。

2. 硬件条件

KV650型数控铣床、滚珠丝杠副、螺钉旋具、内六角扳手、百分表、塞尺、步距规、丝棉等。

3. 训练步骤

1）教师讲解某数控铣床的进给传动运动特性。

2）学生拆卸 X 轴或 Y 轴导轨防护板，观察其内部结构，教师指导。

3）对照进给传动系统图分析其传动特点、路线。

4）对照进给传动结构图分析滚珠丝杠副的结构和支承特点，润滑方式。

5）检测 X 轴、Y 轴反向空程误差，研讨确定滚珠丝杠副调隙方法，在单独的滚珠丝杠副上实施间隙调整。

6）分析贴塑导轨的应用特点，润滑与防护；用塞尺检测动、静导轨间隙，调整其间隙，用塞尺检验调整效果，间隙调整到0.02~0.03mm为宜。

7）分析其他内容，撰写训练报告。

参考图样如图2-96、图2-97所示。

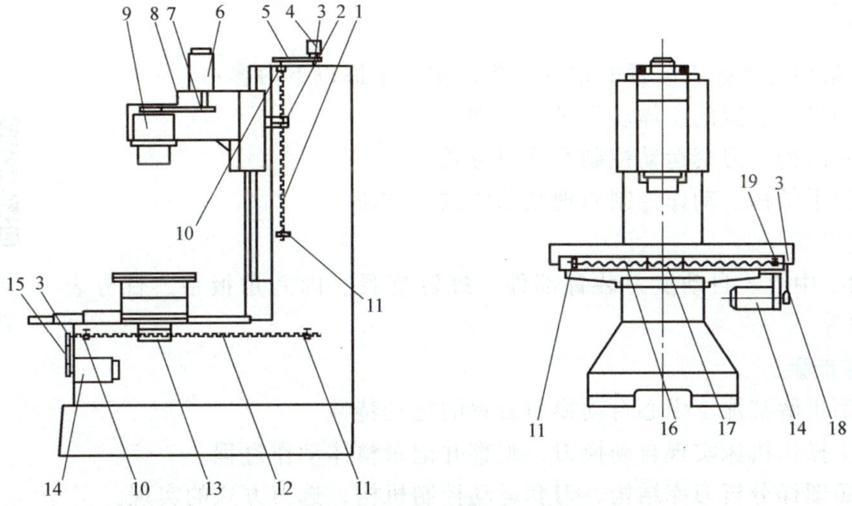

图2-96　机床传动系统图

1—Z向滚珠丝杠　2—Z向滚珠丝杠螺母　3—齿形带轮　4—Z向进给伺服电动机　5—Z向同步带　6—主轴伺服电动机　7—主轴同步带轮　8—主轴圆弧齿同步带　9—主轴组件　10、11、19—角接触球轴承　12—Y向滚珠丝杠　13—Y向滚珠丝杠螺母　14—X、Y向进给伺服电动机　15—Y向圆弧齿同步带　16—X向滚珠丝杠　17—X向滚珠丝杠螺母　18—X向圆弧齿同步带

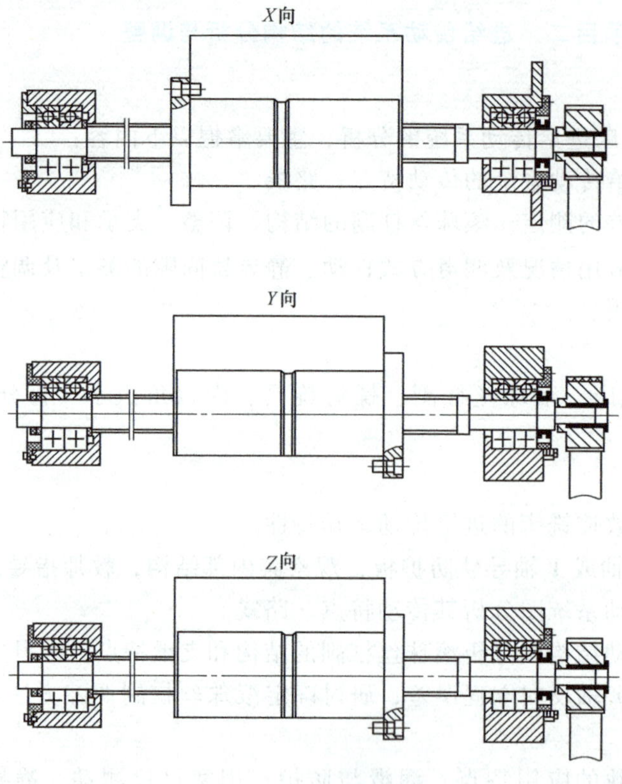

图 2-97 进给传动结构图

训练项目三 自动换刀装置的结构分析

1. 训练目的

通过对某型自动换刀装置的结构分析，主要掌握以下内容：

1）自动换刀装置的整体动作过程原理。

2）刀库结构、刀套运动控制及选刀方式。

3）机械手结构、动作控制原理及动作调整方法。

自动换刀装置结构分析

2. 硬件要求

某型加工中心、自动换刀装置部件、螺钉旋具、内六角扳手、百分表、塞尺、丝棉等。

3. 训练步骤

1）教师讲解某加工中心自动换刀装置的运动特性。

2）学生操作机床实现自动换刀，观察并记录整体动作过程。

3）对照图样分析刀库结构，刀套运动控制机构，选刀方式的实现。

4）对照图样分析机械手结构，通过单段运行分析机械手动作控制机构，确定动作调整方法并在独立自动换刀装置部件上实施调整。

5）分析其他内容，撰写训练报告。

参考图样如图 2-98～图 2-101 所示。

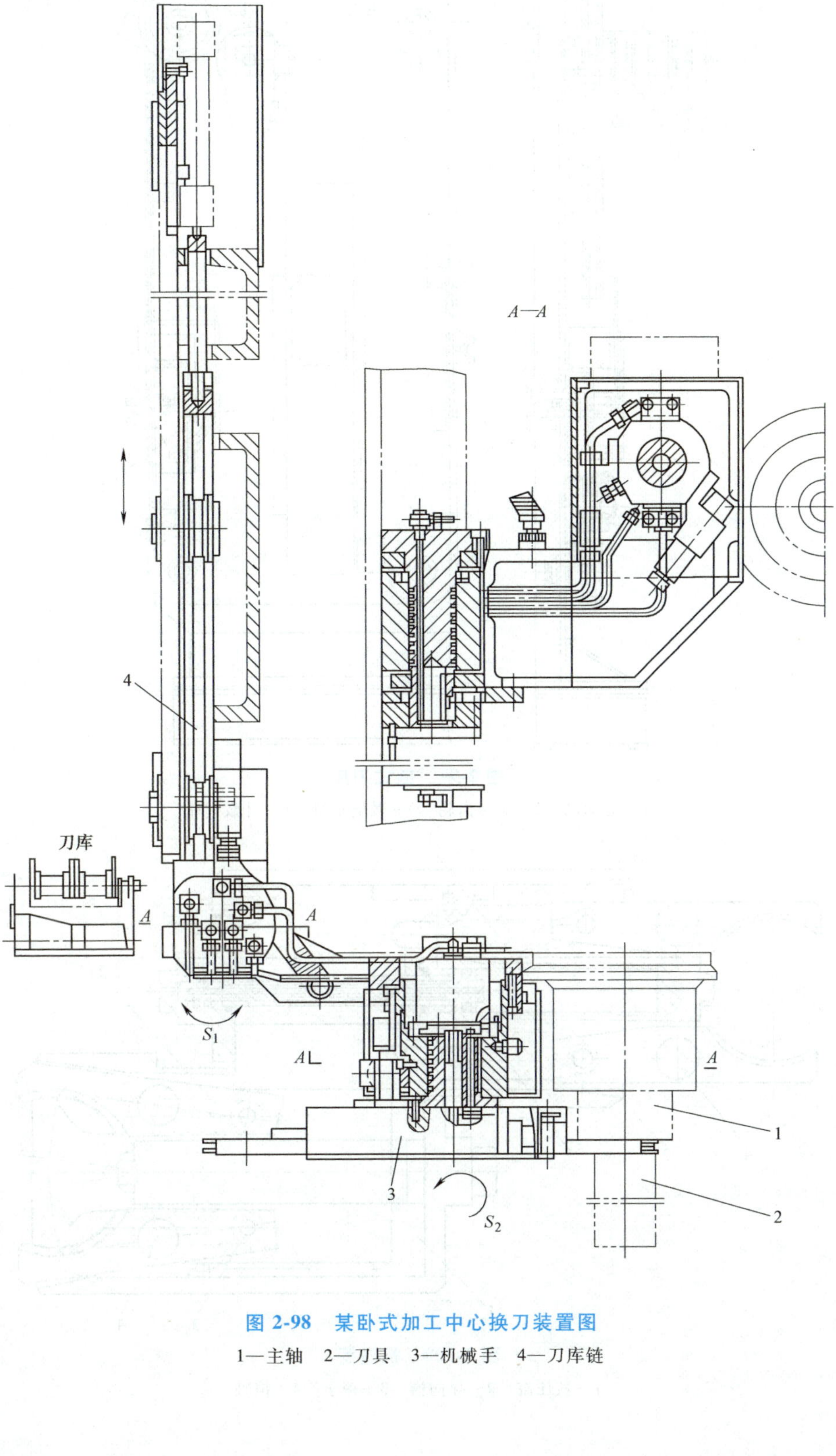

图 2-98　某卧式加工中心换刀装置图

1—主轴　2—刀具　3—机械手　4—刀库链

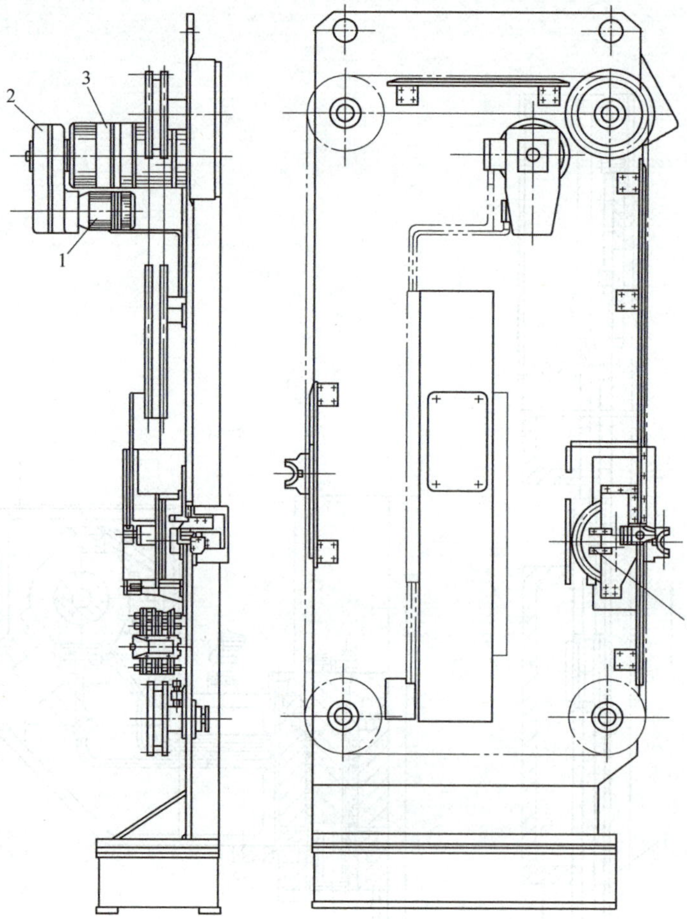

图 2-99 链式刀库

1—电动机 2—减速齿轮 3—微电动机 4—计数链轮

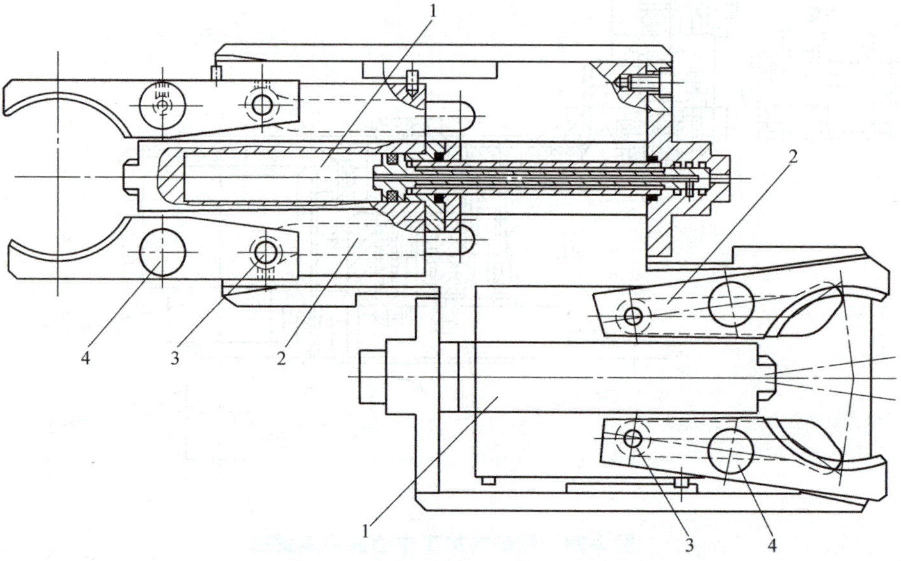

图 2-100 机械手

1—液压缸 2—导向槽 3—销子 4—销轴

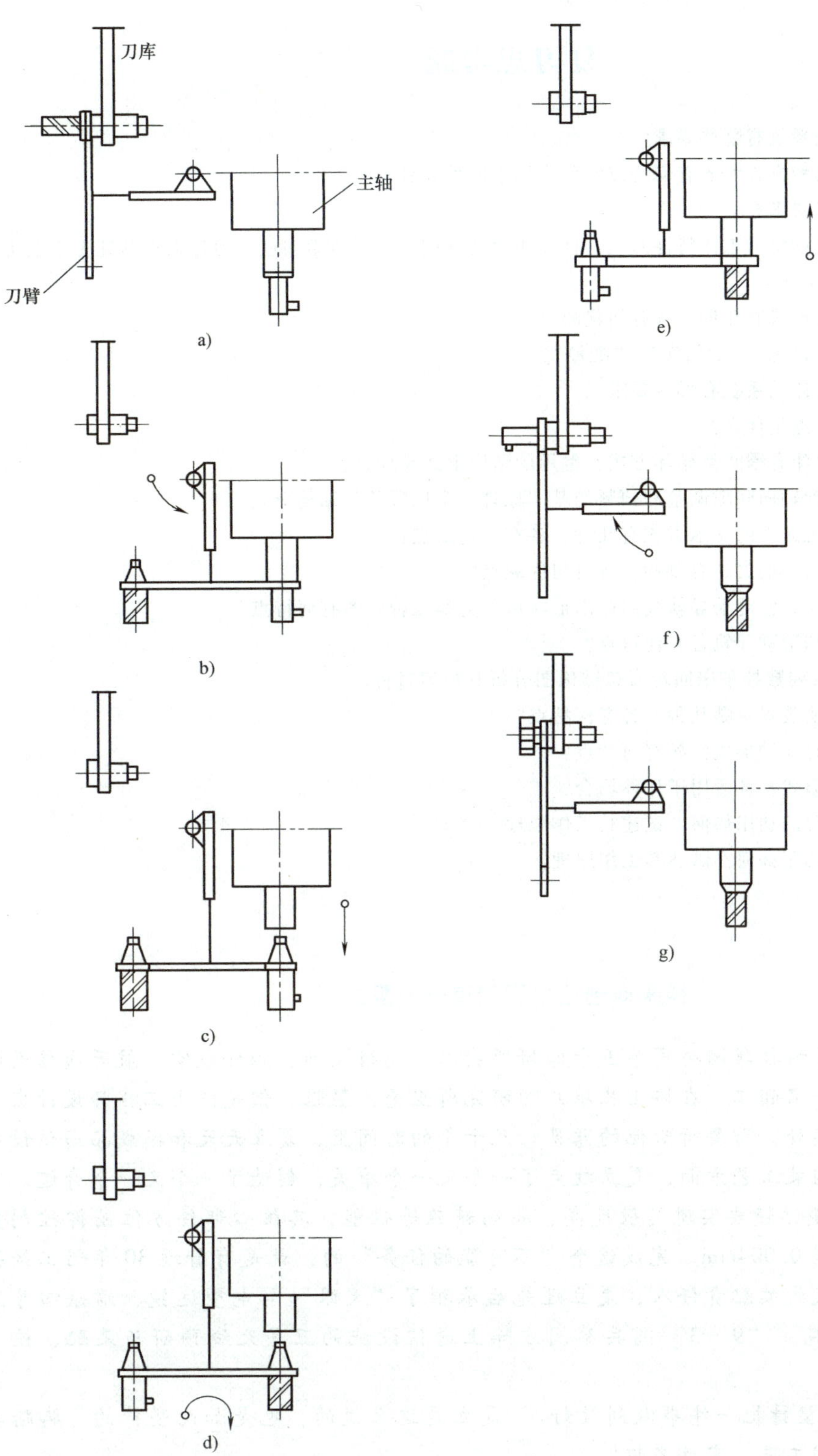

图 2-101　换刀过程

加工中心机械手自动换刀过程演示

复习思考题

1. 数控机床对主轴系统有哪些要求？
2. 主传动变速有几种方式？各有何特点？各应用于何种场合？
3. 对主轴组件有何要求？
4. 画出典型主轴电动机的工作特性曲线。什么叫恒功率调速和恒转矩调速？为什么在基速上下会形成恒功率调速和恒转矩调速？
5. 主轴轴承的配置形式有几种？各有何优缺点？
6. 主轴为何需要“准停”？如何实现“准停”？
7. 数控机床对进给传动系统有哪些要求？
8. 滚珠丝杠副的特点是什么？
9. 滚珠丝杠副的滚珠有哪两类循环方式？常用的结构形式是什么？
10. 试述滚珠丝杠副轴向间隙调整和预紧的基本原理。常用哪几种结构形式？
11. 滚珠丝杠副在机床上的支承方式有几种？各有何优缺点？
12. 消除齿轮传动间隙的措施有哪些？各有何优缺点？
13. 导轨的功用是什么？滑动导轨按照截面形状可分为哪几种？各有何特点？
14. 塑料滑动导轨和滚动导轨各有何特点？
15. 根据 CK3263 系列数控车床回转刀架结构图分析其换刀过程。
16. 常用的刀具交换装置有哪几种？各有何特点？
17. 常见的机械手有几种形式？各有何特点？
18. 刀库有哪几种形式？各适用于何种场合？
19. 数控回转工作台的功用如何？试述其工作原理。
20. 分度工作台的功用如何？试述其工作原理。

素养提升

微米间创造中国精度——夏立

夏立是中国电子科技集团公司第五十四研所钳工，高级技师，担任航空、航天通信天线装配责任人。作为一名钳工，在博士扎堆儿的研究所里毫不显眼，但是博士工程师设计出来的图样能不能落到实处，都要听听他的意见。几十年的时间里，夏立天天和半成品通信设备打交道，在生产、组装工艺方面，夏立攻克了一个又一个难关，创造了一个又一个奇迹。

上海 65m 射电望远镜要实现灵敏度高、指向精确等性能，其核心部件方位俯仰控制装置的齿轮间隙要达到 0.004mm。完成这个“不可能的任务”的，就是有着近 30 年钳工经验的夏立。作为通信天线装配责任人，夏立还先后承担了“天眼”射电望远镜、嫦娥四号卫星、索马里护航军舰、“9·3”阅兵参阅方阵上通信设施的卫星天线预研与装配、校准任务。

“工匠精神就是坚持把一件事做到最好。”夏立是这么说的，也是如此坚持的。脚踏实地，知行合一，大国工匠，实至名归！

学习项目三

液压与气压系统在数控机床中的应用

液压与气压传动是以液体或气体为工作介质，利用液体或气体的压力能来进行运动或动力传递和控制的一门学科，是机电设备中发展最快的技术之一，该技术是实现工业自动化的一种重要手段。目前国外生产的绝大多数工程机械、数控加工中心、自动线都采用了液压与气压传动技术。

任务一　了解液压传动基础知识

任务内容： 液压传动的原理和组成，液压传动的特点与应用范围，液压传动的两个基本参数。

任务目标： 通过学习，掌握液压传动的组成和基本工作原理，理解液压传动的特点与应用范围，了解液压传动的两个基本参数。

一、液压传动的原理和组成

液压传动系统工作原理及液压传动系统组成

1. 液压传动的原理

图 3-1 所示为液压千斤顶工作原理示意图，图中大小两个液压缸 3 和 8 的内部分别装有活塞 4 和 7，活塞能在缸体内滑动。当提起杠杆 6 时，小活塞 7 上升，小液压缸 8 下腔的密封容积加大，形成局部真空，于是油箱 1 中的液压油在大气压的作用下，推开单向阀 9 进入小液压缸 8 的下腔（此时单向阀 5 关闭），完成一次吸油动作。当压下杠杆 6 时，小活塞 7 下降，小液压缸 8 下腔的容积减小，液压油的压力升高，液压油顶开单向阀 5（此时单向阀 9 关闭）进入大液压缸 3 的下腔，推动大活塞 4 向上运动，把重物向上顶起一段距离。如此反复地提压杠杆 6，就可以使重物不断上升，达到起重的目的。工作完毕，打开截止阀 2，使大液压缸 3 下腔的液压油直接流回油箱 1，大活塞 4 在外力和自重的

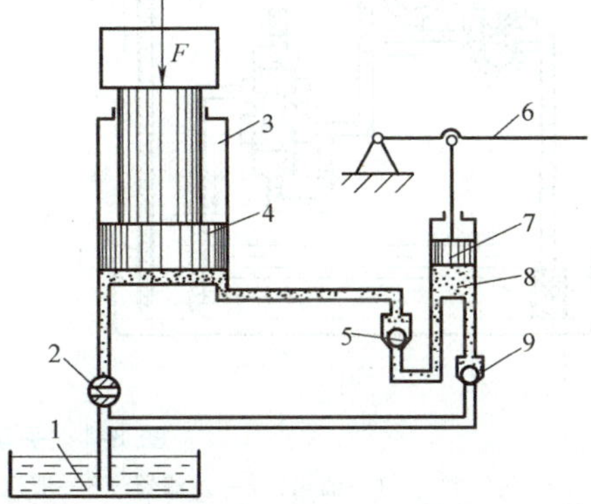

图 3-1　液压千斤顶工作原理示意图

1—油箱　2—截止阀　3—大液压缸　4—大活塞　5、9—单向阀　6—杠杆　7—小活塞　8—小液压缸

重物举升　重物下落

作用下实现回程。

2. 液压传动系统的组成

图 3-2a 所示为手动工作台往复运动液压系统原理。将换向阀 7 的阀芯向右移动，如图 3-2b 所示，当电动机带动液压泵 3 运转时，油箱 1 中的液压油经过滤器 2 吸入管路，经过节流阀 6，通过换向阀 7 的 P、A 阀口进入液压缸 8 的左腔，推动活塞 9 带动工作台 10 向右运动，液压缸 8 右腔的油液经换向阀 7 的 B、T 阀口流回油箱。将换向阀 7 的阀芯向左移动，如图 3-2c 所示，这时，换向阀 7 的 P 与 B 接通，A 与 T 接通，液压泵 3 的液压油经节流阀 6，通过换向阀 7 的 P、B 阀口进入液压缸 8 的右腔，使工作台向左运动，液压缸 8 左腔的油液经换向阀 7 的 A、T 阀口流回油箱。重复上述动作就会实现了工作台的往复运动。

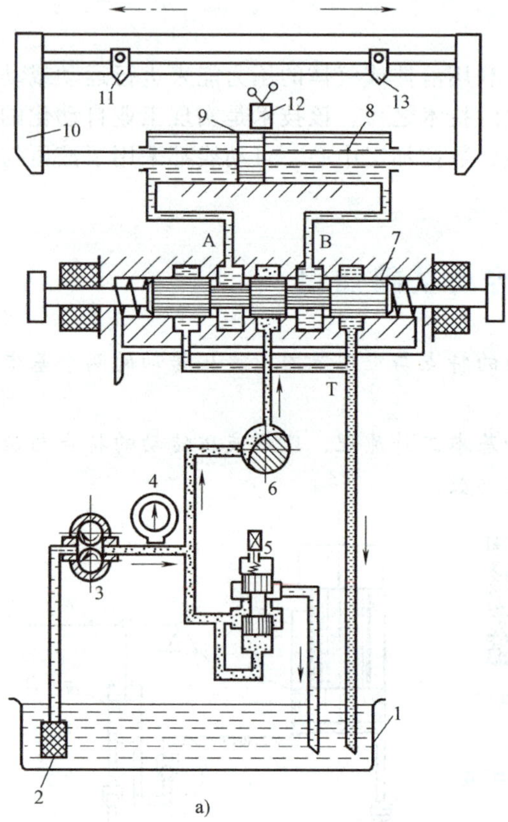

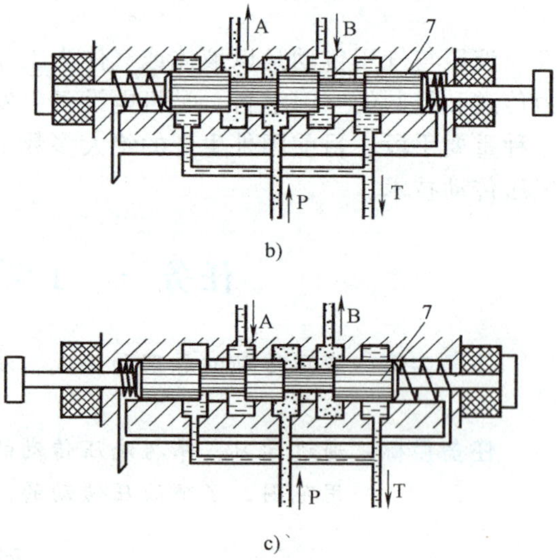

工作台向右运动

工作台向左运动

手动工作台往复运动液压系统原理

图 3-2　手动工作台往复运动液压系统原理

1—油箱　2—过滤器　3—液压泵　4—压力计　5—溢流阀　6—节流阀　7—换向阀　8—液压缸　9—活塞　10—工作台　11、13—挡块　12—行程开关

调节节流阀 6，可以改变进入液压缸的液压油流量，以控制工作台的运动速度。调节溢流阀 5，可以控制泵的出口压力，以克服不同的工作负载。过滤器 2 起过滤液压油的作用。

从上述例子可以看出，液压传动系统由以下五部分组成：

(1) 动力元件　液压泵，是液压系统的能量输入装置，把原动机输入的机械能转换为液体的压力能，其作用是向系统提供液压油。

(2) 执行元件　液压缸（用于直线运动）或液压马达（用于旋转运动），是把液压油的压力能转换为机械能的能量转换装置，其作用是在液压油的推动下，输出力和速度（力矩和转速），以驱动运动部件。

(3) 控制调节元件　各种控制阀，如压力阀、流量阀、方向阀等，用来控制液压系统所需的压力、流量和液流的方向等，以保证执行元件实现各种不同的工作要求。

(4) 辅助元件　油箱、油管、管接头、过滤器、蓄能器和压力表等，分别起储油、输油、连接、过滤、储存液压油和测量压力等作用。

(5) 工作介质　传递能量的流体，通常称为液压油。

3. 液压传动系统的图形符号

图 3-2 所示的液压系统图是结构图，直观、容易理解，但难于绘制。在实际工作中，一般都用简单的图形符号来表示，图 3-3 所示为对应的图形符号原理图。图形符号原理图中各个液压元件的图形符号可查阅国家标准《流体传动系统及元件　图形符号和回路图　第 1 部分：图形符号》（GB/T 786.1—2021）。使用图形符号，可以使液压系统图简单明了，便于绘制。如果有些液压元件的职能如果无法用这些符号表达，仍然可以采用结构图表示。

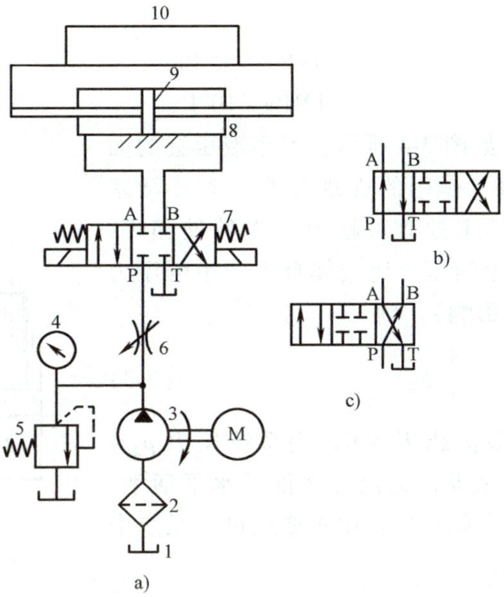

图 3-3　手动工作台往复运动液压系统图形符号原理图

1—油箱　2—过滤器　3—液压泵　4—压力计　5—溢流阀　6—节流阀　7—换向阀　8—液压缸　9—活塞　10—工作台

二、液压传动的特点

液压传动与我们学过的机械传动、电力传动以及后面的气压传动相比具有以下特点：

1）液压传动是以液体作为工作介质来传递运动和动力的。

2）液体必须在密闭的容器中传送，如果容器不密封，就不能形成必要的压力。

3）液压传动必须经过两次能量转换。首先通过动力装置把机械能转变为液体的压力能，然后执行机构把液体的压力能转换为机械能。

4）液压传动依靠密封容积的变化来传递运动。

5）液压传动依靠液体的静压力来传递动力。

三、液压传动的两个基本参数

1. 静止液体的性质

(1) 液体的静压力　静压力是静止液体内某点处单位面积上所受的法向力。就是物理学中的压强，液压传动中习惯称为压力。若在面积 ΔA 上作用有法向力 ΔF，则液体某点处的压力为

$$p=\lim_{\Delta A\to 0}\frac{\Delta F}{\Delta A} \tag{3-1}$$

如果法向力 F 均匀地作用在面积 A 上，则液体某点处的压力为

$$p=\frac{F}{A} \tag{3-2}$$

压力 p 的单位为 N/m^2（牛/米^2）或 Pa（帕），工程上常用 kPa（千帕）和 MPa（兆帕）。

$$1\text{kPa}=10^3\text{Pa}$$
$$1\text{MPa}=10^6\text{Pa}$$

(2) 静压力的传递　如图 3-4 所示，大小液压缸的面积分别是 A_1、A_2，大活塞上作用的负载为 F_2，在小活塞上加一外力 F_1，根据帕斯卡原理，缸内压力处处相等，$p_1\approx p_2$（液压系统外力产生的压力比液体自重产生的压力大得多，忽略液体自重的影响），则

$$F_1=\frac{A_1}{A_2}F_2 \tag{3-3}$$

由于 $p_2=F_2/A_2$，如果负载 $F_2=0$，则系统压力 $p_2=p_1=0$，外加力 F_1 一定也是零，无论怎么推动水平活塞，系统都不能建立起压力。由此可以得出重要结论：系统中的压力是由外负载决定的。

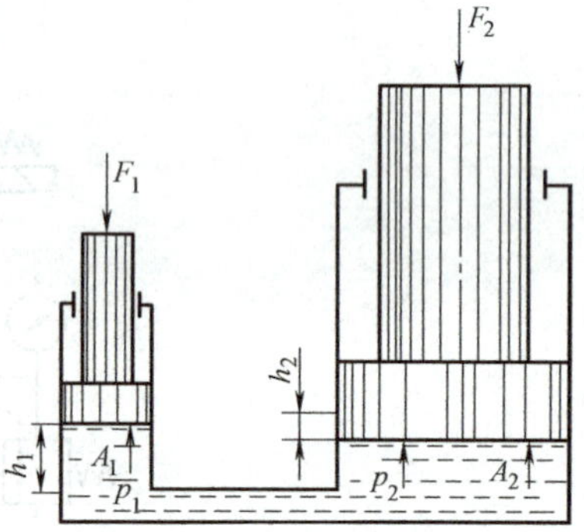

图 3-4　液压传动原理

2. 流动液体的性质

(1) 流量　流量是单位时间内通过某通流截面液体的体积。当液体通流面积为 A，通流面积上液体的平均速度为 v，则通过该截面液体的流量 q 为

$$q=vA \tag{3-4}$$

流量的单位为 m^3/s。

在实际工作中活塞的速度就用平均速度计算，由式（3-4）得 $v=q/A$，可以得出重要结论：系统中活塞的速度，由输入液压缸的流量决定。

(2) 连续性方程　一般情况下我们认为液体是不可压缩的，即密度 ρ 是常数，根据物质不灭定律，液体在管路内流动时，既不能增多，也不能减少，也就是说，在同一时刻内流过两个截面的液体质量相等。如图 3-5 所示，任取两个通流截面，面积分别为 A_1 和 A_2，则有

$$\rho_1v_1A_1=\rho_2v_2A_2 \tag{3-5}$$

$$v_1A_1 = v_2A_2 = 常量 \quad (\rho_1 = \rho_2) \tag{3-6}$$

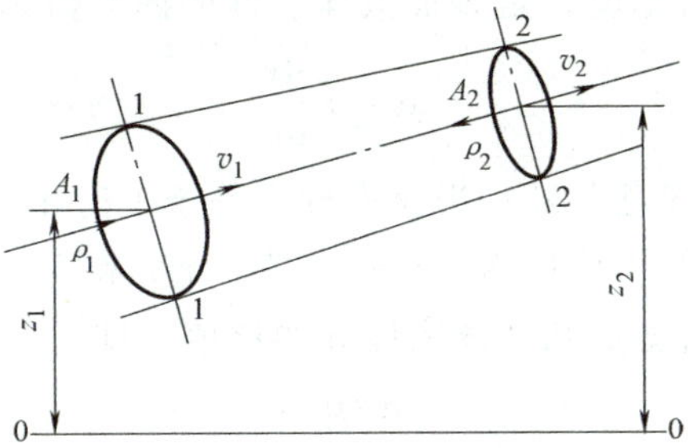

图 3-5　液流的连续性原理

由此可以说明，液体流过不同截面的流量是相等的，因而流速和通流面积成反比，管路粗则流速低，管路细则流速高。

四、液压油的选择

1. 液压油的主要物理性质

液压油的基本性质可由有关资料查到，例如，石油型液压油在 15℃ 时的密度约为 900kg/m^3，体膨胀系数为 $(6.3\sim7.8)\times10^{-4}\text{K}^{-1}$ 等。在液压传动中，液压油最主要的物理性质为黏性和可压缩性。

(1) 液压油的黏性　液压油在外力作用下流动（或有流动趋势）时，液体分子之间的内凝集力要阻止分子间相对运动会产生一种内摩擦力，这种特性称为液体的黏性，其大小用黏度来表示。液层间的黏度越大，油液的流动性就越差，油液就“稠”；反之，油液就“稀”。静止的液体是不呈现黏性的。

图 3-6 所示为液体黏性示意图，若两平板间充满液体，上平板以速度 Δv 向右运动，下平板不动，由于液体和固体壁面的附着力及液体黏性的作用，紧贴于上平板和下平板的极薄一层液体的速度分别是 Δv 和 0，中间各层液体则从上到下按递减的速度向右运动。

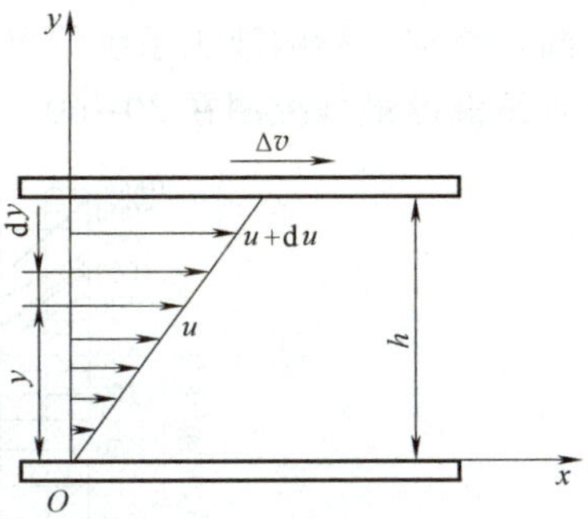

图 3-6　液体黏性示意图

经实验测定，液体流动时相邻液层间的内摩擦力 F 与液层的接触面积 A 和液层间相对运动的速度梯度 $\frac{du}{dy}$ 成正比。

$$F = \mu A \frac{du}{dy} \tag{3-7}$$

式中　μ——动力黏度。

若用 τ 表示液层间单位面积上的内摩擦力，则有

$$\tau = \mu \frac{du}{dy} \tag{3-8}$$

这就是牛顿内摩擦定律。

黏度是用来度量黏性的大小的，常用的黏度分为三种，即动力黏度、运动黏度和相对

黏度。

1）动力黏度μ又称绝对黏度，是表征液体黏性的内摩擦因数。从式（3-8）得

$$\mu=\tau\frac{dy}{du} \tag{3-9}$$

由此可知动力黏度的物理意义是：当速度梯度等于1时相接触的液层间单位面积上的内摩擦力的大小。动力黏度μ的单位用N·s/m^2（牛·秒/米^2）或Pa·s（帕·秒）表示。

2）运动黏度ν为动力黏度μ和液体密度ρ的比值。即

$$\nu=\mu/\rho \tag{3-10}$$

其单位是m^2/s。习惯上常用运动黏度来标志液体的黏度等级，各种矿物油的牌号就是该种油液在40℃时运动黏度ν（mm^2/s）的平均值。例如，牌号为L—HM 32是指这种油在40℃时运动黏度ν的平均值为32mm^2/s。

3）相对黏度又称条件黏度，由于测量仪器和测量方法不同，各国相对黏度的含义也不相同。中国、德国采用恩氏黏度°E，美国采用赛氏黏度SSU，英国采用雷氏黏度R。

恩氏黏度由恩氏黏度计测定，即将200mL温度为t℃的被测液体装入底部有直径为ϕ2.8mm小孔的恩氏黏度计的容器中，测定液体在自重作用下流过小孔所需的时间t_1，t_1与同体积的蒸馏水在20℃时流过同一小孔所需的时间t_2的比值即为温度t℃时该液体的相对黏度。

$$°E_t=\frac{t_1}{t_2} \tag{3-11}$$

恩氏黏度和运动黏度的换算关系为

$$\nu=\left(7.31\times°E-\frac{6.31}{°E}\right)\times10^{-6} \tag{3-12}$$

液压油黏度对温度的变化十分敏感，如图3-7所示，温度上升，黏度下降，液压系统的泄漏量增加，影响液压系统的可靠性，由此可见，温度对黏度的影响必须引起重视。一般液压系统温度最好控制在30~60℃。

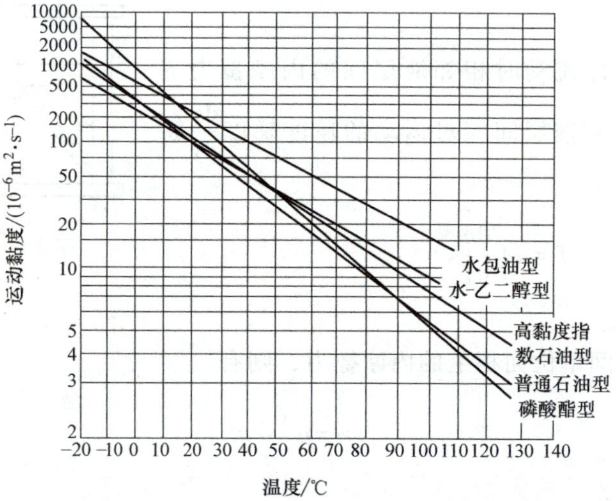

图3-7 黏度和温度间的关系

(2) 液压油的可压缩性 液体受压力作用发生体积变化的性质称为液体的可压缩性。对于一般中、低压液压系统，液压油的压缩量很小，对系统的影响可以忽略不计。对于压力变化很大的高压系统，就要考虑液体的可压缩性的影响。当液压系统中混入空气时，其可压缩性将显著增加，并严重影响液压系统的工作性能，故一定要把液压系统中的空气含量降低到最低限度。

2. 液压油的选用

正确合理地选择液压油，对于液压系统适应各种工作环境、延长系统和元件的寿命、提高系统的可靠性等都有重要的影响。

(1) 液压油的选用 液压油的种类很多，主要有石油型、乳化型和合成型三类。石油型液压油以机油为原料，精炼后按需要加入添加剂而成。这类液压油润滑性能和防锈性能好，黏度等级范围宽。目前，90%的液压系统采用石油型液压油作为工作介质，但它的抗燃性较差。

在高温、易燃、易爆的工作场合，为了安全起见，液压系统应该选用合成型和乳化型液压油。液压油的分类及应用见表 3-1。

表 3-1 液压油的分类及应用

分类	名称	代号	应用
石油型	精制矿物油	L-HH	循环润滑油
	普通液压油	L-HL	一般液压系统
	抗磨液压油	L-HM	中、高液压系统，如高压、高速工程机械、车辆液压系统
	低温液压油	L-HV	-40~-20℃的低温环境，用于户外工作的机械
	高黏度指数液压油	L-HR	数控机床液压系统和伺服系统
	高压导轨油	L-HG	液压系统和导轨共用一种油液的机床。可用于精密数控机床液压系统
乳化型	油包水乳化液	L-HFAE	要求抗燃、经济、不回收废液的低压液压系统。如煤矿支架液压系统
	油包水乳化液	L-HFB	要求抗燃、有良好的防锈、润滑性好的液压系统，如连续采煤机
合成型	水-乙二醇液	L-HFC	要求抗燃、清洁的中、低压液压系统。如自动送料液压系统
	磷酸酯液	L-HFDR	要求抗燃、高压、精密液压系统。如伺服系统，民航飞机液压系统

此外，在液压系统中，不同的液压泵对润滑的要求也不相同，选择液压油时还要结合液压泵的种类及工作环境参考表 3-2 综合选取。

表 3-2 各类液压泵推荐用的液压油

液压泵的类型		$\nu/mm^2 \cdot s^{-1}$(40℃)		适用液压油的种类
		液压系统温度 5~40℃	液压系统温度 40~80℃	
叶片泵	7MPa 以下	30~50	40~75	L-HM32、L-HM46、L-HM68
	7MPa 以上	50~70	55~90	L-HM46、L-HM68、L-HM100
齿轮泵		30~70	95~165	中低压时：L-HL32、L-HL46、L-HL68、L-HL100、L-HL150
径向柱塞泵		30~50	65~240	
轴向柱塞泵		30~70	70~150	中高压时：L-HM32、L-HM46、L-HM68、L-HM100、L-HM150

(2) 合理使用液压油的注意事项

1) 液压系统首次使用液压油前，必须彻底清洗，油液必须过滤。

2) 对油液定期检查，并建立定期换油制度。

3) 不同牌号的液压油未经有关部门同意不能混用。

4) 液压系统密封一定要良好。

任务二 分析液压动力元件结构原理与应用

任务内容： 液压动力元件的工作原理，各液压动力元件的特点与应用范围及液压泵的功率和效率计算方法。

任务目标： 通过学习，掌握液压动力元件的工作原理，了解各液压动力元件的特点与应用范围，理解液压泵的功率和效率计算。

一、液压泵的基本原理

液压泵是将原动机输入的机械能转换成为压力能的能量转换装置。液压马达是将液体的压力能转换成为机械能的能量转换装置。从工作原理上讲两者是可逆的，结构也基本相同。

1. 液压泵的工作原理

图 3-8 所示为一个简单的液压泵工作原理图。柱塞 5 安装在泵体 4 内，柱塞 5 在弹簧 2 的作用下和偏心轮 6 接触。当偏心轮 6 转动时，柱塞 5 做上下往返运动，当柱塞 5 向下运动时，泵体 4 和柱塞 5 构成的密封容积 a 增大，形成局部真空，油箱的油液在大气压力作用下，顶开单向阀 1 进入泵体 a 内，单向阀 3 是关闭状态，实现液压泵吸油。柱塞向上运动时，密封容积 a 减小，受压的油液将单向阀 1 关闭（防止油液流回油箱），并且顶开单向阀 3 压入液压系统，实现压油。偏心轮连续转动，泵就不断地吸油、压油。

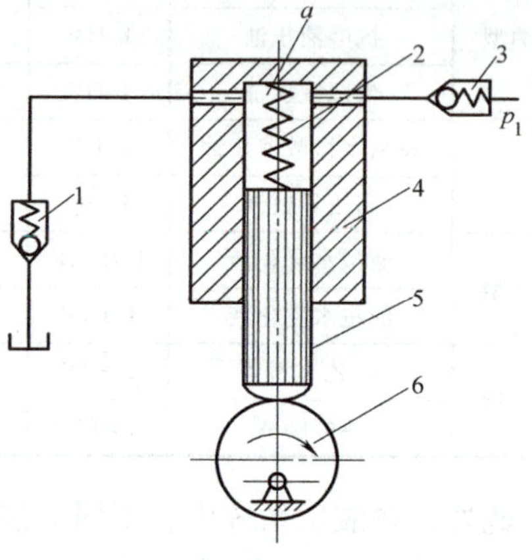

图 3-8 液压泵的工作原理

1、3—单向阀 2—弹簧 4—泵体 5—柱塞 6—偏心轮

由此可知，液压泵是通过密封容积的变化来实现吸油和压油的，因此也称为容积泵。按结构不同，液压泵分为齿轮泵、叶片泵和柱塞泵等；按其单位时间内所能输出的流量是否可调，液压泵分为定量泵和变量泵。液压泵的图形符号如图 3-9 所示。

2. 液压泵的性能参数

(1) 压力 压力是单位面积上所受力的大小。压力分级见表 3-3。压力分为工作压力和公称压力。工作压力是指液压泵工作时的实际输出压力，其大小由负载决定。公称压力是指液压泵在使用中允许达到的最大压力，超过此值就是过载。

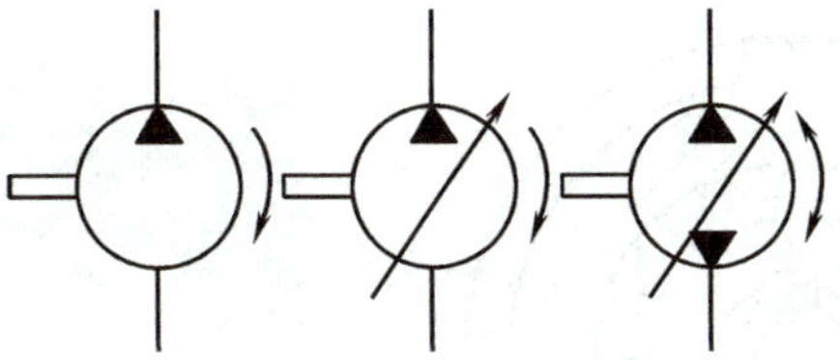

图 3-9　液压泵的图形符号

a）单向定量泵　b）单向变量泵　c）双向变量泵

表 3-3　压力分级

压力等级	低压	中压	中高压	高压	超高压
压力/MPa	≤2.5	2.5~8	8~16	16~32	>32

（2）排量 V　排量是泵轴转一转排出油液的体积，常用单位为 cm^3/r。

（3）流量 q　流量是指泵在单位时间内排出油液的体积。流量有理论流量、实际流量和额定流量之分。理论流量 q_t 是排量 V 和转速 n 之积。

$$q_t = Vn \tag{3-13}$$

实际流量 q 是泵在某一工作压力下实际输出的流量。由于油液泄漏的存在，所以 $q<q_t$。

额定流量是泵在公称压力、公称转速下所输出的流量。

二、齿轮泵

齿轮泵（定量泵）按结构分为外啮合和内啮合两种形式，外啮合齿轮泵应用更为广泛。

1. 齿轮泵的工作原理

图 3-10 所示为外啮合齿轮泵的工作原理。泵体内装有一对齿数相同且相互啮合的齿轮，齿轮的两端面靠泵端盖密封。泵体、端盖和齿轮的各齿槽形成了密封容积。这种泵无专门的配油装置，而是靠两齿轮沿齿宽方向的啮合线起配油装置的作用，即把密封容积分成吸油腔和压油腔两部分，在吸油与压油过程中互不相通。当齿轮按图示箭头方向旋转时，右侧油腔由于轮齿逐渐脱开啮合，密封容积逐渐增大而形成局部真空，油箱中的油液在大气压作用下，经油管进入吸油腔，充满齿槽，并随着齿轮的旋转被带到左腔。而左侧油腔，由于轮齿逐渐进入啮合，密封容积逐渐减小，齿槽中的油液受到挤压，从排油口排出。当齿轮不断旋转时，吸油腔不断吸油，压油腔不断排油。

2. 齿轮泵的特点及应用

齿轮泵结构简单、体积小、转速高、对油液的污染不敏感、吸油性能好、寿命长、价格便宜，但流量、压力有脉动。齿轮泵应用比较广泛，主要用于负载小、功率小的液压设备以及机床的润滑、夹紧装置等精度不高的场合。

三、叶片泵

叶片泵按其输出流量能否变化分为变量泵和定量泵；按每转吸、排油次数和轴承上所受径向力的情况，又分为单作用式叶片泵和双作用式叶片泵。叶片泵在机床液压系统中应用最广。

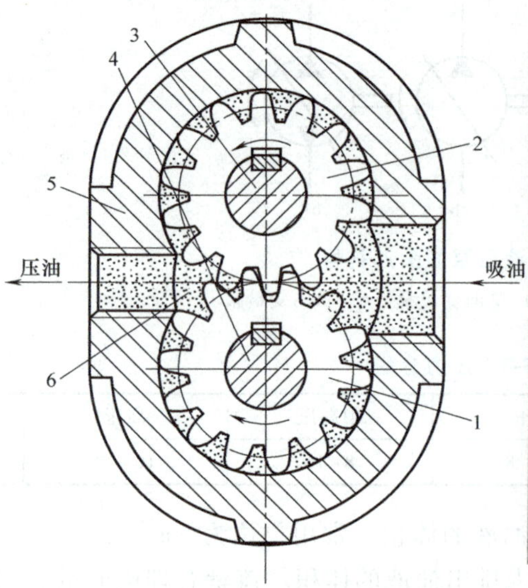

图 3-10 外啮合齿轮泵的工作原理图和实物图

1、2—齿轮 3、4—齿轮轴 5—泵体 6—密封腔

1. 双作用式叶片泵（定量泵）

（1）双作用式叶片泵工作原理 图 3-11 所示为双作用式叶片泵的工作原理图，其主要由同轴的定子 1 与转子 2、叶片 3、配油盘 4 及泵体 6 等组成。定子内表面分别由两段半径为 R 的大圆弧和两段半径为 r 小圆弧及四段过渡曲线组成，近似椭圆形。叶片装在转子的矩形槽内且可径向滑动，当电动机带动转子按图示箭头方向旋转时，叶片在离心力和叶片根部压力的作用下伸出，紧贴定子的内表面，这时在叶片、转子、定子和配油盘之间就形成了若干个密封空间，当叶片转至左下角和右上角时，叶片外伸，密封空间逐步加大，形成吸油区；当叶片转至右下角和左上角时，叶片内缩，密封空间将逐步减小，形成压油区。泵轴转一转，每个密封工作腔完成吸、压油各两次。两个吸油腔和压油腔分别对称，作用在泵轴上的液压力是平衡的，故称为双作用平衡式定量叶片泵。

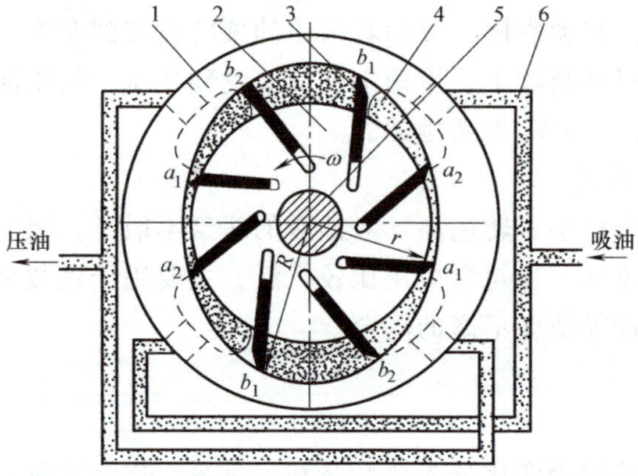

图 3-11 双作用式叶片泵的工作原理

1—定子 2—转子 3—叶片 4—配油盘 5—轴 6—泵体

（2）双作用式叶片泵的特点及应用　双作用式叶片泵结构紧凑、流量均匀、传动平稳、噪声小，但结构复杂、吸油性能差、对油液的污染很敏感，常用于功率较小、精度较高的液压设备，如磨床液压系统。

2. 单作用式叶片泵（变量泵）

（1）单作用式叶片泵的工作原理　如图 3-12 所示，其主要由定子、转子、叶片、泵体和配油盘等组成，与双作用式叶片泵不同的是，单作用式叶片泵定子内表面是圆形的，定子和转子具有偏心 e，当电动机带动转子 1 按图示箭头方向转动时，叶片在离心力的作用下紧贴定子内表面，转子 1、定子 2、叶片和配油盘 5 形成吸油、压油腔各一个。当叶片经过定子的下半部时，叶片向外伸，密封容积加大，叶片泵吸油；叶片经过定子的上半部时，叶片缩回，密封空间减小，实现压油。泵轴转一转，每个密封工作腔完成吸、压油各一次。流量调节螺钉 7 改变定子和转子的偏心 e 可改变泵的输出流量。偏心方向相反，吸油和压油互换，调压螺钉 4 用来调节限定压力，故也称为单作用限压式双向变量叶片泵。

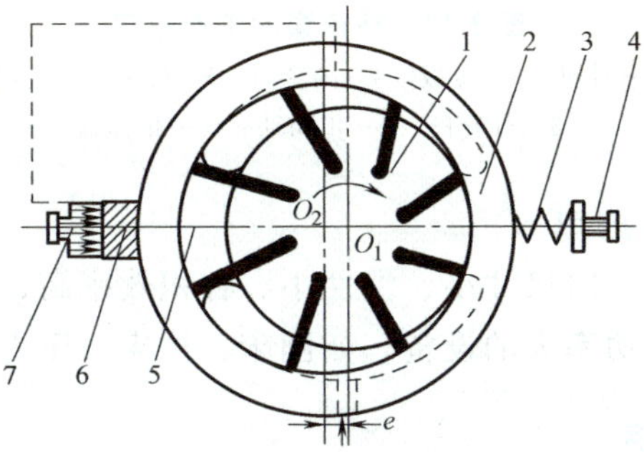

图 3-12　单作用式叶片泵的工作原理

1—转子　2—定子　3—弹簧　4—调压螺钉　5—配油盘　6—活塞　7—流量调节螺钉

（2）单作用式叶片泵的特点及应用　单作用式叶片泵结构复杂，轮廓尺寸大，相对运动部件多，泄漏量大，吸、压油腔各一个，泵轴有径向不平衡力的液压力作用，噪声较大，效率比双作用式叶片泵低，但它能按负载大小自动调节流量，功率应用比较合理。一般用于负载较大并有快速和慢速工作行程的液压设备，例如组合机床液压系统。

四、柱塞泵

柱塞泵按柱塞的排列方式分为径向柱塞泵和轴向柱塞泵两种，轴向柱塞泵应用更为广泛。

1. 轴向柱塞泵（变量泵）的工作原理

如图 3-13 所示，其主要由柱塞 5、缸体 7、配油盘 10、斜盘 1、传动轴 9 等组成。柱塞 5 平行于缸体 7 轴线，斜盘 1 法线和缸体 7 轴线夹角为 γ，斜盘 1 与配油盘 10 固定不动。内套筒 4 在弹簧 6 作用下，通过压板 3 使柱塞 5 头部的滑履 2 与斜盘 1 靠牢，同时，外套筒 8 使缸体 7 和配油盘 10 紧密接触，起密封作用。当传动轴 9 按图示方向转动时，由于斜盘 1 和压板 3 的作用，迫使柱塞 5 在缸体 7 内做往返运动，通过配油盘 10 的配油窗口实现吸油和压油。当最低点位置的柱塞在自下而上的旋转半周时，柱塞逐步向左运动，柱塞端部和缸体间的密封空间加大，通过配油盘的窗口进行吸油；最高点位置的柱塞在自上而下的旋转半周时，柱塞逐步向右运动，柱塞端部和缸体间的密封空间减小，通过配油盘的窗口进行压油。改变斜盘倾角 γ 的大小，就能改变泵的排量；改变倾角 γ 的方向就能改变吸、压油方向，故也称为双向变量泵。

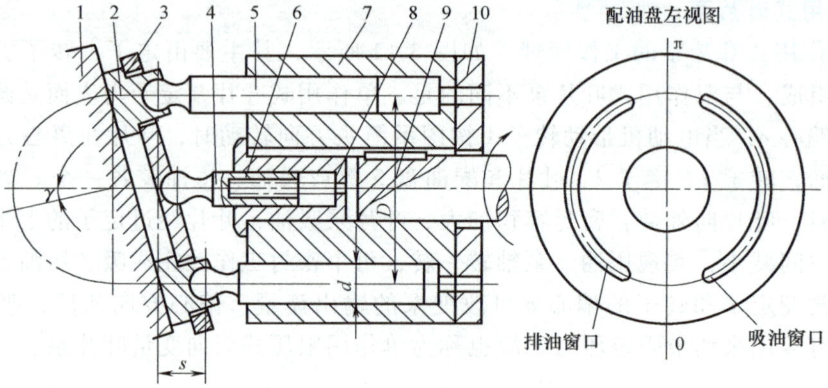

图 3-13 柱塞泵的工作原理

1—斜盘 2—滑履 3—压板 4—内套筒 5—柱塞 6—弹簧 7—缸体 8—外套筒 9—传动轴 10—配油盘

2. 轴向柱塞泵的特点及应用

轴向柱塞泵结构紧凑、径向尺寸小、惯性小、容积效率高，但其轴向尺寸较大，结构比较复杂。一般用于负载大、功率大的设备，如刨床、拉床、压力机、工程机械等高压系统。

五、液压泵的功率和效率

1. 功率

液压泵由原动机驱动，输入量是转矩和转速，输出量是液体的压力和流量。如果不考虑液压泵、液压马达在能量转换过程中的损失，则输出功率等于输入功率，也就是它们的理论功率是

$$P=pq=2\pi T_t n \tag{3-14}$$

式中 T_t、n——液压泵、液压马达的理论转矩（N · m）和转速（r/min）；

p、q——液压泵、液压马达的压力（Pa）和流量（m^3/min）。

实际上，液压泵和液压马达在能量转换过程中是有损失的，因此输出功率小于输入功率。两者之间的差值即为功率损失，功率损失分为容积损失和机械损失两部分。

2. 容积效率 η_v

容积损失是因泄漏、气穴和油液在高压下压缩等造成的流量损失。对液压泵来说，输出压力增大时，泵实际输出的流量 q 减小。设泵的流量损失为 q_1，理论输出流量为 q_t，则 $q_t=q+q_1$。而泵的容积损失可用容积效率 η_v 来表征，即

$$\eta_v=\frac{q}{q_t}=\frac{q_t-q_1}{q_t}=1-\frac{q_1}{q_t} \tag{3-15}$$

3. 机械效率 η_m

机械损失是指因摩擦而造成的转矩上的损失。对液压泵来说，泵的驱动转矩总是大于其

理论上需要的驱动转矩，设转矩损失为 T_f，理论转矩为 T_t，则泵实际输入转矩为 $T=T_f+T_t$，用机械效率 η_m 来表征泵的机械损失，则

$$\eta_m=\frac{T_t}{T}=\frac{T_t}{T_t+T_f}=\frac{1}{1+\dfrac{T_f}{T_t}} \tag{3-16}$$

4. 泵的总效率 η

液压泵的总效率 η 等于容积效率和机械效率之积。

$$\eta=\eta_v\eta_m \tag{3-17}$$

任务三　分析液压执行元件结构原理与应用

任务内容：各液压执行元件的结构原理和特性，并介绍其应用范围。

任务目标：通过学习，掌握各液压执行元件的结构原理，了解各液压执行元件的特点与应用范围。

一、液压马达

液压马达是执行元件，其作用是将系统的压力能转换为连续回转运动的机械能，结构上与液压泵基本相同，个别的液压泵可以作液压马达用，但大多数不能互换使用。液压马达按其结构分为齿轮式、叶片式和柱塞式；按其排量是否可调节分为变量式和定量式，变量液压马达又分为单向变量式和双向变量式。液压马达和液压泵从工作原理上是可逆的。因此，本书仅介绍叶片式液压马达的工作原理。

1. 叶片式液压马达的工作原理

图 3-14 所示为叶片式液压马达的工作原理图，当液压油压入压油腔后，叶片 1、3 和 5、7 一面作用有高压油，另一面则为低压油。由于叶片 1、5 上的作用力小于叶片 3、7 上的作用力，由叶片受力差形成转矩推动转子带动转子轴回转（叶片 2 和 6、4 和 8 受力平衡，不产生转矩）。

2. 叶片式液压马达的特点及应用

叶片式液压马达体积小、转动惯量小、动作灵敏，但泄漏量较大，低速工作不稳定，适用于转速高、转矩小、动作灵敏和换向频率较高的场合。液压马达一般都能正、反转。液压马达图形符号如图 3-15 所示。

3. 液压马达的主要性能参数

从液压马达的功用来说，主要参数是转速 n、转矩 T 和效率 η。

(1) 液压马达的容积效率 η_v　液压马达的实际流量为其输入流量 q，排量为 V，转速为 n。由于液压马达存在泄漏，其输入流量 q 应大于理论流量 $q_t=Vn$，因此，容积效率为理论流量与输入流量之比。

$$\eta_v=\frac{Vn}{q} \tag{3-18}$$

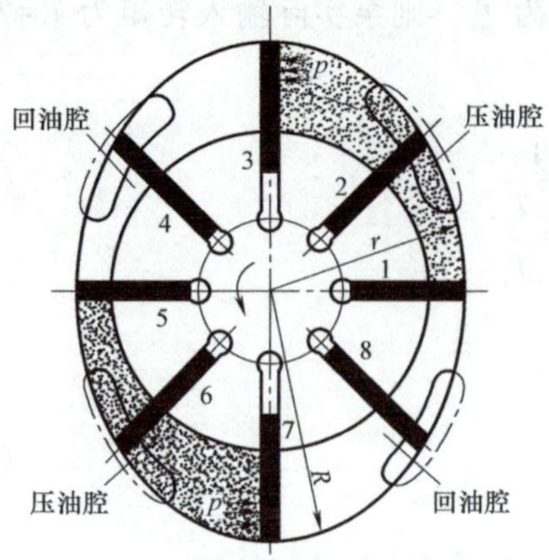

图 3-14 叶片式液压马达工作原理

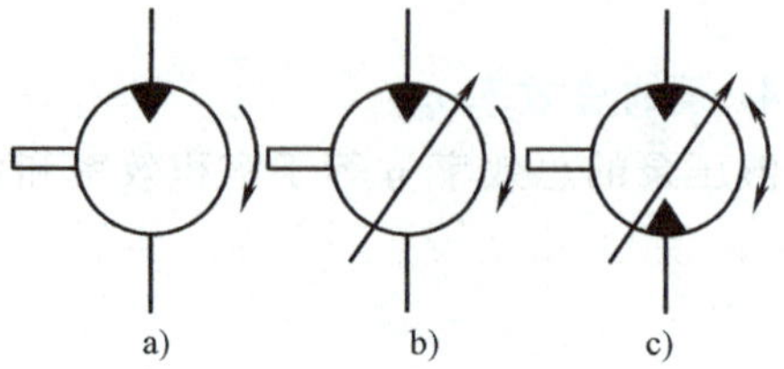

图 3-15 液压马达图形符号

a）单向定量马达 b）单向变量马达

c）双向变量马达

（2）液压马达的输出转速 n 由式（3-18）得液压马达的输出转速为

$$n=\frac{q}{V}\eta_{v} \tag{3-19}$$

（3）机械效率 η_{m} 机械损失是由各种摩擦引起的（机械摩擦、液体摩擦），其实际输出转矩小于理论转矩。因此，机械效率是液压马达的实际输出转矩 T_{o} 与其理论转矩 T_{t} 之比。

$$\eta_{m}=\frac{T_{o}}{T_{t}} \tag{3-20}$$

（4）液压马达的总效率 η 总效率等于容积效率和机械效率之积。

$$\eta=\eta_{v}\eta_{m} \tag{3-21}$$

（5）液压马达的输出转矩 T_{o} 液压马达的输出转矩为

$$T_{o}=\frac{pV}{2\pi}\eta_{m} \tag{3-22}$$

二、液压缸

液压缸输入的是流量和压力，输出的是速度和推力。常用液压缸有活塞式液压缸和柱塞式液压缸。

1. 活塞式液压缸（活塞缸）

活塞缸分为双杆活塞缸和单杆活塞缸两种，其固定方式有缸体固定式和活塞杆固定式两种。

（1）双杆活塞缸 图 3-16 所示为双杆活塞缸的工作原理图。图 3-16a 所示为缸体固定式，活塞杆是实心的，当缸的左腔进压力油，右腔回油时，活塞带动工作台右移；反之，缸的右腔进压力油，左腔回油时，活塞带动工作台左移。图 3-16b 所示为活塞杆固定式，当缸的左腔进压力油，右腔回油时，缸体带动工作台左移；反之，缸的右腔进压力油，左腔回油时，缸体带动工作台右移。

被活塞隔开的液压缸两腔中的活塞杆直径相等，如果供油压力和流量不变，活塞往返运

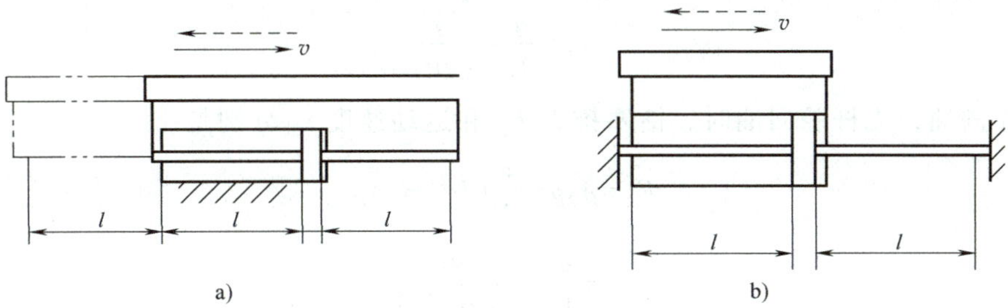

图 3-16　双杆活塞缸的工作原理图

动时两个方向的推力和速度数值相同，其公式为

$$F=Ap=\frac{\pi}{4}(D^2-d^2)p \tag{3-23}$$

$$v=\frac{q}{A}=\frac{4q}{\pi(D^2-d^2)} \tag{3-24}$$

式中　v——活塞的运动速度；

q——进入缸内的流量；

F——缸输出的推力；

p——供油压力；

A——活塞的有效面积；

D——液压缸的直径；

d——活塞杆直径。

当缸体固定时，工作台的运动范围约是液压缸有效行程的三倍，占地面积较大，一般用于小型机床。当活塞固定时，工作台的运动范围约是缸体有效行程的两倍，占地面积小，一般用于大、中型机床。

（2）单杆活塞缸　图 3-17 所示为单杆活塞缸的工作原理图，其活塞的一侧有活塞杆，液压缸两腔的有效面积不等，当分别以相同的压力和流量向液压缸左、右腔供油时，活塞所产生的推力和运动速度数值是不相等的。

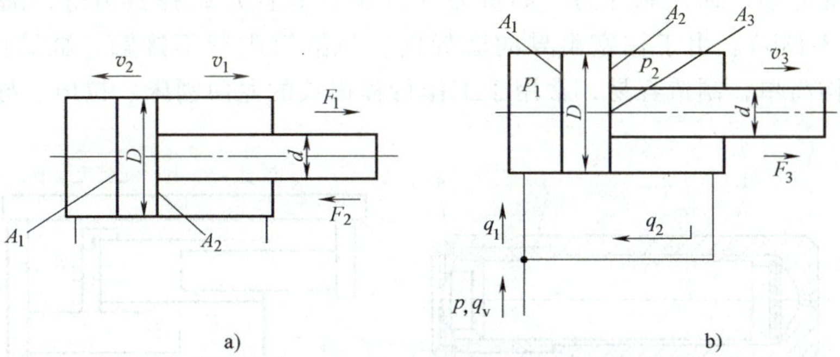

图 3-17　单杆活塞缸的工作原理图

如图 3-17a 所示，当无杆腔进油，有杆腔回油时，活塞产生的推力 F_1 和运动速度 v_1 分别是

$$F_1=A_1p=\frac{\pi}{4}D^2p \tag{3-25}$$

$$v_1=\frac{q}{A_1}=\frac{4q}{\pi D^2} \tag{3-26}$$

有杆腔进油，无杆腔回油时，活塞推力 F_2 和运动速度 v_2 分别是

$$F_2=A_2p=\frac{\pi}{4}(D^2-d^2)p \tag{3-27}$$

$$v_2=\frac{q}{A_2}=\frac{4q}{\pi(D^2-d^2)} \tag{3-28}$$

如图 3-17b 所示，当液压缸左右两腔同时进油时，由于无杆腔的工作面积大于有杆腔的工作面积，活塞所受的向右推力比向左的推力大，活塞向右运动，这种连接称为差动连接，其推力 F_3 和运动速度 v_3 分别为

$$F_3=(A_1-A_2)p=A_3p=\frac{\pi d^2}{4}p \tag{3-29}$$

$$v_3=\frac{q}{A_1-A_2}=\frac{q}{A_3}=\frac{4q}{\pi d^2} \tag{3-30}$$

式中　A_1——液压缸无杆腔的有效面积；

A_2——液压缸有杆腔的有效面积；

A_3——活塞杆的有效面积。

比较上述公式可以看出 $v_1<v_2$，$F_1>F_2$，说明无杆腔进油比有杆腔进油时，液压缸运动的速度低，产生的推力大。因此，单杆活塞缸常用于无杆腔进油推动负载以较大的推力、较小的速度完成工作循环，有杆腔进油完成液压缸轻载快速退回运动。而 v_1 和 v_3 运动方向一样，且 $v_1<v_3$，$F_1>F_3$，说明无杆腔进油比液压缸两腔同时进油的差动连接产生的推力大，速度低。因此，单杆活塞缸常用于需要实现“快进（差动连接）—工进（无杆腔进油）—快退（有杆腔进油）”工作循环的组合机床液压系统中。

2. 柱塞式液压缸

图 3-18a 所示的柱塞式液压缸主要由缸筒 1、柱塞 2、导向套 3 和密封圈 4 组成。它只能实现一个方向的运动，回程靠外力，如重力（缸垂直放置）或弹簧力等，通常成对反向布置使用（见图 3-18b）。由于柱塞由导向套导向，与缸筒内壁不接触，缸筒内壁不需加工，工艺性好，结构简单，制造容易，常用于工作行程很长的龙门刨床、拉床、导轨磨床等的液压设备。

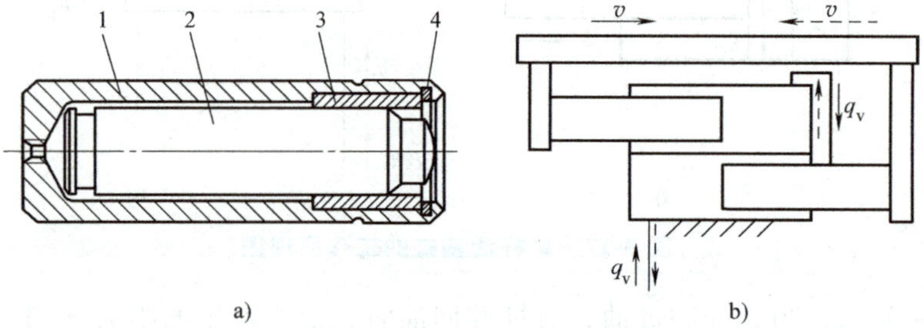

图 3-18　柱塞式液压缸

a）柱塞缸结构图　b）柱塞缸成对使用

1—缸筒　2—柱塞　3—导向套　4—密封圈

任务四　分析液压控制元件结构原理与应用

任务内容： 液压控制元件的分类，各液压控制元件的结构组成、工作原理、图形符号和应用。

任务目标： 通过学习，了解液压控制元件的各种分类，掌握各液压控制元件的结构组成、工作原理及应用。

液压控制阀用来控制液压系统的压力、流量和液体的流动方向，从而满足液压系统的压力、速度与换向等要求。按照液压控制阀的功用，可分为方向控制阀、压力控制阀和流量控制阀三大类。

一、方向控制阀

方向控制阀主要用来接通与断开油路或改变液流方向，主要有单向阀和换向阀。

1. 单向阀

单向阀的作用是控制油液单向流动。对单向阀的要求是，正向流动压力损失小，反向流动密封性好。单向阀分为普通式单向阀和液控式单向阀两种。

（1）普通式单向阀　图 3-19a 所示为管式连接的单向阀，图 3-19b 所示为板式连接的单向阀，图 3-19c 所示为单向阀的图形符号。普通式单向阀主要由阀体 1、阀芯 2 和弹簧 3 组成，当液压油从阀口左端 P_1 流入时，克服弹簧 3 作用在阀芯 2 上的力，使阀芯右移接通油路，油液通过阀芯上的径向孔 a 和轴向孔 b，从 P_2 流出；当液压油从阀口右端 P_2 流入时，液压油压力及弹簧力将阀芯 2 压紧在阀体 1 上，阀口关闭，油液不能流通。

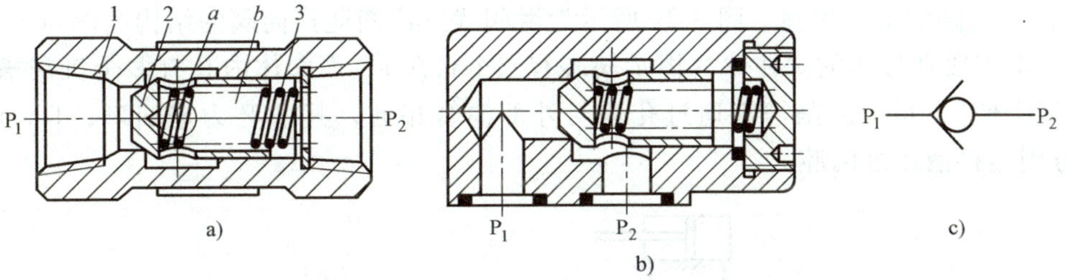

图 3-19　普通式单向阀

a）管式连接　b）板式连接　c）图形符号

1—阀体　2—阀芯　3—弹簧

（2）液控式单向阀　液控式单向阀如图 3-20a 所示，与普通式单向阀相比多了一个控制油口 K，当控制油口 K 不通压力油时，此阀工作原理与普通单向阀一样；当控制油口 K 通液压油时，a 腔和泄油口相通（图中未画出），在油液压力的作用下控制活塞 1 右移，推动顶杆 2 克服弹簧力推开锥阀阀芯 3 使油路接通，正反两个方向的油液可以自由流动，即液压油从 P_1 进入，从 P_2 流出；反之，从 P_2 进入，从 P_1 流出。图 3-20b 所示为液控式单向阀的图形符号。

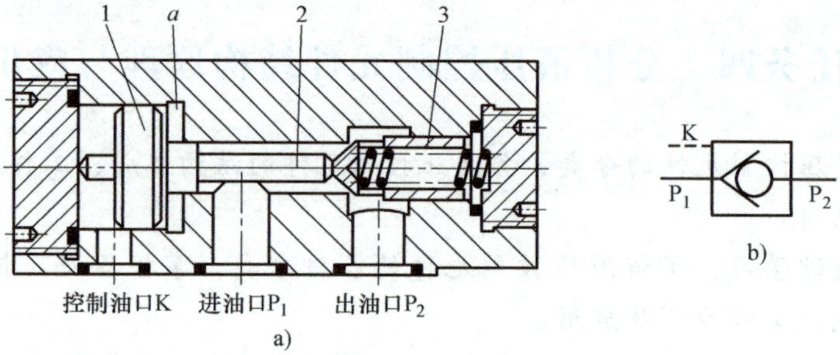

图 3-20 液控式单向阀

a）结构图 b）图形符号

1—控制活塞 2—顶杆 3—锥阀阀芯

2. 换向阀

换向阀的工作原理是利用阀芯位置的变化来改变阀体上各油口的通、断状态，从而控制油路的连通、断开和改变方向。换向阀的分类见表 3-4。

表 3-4 换向阀的分类

分类方法	类型
按阀芯结构和运动方式分	滑阀、转阀、锥阀
按阀的工作位置数分	二位、三位、四位、多位
按通路数分	二通、三通、四通、五通、多通
按阀的操纵方式分	手动、机动、电动、液动、电液动
按阀的安装方式分	板式、管式、法兰式

（1）换向阀的工作原理 图 3-21 所示为滑阀式三位四通换向阀的结构简图与图形符号，阀芯是一个多段环形槽的圆柱体（图示阀芯有三个台阶），而阀体内孔有多个沉割槽（图示阀芯有五个槽），每个沉割槽都通过孔道与外部油管相通，其中 P 为进油口，T 为回油口，A、B 分别连接液压缸两腔。

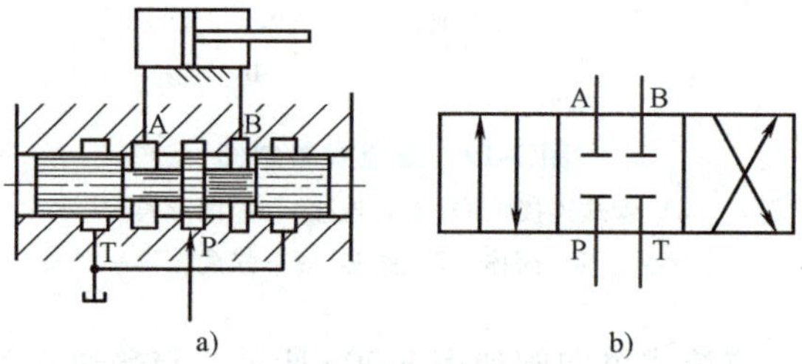

图 3-21 滑阀式三位四通换向阀

a）结构简图 b）图形符号

如图 3-21a 所示，当阀芯在外力作用下移到最右端位置时，P、A 口相通，B、T 口相通，液压油经 P、A 进入液压缸的左腔，液压缸右腔的液压油经 B、T 流回油箱，实现活塞右移。若阀芯在外力作用下移到中间位置时，四个油口 P、A、B、T 互不相通，液压缸两腔均无液压油进入，活塞静止。当阀芯移到最左端位置时，液压油经 P、B 进入液压缸右腔，液压缸左腔的油液经 A、T 流回油箱，活塞左移。

换向阀在工作中有三个工作位置，称为三位阀，有四个通路 P、A、B、T，称为四通，故称为三位四通换向阀。

(2) 换向阀的图形符号

1) 用方框表示工作位置，方框数即“位”数。

2) 箭头表示两油口相通，但不表示液流的方向；“⊥”或“⊤”符号表示油路截止。

3) 在一个方框内，箭头或“⊥”“⊤”符号与方框的交点数表示阀体上油口的通路数，即“通”数。

4) P 表示进油口，T 表示与油箱连通的回油口，A、B 表示连接系统油路的两个油口。

常用换向阀的位数与通数符号如图 3-22 所示。

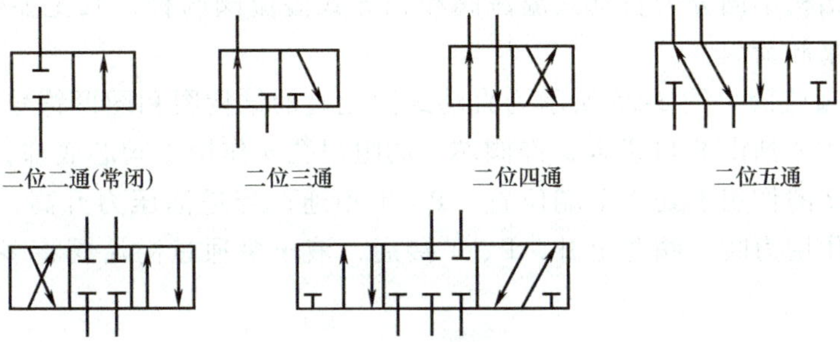

图 3-22 常用换向阀的位数与通数符号

常用的换向阀的操纵方式符号如图 3-23 所示，控制方式画在表示位数方框的两侧。弹簧位是常态位，液压系统原理图中的换向阀一般应连接在常态位上。

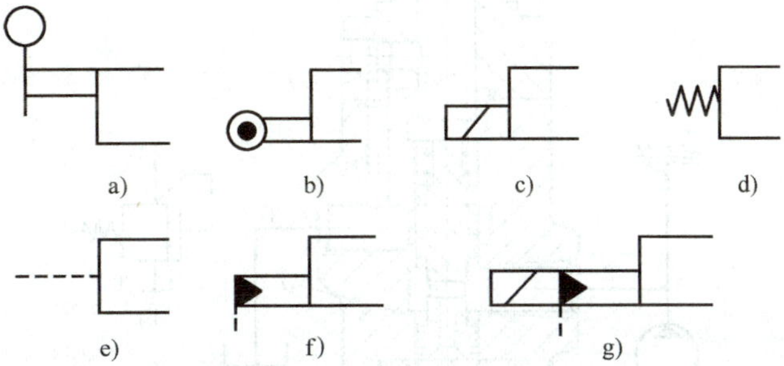

图 3-23 换向阀的操纵方式符号

(3) 机动换向阀的结构（行程阀） 机动换向阀是由行程挡块或凸轮推动阀芯实现换向的。图 3-24 所示为二位二通机动换向阀的结构简图与图形符号，图示位置为常态位（弹簧位），P、A 截止；当运动部件上的挡块压下滚轮 1 时，阀芯 2 右移，P、A 口连通。

二、压力控制阀

压力控制阀是利用作用于阀芯上的液压力与弹簧力相平衡的原理来控制系统压力的，常用的压力控制阀有溢流阀、减压阀和顺序阀。

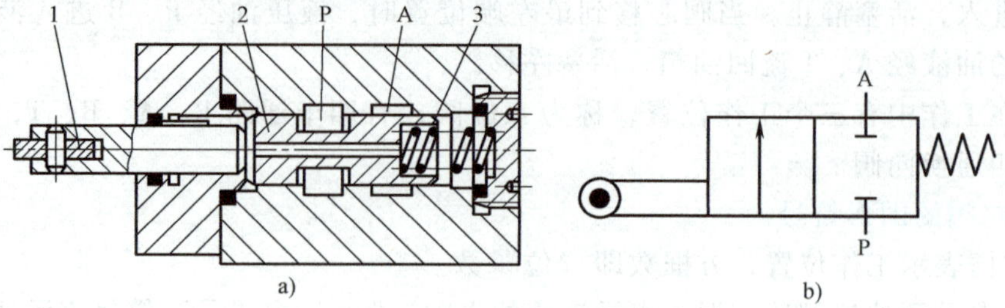

图 3-24 二位二通机动换向阀

a）结构简图 b）图形符号

1—滚轮 2—阀芯 3—弹簧

1. 溢流阀

溢流阀按其结构不同分为直动式溢流阀和先导式溢流阀两种，其主要作用是溢流稳压、安全保护以及使泵卸荷。

（1）直动式溢流阀 图 3-25 所示为直动式溢流阀的结构图和图形符号，P 是进油口，T 是回油口，被控压力油由 P 口进入，经阀芯 3 的阻尼孔 *a* 作用于阀芯底部，当进油压力较小时，阀芯在弹簧 2 的作用下处于下端位置，P、T 不通；当进油压力升高，阀芯下端的液压力大于弹簧 2 的作用力时，阀芯上升，P、T 接通，液压泵通过溢流阀将多余的油液经 T 口排回油箱。

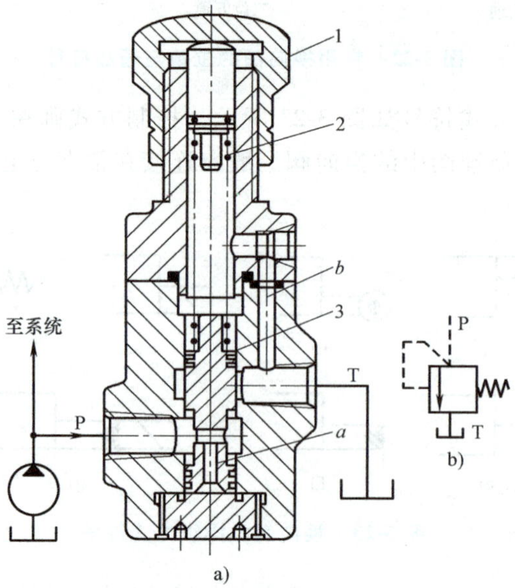

图 3-25 直动式溢流阀

a）结构图 b）图形符号

1—调节螺母 2—弹簧 3—阀芯 *a*、*b*—阻尼孔 P—进油口 T—回油口

（2）先导式溢流阀 先导式溢流阀由先导阀和主阀两部分组成，如图 3-26 所示，液压油从主阀 P 口进入，经主阀阀芯 5 的阻尼孔 *c* 和阻尼孔 *b* 作用在先导阀阀芯 1 上，当进油压力低于先导阀调压弹簧的调定压力时，先导阀关闭，此时没有油液流过阻尼孔 *a*，主阀阀芯

上下两腔压力相等，主阀阀芯在主阀弹簧 7 的作用下处于最下端，主阀口 P、T 不通，不能溢流；当进油压力增大到大于先导阀调压弹簧的压力时，先导阀开启，一小部分油液经主阀阻尼孔 c 和先导阀，从 T 口流回油箱。由于阻尼孔 c 的作用，使主阀阀芯下部的油液压力大于上部的油液压力，主阀阀芯便在此压差的作用下克服主弹簧力上移，P、T 接通，经 P 进入溢流阀的油液，经过溢流阀回油口 T 流回油箱，溢流阀溢流。先导式溢流阀比直动式溢流阀稳定性好。

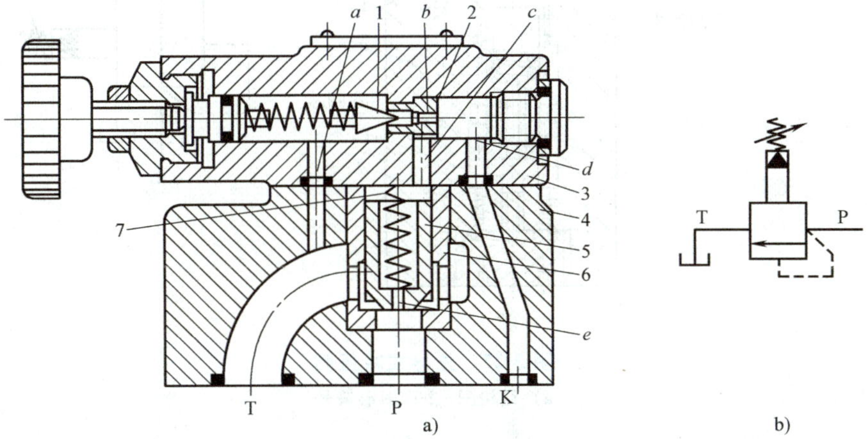

图 3-26　先导式溢流阀

a）结构图　b）图形符号

1—先导阀阀芯　2—先导阀阀座　3—先导阀阀体　4—主阀阀体　5—主阀阀芯　6—主阀阀座　7—主阀弹簧

a、b、c、d、e—阻尼孔　P—进油口　T—回油口

2. 减压阀

减压阀的主要作用是减压稳压。图 3-27 所示为先导式减压阀的结构图和图形符号。高压油从 P_1 进入，低压油从 P_2 流出，同时油口 P_2 的油液经孔 d 流入阀芯下腔，并通过阻尼孔 e 流入阀芯的上腔，经孔 a 作用在锥阀阀芯上。当负载较小，出口压力低于调定压力时，先导阀关闭，主阀在弹簧力的作用下处于最下端，减压口开度最大，减压阀不减压，则 $p_1=p_2$；若负载增大，出口压力增大，当出油口压力 p_2 超过减压阀的调定值时，先导阀被打开，由于阻尼孔 e 的降压作用，使主阀芯上下产生压差，主阀芯在压差的作用下上升，减压阀口减小，起减压作用，则 $p_1>p_2$。若负载继续增大，出油口压力 p_2 增大，主阀芯上移，减压阀口减小，阻尼增加，p_2 压力下降到调整值；反之，p_2 下降，主阀芯下移，减压阀口增大，阻尼减小，p_2 压力回升到调整值。从以上分析可以看出，减压阀工作时出口压力基本稳定在调整值。

3. 顺序阀

顺序阀是以压力作为控制信号，自动接通或切断某油路的压力阀。顺序阀常用来控制液压系统各执行元件动作的先后顺序。顺序阀按控制方式不同可分为内控式顺序阀（简称顺序阀），外控式顺序阀（称液控式顺序阀）；按结构形式不同可分为直动式顺序阀和先导式顺序阀，直动式顺序阀用于低压系统，先导式顺序阀用于中高压系统。

图 3-28 所示为直动式顺序阀的结构图和图形符号。顺序阀的结构和工作原理与溢流阀

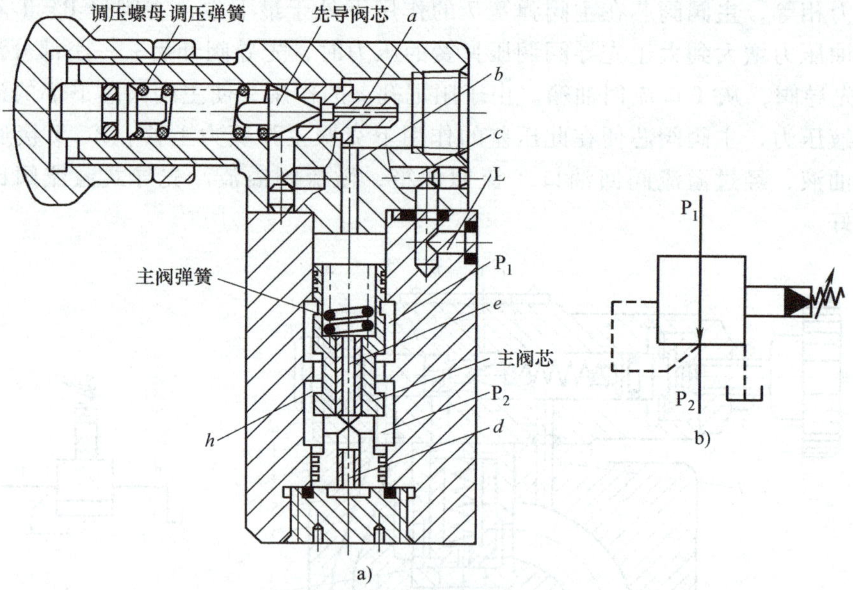

图 3-27　先导式减压阀

a）结构图　b）图形符号

相似。当进口压力低于调定压力时，阀口关闭，当进口压力超过调定压力时，进、出油口接通，出口的液压油使其后面的执行元件动作。出口油路的压力由负载决定，因此泄油口需要单独接回油箱。调节弹簧的预紧力即能调节打开顺序阀所需的压力。若将顺序阀的下盖旋转90°或180°安装，去掉外控口C的螺塞，并从外控口C引入控制液压油来控制阀口的启闭，这种阀即称为液控式顺序阀，图形符号如图3-28c所示。液控顺序阀阀口的开启和闭合与阀的主油路进口压力无关，而只决定于外控口C引入的控制压力。若将顺序阀的上盖旋转90°

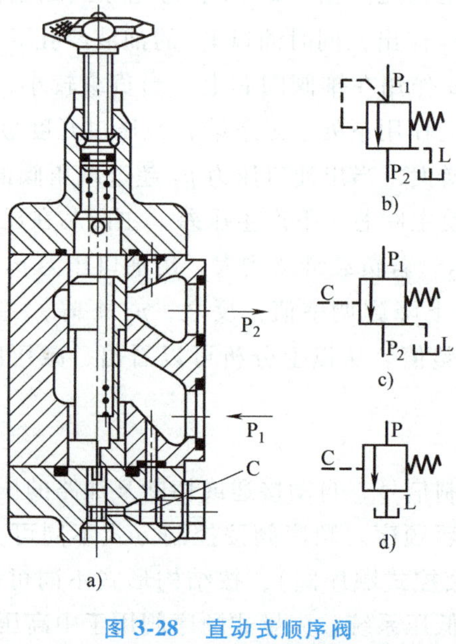

图 3-28　直动式顺序阀

a）结构图　b）直动式顺序阀图形符号　c）液控式顺序阀图形符号　d）卸荷阀图形符号

或 180°安装，使泄油口 L 与出油口 P_2 相通（阀体内开有沟通孔道，图中未示出），并将泄油口 L 堵死，便成为外控内泄式顺序阀，阀出口接油箱，常用于使泵卸荷，故称为卸荷阀，图形符号如图 3-28d 所示。

4. 压力继电器

压力继电器是一种将油液的压力信号转换为电信号的转换装置。图 3-29 所示为压力继电器的结构图和图形符号，液压油通过控制油口作用于膜片 1 上，当油压达到调压弹簧 7 的调定值时，液压油通过膜片 1 使柱塞 2 上升，柱塞压缩调压弹簧 7 直到弹簧座 6 与外套 11 接触为止。与此同时，柱塞 2 的锥面推动钢球 4 和 15 做水平移动，钢球使杠杆 3 绕销轴 19 转动，杠杆的另一端压下微动开关 17 的触点，发出电信号，控制电磁铁等电器元件动作。

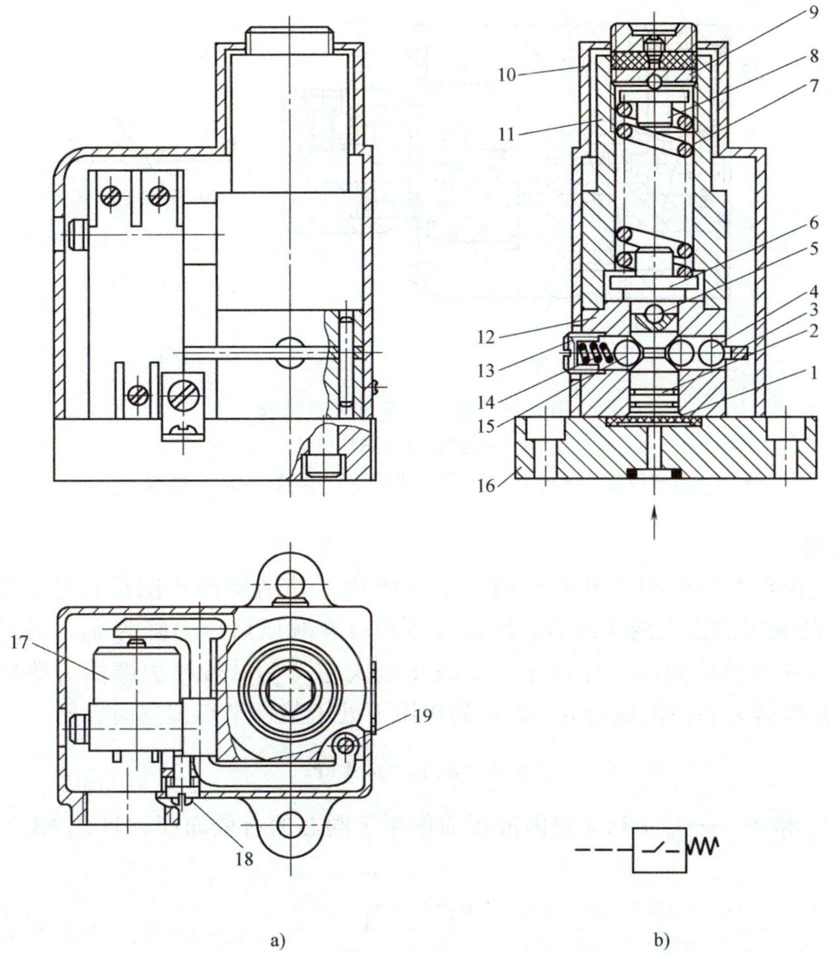

图 3-29 压力继电器

a）结构图 b）图形符号

1—膜片 2—柱塞 3—杠杆 4、5、15—钢球 6、8—弹簧座 7—调压弹簧 9、13—调节螺钉 10—外壳 11—外套 12—阀体 14—弹簧 16—底座 17—微动开关 18—螺钉 19—销轴

三、流量控制阀

流量控制阀通过改变节流口面积来控制液压系统中液体流量的大小，从而改变液压系统执行元件的运动速度。常用的流量控制阀有节流阀和调速阀。

1. 节流阀

图 3-30 所示为轴向三角槽式节流阀的结构图与图形符号，液压油从 P_1 进入，经阀芯 1 上的三角槽节流口节流后从 P_2 流出。转动手柄 2 通过推杆推动阀芯轴向移动，可以改变节流口的通流面积，从而调节通过节流阀流量的大小。节流阀结构简单，制造容易，体积小，但是负载变化对流量的稳定性影响较大，因此，仅能用于负载和温度变化不大或性能要求较低的液压系统。

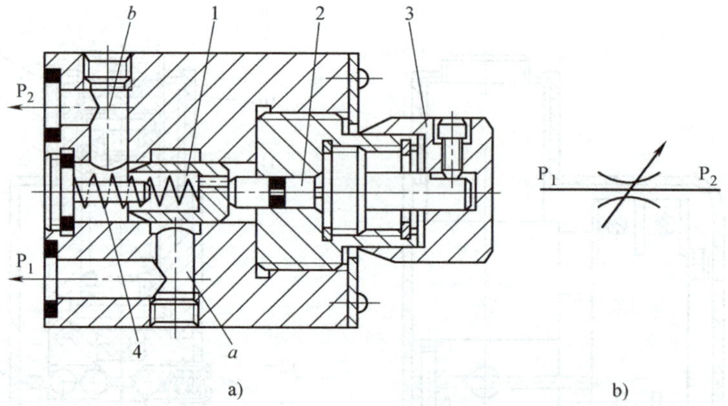

图 3-30 轴向三角槽式节流阀

a）结构图 b）图形符号

1—阀芯 2—推杆 3—转动手柄 4—弹簧 *a*、*b*—螺塞

2. 调速阀

调速阀是由定差减压阀 1 和节流阀 2 串联组成，其结构图和图形符号如图 3-31 所示。当油压为 p_1 的液压油进入调速阀后，经过减压阀口 h 减压后压力降为 p_2，通过节流阀 2 压力降为 p_3，节流阀前后的压力分别作用于减压阀阀芯两侧。若略去摩擦力等影响因素，当减压阀阀芯在弹簧力和油液压力 p_2 和 p_3 的作用下处于某一平衡位置时，则

$$p_2A_1+p_2A_2=p_3A+F_s \tag{3-31}$$

式中 A_1、A_2 和 A——c、d 和 b 腔内液压油作用于阀芯的有效面积，且 $A_1+A_2=A$。

故

$$p_2-p_3=\frac{F_s}{A} \tag{3-32}$$

由式（3-32）可以看出，节流阀两端的压差 p_2-p_3 是一常量。这是由于弹簧刚度较低，且工作过程中减压阀阀芯位移较小，可以认为弹簧基本保持不变，而节流阀流量特性可以用 $q=kA\Delta p^m$ 来描述，其中 q 为流经节流阀口的流量，k 为系数，A 为节流口面积，Δp 为节流阀两端压力差，m 为指数系数。因此，只要节流阀两端的压差不变，通过节流阀的流量就稳定。所以，只要节流口面积调定，其输出流量不随负载的变化而变化。调速阀适用于负载变

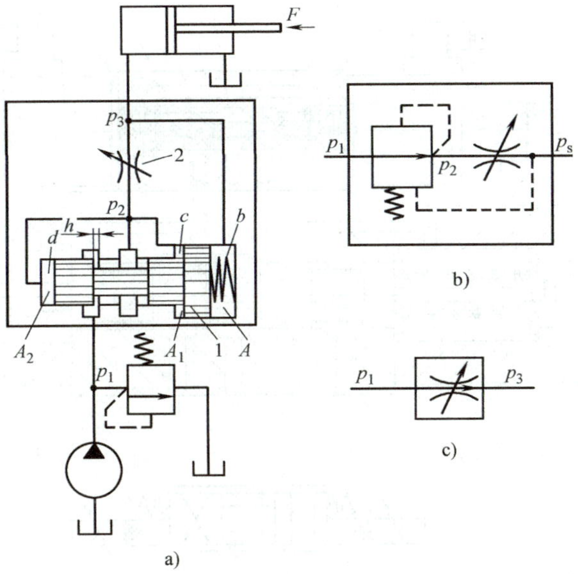

图 3-31 调速阀

a）结构图 b）图形符号 c）简化图形符号

1—定差减压阀 2—节流阀

化较大，速度稳定性较高的机床液压系统。如组合机床、车床、铣床等设备的液压系统常用调速阀调速。

四、电液比例控制阀、插装阀和电液数字控制阀

1. 电液比例控制阀

电液比例控制阀实质上是一种廉价、抗污染性能较好的电液控制阀。它的发展经历了两条途径，一是采用比例电磁铁取代了传统液压控制阀的手调机构而发展起来；二是在电液伺服阀的基础上降低设计制造精度后发展起来的。前者为目前电液比例控制阀的主流，这里我们作主要介绍。

常用的比例转换装置是比例电磁铁，它能够将电信号按比例地转换为力或位移，对液压阀进行控制。在使用时，电液比例控制阀可以远距离地根据输入的电气信号连续、按比例地控制液压阀的压力、流量和方向。其控制精度不如伺服阀，但结构相对简单，抗污染能力强，因此被广泛地应用在对控制精度要求不太高，要求实现远距离、连续控制或程序控制的液压系统中。

根据用途和工作特点可以将电液比例控制阀分为电液比例方向阀、电磁比例压力阀和电磁比例流量阀。

（1）电液比例方向阀 电液比例方向阀在控制液流方向的同时，还兼有控制流量的作用，所以又称为电液比例方向流量阀。电液比例方向阀的结构有多种形式。图 3-32 所示为压力控制型先导阀与弹簧定位的主阀组合而成的电液比例方向阀。

其工作原理是靠先导阀控制输出的液压力和主阀芯的弹簧力的相互作用来控制液动换向阀的正、反向开口量，进而控制液流的方向和流量。先导阀是一个比例压力型的控制阀。结

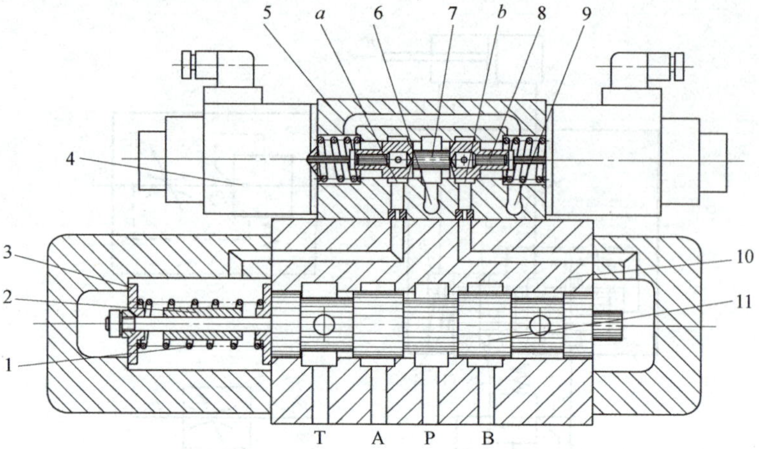

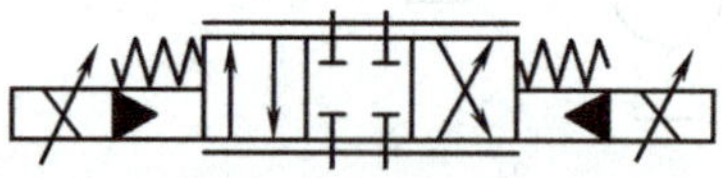

图 3-32 压力控制型电液比例方向阀

1—对中弹簧 2—套管 3—弹簧座 4—比例电磁铁 5—先导阀体 6—比例减压阀外供油口 7—先导阀芯 8—反馈活塞 9—比例减压阀回油口 10—主阀体 11—主阀芯

构上，在先导阀阀芯内嵌装了小柱塞，当左侧的比例电磁铁通入控制电流时，阀芯右移，使压力油从 P 口流向 B 口，左侧油口的压力油经阀芯上的通道引到阀芯内部，这样阀芯就受到与右侧电磁铁推力相反的液压力的作用，B 口的输出压力就和比例电磁铁的输入电流相对应，作用在主阀芯上控制其位置以实现方向和流量的节流控制。

主阀芯采用了一个具有控制弹簧双向复位作用的机构，不但实现了双向复位，而且解决了采用两个弹簧时刚度会有所不同的影响。

（2）电磁比例压力阀　用比例电磁铁取代压力阀的手调弹簧力控制机构便可得到电磁比例压力阀。

图 3-33a 所示为某直动式电磁比例压力阀，其原理是通过比例电磁铁推杆推动钢球来压缩弹簧，控制锥阀芯作用在阀座上的力，进而控制阀芯的开启压力，控制阀的入口 P 处的压力。

图 3-33b 所示为某先导式电磁比例压力阀。其原理是主阀的手调先导阀调节压力稍大，作安全阀用，采用电磁比例电磁铁调节先导阀，进而控制主溢流阀。

（3）电磁比例流量阀　普通电磁比例流量阀就是将流量阀的调节手轮改换成比例电磁铁。

图 3-34 所示为一种电磁比例调速阀，其原理是通过控制比例电磁铁的输入电信号，控制调速阀节流口的开度，进而控制调速阀的控制流量。

2. 插装阀

插装阀通用化程度高，通流能力强，密封性能好，能组成多种逻辑机能（又称为逻辑阀），在高压、大流量系统中得到广泛应用。

（1）插装阀的组成　图 3-35a 所示为二通插装阀的结构，它由控制盖板 5、插装阀单元

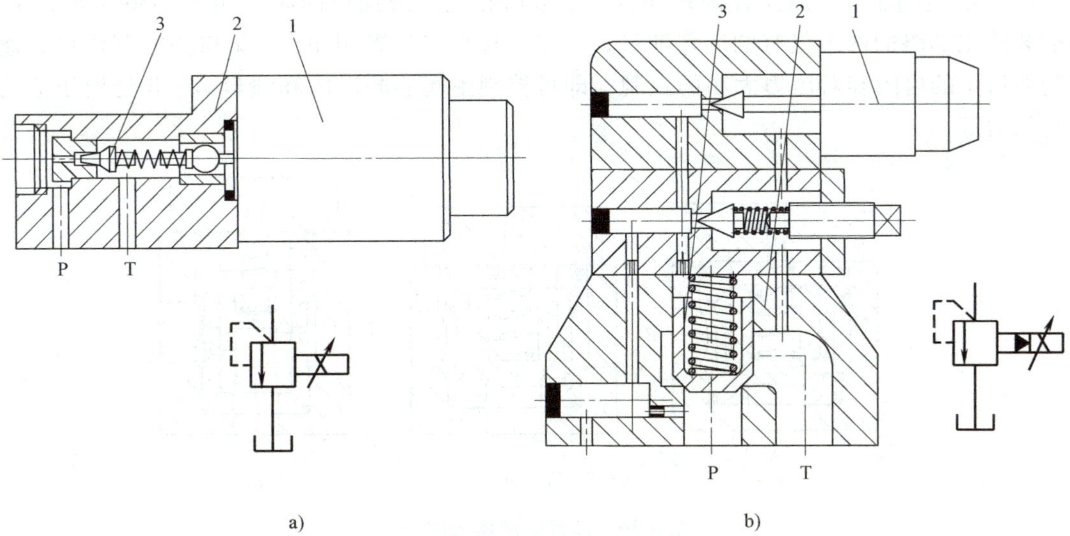

图 3-33　电磁比例压力阀

a）直动式电磁比例压力阀　b）先导式电磁比例压力阀

1—电磁铁　2—阀体　3—阀芯

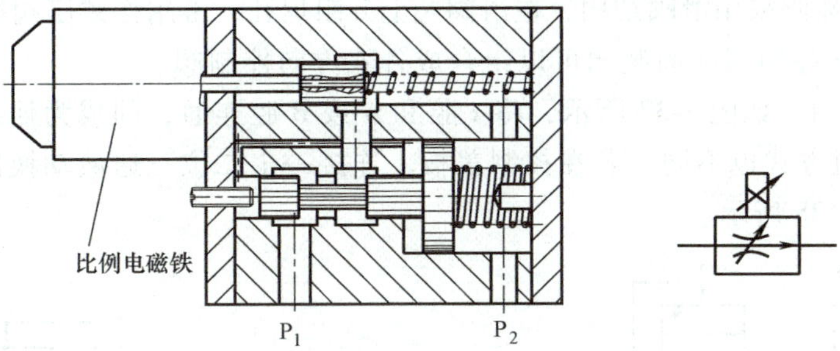

图 3-34　电磁比例调速阀

（由阀套 2、阀芯 3、弹簧 4 及密封件等组成）、插装块体 1 和先导控制阀 6 等组成。图 3-35b 为插装阀的图形符号。

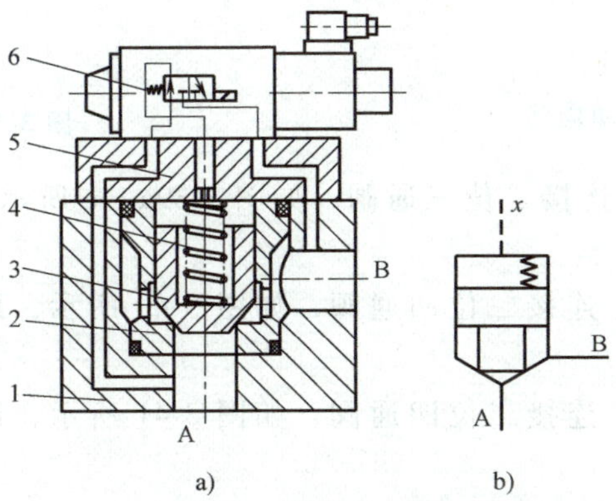

图 3-35　二通插装阀的组成

1—插装块体　2—阀套　3—阀芯　4—弹簧　5—控制盖板　6—先导控制阀

(2) 插装阀单元　就工作原理而言，插装阀相当于液控单向阀。如图 3-36 所示，A、B 为插装阀主油路的两个仅有的工作油口，所以又称为二通逻辑单元。x 口为控制油口，通过控制油口 x 的启闭和对压力大小的控制，即可控制主阀芯的启闭和油口 A、B 处液压油的流向与压力等。

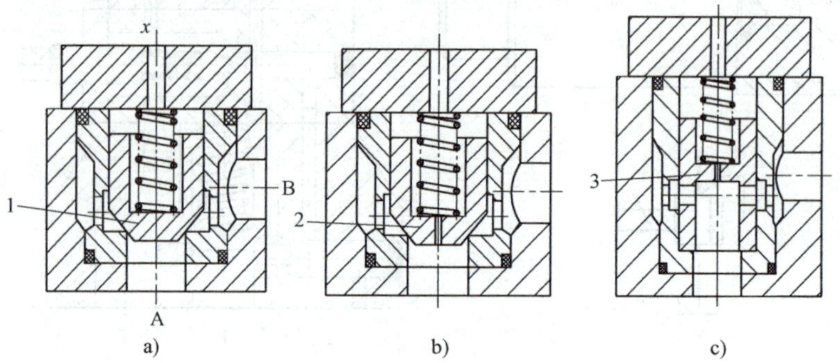

图 3-36　二通插装阀阀芯形式

1—普通锥阀芯　2—锥阀芯开阻尼孔　3—滑阀芯开阻尼孔

图 3-36 所示为几种插装阀阀芯形式。图 3-36a 所示为插装阀常用作方向阀插装单元；图 3-36b 所示为插装阀采用锥阀芯，并在锥阀芯上开阻尼孔，常用作溢流、顺序阀插装单元；图 3-36c 所示为插装阀采用滑阀结构，在滑阀芯上开阻尼孔，常用作减压阀插装用单元。

(3) 插装方向控制阀　插装阀可以组合成各式方向控制阀。

1) 作单向阀用。如图 3-37 所示，将 x 腔和 A 或 B 腔连通，即成为插装式单向阀。连接方法不同，其导通方式也不同。若在控制盖板上连接一个二位三通液动换向阀，即可组成液控单向阀，如图 3-38 所示。

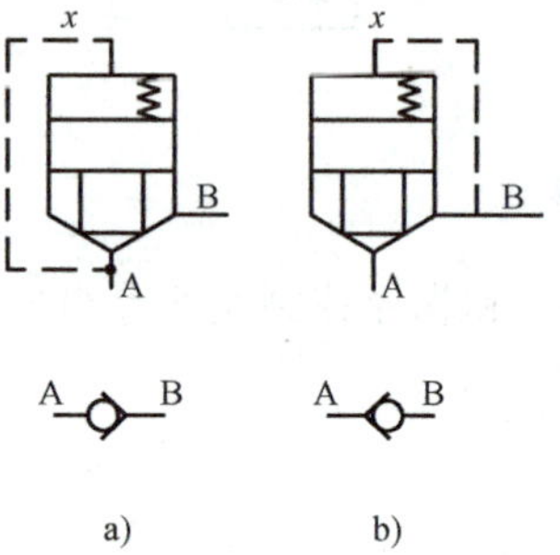

图 3-37　插装式单向阀

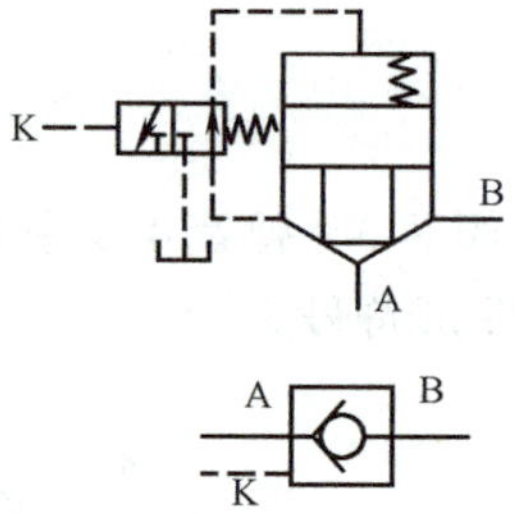

图 3-38　液控单向阀

2) 作二位二通阀用。连接二位三通阀，如图 3-39a、c 所示，即可组成二位二通电液阀，如图 3-39b、d 所示。

3) 作二位三通阀用。连接二位四通阀，如图 3-40 所示，即可组成二位三通电液换向阀。

4) 作二位四通阀用。连接二位四通阀，如图 3-41 所示，即可组成二位四通电液换向阀。

5) 作三位四通 O 型换向阀用。连接三位四通换向阀和单向阀，即可组成三位四通阀中位为 O 型的电液换向阀。图 3-42 所示为插装式三位四通 O 型换向阀。

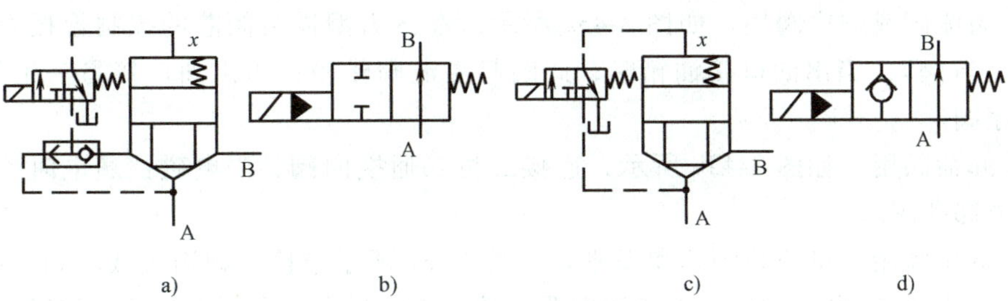

图 3-39　插装式二位二通阀

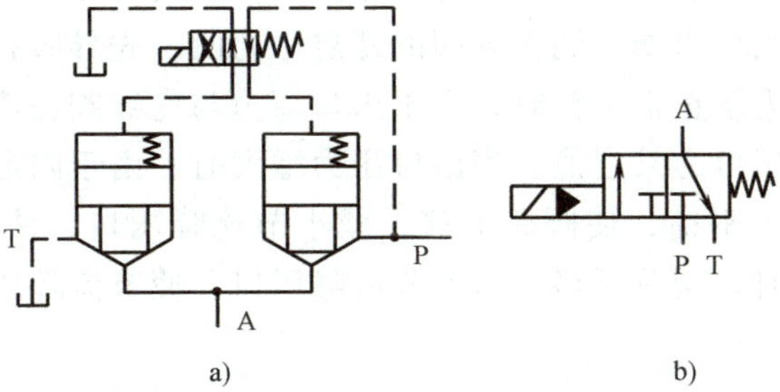

图 3-40　插装式二位三通阀

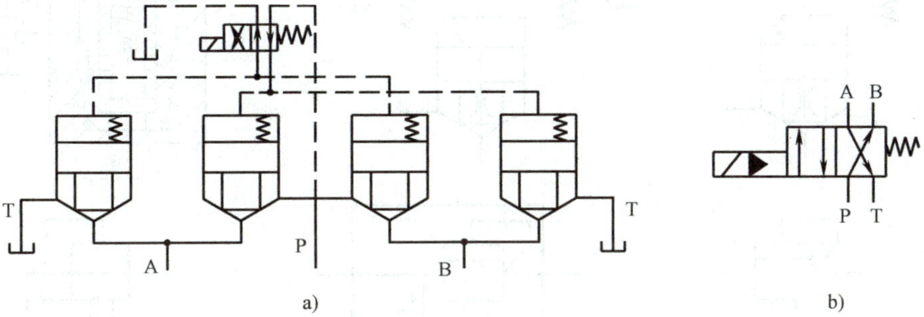

图 3-41　插装式二位四通阀

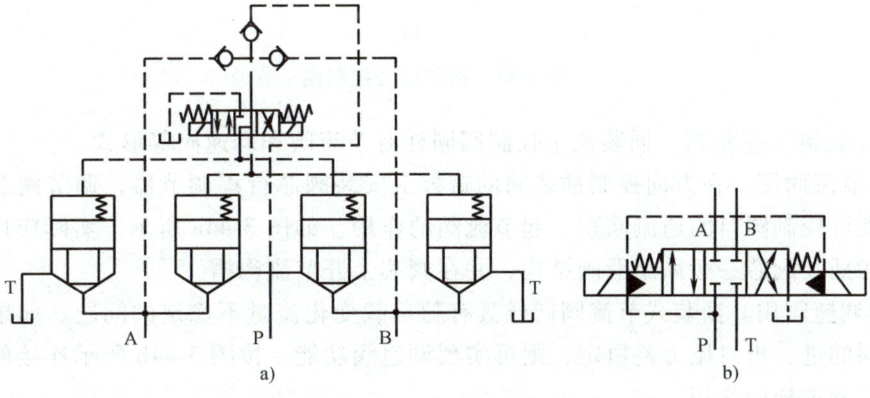

图 3-42　插装式三位四通 O 型换向阀

(4) 插装压力控制阀　对插装阀的 x 腔进行压力控制，便可构成压力控制阀。

1）作溢流阀或顺序阀用。如图 3-43a 所示，在压力型插装阀芯的控制盖板上连接先导调压阀（溢流阀），当出油口接油箱时，此阀起溢流阀作用；当出油口接另一工作油路时，此阀为顺序阀。

2）作卸荷阀用。如图 3-43b 所示，连接二位二通换向阀，当电磁铁通电时，出口接油箱，则构成卸荷阀。

3）作减压阀用。将插装阀芯和溢流阀按图 3-43c 所示连接，则构成减压阀。液压油从，从 P_1 流入，从 P_2 流出，出口油液通过阀芯上的中心阻尼孔、盖板和先导阀接通。当减压阀出口的压力较小，不足以顶开先导阀芯时，主阀芯上的阻尼孔只起通油作用，使主阀芯上、下两腔的液压力相等，而上腔又有一个小弹簧作用，使主阀芯处在下端极限位置，减压阀芯大开，不起减压作用；当压力增大到先导阀的开启压力时，先导阀打开，泄漏油液单独流回油箱。减压阀在调定压力下正常工作时，由于出口压力与先导阀溢流压力和主阀芯弹簧力的平衡作用，维持节流降压口为某定值。当出口压力增大时，由于阻尼孔液流阻力的作用产生压差，主阀芯所受的力不平衡，使阀芯上移，减小节流降压口，使节流降压作用增强；反之，当出口的压力减小时，阀芯下移，增大节流降压口，使节流降压作用减弱，控制出口的压力维持在调定值。

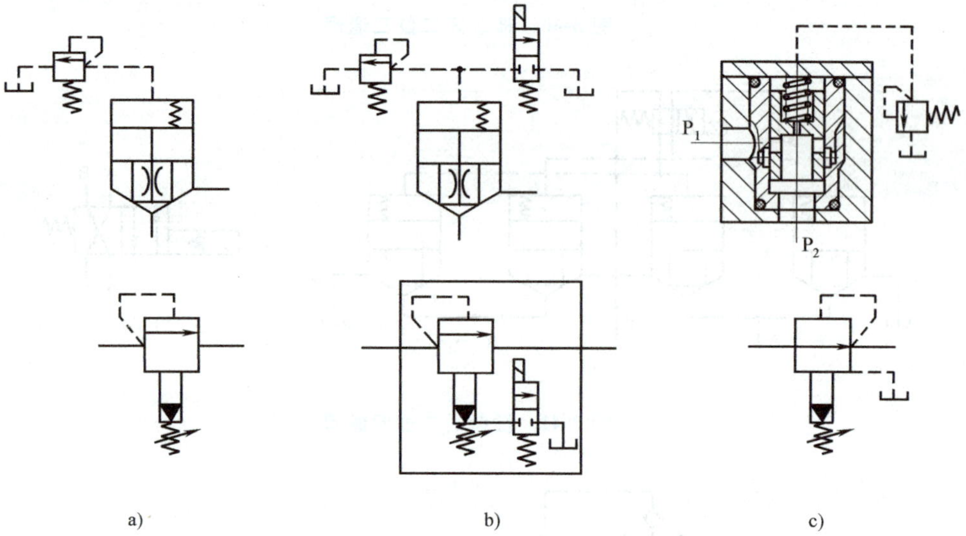

图 3-43　插装压力控制阀

（5）插装流量控制阀　插装流量控制阀同样有节流阀和调速阀等形式。

1）作节流阀用。在方向控制插装阀的盖板上安装阀芯行程调节器，调节阀芯和阀体间节流口开度可控制阀口的通流面积，起节流阀的作用，如图 3-44a 所示。实际应用时，起节流阀作用的插装阀芯一般采用滑阀结构，并在阀芯上开节流沟槽。

2）作调速阀用。插装式节流阀同样具有随负载变化流量不稳定的问题。如果采取措施保证节流阀的进、出口压力差恒定，则可实现调速阀功能。按图 3-44b 所示连接的减压阀和节流阀就起到这样的作用。

3. 电液数字控制阀

用数字信息直接控制的液压阀称为电液数字控制阀。数字阀不需要 D-A 转换器，可以

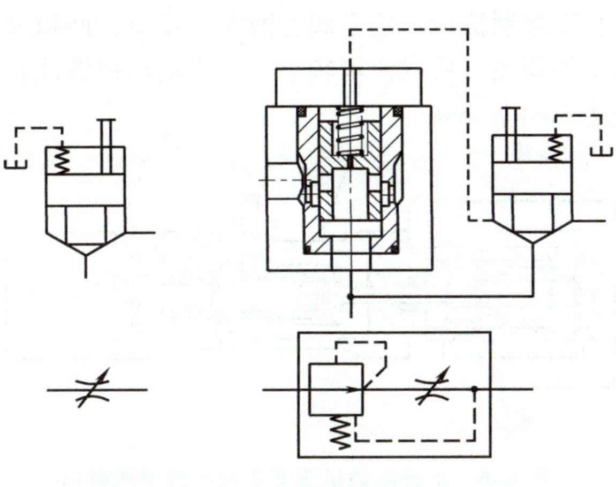

图 3-44　插装流量控制阀

与计算机直接相连。与伺服阀、比例阀相比，数字阀结构简单，抗污染能力强，重复性好，工作稳定可靠，功耗小。在微机实时控制的电液系统中，已经部分取代了电液伺服阀和电液比例阀，开辟了液压系统控制的新领域。

用数字量控制的方法很多，目前用得最多的是脉宽调制法和由脉宽调制法演变而来的增量控制法。

(1) 脉宽调制式数字阀　脉宽调制式数字阀可以直接用计算机控制。计算机的二进制工作信号可以量化为“开”和“关”。控制这种阀的开和关及开和关的时间长度（称为脉宽），即可以达到控制液流的方向、流量或压力的目的。

脉宽调制式数字阀的结构形式多种多样，这里介绍二位二通电磁锥阀式快速开关型数字阀，如图 3-45 所示。当螺管电磁铁不通电时，铁心在弹簧的作用下使锥阀关闭；当电磁铁有脉冲信号时，通过固定元件作用的电磁吸力使铁心带动锥芯开启，导通 P、T 油路。为了防止阀开启时因为稳态液动力而关闭和减小电磁力，该阀采用了通过射流对铁心的作用来补偿液动力的办法。这种阀的行程为 0.3mm，动作时间为 3ms，控制电流为 0.7A，额定流量为 12L/min。

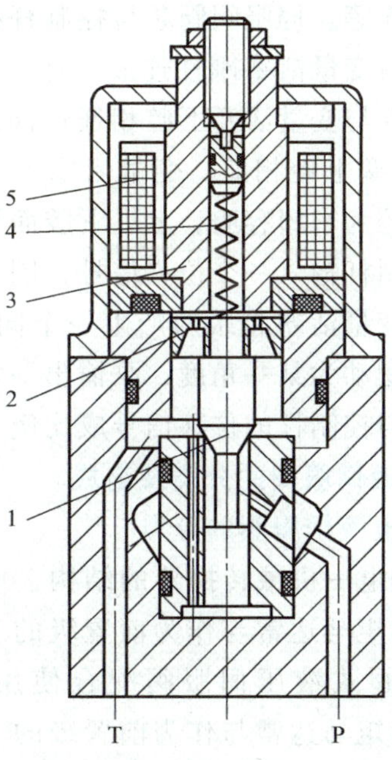

图 3-45　二位二通电磁锥阀式快速开关型数字阀

1—阀芯　2—铁心　3—固定元件　4—弹簧　5—线圈

(2) 增量式数字阀　将普通液压阀的调节机构改为用计算机发出的脉冲序列经驱动电源放大后驱动的步进电动机直接驱动，即可构成增量式数字阀。

图 3-46 所示为采用步进电动机直接驱动的数字流量阀。步进电动机按照计算机的指令转动，通过滚珠丝杠转换为轴向位移，

控制节流阀芯的开启，从而控制流量。这个阀有两个节流口，面积梯度不等，阀芯首先打开右边的节流口，由于非全周通流，所以流量较小，步进电动机继续转动，打开左边全周节流口，流量增大，流量可达3600L/min。

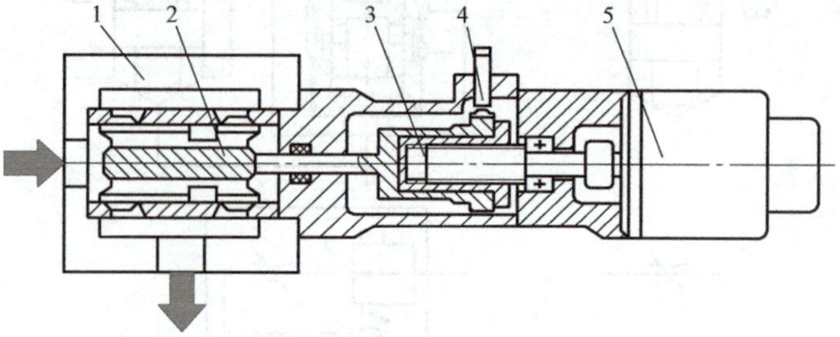

图 3-46　步进电动机直接驱动的数字流量阀

1—阀套　2—阀芯　3—滚珠丝杠　4—零位移传感器　5—步进电动机

该阀无反馈功能，但装有零位移传感器4，在每个工作周期终了时，阀芯可在它控制下回到零位。保证每个周期都从相同的位置开始，使阀具有较高的重复精度。

五、机液伺服阀与电液伺服阀简介

在液压系统中，伺服控制阀有机液伺服阀和电液伺服阀等。

1. 机液伺服阀

如图3-47所示，轴向柱塞泵的手动伺服变量机构的主要零件有伺服阀阀芯1、伺服阀阀套2、变量活塞5等。伺服阀阀芯与控制杆挂在一起，伺服阀阀套与变量活塞刚性连成一体。伺服阀油口 a 通过油道 b 与变量活塞下腔相通；油口 e 通过油道 f 与变量活塞上腔相通。变量活塞下腔通有泵的压力油，上腔为密闭容腔，上、下腔面积比为2∶1。

给控制杆输入一个位移信号，因为伺服阀的控制作用，变量活塞将跟随产生一个同方向的位移，泵的斜盘摆动为某一角度，泵输出一定的排量，排量的大小与控制杆的位移信号成比例。

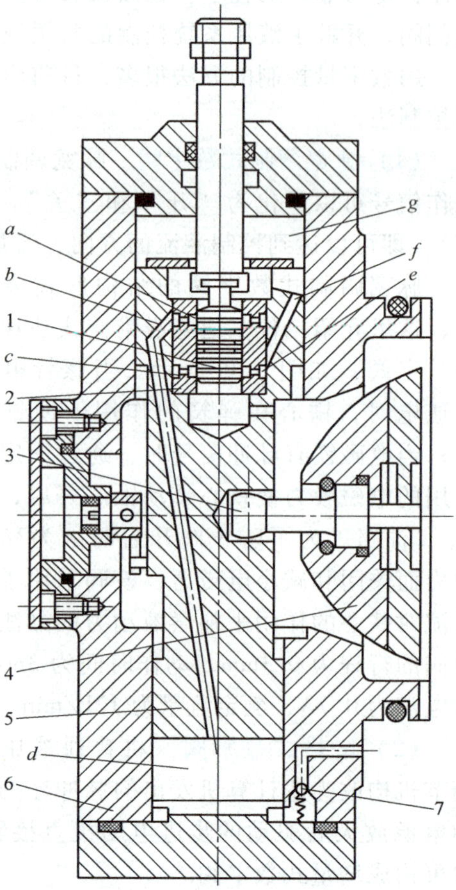

图 3-47　轴向柱塞泵手动伺服变量机构

1—伺服阀阀芯　2—伺服阀阀套　3—球形销　4—斜盘　5—变量活塞　6—壳体　7—单向阀

2. 电液伺服阀的分类及组成

（1）电液伺服阀的分类

1）按电—机械转换器的结构，可分为动圈式（动圈式力矩马达常与作为前置级的工作行程较长的小型滑阀式液压伺服阀配合使用）和动铁式（动铁式力矩马达常与作为前置级的工作行程较短的喷嘴挡板式及射流管式液压伺服阀配合使用）伺服阀两种。

2）按液压前置放大器的结构形式，可分为滑阀式、喷嘴挡板式（双喷嘴或单喷嘴）和射流管式伺服阀三种。

3）按液压放大器的串联级数，可分为单级、二级和三级伺服阀。

4）按伺服阀的功用，可分为流量（用于控制输出的流量）和压力（用于力或压力控制系统）伺服阀两种。

5）按反馈方式，可分为没有反馈、机械反馈、电气反馈、力反馈、负载压力反馈、负载流量反馈伺服阀等数种。

6）按液压能源，可分为恒压源式（即进入液压放大器的液压源的压力为恒值，而流量是可变的）和恒流源式（即进入液压放大器的能源流量是恒值，而压力是可变的）伺服阀两种。

（2）电液伺服阀的组成 电液伺服阀由电—机械转换器（力矩马达或力马达）和液压放大器组成。

（3）电液伺服阀放大器的结构形式 电液伺服阀中常用的液压放大器有滑阀式、喷嘴挡板式和射流管式三种。

1）根据控制边数（起控制作用的阀口数）不同，滑阀式液压放大器（简称滑阀）可分为单边、双边和四边滑阀控制式三种类型，如图 3-48 所示。

图 3-48a 所示为单边滑阀，它只有一个控制边（可变节流口），有负载口和回油口共两个通道，故又称为二通伺服阀。由于只有一个负载通道，只能用来控制差动缸。一般使缸的有杆腔与供油腔常通（以产生固定的回程液压力），还必须和一个固定节流孔 R 配合使用，才能控制无杆腔的油压。当滑阀向左（或向右）移动时，控制边的开口 X_s 增大（或减小），控制了缸中的液压力和流量，从而改变缸的运动速度和方向。

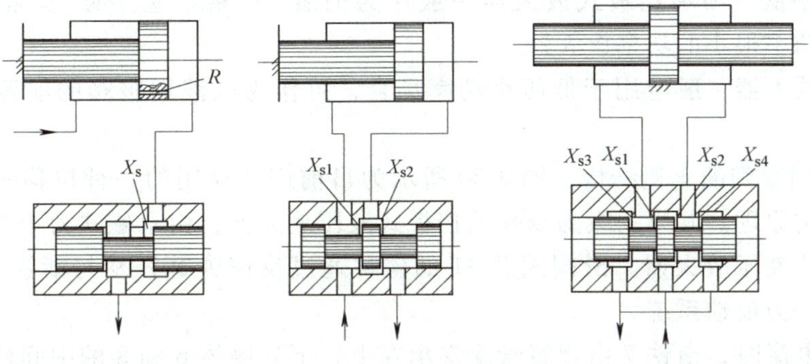

图 3-48 滑阀式液压放大器

图 3-48b 所示为双边滑阀，有两个控制边（可变节流口），它有供油口、回油口和负载口共三个通道，故又称为三通伺服阀。因只有一个负载通道，也只能用来控制差动缸，故应使缸的有杆腔与供油压力常通（形成固定的回程液压力）。液压油经滑阀控制边 X_{s1} 的开口与缸的无杆腔相通，并经 X_{s2} 的开口回油箱。当滑阀向右移动时，X_{s1} 增大，X_{s2} 减少；滑阀向左移动时，X_{s1} 减小，X_{s2} 增大。这样，就控制了液压缸无杆腔的回油阻力，从而改变差动缸的运动速度和方向。

图 3-48c 所示为四个控制边的四边滑阀，它有供油口、回油口和两个负载口，共四个通道，故又称为四通伺服阀。因它有两个负载通道，故能控制各种液压执行元件。控制边 X_{s1}

和 X_{s2} 分别是控制液压油进入执行元件左、右油腔的，X_{s3} 和 X_{s4} 是控制左、右油腔通向油箱的。当力矩马达驱动滑阀向右移动时，X_{s1} 和 X_{s4} 增大，X_{s2} 和 X_{s3} 减小；当力矩马达驱动滑阀向左移动时，情况相反。这样，就控制了进入执行元件左、右腔的油液压力和流量，从而控制了执行元件的运动速度和方向。

从控制角度看，四边滑阀性能最好，双边滑阀居中，单边滑阀性能最差。从加工角度看，单边滑阀加工容易、成本低，双边滑阀居中，四边滑阀加工困难、成本高。通常，四边滑阀用于精度和稳定性要求较高的系统；单边和双边滑阀用于一般精度的系统。

根据滑阀在零位（中间位置）时的开口形式，可分为负开口（正遮盖）、零开口（零遮盖）和正开口（负遮盖）三种类型。

滑阀式放大器加工较困难，装配精度较高，价格贵；阀芯质量大，惯性大，阀芯固有频率低；阀芯与阀套之间有摩擦；对油液的污染较敏感；阀芯上的作用力大，因而要求控制元件的拖动力较大。滑阀式液压放大器广泛地作为功率放大器使用。

2）喷嘴挡板放大器如图 3-49 所示，由固定节流口、喷嘴、挡板等组成，挡板和喷嘴之间的距离可以控制，改变其距离，就改变了喷嘴和挡板之间的节流口。液压缸右端为供油压力，左端的压力靠喷嘴和挡板之间的距离控制，进而实现对差动液压缸的控制。

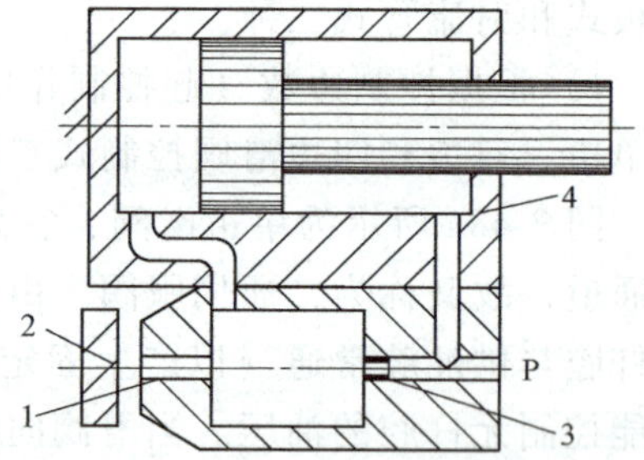

图 3-49　喷嘴挡板放大器

1—喷嘴　2—挡板　3—节流口　4—液压缸

这种液压放大器的优点是挡板 2 的惯性小，位移小，动态响应速度高，灵敏度高，结构简单，制造容易，成本低。其主要缺点是喷嘴节流口是常开的，能量损失大，效率低。喷嘴挡板式放大器一般作为伺服阀的前置级或功率很小的功率放大器。

射流管式放大器一般应用于低压小功率场合，可作为电液伺服阀的前置级，这里不再介绍。

（4）电液伺服阀的典型结构　图 3-50 所示为目前广泛应用的一种位移—力反馈两级电液伺服阀的结构原理。其第一级为双喷嘴挡板式液压放大器，由永磁式力矩马达控制；第二级为四通滑阀式液压放大器。滑阀阀芯 11 的位移通过反馈弹簧杆 9 与衔铁挡板组件相连，构成滑阀位移—力反馈系统。

当无控制电流时，衔铁 7 由弹簧管 3 支承在上、下导磁体 6 和 8 的中间位置，挡板 2 处在两个喷嘴的中间位置，滑阀阀芯 11 在反馈弹簧杆的约束下处于中位，伺服阀无输出。

当有差动控制电流输入时，在衔铁上产生电磁力矩（这里假设力矩为逆时针方向），使衔铁挡板组件绕弹簧转动中心逆时针方向偏转，弹簧管 3 和反馈弹簧杆 9 产生变形，挡板偏离中位。这时，喷嘴挡板阀右间隙减小而左间隙增大，引起滑阀右腔控制压力增大，左腔控制压力减小，推动滑阀阀芯 11 左移。同时带动反馈弹簧杆端部小球左移，使反馈弹簧杆进一步变形。当反馈弹簧杆和弹簧管变形产生的力矩与电磁力矩相平衡时，衔铁挡板组件便处于一个平衡位置。在反馈弹簧杆端部左移进一步变形时，挡板的偏移减小，趋于中位。这时右腔控制压力降低，左腔控制压力增高，当阀芯两端的液压力与反馈弹簧杆变形对阀芯产生的反作用力以及滑阀的液动力相平衡时，阀芯停止运动，其位移与控制电流成比例。在负载压差一定时，阀的输出流量也与控制电流成比例。所以这是一种流量控制伺服阀。

这种伺服阀由于衔铁和挡板均在中位附近工作，所以线性好，对力矩马达的线性要求也不高，可以允许滑阀有较大的工作行程。

图 3-51 所示为三级伺服阀，它由一个小流量的二级伺服阀控制功率级滑阀，功率级滑阀 1 的位移由位移传感器检测并反馈到伺服放大器 3，从而构成一个位置伺服系统，以实现功率滑阀的定位。三级伺服阀用于大流量、高速响应的场合。

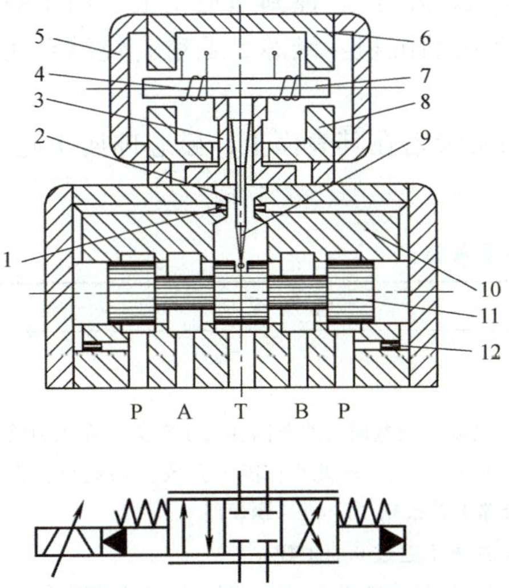

图 3-50　喷嘴挡板式电液伺服阀

1—喷嘴　2—挡板　3—弹簧管　4—线圈　5—永久磁铁
6—上导磁体　7—衔铁　8—下导磁体　9—反馈弹簧杆
10—阀体　11—滑阀阀芯　12—固定节流孔

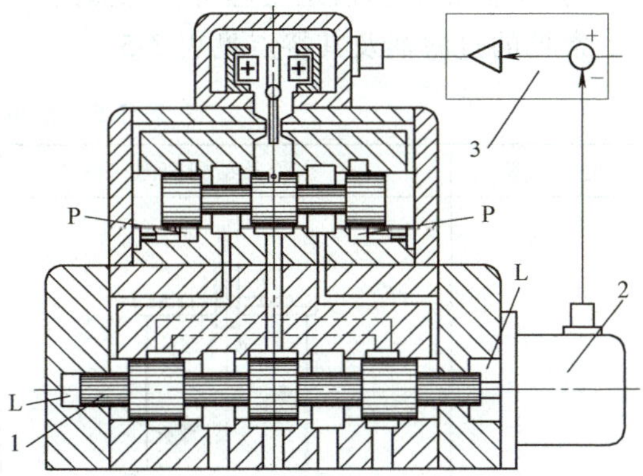

图 3-51　三级伺服阀

1—功率级滑阀　2—差动放大器　3—伺服放大器

任务五　了解液压辅件

任务内容： 液压系统辅件的组成和分类，各液压辅件的结构组成、工作原理及使用方法。

任务目标： 通过学习，了解液压系统辅件的组成和分类，掌握各液压辅件的结构组成、工作原理及其使用方法。

一、过滤器

1. 功用和类型

（1）功用　过滤器的功用是过滤混在液压油液中的杂质，降低进入系统中油液的污染度，保证系统正常工作。

（2）类型　过滤器按其滤芯材料的过滤机制来分，有表面型过滤器、深度型过滤器和吸附型过滤器三种。

1）表面型过滤器的过滤功能是由一个几何面来实现的，滤下的污染杂质被截留在滤芯元件靠油液上游的一面。在这里，滤芯材料具有均匀的标定小孔，可以滤除比小孔尺寸大的杂质。由于污染杂质积聚在滤芯表面上，因此它很容易被阻塞住。编网式滤芯、线隙式滤芯属于这种类型。

2）深度型过滤器滤芯材料为多孔可透性材料，内部具有曲折迂回的通道，大于表面孔径的杂质直接被截留在外表面，较小的污染杂质进入滤芯内部，撞到通道壁上，由于吸附作用而得到滤除。滤芯内部曲折的通道也有利于污染杂质的沉积。纸芯、毛毡、烧结金属、陶瓷和各种纤维制品等属于这种类型。

3）吸附型过滤器是滤芯材料把油液中的有关杂质吸附在其表面上，磁芯即属于此类。

常见的过滤器及其特点见表 3-5。

表 3-5 常见的过滤器及其特点

类　型	名称及结构简图	特点说明
表面型	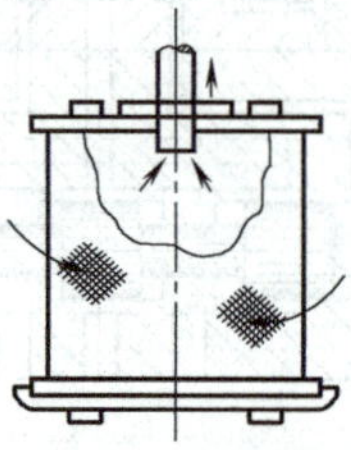 金属网式过滤器	1. 过滤精度与铜丝网层数及网孔大小有关。在压力管路上常用 100、150、200 目（每英寸长度上孔数）的铜丝网，在液压泵吸油管路上常采用 20～40 目铜丝网 2. 压力损失不超过 0.004MPa 3. 结构简单，通流能力大，清洗方便，但过滤精度低
	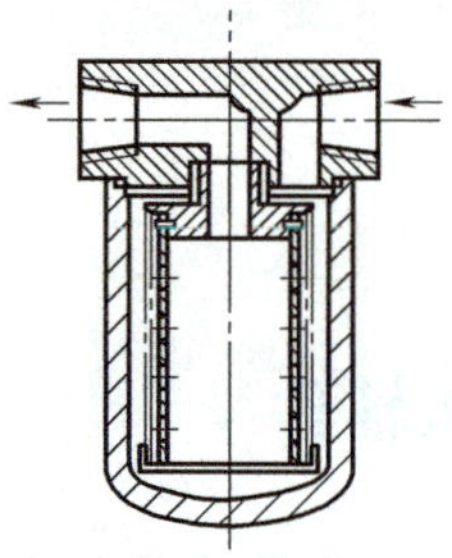 线隙式过滤器	1. 滤芯由绕在芯架上的一层金属线组成，依靠线间微小间隙来挡住油液中杂质的通过，压力损失为 0.03～0.06MPa 2. 结构简单，通流能力大，过滤精度高，但滤芯材料强度低，不易清洗 3. 用于低压管道中，当用在液压泵吸油管上时，它的流量规格宜选得比泵大
深度型	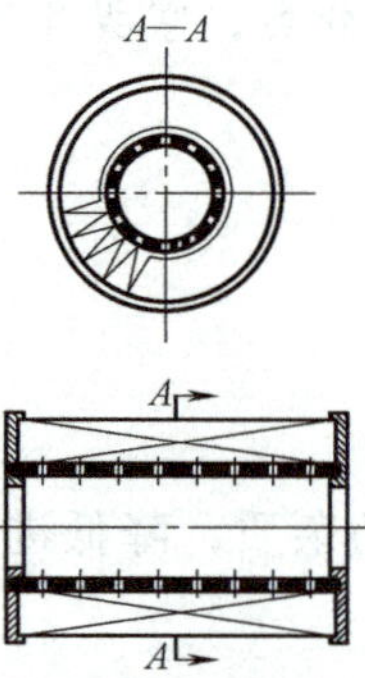 纸芯式过滤器	1. 结构与线隙式相同，但滤芯为平纹或波纹的酚醛树脂或木浆微孔滤纸制成的纸芯。为了增大过滤面积，纸芯常制成折叠形 2. 压力损失为 0.01～0.04MPa 3. 过滤精度高，但堵塞后无法清洗，必须更换纸芯 4. 通常用于精过滤

（续）

类　　型	名称及结构简图	特 点 说 明
深度型	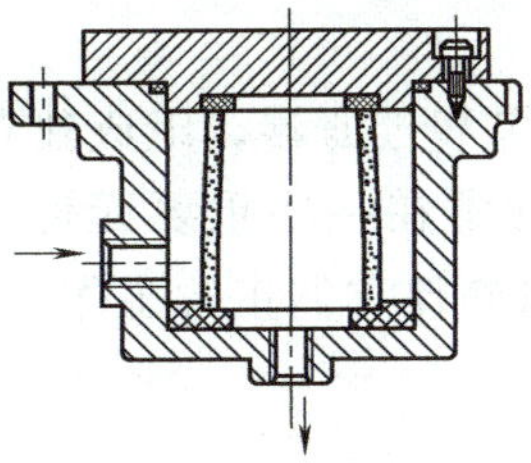 烧结式过滤器	1. 滤芯由金属粉末烧结而成，利用金属颗粒间的微孔来挡住油中杂质通过。改变金属粉末的颗粒大小，就可以制出不同过滤精度的滤芯 2. 压力损失为 0.03～0.2MPa 3. 过滤精度高，滤芯能承受高压，但金属颗粒易脱落，堵塞后不易清洗 4. 适用于精过滤
吸附型	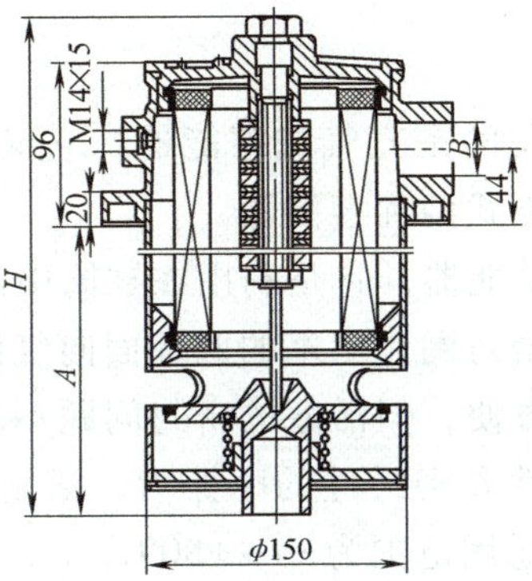 磁性过滤器	1. 滤芯由永久磁铁制成，能吸住油液中的铁屑、铁粉、带磁性的磨料 2. 常与其他形式滤芯合起来制成复合式过滤器 3. 对加工钢铁件的机床液压系统特别适用

2. 选用和安装

（1）选用　过滤器按其过滤精度（滤去杂质的颗粒大小）的不同，有粗过滤器、普通过滤器、精密过滤器和特精过滤器四种，它们分别能滤去大于 100μm、10～100μm、5～10μm 和 1～5μm 大小的杂质。

选用过滤器时，要考虑下列几点：

1）过滤精度应满足预定要求。

2）能在较长时间内保持足够的通流能力。

3）滤芯要具有足够的强度，不因液压的作用而损坏。

4）滤芯耐蚀性能要好，能在规定的温度下持久地工作。

5）滤芯清洗或更换简便。

因此，过滤器应根据液压系统的技术要求，按过滤精度、通流能力、工作压力、油液黏度、工作温度等条件选定型号。

（2）过滤器在液压系统中的安装位置　过滤器在液压系统中的安装位置通常有以下几种：

1）安装在泵的吸油口处。泵的吸油路上一般都安装有表面型过滤器，目的是滤去较大的杂质微粒以保护液压泵，此外过滤器的过滤能力应为泵流量的两倍以上，压力损失小于 0.02MPa。

2）安装在泵的出口油路上。此处安装过滤器的目的是用来滤除可能侵入阀类等元件的污染物。其过滤精度应为 10～15μm，且能承受油路上的工作压力和冲击压力，压力损失应小于 0.35MPa，同时应安装安全阀以防过滤器堵塞。

3）安装在系统的回油路上。这种安装起间接过滤作用。一般与过滤器并联安装一背压阀，当过滤器堵塞达到一定压力值时，背压阀打开。

4）安装在系统分支油路上。

5）单独过滤系统。大型液压系统可专设一液压泵和过滤器，组成独立过滤回路。

液压系统中除了整个系统所需的过滤器外，还常常在一些重要元件（如伺服阀、精密节流阀等）的前面单独安装一个专用的精过滤器，以确保它们正常工作。

二、蓄能器

蓄能器是液压系统中的储能元件，它可以储存多余的压力油液，并在需要时释放出来供给系统。

1. 蓄能器的类型与结构

蓄能器有重力式、弹簧式和充气式三类。常用的是充气式蓄能器，它又可分为活塞式、气囊式和隔膜式三种。在此主要介绍活塞式及气囊式两种蓄能器。

（1）活塞式蓄能器　图 3-52a 所示为活塞式蓄能器，它是利用在缸筒中浮动的活塞把缸中液压油和气体隔开。这种蓄能器的活塞上装有密封圈，活塞的凹部面向气体，以增加气体室的容积。这种蓄能器结构简单，易安装，维修方便；但活塞的密封问题不能完全解决，有压气体容易漏入液压系统中，而且由于活塞的惯性和密封件的摩擦力，活塞动作不够灵敏。最高工作压力为 17MPa，总容量为 1~39L，温度适用范围为-4~+80℃。

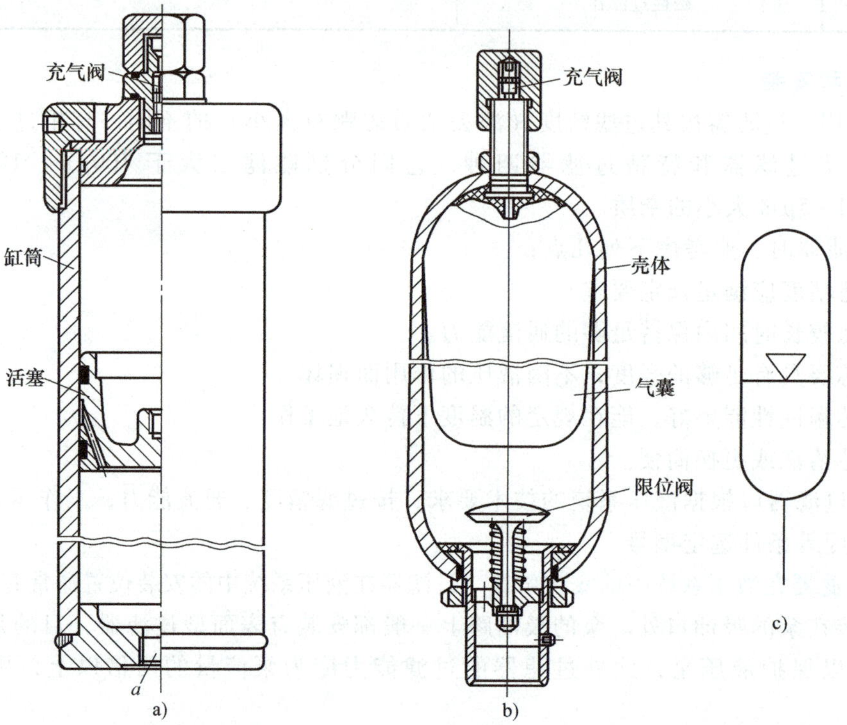

图 3-52　充气式蓄能器

a）活塞式蓄能器　b）NXQ 型皮囊折合式蓄能器　c）充气式蓄能器的图形符号

(2) 气囊式蓄能器　图3-52b所示为NXQ型皮囊折合式蓄能器，它由壳体、皮囊、充气阀、限位阀等组成，工作压力为3.5～35MPa，容量范围为0.6～200L，温度适用范围为-10～+65℃。工作前，从充气阀向皮囊内充进一定压力的气体，然后将充气阀关闭，使气体封闭在皮囊内。要储存的油液从壳体底部限位阀处引到皮囊外腔，使皮囊受压缩而储存液压能。其优点是惯性小，反应灵敏，且结构小、重量轻，一次充气后能长时间保存气体，充气也较方便，故在液压系统中得到广泛的应用。图3-52c所示为充气式蓄能器的图形符号。

2. 蓄能器的功用

(1) 作辅助动力源　当液压系统工作循环中所需的流量变化较大时，可采用一个蓄能器与一个较小流量（整个工作循环的平均流量）的泵，在短期大流量时，由蓄能器与泵同时供油，所需流量较小时，泵将多余的油液充入蓄能器，这样可节省能源，降低温升。在有些特殊的场合当停电或驱动液压泵的动力源发生故障时，蓄能器可作应急能源短期使用。

(2) 保压和补充泄漏　当液压系统要求较长时间内保压时，可采用蓄能器，补充其泄漏，使系统压力保持在一定范围内。

(3) 缓和冲击，吸收压力脉动　当阀门突然关闭或换向时，系统中产生的冲击压力，可由安装在产生冲击处的蓄能器来吸收，使液压冲击的峰值降低。若将蓄能器安装在液压泵的出口处，可降低液压泵压力脉动的峰值。

3. 蓄能器的安装

蓄能器在液压系统中的安装位置随其功用而定，主要应注意以下几点：

1) 气囊式蓄能器应垂直安装，油口向下。

2) 用于吸收液压冲击和压力脉动的蓄能器应尽可能安装在振源附近。

3) 装在管路上的蓄能器须用支板或支架固定。

4) 蓄能器与液压泵之间应安装单向阀，防止液压泵停止时，蓄能器储存的压力油倒流而使泵反转。蓄能器与管路之间也应安装截止阀，供充气和检修之用。

三、压力计及压力计开关

1. 压力计

液压系统各工作点的压力可通过压力计观测，以便调整和控制。压力计的种类很多，最常用的是弹簧弯管式压力计，其原理如图3-53所示。液压油进入弹簧弯管1时管端产生变形，通过杠杆4使扇形齿轮5摆动，扇形齿轮与小齿轮6啮合，小齿轮带动指针2旋转，从刻度盘3上读出压力值。压力计的精度等级以其误差占量程的百分数表示。选用压力计时，系统最高压力约为其量程的3/4比较合理。压力计必须直立安装，并在压力计与压力管道间设置阻尼器，以防止被测压力突然升高而将压力计损坏。

2. 压力计开关

压力油路与压力计之间往往装有一压力计开关（见图3-54），实际上它是一个小型截止阀，用于切断和接通压力计与油路的通道。压力计开关有一点、三点、六点等。多点压力计开关可与几个被测油路相通，用一个压力计即可检测多点压力。

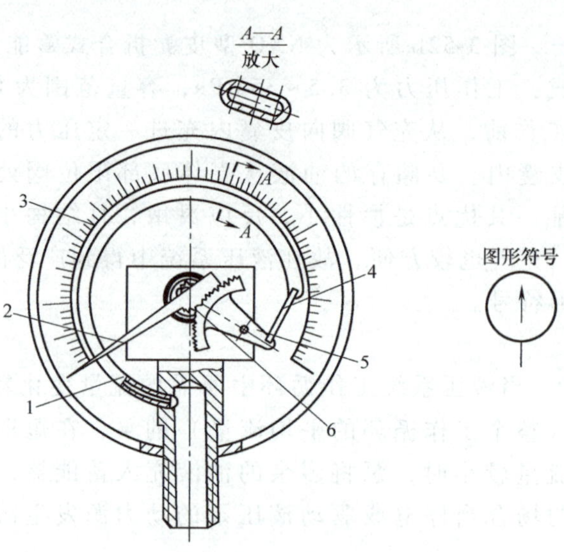

图 3-53 弹簧弯管式压力计

1—弹簧弯管 2—指针 3—刻度盘 4—杠杆
5—扇形齿轮 6—小齿轮

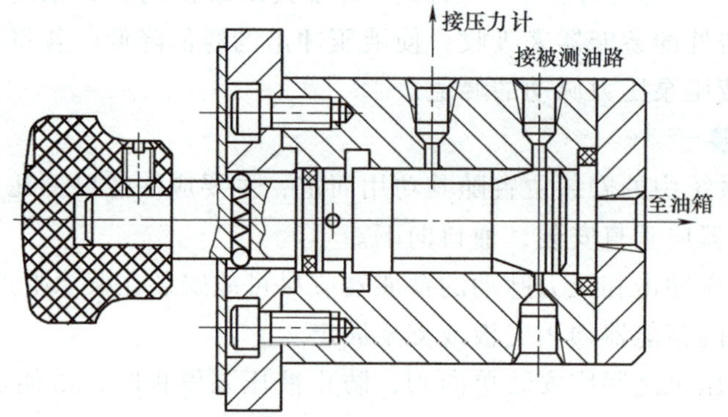

图 3-54 压力计开关

四、油管、管接头及阀类连接板

1. 油管

液压系统中使用的油管种类很多，有钢管、铜管、尼龙管、塑料管、橡胶管等，须按照安装位置、工作环境和工作压力来正确选用。油管的种类、特点和适用范围见表 3-6。

油管的规格尺寸（管道内径和壁厚）可由式（3-33）、式（3-34）计算出 d、δ 后，查阅有关的标准选定。

$$d=2\sqrt{\frac{q}{\pi v}} \tag{3-33}$$

$$\delta=\frac{pdn}{2\sigma_{b}} \tag{3-34}$$

式中　d——油管内径；

q——管内流量；

v——管中油液的流速，吸油管取 0.5～1.5m/s，高压管取 2.5～5m/s，回油管取 1.5～2.5m/s，短管及局部收缩处取 5～7m/s；

δ——油管壁厚；

p——管内工作压力；

n——安全系数，对钢管来说，$p<7\text{MPa}$ 时取 $n=8$，$7\text{MPa}<p<17.5\text{MPa}$ 时取 $n=6$，$p>17.5\text{MPa}$ 时取 $n=4$；

σ_b——管道材料的抗拉强度。

表 3-6　油管的种类、特点和适用范围

种类		特点和适用范围
硬管	钢管	能承受高压，价格低廉，耐油，耐蚀，刚性好，但装配时不能任意弯曲；常在装拆方便处用作压力管道，中、高压用无缝管，低压用焊接管
	铜管	易弯曲成各种形状，但承压能力一般不超过 6.5～10MPa，抗振能力较弱，又易使油液氧化；通常用在液压装置内配接不便之处
软管	尼龙管	乳白色半透明，加热后可以随意弯曲成形或扩口，冷却后又能定形不变，承压能力因材质而异，2.5～8MPa 不等
	塑料管	质轻耐油，价格便宜，装配方便，但承压能力低，长期使用会变质老化，只宜用作压力低于 0.5MPa 的回油管、泄油管等
	橡胶管	高压管由耐油橡胶夹若干层钢丝编织网制成，钢丝网层数越多，耐压越高，价格较高，用作中、高压系统中两个相对运动件之间的压力管道 低压管由耐油橡胶夹帆布制成，可用作回油管道

油管的管径不宜选得过大，以免使液压装置的结构庞大；但也不能选得过小，以免使管内液体流速加大，系统压力损失增加或产生振动和噪声，影响正常工作。在保证强度的情况下，管壁可尽量选得薄些。薄壁油管易于弯曲，规格较多，装接较易，采用它可减少管接头数目，有助于解决系统泄漏问题。

2. 管接头

管接头是油管与油管、油管与液压件之间的可拆式连接件，它必须具有装拆方便、连接牢固、密封可靠、外形尺寸小、通流能力大、压降小、工艺性好等各项条件。

管接头的种类很多，其规格、品种可查阅有关手册。液压系统中油管与管接头的常见连接方式见表 3-7。管路旋入端用的连接螺纹采用国家标准米制锥螺纹（ZM）和普通细牙螺纹（M）。锥螺纹依靠自身的锥体旋紧和采用聚四氟乙烯等进行密封，广泛用于中、低压液压系统；细牙螺纹密封性好，常用于高压系统，但要采用组合垫圈或 O 形圈进行端面密封，有时也可用纯铜垫圈。

液压系统中的泄漏问题大部分都出现在管系中的接头上，因此对管材的选用、接头形式的确定、管系的设计以及管道的安装都要谨慎，以免影响整个液压系统的使用质量。

表 3-7 液压系统中常用的管接头

名　　称	结构简图	特点和说明
焊接式	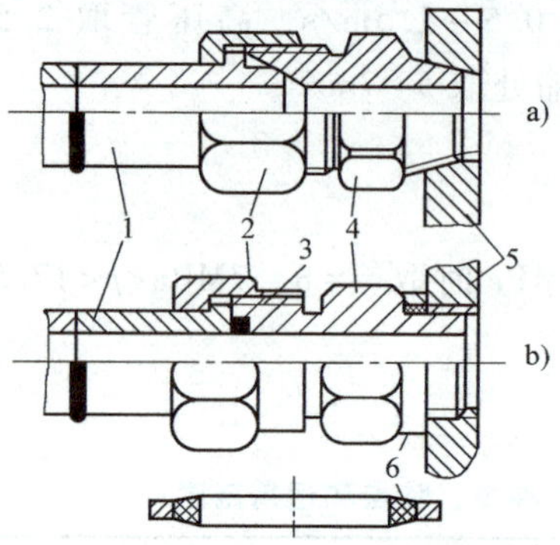 1—接管 2—螺母 3、6—密封圈 4—接头体 5—本体	密封可靠，连接牢固，但装配需焊接，需采用厚壁钢管，且焊接工作量大
卡套式	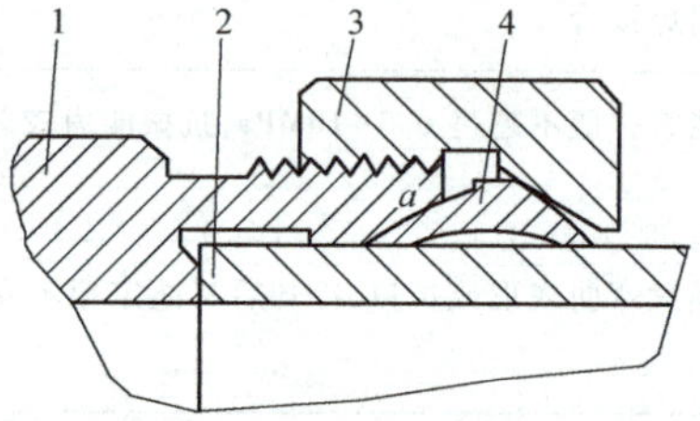 1—接头体 2—管路 3—螺母 4—卡套	具有结构简单，性能良好，质量轻，体积小，使用方便，不用焊接，轴向尺寸要求不严等优点，是液压、气动中较为理想的连接件
扩口式	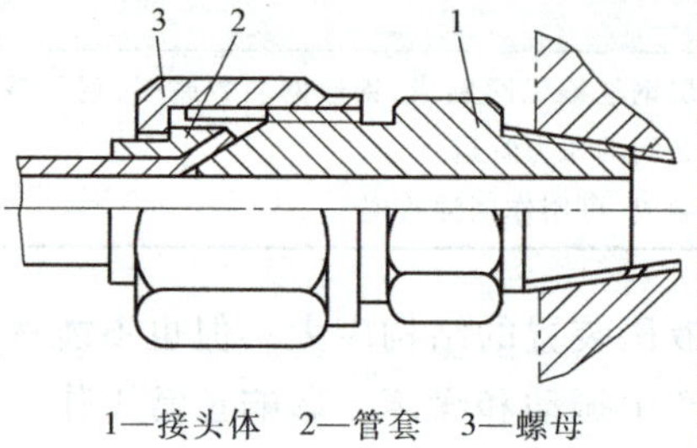 1—接头体 2—管套 3—螺母	结构简单，性能良好，加工和使用方便，适用于以油、气为介质的中、低压管路系统，其工作压力取决于管材的许用压力，一般为 3.5~16MPa
扣压式胶管总成	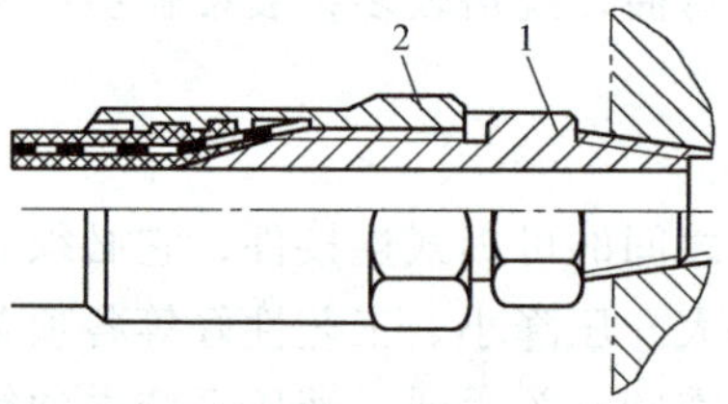 1—芯管 2—接头外套	用来连接高压软管，适用于中、低压系统
快速接头	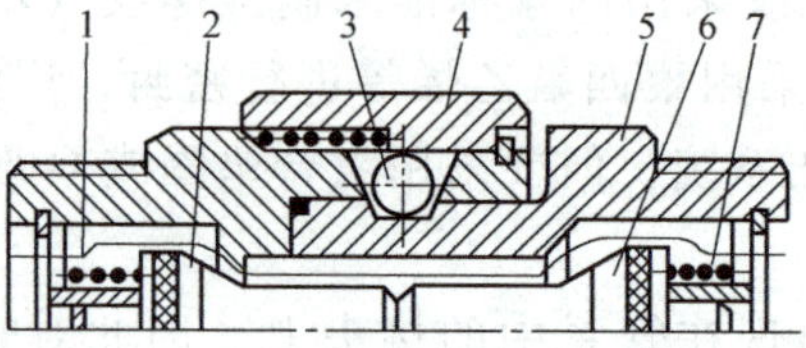 1、7—弹簧 2、6—阀芯 3—钢球 4—外套 5—接头体	能实现管路快速连通或断开的接头

五、油箱

1. 功用和结构

(1) 功用　油箱的功用主要是储存油液，此外还起着散发油液中热量（在周围环境温度较低的情况下则是保持油液中热量）、释出混在油液中的气体、沉淀油液中污物等作用。

(2) 结构　液压系统中的油箱有整体式和分离式两种。整体式油箱是利用主机的内腔作为油箱，这种油箱结构紧凑，各处漏油易于回收，但增加了设计和制造的复杂性，维修不便，散热条件不好，且会使主机产生热变形。分离式油箱单独设置，与主机分开，减少了油箱发热和液压源振动对主机工作精度的影响，因此得到了普遍的采用。

油箱的典型结构如图 3-55 所示。由图可见，油箱内部用隔板 7、9 将吸油管 1 与回油管 4 隔开。顶部、侧部和底部分别装有滤油网 2、液位计 6 和排放污油的放油阀 8。安装液压泵及其驱动电动机的安装板 5 则固定在油箱顶面上。

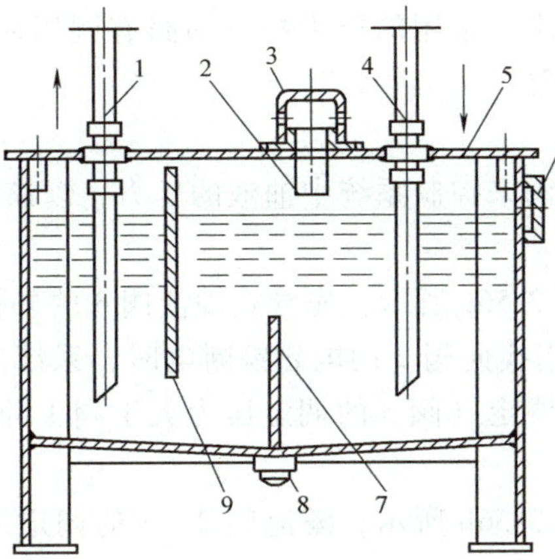

图 3-55　油箱的典型结构

1—吸油管　2—滤油网　3—盖　4—回油管　5—安装板
6—液位计　7、9—隔板　8—放油阀

2. 设计时的注意事项

1）油箱的有效容积（油面高度为油箱高度 80%时的容积）应根据液压系统发热、散热平衡的原则来计算。

2）吸油管和回油管应尽量相距远些，两管之间要用隔板隔开，以增加油液循环距离，使油液有足够的时间分离气泡，沉淀杂质，消散热量。隔板高度最好为箱内油面高度的 3/4。吸油管入口处要装粗过滤器。精过滤器与回油管管端在油面最低时仍应没在油中，防止吸油时卷吸空气或回油冲入油箱时搅动油面而混入气泡。回油管管端宜斜切 45°，以增大出油口截面积，减慢出口处油流速度，此外，应使回油管斜切口面对箱壁，以利油液散热。管端与箱底、箱壁间距离均不宜小于管径的 3 倍。粗过滤器距箱底不应小于 20mm。

3）为了防止油液污染，油箱上各盖板、管口处都要妥善密封。注油器上要加滤油网。防止油箱出现负压而设置的通气孔上须装空气过滤器。油箱内回油集中部分及清污口附近宜装设一些磁性块，以去除油液中的铁屑和带磁性颗粒。

4）为了易于散热和便于对油箱进行搬移及维护保养，箱底离地应在150mm以上。箱底应适当倾斜，在最低部位处设置堵塞或放油阀，以便排放污油。

5）油箱中如要安装热交换器，必须考虑好它的安装位置以及测温、控制等措施。

任务六 分析液压基本回路原理及应用

任务内容： 液压系统中各液压基本回路的结构组成和工作原理。

任务目标： 通过学习，掌握液压系统中各液压基本回路的结构组成和工作原理，从而有助于认识分析一个完整的液压系统。

一、压力控制回路

调压回路

压力控制回路是利用压力控制阀来控制系统或系统某一支路的压力，以实现执行元件对力和转矩的要求。常用的压力控制回路有调压回路、减压回路、顺序动作回路、卸荷回路等。

1. 调压回路

调压回路是利用压力控制阀来控制系统中油液的压力，以满足执行元件输出力和转矩以克服负载的要求。

（1）二级调压回路　如图3-56a所示，先导式溢流阀3的外控口K串接一个二位二通换向阀2和一个远程调压阀1，当换向阀2的电磁铁断电时，系统压力由阀3调定；当电磁铁通电时，系统压力由压力阀1调定（阀3的调定压力大于阀1的调定压力），液压系统实现二级调压。

（2）多级调压回路　如图3-56b所示，溢流阀2、3的调定压力不同，均小于主溢流阀1的调定值。在图示状态下，液压系统的压力由主溢流阀1调定；当换向阀4电磁铁1YA通电时，换向阀左位工作，系统压力由溢流阀2调定；反之，当电磁铁2YA通电时，系统压力由溢流阀3调定，液压系统实现三级调压。

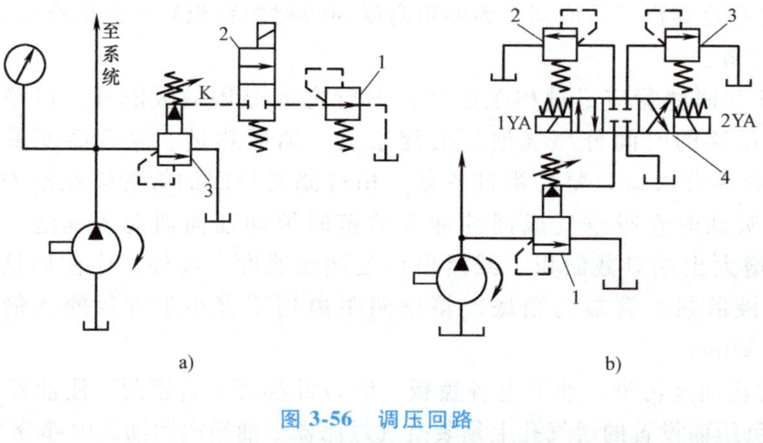

图3-56　调压回路

a）二级调压回路　b）多级调压回路

2. 减压回路

在单泵供油的多个液压系统中，当某个支路需要具有较低的稳定压力时，可采用减压回路，如夹紧系统、润滑系统等。如图 3-57 所示，系统的最大压力由溢流阀调定，缸的夹紧力由减压阀来调定，单向阀的作用是当主系统的压力低于减压阀的调定值时，防止油液倒流，起短时保压作用。

减压回路

3. 顺序动作回路

某些液压机床的自动循环，往往需要几个执行元件按一定要求顺序动作，如刀架转位、定位、夹紧等。顺序动作回路一般用顺序阀控制，图 3-58 所示的顺序动作回路为定位夹紧回路原理图，主系统的压力由溢流阀调定，当电磁铁断电的图示状态时，液压油经减压阀、单向阀、换向阀右位进入定位缸 A 的上腔，推动活塞下移定位，定位后，压力升高达到顺序阀的调定压力值时，顺序阀打开，液压油进入夹紧缸 B，活塞下移完成夹紧。当电磁铁通电后，A、B 两缸同时返回。

顺序动作回路

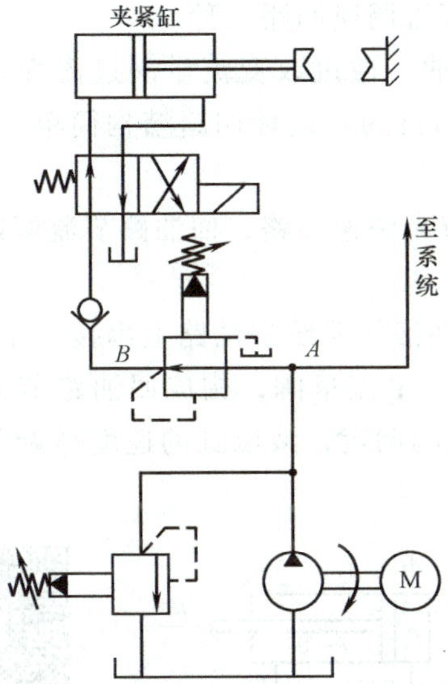

图 3-57　减压回路

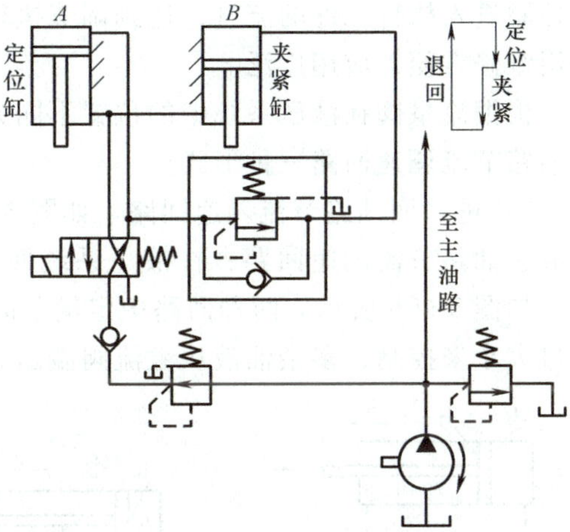

图 3-58　顺序动作回路

4. 卸荷回路

当液压系统中的执行元件短时间停止运动（如装卸工件、测量）时，可以直接将液压泵输出的油液流回油箱，使泵卸荷。这样，可以节省功率损耗，减少系统发热，并可延长泵的使用寿命。

（1）利用换向阀中位机能的卸荷回路　如图 3-59a 所示，当三位四通换向阀的两个电磁铁都断电，换向阀处于中位时，泵卸荷，这种卸荷方法简单，用于流量较小的场合。

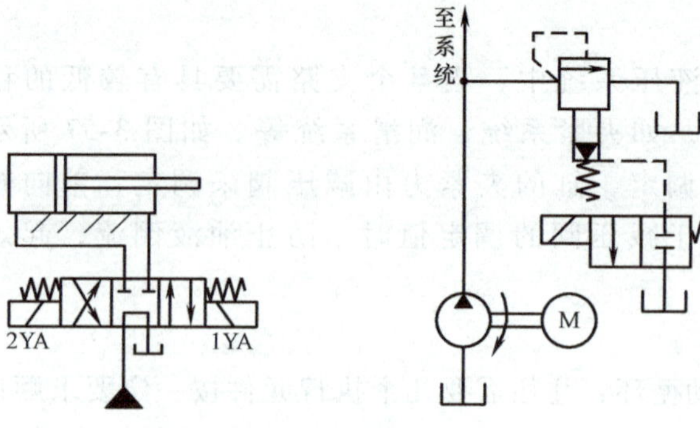

a) b)

图 3-59 卸荷回路

a）利用换向阀中位机能的卸荷回路 b）先导式溢流阀的卸荷回路

卸荷回路

(2) 先导式溢流阀的卸荷回路 如图 3-59b 所示，当电磁铁通电时，先导式溢流阀的远程控制口与油箱相通，溢流阀主阀芯打开，泵卸荷，此回路用于流量较大的场合。

二、速度控制回路

液压传动系统中的速度控制回路包括调速回路、快速运动回路和速度换接回路。

1. 调速回路

调速回路有节流调速回路、容积调速回路和容积节流调速回路三种。

(1) 节流调速回路 节流调速回路采用定量泵供油，通过改变流量阀过流面积的大小来控制进入执行元件的流量，达到调节执行元件速度的目的。这种回路结构简单、成本低、使用维修方便，应用广泛。

根据流量阀在液压系统中的位置不同分为进油路节流调速回路、回油路节流调速回路和旁油路节流调速回路三种形式。

1）进、回油路节流调速回路。如图 3-60a 所示，在液压系统进油路上串接一个流量阀，构成进油路节流调速回路；在液压系统回油路上串接一个流量阀，构成回油路节流调速回路，如图 3-60b 所示。两种回路中定量泵的压力由溢流阀调定，液压缸的速度靠调节流量阀开口大小来控制，多余油液从溢流阀溢出。

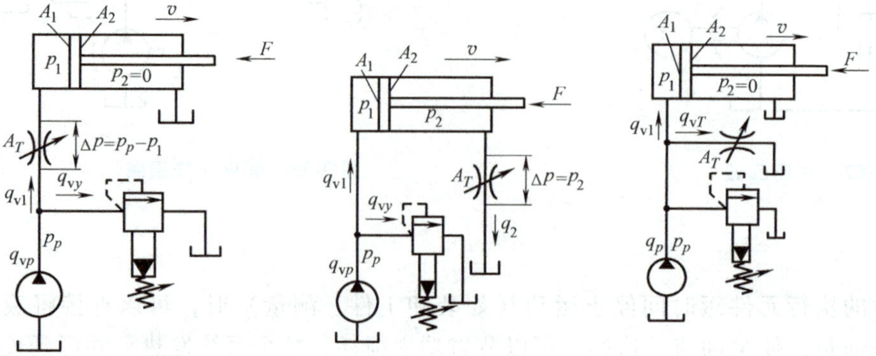

a) b) c)

调速回路

图 3-60 节流调速回路

a）进油路节流调速回路 b）回油路节流调速回路 c）旁油路节流调速回路

两种节流调速回路的速度负载特性基本相同，但它们也存在下述区别。

① 实现压力控制。进油路节流调速回路，进油腔的压力随负载而变化，当执行元件碰到固定挡铁停止运动后，液压缸进油腔的压力会升高，这样在流量阀和液压缸之间设置压力继电器，利用该压力的变化可以很方便地实现压力控制。而回油路节流调速回路，液压缸进油腔的压力等于溢流阀的调定值，没有压力变化，不易实现压力控制。

② 停车后起动性能。长时间停车后，液压缸内的油液会流回油箱，当液压泵重新向液压缸供油时，由于进油路节流调速回路上的流量阀安装在进油路上，活塞前冲很小。而在回油路节流调速回路中，因为进油路没安装节流阀，所以活塞前冲很大。

③ 运动平稳性。在回油路节流调速回路中，流量阀安装在回油路上，相当于阻尼，使液压缸回油腔产生一定的背压，运动平稳性好，还能够承受一定的负值负载；而进油路节流调速回路回油路的压力是零，就不具备这些优点。

当进、回油路节流调速回路中的流量阀为节流阀时，一般用于低速、轻载，且负载变化小的液压系统。为提高液压系统的综合性能，一般采用进油路节流调速，在回油路接背压阀的回路。

2）旁油路节流调速回路。图 3-60c 所示为旁油路节流调速回路原理图，流量阀和液压缸并联，节流阀调节了液压泵溢回油箱的流量，从而控制了进入液压缸内的流量，实现了系统的调速。旁油路节流调速回路有节流损失，但是无溢流损失，效率较高；当负载变化时，泵的压力随之变化，尤其是低速时更为突出，故一般用于高速、重载和对速度平稳性要求不高的较大功率的场合。

3）使用调速阀的节流调速回路。上述三种节流调速回路中的流量阀均为节流阀，因此有一个共同缺点，就是执行元件的速度随负载的增加而减小，这主要是由于负载变化引起了节流阀两端的压差的变化，从而使流过节流阀的流量发生了变化，执行元件运动的平稳性较差。如果将节流阀的位置换成调速阀，就能提高执行元件运动的平稳性。因此，用调速阀的节流调速回路同样有进、回、旁油路节流调速三种形式。

（2）容积调速回路　容积调速回路是通过改变液压泵或液压马达的排量来实现调速的。无溢流和节流损失，效率高，发热小，但是结构较复杂，成本较高。一般用于高速、大功率的液压系统。

容积调速回路根据调节对象不同分为变量泵和定量执行元件组成的调速回路、定量泵和变量马达组成的调速回路、变量泵和变量马达组成的调速回路三种形式。

1）变量泵和定量执行元件组成的容积调速回路。图 3-61a 中执行元件为液压缸，图 3-61b 中执行元件为定量液压马达，这两种回路都是通过改变变量泵的排量来调速的。溢流阀限定了系统的最高压力，只有系统过载时才打开，起安全保护作用。图 3-61b 中的定量泵 1 用于向系统补充油液，溢流阀 2 用于调节补油压力。这种回路适用于负载功率大，运动速度高的场合。

2）定量泵和变量马达组成的容积调速回路。如图 3-62 所示，改变变量马达 3 的排量即可调节马达的输出转速。这种回路调速范围小，很少单独使用。

3）变量泵和变量马达组成的容积调速回路。图 3-63 所示为变量泵和变量马达组成的容积调速回路，变量泵 1 正向、反向均能供油，变量马达 2 根据需要能够正、反转。单向阀 6、9 和溢流阀 5 用于使辅助泵 4 能双向补油。单向阀 7、8 和溢流阀 3 在两个方向分别起安全保护作用。由于泵和马达的排量均可改变，故调速范围宽，适用于大功率液压系统。

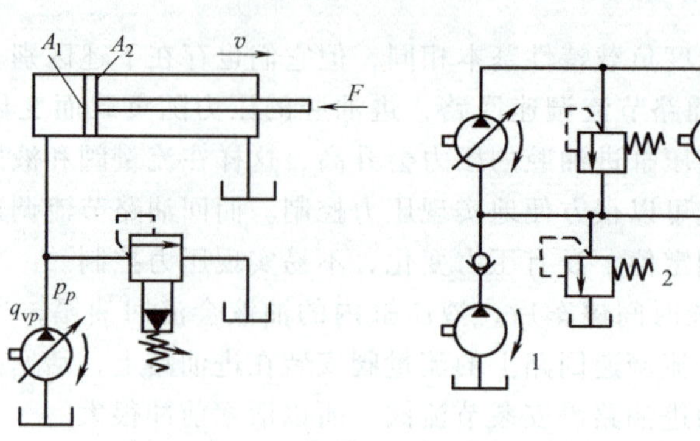

图 3-61 变量泵和定量执行元件组成的容积调速回路

a）变量泵和液压缸组成的容积调速回路 b）变量泵和定量液压马达组成的容积调速回路

1—定量泵 2—溢流阀

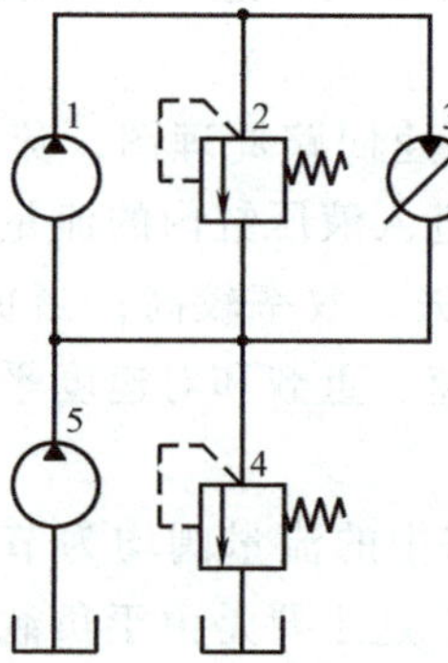

图 3-62 定量泵和变量马达组成的容积调速回路

1—定量泵 2—安全阀 3—变量马达

4—溢流阀 5—辅助泵

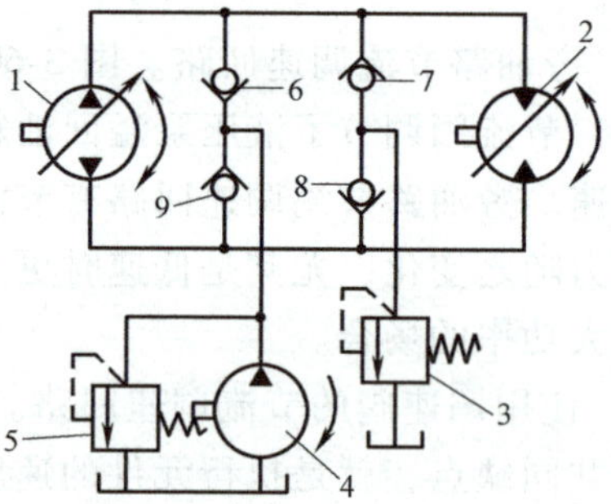

图 3-63 变量泵和变量马达组成的容积调速回路

1—变量泵 2—变量马达 3—溢流阀 4—辅助泵

5—溢流阀 6~9—单向阀

（3）容积节流调速回路 图 3-64 所示为限压式变量泵和调速阀组成的容积节流调速回路，调节调速阀的通流面积可以改变进入液压缸的流量，并使变量泵的输出流量 q_{vp} 自动和液压缸所需流量 q_{v1} 相适应。若 $q_{vp}>q_{v1}$，泵出口的压力 p_p 增加，使变量泵的偏心自动减小，泵的输出流量 q_{vp} 减小到 q_{v1} 为止；若 $q_{vp}<q_{v1}$，泵出口的压力减小，使变量泵的偏心自动增大，直至 $q_{vp}=q_{v1}$。这种回路无溢流损失，效率高，速度稳定性也比单纯容积调速回路好，一般用于速度范围大，中小功率的场合。

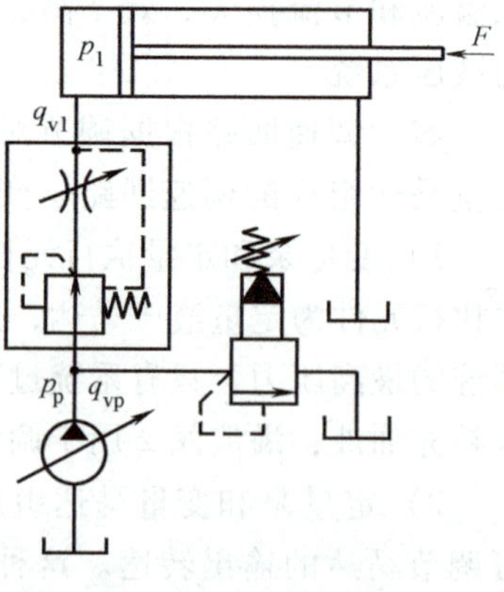

图 3-64 容积节流调速回路

2. 快速运动回路

为了提高生产效率，机床工作部件常常要求实现空行程（或空载）的快速运动。这时要求液压系统流量大而压力低。这与工作运动时一般需要的流量较小和压力较高的情况正好相反。对快速运动回路的要求主要是在快速运动时，尽量减小需要液压泵输出的流量，或者在加大液压泵的输出流量后，在工作运动时又不致引起过多的能量消耗。下面介绍几种机床上常用的快速运动回路。

(1) 差动连接回路　差动连接回路是在不增加液压泵输出流量的情况下，提高工作部件运动速度的一种快速回路，其实质是改变了液压缸的有效作用面积。

液压缸差动连接快速运动回路如图 3-65 所示，当阀 1 和阀 3 在左位工作时，阀 3 将液压缸左右腔连通，形成差动连接，液压缸向左运动。此时，液压缸有杆腔排出的油液和液压泵的供油合在一起进入液压缸无杆腔，使液压缸达到快速向左运动的目的；当阀 3 电磁铁通电，阀 3 切换到右位工作时，差动连接被切断，液压缸回油经过调速阀，实现工作进给。当阀 1 切换至右位后，液压缸快退。这种连接方式可在不增加泵流量的情况下，提高执行元件的运动速度，其回路简单经济，应用较多。

(2) 双泵供油的快速运动回路　这种回路是利用低压大流量泵和高压小流量泵并联为系统供油，回路如图 3-66 所示。

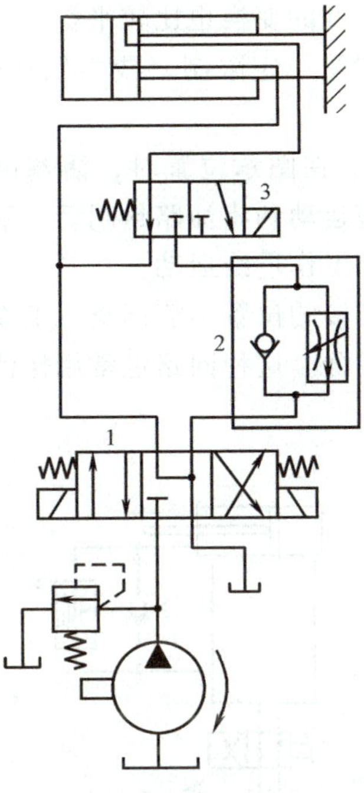

图 3-65　液压缸差动连接快速运动回路

1—三位四通电磁换向阀　2—调速阀

3—二位三通电磁换向阀

常用快速运动回路视频

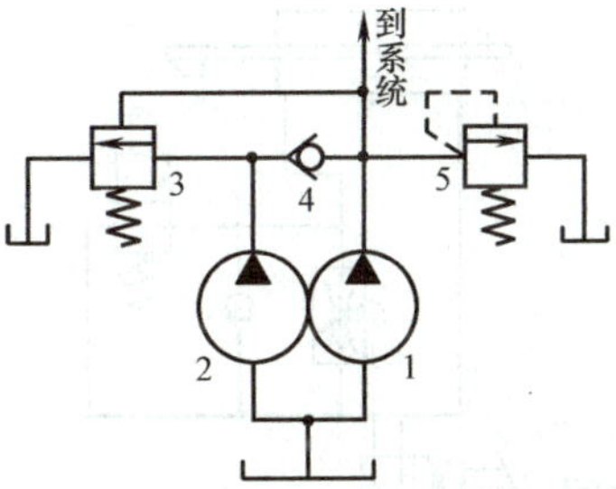

图 3-66　双泵供油的快速运动回路

1、2—液压泵　3—卸荷阀

4—单向阀　5—溢流阀

图 3-66 中 1 为高压小流量泵，用以实现工作进给运动。2 为低压大流量泵，用以实现快速运动。在快速运动时，液压泵 2 输出的油经单向阀 4 和液压泵 1 输出的油共同向系统供油。在工作进给时，系统压力升高，打开卸荷阀 3 使液压泵 2 卸荷，此时单向阀 4 关闭，由液压泵 1 单独向系统供油。溢流阀 5 控制液压泵 1 的供油压力是根据系统所需最大工作压力来调节的，而卸荷阀 3 使液压泵 2 在快速运动时供油，在工作进给时则卸荷，因此它的调整压力应比快速运动时系统所需的压力要高，但比溢流阀 5 的调整压力低。

双泵供油回路功率利用合理、效率高，并且速度换接较平稳，在快、慢速度相差较大的机床中应用很广泛，缺点是要用一个双联泵，油路系统也稍复杂。

3. 速度换接回路

速度换接回路用来实现运动速度的变换，即在原来设计或调节好的几种运动速度中，从一种速度换成另一种速度。对这种回路的要求是速度换接要平稳，即不允许在速度变换的过程中有前冲（速度突然增加）现象。下面介绍几种回路的换接方法及特点。

（1）快速运动和工作进给运动的换接回路　图 3-67 所示是用单向行程节流阀换接快速运动（简称快进）和工作进给运动（简称工进）的速度换接回路。在图示位置，液压缸 3 右腔的回油可经行程阀 4 和换向阀 2 流回油箱，使活塞快速向右运动。当快速运动到达所需位置时，活塞上挡块压下行程阀 4，将其通路关闭，这时液压缸 3 右腔的回油就必须经过节流阀 6 流回油箱，活塞的运动转换为工进。当操纵换向阀 2 使活塞换向后，液压油可经换向阀 2 和单向阀 5 进入液压缸 3 右腔，使活塞快速向左退回。

在这种速度换接回路中，因为行程阀的通油路是由液压缸活塞的行程控制阀芯移动而逐渐关闭的，所以换接时的位置精度高，冲击量小，运动速度的变换也比较平稳。这种回路在机床液压系统中应用较多，它的缺点是行程阀的安装位置受一定限制（要由挡铁压下），所以有时管路连接稍复杂。

图 3-68 所示是利用液压缸自身结构的速度换接回路。在图示位置时，活塞快速向右移动，液压缸右腔的回油经油路和换向阀流回油箱。当活塞运动到将油路封闭后，液压缸右腔的回油须经节流阀 3 流回油箱，活塞则由快速运动变换为工作进给运动。

这种速度换接回路方法简单，换接较可靠，但速度换接的位置不能调整，工作行程也不能过长，以免活塞过宽，所以仅适用于工作情况固定的场合。这种回路也常用作活塞运动到达端部时的缓冲制动回路。

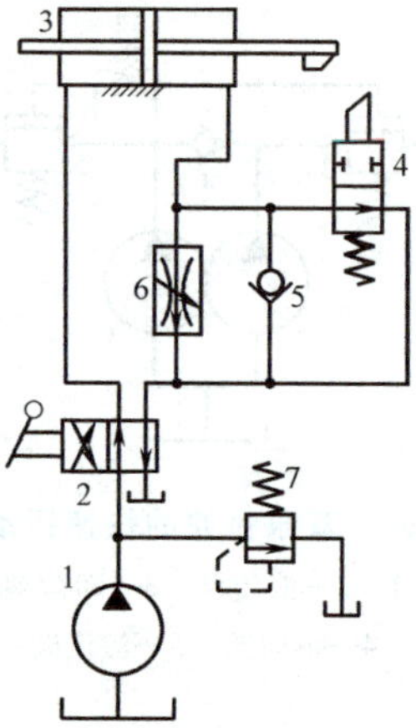

速度换接回路

图 3-67　用单向行程节流阀的速度换接回路

1—液压泵　2—换向阀　3—液压缸　4—行程阀
5—单向阀　6—节流阀　7—安全阀

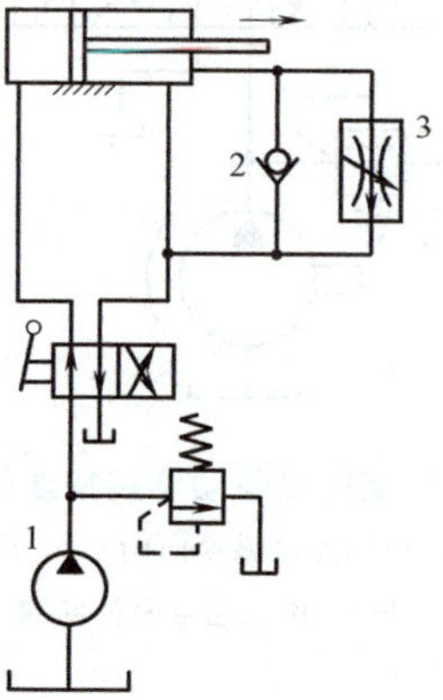

图 3-68　利用液压缸自身结构的速度换接回路

1—液压泵　2—单向阀　3—节流阀

（2）两种工作进给速度的换接回路　对于某些自动机床、注塑机等，需要在自动工作循环中变换两种以上的工作进给速度，这时需要采用两种（或多种）工作进给速度的换接回路。

图 3-69 所示是两个调速阀并联以实现两种工作进给速度换接的回路。在图 3-69 中，液压泵 1 输出的液压油经调速阀 3 和电磁换向阀 5 进入液压缸。当需要第二种工作进给速度时，电磁换向阀 5 通电，其右位接入回路，液压泵输出的液压油经调速阀 4 和电磁换向阀 5 进入液压缸。这种回路中两个调速阀的节流口可以单独调节，互不影响，即第一种工作进给速度和第二种工作进给速度之间没有什么限制。但一个调速阀工作时，另一个调速阀中没有油液通过，它的减压阀则处于完全打开的位置，在速度换接开始的瞬间不能起减压作用，容易出现部件突然前冲的现象。

图 3-70 所示是两个调速阀串联的速度换接回路。图中液压泵 1 输出的液压油经调速阀 3 和电磁换向阀 5 进入液压缸，这时的流量由调速阀 3 控制。当需要第二种工作进给速度时，电磁换向阀 5 通电，其右位接入回路，则液压泵输出的液压油先经调速阀 3，再经调速阀 4 进入液压缸，这时的流量应由调速阀 4 控制，所以在这种两个调速阀串联式速度换接回路中，调速阀 4 的节流口应调得比调速阀 3 小，否则调速阀 4 将不起作用。这种回路在工作时调速阀 3 一直工作，它限制着进入液压缸或调速阀 4 的流量，因此在速度换接时不会使液压缸产生前冲现象，换接平稳性较好。在调速阀 4 工作时，油液需经两个调速阀，故能量损失较大。

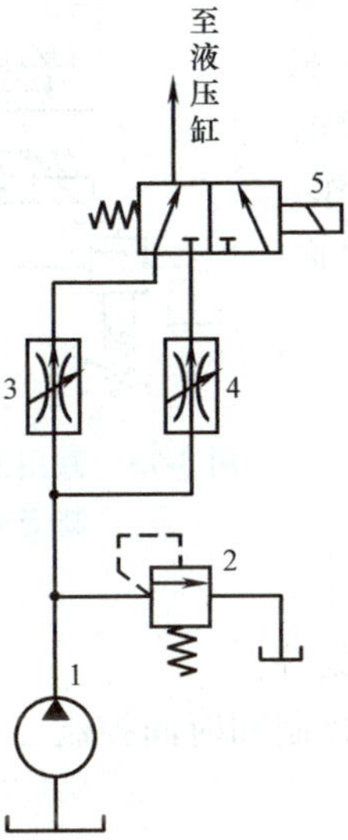

图 3-69　两个调速阀并联的速度换接回路

1—液压泵　2—溢流阀　3、4—调速阀　5—电磁换向阀

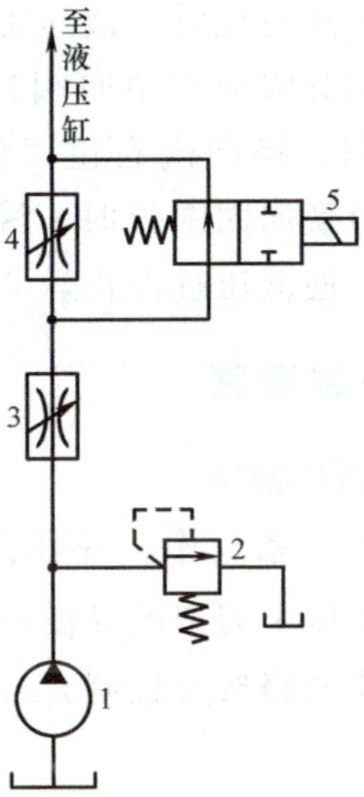

图 3-70　两个调速阀串联的速度换接回路

1—液压泵　2—溢流阀　3、4—调速阀　5—电磁换向阀

三、方向控制回路

方向控制回路是利用各种换向阀来控制油液的方向及通断，以控制执行元件的换向、停止和起动等。常用的有换向回路和锁紧回路。

方向控制回路

1. 换向回路

（1）采用换向阀的换向回路　运动部件的换向一般可采用各种换向阀来实现。图 3-71 所示为电磁换向阀控制的换向回路，它是通过电磁铁通、断电来实现换向的。电磁换向阀实现换向最为方便，应用最广，但电磁换向阀换向快，换向时有冲击，不适用于频繁换向的场合。对于换向精度高、换向平稳性高的液压设备，可采用机、液动换向回路。

(2) 采用双向变量泵的换向回路 在容积调速回路中，也可以利用双向变量泵 1 控制油液的方向来实现液压马达 2（或液压缸）的换向，如图 3-72 所示。

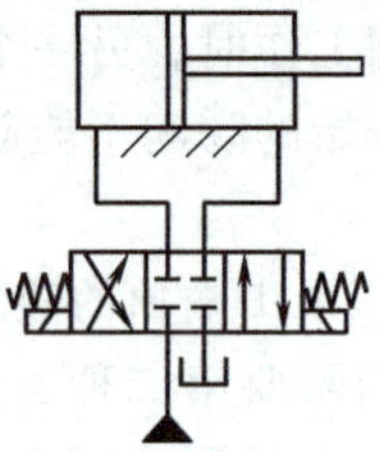

图 3-71 电磁换向阀控制的换向回路

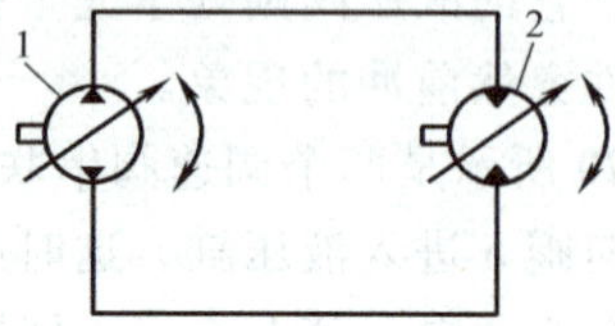

图 3-72 采用双向变量泵的换向回路

1—双向变量泵 2—液压马达

2. 锁紧回路

锁紧回路能使液压缸在任何位置上停止，且停止后不会因外力作用发生位置移动。图 3-73 所示为采用液控单向阀的锁紧回路，当换向阀右位时，液压油大部分经换向阀进入液压缸左腔，另一小部分将液控单向阀打开，活塞右行，液压缸右腔的油液经单向阀、换向阀右位回油箱；反之，换向阀左位工作，活塞左行。当换向阀中位时，液压泵卸荷，换向阀、液控单向阀立即关闭，使液压缸停止运动并双向锁紧。

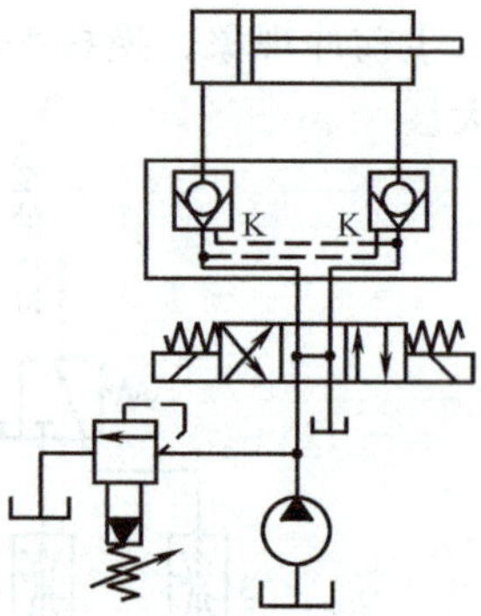

图 3-73 采用液控单向阀的锁紧回路

四、多缸控制回路

1. 顺序动作回路

在多缸液压系统中，往往需要按照一定的要求顺序动作。例如，自动车床中刀架的纵横向运动、夹紧机构的定位和夹紧等。

顺序动作回路按其控制方式不同，分为压力控制、行程控制和时间控制三类，其中前两类用得较多。

(1) 用压力控制的顺序动作回路 压力控制就是利用油路本身的压力变化来控制液压缸的先后动作顺序，它主要利用压力继电器和顺序阀来控制顺序动作。

1）用压力继电器控制的顺序回路。图 3-74 所示为机床的夹紧、进给系统，要求的动作顺序是：先将工件夹紧，然后动力滑台进行切削加工，动作循环开始时，二位四通电磁阀处于图示位置，液压泵输出的液压油进入夹紧缸的右腔，左腔回油，活塞向左移动，将工件夹紧。夹紧后，液压缸右腔的压力升高，当油压超过压力继电器的调定值时，压力继电器发出信号，指令电磁阀的电磁铁 2DT、4DT 通电，进给液压缸动作（其动作原理详见速度换接回路）。油路中要求先夹紧后进给，工件没有夹紧则不能进给，这一严格的顺序是由压力继电器保证的。压力继电器的调整压力应比减压阀的调整压力低 $3\times10^5 \sim 5\times10^5$ Pa。

2）用顺序阀控制的顺序动作回路。图 3-75 所示为采用两个单向顺序阀的压力控制顺序动作回路。其中单向顺序阀 4 控制两液压缸前进时的先后顺序，单向顺序阀 3 控制两液压缸后退时的先后顺序。当电磁换向阀通电时，压力油进入液压缸 1 的左腔，右腔经单向顺序阀 3 回油，此时由于压力较低，单向顺序阀 4 关闭，液压缸 1 的活塞先动。当液压缸 1 的活塞运动至终点时，油压升高，达到单向顺序阀 4 的调定压力时，顺序阀开启，液压油进入液压缸 2 的左腔，右腔直接回油，液压缸 2 的活塞向右移动。当液压缸 2 的活塞右移达到终点后，电磁换向阀换向，右位接入系统，此时液压油进入液压缸 2 的右腔，左腔经单向顺序阀 4 回油，使液压缸 2 的活塞向左返回，到达终点时，油压升高，打开单向顺序阀 3，再使液压缸 1 的活塞返回。

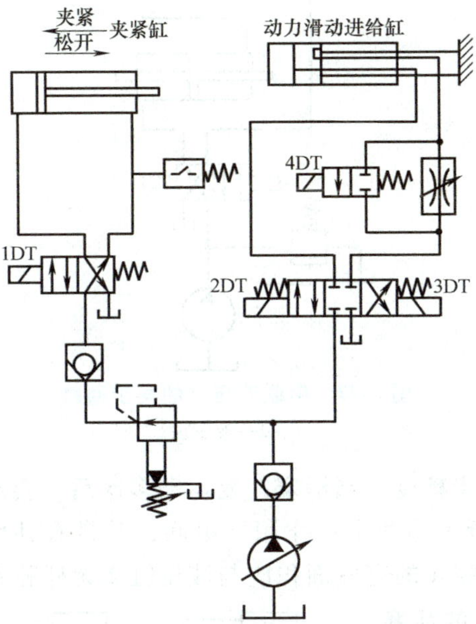

图 3-74　压力继电器控制的顺序动作回路

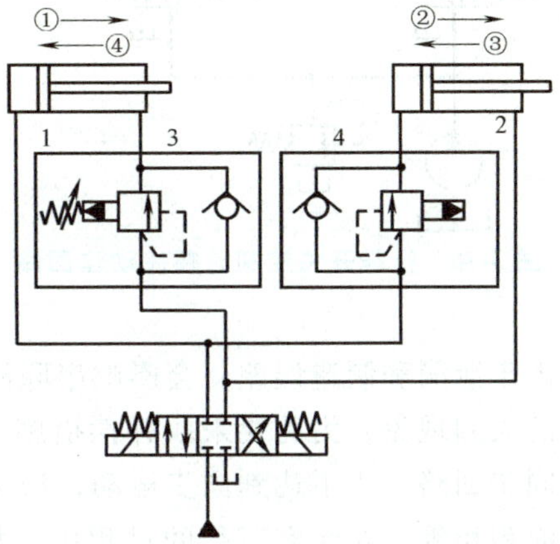

图 3-75　顺序阀控制的顺序动作回路

1、2—液压缸　3、4—单向顺序阀

这种顺序动作回路的可靠性，在很大程度上取决于顺序阀的性能及其压力调整值。顺序阀的调整压力应比先动作的液压缸的工作压力高 $8\times10^5 \sim 10\times10^5$Pa，以免在系统压力波动时，发生误动作。

(2) 用行程控制的顺序动作回路　行程控制顺序动作回路是利用工作部件到达一定位置时，发出信号来控制液压缸的先后动作顺序，它可以利用行程开关、行程阀或顺序缸来实现。

图 3-76 所示为利用电气行程开关发信号来控制电磁阀先后换向的顺序动作回路。其动作顺序是：按起动按钮，电磁铁 1DT 通电，左缸活塞右行；当挡铁触动行程开关 2XK，使 2DT 通电，右缸活塞右行；当右缸活塞右行至行程终点，触动 3XK，使 1DT 断电，左缸活塞左行，而后触动 1XK，使 2DT 断电，右缸活塞左行。至此完成了左缸、右缸的全部顺序动作的自动循环。采用电气行程开关控制的顺序回路，调整行程大小和改变动作顺序均方便，且可利用电气互锁使动作顺序可靠。

2. 同步回路

使两个或两个以上的液压缸，在运动中保持相同位移或相同速度的回路称为同步回路。

在一泵多缸的系统中，尽管液压缸的有效工作面积相等，但是由于运动中所受负载不均衡，摩擦阻力也不相等，泄漏量的不同以及制造误差等，不能使液压缸同步动作。同步回路的作用就是为了克服这些影响，补偿它们在流量上造成的变化。

（1）串联液压缸的同步回路　图 3-77 所示为串联液压缸的同步回路。图中液压缸 1 回油腔排出的油液，被送入液压缸 2 的进油腔。如果串联液压腔活塞的有效面积相等，便可实现同步运动。这种回路两缸能承受不同的负载，但泵的供油压力要大于两缸工作压力之和。

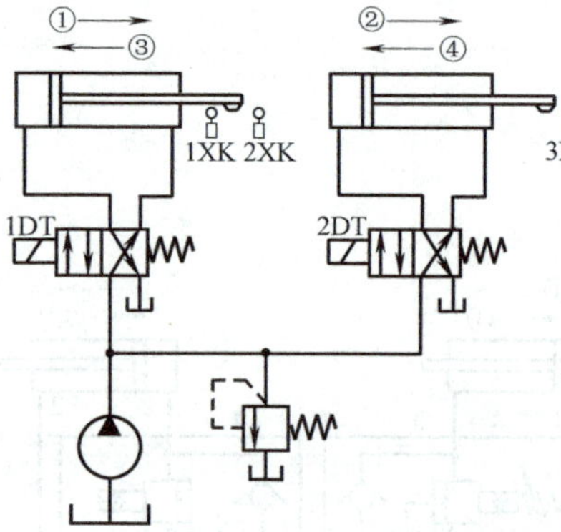

图 3-76　行程开关控制的顺序动作回路

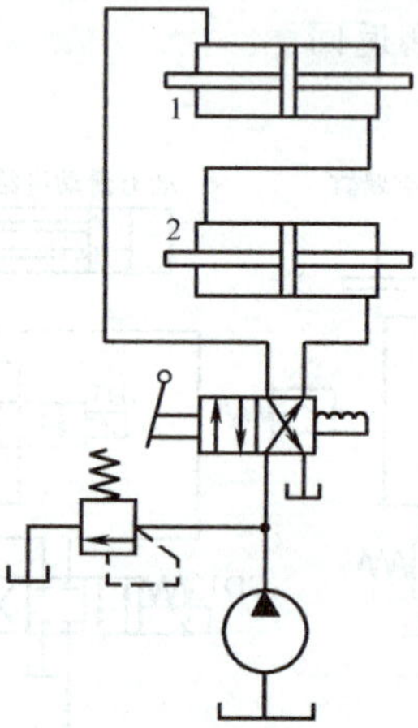

图 3-77　串联液压缸的同步回路

1、2—液压缸

由于泄漏和制造误差，会影响串联液压缸的同步精度，当活塞往复运动多次后，会产生严重的失调现象，为此要采取补偿措施。图 3-78 所示为两个单作用缸串联，并带有补偿装置的同步回路。为了达到同步运动，液压缸 1 有杆腔 A 的有效面积应与液压缸 2 无杆腔 B 的有效面积相等。在活塞下行的过程中，如液压缸 1 的活塞先运动到底，触动行程开关 1XK 发信号，使电磁铁 1DT 通电，此时液压油便经过二位三通电磁换向阀 3、液控单向阀 5，向液压缸 2 的 B 腔补油，使液压缸 2 的活塞继续运动到底。如果液压缸 2 的活塞先运动到底，触动行程开关 2XK，使电磁铁 2DT 通电，此时液压油便经二位三通电磁换向阀 4 进入液控单向阀的控制油口，液控单向阀 5 反向导通，使液压缸 1 能通过液控单向阀 5 和二位三通电磁换向阀 3 回油，使液压缸 1 的活塞继续运动到底，对失调现象进行补偿。

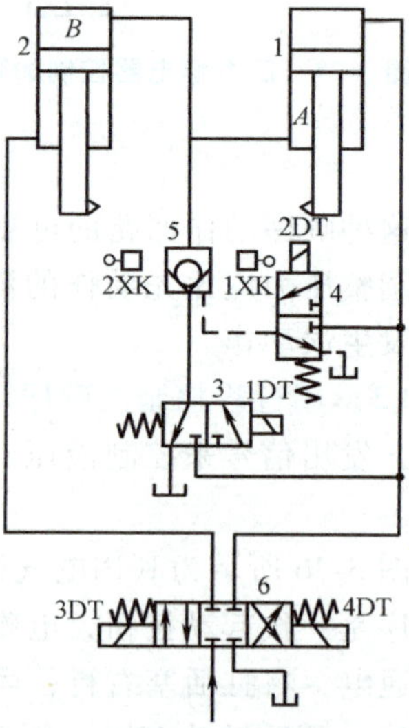

图 3-78　采用补偿措施的串联液压缸同步回路

1、2—液压缸　3、4、6—电磁换向阀　5—液控单向阀

（2）流量控制式同步回路　图 3-79 所示为两个并联液压缸分别用调速阀控制的同步回路。两个调速阀分别调节两缸活塞的运动速度，当两缸有效面积相等时，则流量也调整得相同；若两缸面积不等时，则改变调速阀的流量也能达到同步的运动。

用调速阀控制的同步回路结构简单，并且可以调速，但是由于受到油温变化以及调速阀性能差异等因素的影响，同步精度较低，一般误差在5%～7%。

3. 多缸快慢速互不干涉回路

在一泵多缸的液压系统中，当其中一个液压缸快速运动时，往往会造成系统的压力下降，影响其他液压缸工作进给的稳定性。因此，在工作进给要求比较稳定的多缸液压系统中，必须采用快慢速互不干涉回路。

在图3-80所示的回路中，各液压缸分别要完成快进、工作进给和快速退回的自动循环。回路采用双泵的供油系统，液压泵1为高压小流量泵，供给各缸工作进给所需的压力油；液压泵2为低压大流量泵，为各缸快进或快退时输送低压油，它们的压力分别由溢流阀3和4调定。开始工作时，电磁阀1DT、2DT和3DT、4DT同时通电，液压泵2输出的液压油经单向阀6和8进入液压缸的左腔，此时两泵供油使各活塞快速前进。当电磁铁3DT、4DT断电后，由快进转换成工作进给，单向阀6和8关闭，工进所需液压油由液压泵1供给。如果其中某一液压缸（例如缸*A*）先转换成快速退回，即换向阀9失电换向，液压泵2输出的油液经单向阀6、换向阀9和单向调速阀11进入液压缸*A*的右腔，左腔经换向阀回油，使活塞快速退回。而其他液压缸仍由泵1供油，继续进行工作进给。这时，调速阀5（或7）使液压泵1仍然保持溢流阀3的调定压力，不受快退的影响，防止了相互干扰。在回路中，调速阀5和7的调整流量应适当大于单向调速阀11和13的调整流量，这样，工作进给的速度由单向调速阀11和13来决定，这种回路可以用在具有多个工作部件各自分别运动的机床液压系统中。换向阀10用来控制*B*缸换向，换向阀12、14分别控制*A*、*B*缸快速进给。

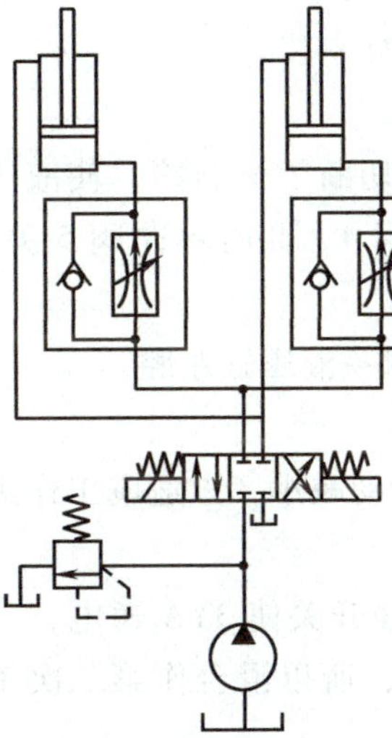

图3-79　调速阀控制的同步回路

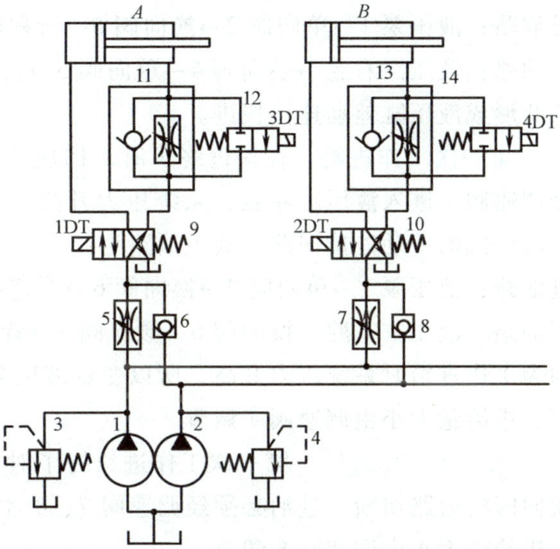

图3-80　防干扰回路

1、2—液压泵　3、4—溢流阀　5、7—调速阀　6、8—单向阀
9、10、12、14—换向阀　11、13—单向调速阀

任务七　分析典型液压系统

任务内容：组合机床动力滑台液压系统、数控车床液压系统、加工中心液压系统三个典型液压系统的工作原理及应用。

任务目标： 通过对组合机床动力滑台液压系统、数控车床液压系统、加工中心液压系统三个典型液压系统的分析，了解液压技术在工业生产中的应用。

一、组合机床动力滑台液压系统

1. 概述

组合机床是由按系列化、标准化、通用化原则设计的通用部件以及按工件形状和加工工艺要求而设计的专用部件所组成的高效专用机床。液压动力滑台是组合机床上用以实现进给运动的一种通用部件，其运动是靠液压缸驱动的，滑台台面上可安装动力箱、多轴箱及各种专用主轴头，实现钻、扩、铰、镗、铣、刮端面及攻螺纹等加工。它对液压系统性能的主要要求是速度换接平稳，进给速度稳定，功率利用合理，效率高，发热小。现以 YT4543 型液压动力滑台为例，分析其工作原理和特点。该滑台最大进给力为 45kN，最大速度约为 7.5m/min，进给速度范围为 6.6~600mm/min。它完成的典型工作循环为：快进→一工进→二工进→固定挡铁停留→快退→原位停止。工作循环如图 3-81 所示。

2. YT4543 型动力滑台液压系统的工作原理

（1）快进　如图 3-81 所示，按下起动按钮，电磁铁 1YA 通电，电液换向阀 6 的先导阀左位工作，由液压泵 1 输出的液压油经先导阀进入液动换向阀的左侧，使其也处于左位工作，这时的主油路为：

进油路：液压泵 1→单向阀 2→换向阀 6→行程阀 11→液压缸左腔。

回油路：液压缸右腔→换向阀 6→单向阀 5→行程阀 11→液压缸左腔。

由此形成液压缸差动连接快进。

（2）第一次工作进给　在快进终了时，挡块压下行程阀 11，切断了该通路，使液压油必须经调速阀 7 进入液压缸左腔，系统压力升高，打开液控顺序阀 4，此时单向阀 5 关闭，切断了液压缸的差动连接回路。其主油路为：

进油路：液压泵 1→单向阀 2→换向阀 6→调速阀 7→换向阀 12→液压缸左腔。

回油路：液压缸右腔→换向阀 6→顺序阀 4→背压阀 3→油箱。

因为工作进给时系统压力升高，所以变量液压泵 1 的输油量自动减小，以适应工作进给的需要，进给量大小由调速阀 7 调节。

（3）第二次工作进给　第一次工作进给终了时，挡块压下行程开关使 3YA 通电，二位二通换向阀将通路切断，进油必须经调速阀 7、8 才能进入液压缸，所以滑台作第二次工作进给，进给量大小由调速阀 8 调节。

（4）固定挡铁停留　当滑台工作进给完毕挡块碰到固定挡铁后，液压系统的压力进一步升高，使压力继电器 9 发出信号给时间继电器，在未到达延时时间前，滑台停留。

（5）快退　滑台停留时间结束时，时间继电器经延时发出信号，2YA 通电，1YA、3YA 断电，主油路为：

进油路：液压泵 1→单向阀 2→换向阀 6→液压缸右腔。

回油路：液压缸左腔→单向阀 10→换向阀 6→油箱。

（6）原位停止　当滑台退回到原位时，挡块压下行程开关，发出信号，使 2YA 断电，换向阀处于中位，滑台停止运动。液压泵输出的油液经换向阀 6 直接回油箱，泵卸荷。

YT4543 型动力滑台液压系统工作过程

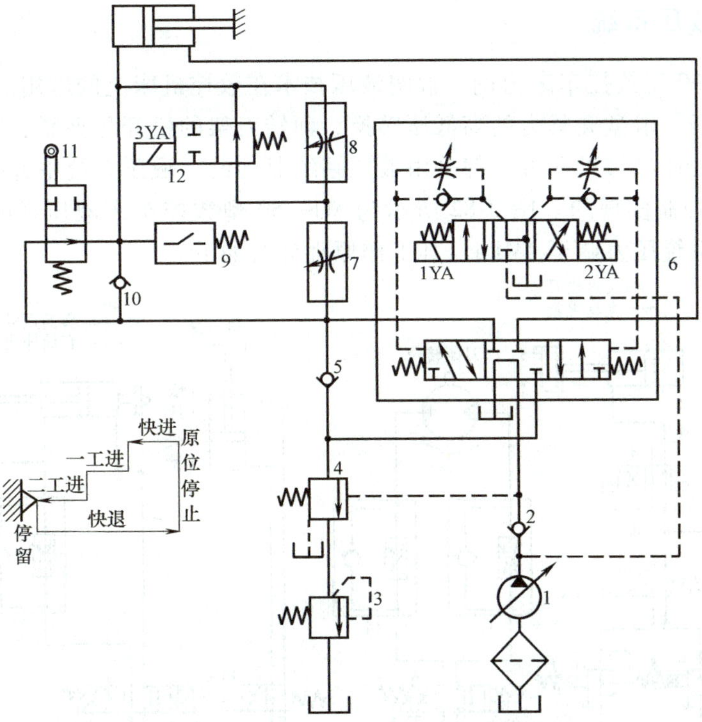

图 3-81　YT4543 型动力滑台液压系统图

1—液压泵　2、5、10—单向阀　3—背压阀　4—液控顺序阀　6—换向阀　7、8—调速阀　9—压力继电器　11—行程阀　12—换向阀

表 3-8 给出该系统的电磁铁和行程阀的动作顺序。表中“+”号表示电磁铁通电或行程阀压下，“-”号表示电磁铁断电或行程阀复位。

表 3-8　电磁铁和行程阀的动作顺序表

工况	1YA	2YA	3YA	行程阀
快进	+	-	-	-
一工进	+	-	-	+
二工进	+	-	+	+
固定挡铁停留	+	-	+	+
快退	-	+	-	+
原位停止	-	-	-	-

3. YT4543 型动力滑台液压系统的特点

1）采用了限压式变量叶片泵和调速阀组成的容积节流调速回路，能获得较好的速度负载特性以及较大的调速范围。

2）进油调速在回油路上设置了背压阀，改善了运动的平稳性。

3）采用了限压式变量泵和液压缸差动连接，实现快进，功率利用合理。

4）采用了行程阀和液控顺序阀，实现快进与工进的转换，使速度换接平稳、可靠，且位置准确。

5）采用电液换向阀的换向回路，换向平稳、无冲击。

二、数控车床液压系统

下面以 MJ—50 型数控车床为例，说明液压技术在数控机床上的应用。MJ—50 型数控车床卡盘夹紧与松开、卡盘夹紧力的高低压转换、回转刀架的松开与夹紧、刀架刀盘的正转与反转、尾座套筒的伸出与退回等，都是由液压系统驱动的。液压系统中各电磁铁的动作是由数控系统的 PLC 控制实现的。图 3-82 所示为 MJ—50 型数控车床液压系统图。液压系统采用变量泵供油，系统压力调至 4MPa，其工作原理分析如下。

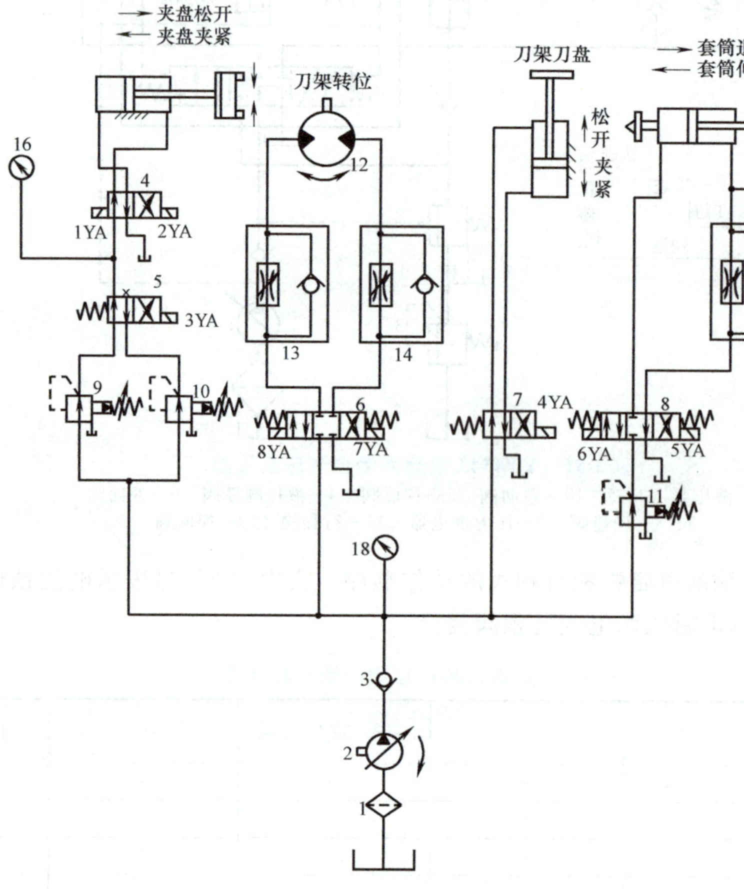

数控车床液压系统控制

图 3-82 MJ—50 型数控车床液压系统图

1—过滤器 2—液压泵 3—单向阀 4~8—换向阀 9~11—顺序阀
12—液压马达 13~15—单向调速阀 16~18—压力表

1. 卡盘的夹紧与松开

主轴卡盘的夹紧与松开，由二位四通电磁换向阀 4 控制。卡盘的高压夹紧与低压夹紧转换，由二位四通电磁换向阀 5 控制。当卡盘处于正卡（也称外卡）且在高压夹紧状态下，夹紧力的大小由顺序阀 9 来调节。当 3YA 断电、1YA 通电时，系统液压油经顺序阀 9→换向阀 5→换向阀 4→液压缸右腔；液压缸左腔的油液经换向阀 4 直接回油箱，活塞杆左移，卡盘夹紧。反之，当 2YA 通电时，系统液压油经顺序阀 9→换向阀 5→换向阀 4→液压缸左腔；液压缸右腔的油液经换向阀 4 直接回油箱，活塞杆右移，卡盘松开。当卡盘处于外卡且在低压夹紧状态下，夹紧力的大小由顺序阀 10 来调整。当 1YA，3YA 通电时，系统液压油经顺序阀 10→换向阀 5→换向阀 4→液压缸右腔；液压缸左腔的油液→换向阀 4→油箱，活塞杆向左移动，卡盘夹紧。反之，当 2YA、3YA 通电时，系统液压油经顺序阀 10→换向阀 5→换向阀 4→液压缸左腔；液压缸右腔的油液→换向阀 4→油箱，卡盘松开。

卡盘高压夹紧　卡盘高压松开　卡盘低压夹紧　卡盘低压松开

2. 回转刀架动作

回转刀架换刀时，首先是刀盘松开，之后刀盘转到指定的刀位，最后刀盘夹紧。刀盘的夹紧与松开由二位四通电磁换向阀 7 控制。刀盘可正反旋转，由三位四通电磁换向阀 6 控制，其转速分别由单向调速阀 13 和 14 调节控制。当 4YA 通电时，刀盘松开；当 8YA 通电时，系统液压油经换向阀 6→单向调速阀 13→液压马达 12，刀架正转。当 7YA 通电时，系统液压油经换向阀 6→单向调速阀 14→液压马达 12，刀架反转；当 4YA 断电时，刀盘夹紧。

3. 尾座套筒伸缩动作

尾座套筒伸出与退回由三位四通电磁换向阀 8 控制。当 6YA 通电时，系统液压油经顺序阀 11→换向阀 8→液压缸左腔；液压缸右腔油液→单向调速阀 15→换向阀 8→油箱，套筒伸出。套筒伸出时的预紧力大小由顺序阀 11 来调整，伸出速度由单向调速阀 15 控制。反之，当 5YA 通电时，系统液压油经顺序阀 11→换向阀 8→单向调速阀 15→液压缸右腔，这时液压缸左腔的油液经电磁换向阀 8 直接回油箱，套筒退回。

回转刀架动作

三、加工中心液压系统

图 3-83 所示为某卧式镗铣加工中心的液压系统原理图，其组成与各部分原理如下：

尾座套筒伸缩动作

（1）动力源　该系统采用变量叶片泵和蓄能器联合供油方式，液压泵为限压式变量叶片泵，最高工作压力为 7MPa。溢流阀 4 为安全阀，其最高压力为 8MPa。手动换向阀 5 用于卸荷。过滤器 6 的过滤精度为 10μm，用于回油过滤，当回油压力超过 0.3MPa 时，系统报警，此时应更换过滤器的滤芯。

（2）液压平衡装置　由溢流减压阀 7、溢流阀 8、手动换向阀 9、平衡缸 10 组成平衡装置，蓄能器 11 用来吸收液压冲击。平衡缸 10 为支承加工中心立柱丝杠的液压缸，为减小丝杠与螺母间的摩擦，并保持摩擦力均衡，保证主轴精度，用溢流减压阀 7 维持平衡缸 10 下腔的压力，使丝杠正、反向工作状态处于稳定状态。当平衡缸上行时，液压泵和蓄能器向平衡缸下腔供油，当平衡缸因丝杠螺母的带动而下行时，缸下腔的油液又挤回蓄能器或经溢流减压阀 7 回油箱，因而起到平衡作用。调节溢流减压阀 7 可使平衡缸处于最佳工作状态，通过测量 Y 轴伺服电动机的电源来判断是否达到最佳工作状态。手动换向阀 9 用于卸载。

（3）主轴变速回路　主轴变速箱的换档变速由液压缸 40 完成。在图示位置时，液压油直接经电磁阀 13 的右位、电磁阀 14 的右位进入液压缸 40 的左腔，从而完成从低速到高速

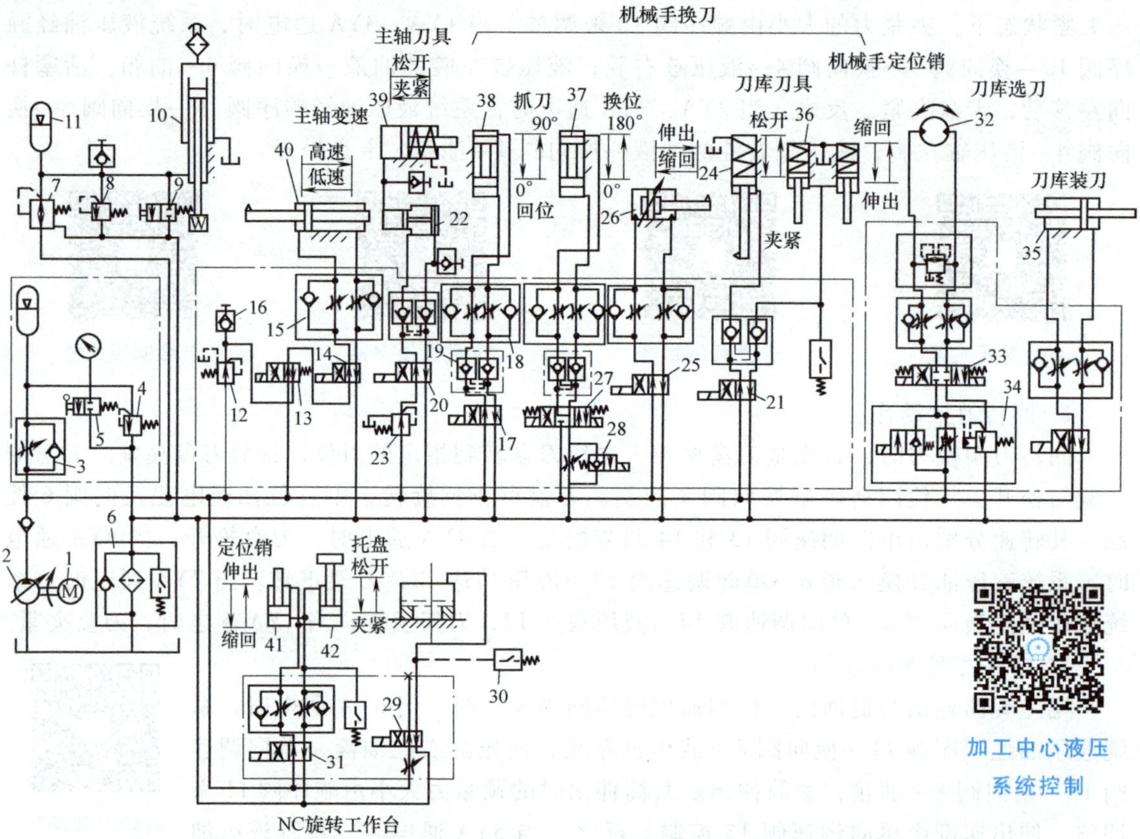

加工中心液压
系统控制

图 3-83　某卧式镗铣加工中心液压系统原理图

1—电动机　2—液压泵　3—单向节流阀　4—溢流阀　5—手动换向阀　6—过滤器　7—溢流减压阀　8—溢流阀　9—手动换向阀　10—平衡缸　11—蓄能器　12、23—减压阀　13、14、17、20、21、25、27、28、29、31、33—电磁阀　15、18—双单向节流阀　16—测压接头　19—双液控单向阀　22—增压器　24、26、35、36、38、39、40、41、42—液压缸　30—压力继电器　32—液压马达　34—控制单元　37—齿条缸

的换档。当电磁阀 13 切至左位时，液压油经减压阀 12、电磁阀 13、14 进入液压缸 40 右腔，完成由高速向低速的换档。换档时，液压缸 40 的速度由双单向节流阀 15 调整，减压阀 12 的出口压力由测压接头 16 测量。

（4）换刀回路动作　加工中心在加工零件过程中，前道工序完成后就需换刀，此时，机床的 Y 轴、X 轴退至换刀点，主轴处于准停状态，所需刀具已处于刀库的预定位置。换刀动作由机械手完成，换刀的过程是：机械手抓刀→刀具松开和定位→拔刀→换刀→插刀→刀具夹紧和松销→机械手复位。

1）机械手抓刀。当系统收到换刀信号时，电磁阀 17 切换到左位，液压油进入齿条液压缸 38 下腔，推动活塞上移，使机械手同时抓住主轴锥孔中的刀具和刀库上预选的刀具。双单向节流阀 18 控制抓刀和回位的速度，双液控单向阀 19 保证系统失压时机械手位置不变。

2）刀具松开和定位。抓刀动作完成后，发出信号使电磁阀 20 切换至左位，电磁阀 21 处于右位。从而使增压器 22 的高压油进入液压缸 39 的左腔，活塞杆将主轴锥孔中的刀具松开；同时，液压缸 24 的活塞上移，松开刀库中的预选刀具；此时，液压缸 36 的活塞杆在弹簧力作用下将机械手上的两个定位销伸出，卡住机械手上的刀具。松开主轴锥孔中的刀具的压力可由减压阀 23 调节。

3）机械手拔刀。主轴、刀库上的刀具松开后，无触点开关发出信号，电磁阀 25 处于右位，由液压缸 26 带动机械手伸出，使刀具从主轴锥孔和刀库链节中拔出。液压缸 26 带有缓冲装置，以防止行程终点发出撞击和噪声。

4）机械手换刀。机械手伸出后发出信号，使电磁阀 27 换至左位。齿条缸 37 的活塞向上移动，使机械手旋转 180°。转位速度由双单向节流阀调节，并可根据刀具的重量，由电磁阀 28 确定两种换刀速度。

5）机械手插刀。机械手旋转 180°后发出信号，使电磁阀 25 换向，液压缸 26 使机械手缩回，刀具分别插入主轴锥孔和刀库链节中。

6）刀具夹紧和松销。机械手插刀后，电磁阀 20、21 换向。液压缸 39 使主轴中的刀具夹紧，液压缸 24 使刀库链节中的刀具夹紧。液压缸 36 使机械手上定位销缩回。以便机械手复位。

7）机械手复位。刀具夹紧后发出信号，电磁阀 17 换向，液压缸 38 使机械手臂旋转 90°，回到起始位置。

至此，换刀动作结束，主轴起动开始加工工件。

（5）NC 旋转工作台回路

1）NC 工作台夹紧。NC 旋转工作台可使工件在加工过程中连续旋转，当进入固定位置加工时，电磁阀 29 切换至左位，使工作台夹紧，并由压力继电器 30 发出信号。

2）托盘交换。交换工件时，电磁阀 31 处于右位，液压缸 41 使定位销缩回，同时液压缸 42 松开托盘，由交换工作台交换工件，交换结束后电磁阀 31 换向，定位销伸出，托盘夹紧，即可进入加工状态。

（6）刀库选刀装刀回路　在工件加工过程中，刀具需把下道工序所需的刀具预选列位。首先判断所需刀具在刀库中的位置，确定液压马达 32 的旋转方向，使电磁阀 33 换向，控制单元 34 控制液压马达起动、中间状态、到位、旋转速度，刀具到位后由旋转编码器组成的闭环系统发出信号。双向溢流阀起安全保护作用。液压缸 35 用于刀库装卸刀具。

加工中心液压系统的特点：

1）加工中心液压系统所承担的辅助动作需要的力较小，主要负载是运动部件的摩擦力和起动时的惯性力。因此，一般采用压力为 10MPa 以下的中、低压系统，液压系统流量一般在 30L/min 以下。

2）加工中心在自动循环过程中，各个阶段流量需求量变化很大，并要求压力基本恒定。采用限压式变量泵和蓄能器组成的液压源，可以减小能量损失和系统发热，提高机床的加工精度。

3）加工中心的主轴刀具需要的夹紧力较大，而液压系统其他部分需要的压力较低，且受主轴结构的限制，不宜选用结构较大的液压缸。采用增压器可以满足主轴刀具对夹紧力的要求，且节约设备费用。

4）在齿轮变速箱中，采用液压缸驱动滑移齿轮来实现两级变速，可以扩大伺服电动机驱动的主轴的调速范围。

5）加工中心的主轴、垂直拖板、变速箱、主电动机等连成一体，由伺服电动机通过 Y 轴滚珠丝杠带动其上下移动。采用平衡阀—平衡缸的平衡回路，可以保证加工精度，减小滚珠丝杠的轴向力，结构简单，体积小，重量轻。

6）加工中心液压系统外观整齐，油路管道排列有序，在部分管路中设置压力表、测压接头，易于调整维修。

任务八　了解气压传动

任务内容：气压传动工作原理、组成及特点，气动组成元件，气动基本回路及典型气动系统实例。

任务目标：通过学习，了解气压传动的工作原理及组成，掌握气压传动常见基本回路，最终具备在工业生产中的实际应用能力。

一、气压传动工作原理、组成及特点

气压传动是以压缩空气为工作介质传递动力和控制信号的技术，包含传动技术和控制技术两方面的内容。由于气压传动及其控制技术（简称气动技术）具有防火、防爆、节能、高效和无污染等优点，因此在国内外工业生产中应用广泛，发展较快。

气压传动像液压传动一样，都是以流体作为工作介质，在工作原理、系统组成、元件结构及图形符号等方面，二者存在着不少相似之处，所以在学习本部分内容时，液压传动的一些基本知识，在此仍有很重要的参考和借鉴作用。

1. 气压传动系统的工作原理

气压传动系统的工作原理和液压传动系统的工作原理基本相同，都是以流体作为工作介质，也都是能量转换的过程。只是气压传动的工作介质是空气，而不是液压油。图 3-84 和图 3-85 所示分别为气动剪切机的工作原理图和用图形符号表示的工作原理图。

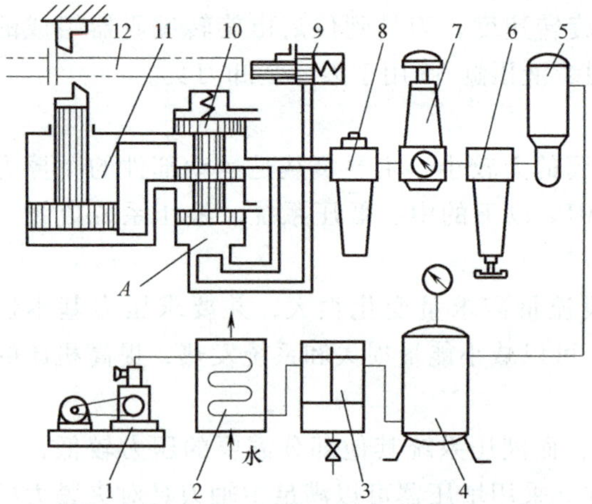

图 3-84　气动剪切机的工作原理图

1—空气压缩机　2—冷却器　3—油水分离器　4—气罐　5—空气干燥器　6—空气过滤器　7—减压阀　8—油雾器　9—行程阀　10—气控换向阀　11—气缸　12—工料

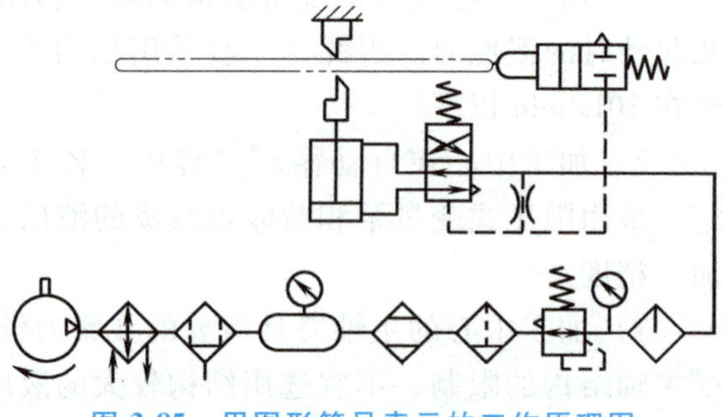

图 3-85　用图形符号表示的工作原理图

图 3-84 所示实例表明，气压传动系统的工作原理就是能量转换，即气动剪切机构克服阻力切断工料的机械能是由压缩空气的压力能转换后得到的；同时，由于换向阀的控制作用使压缩空气的通路不断改变，气缸活塞方可带动剪切机构频繁地实现剪切与复位的动作循环。

2. 气压传动系统的特点

由于气压传动的工作介质是空气，具有压缩性大、黏性小、清洁度高和安全性高等特点，与液压油差别较大。因此气压传动与液压传动在性能、使用方法、使用范围和结构上也存在较大的差别。

气压传动特点

（1）气压传动优点

1）以空气为工作介质，来源方便，工作压力较低，用后可直接排入大气而无污染，处理方便，洁净环境。

2）空气黏度小，流动时压力损失小，一般仅为油路的 0.1%，适用于远距离输送和集中供气。

3）与液压传动相比，气压传动反应快、动作迅速、维护简单、工作介质清洁、管路不易堵塞，不存在工作介质变质、补充和更换等问题。

4）工作环境适应性好，工作安全可靠，特别适合于在易燃、易爆、多尘、强磁、强振和辐射等恶劣环境下工作，外泄漏不污染环境，在食品、轻工、纺织、印刷和精密检测等行业中应用最为适宜。

5）成本低，能实现过载保护。

6）气动元件结构简单，易制造，易实现标准化、系列化和通用化。

（2）气压传动缺点

1）因空气的可压缩性较大，使系统的动作和工作速度稳定性受负载变化的影响大，运动平稳性较差，不易实现准确的速度控制和很高的定位精度。

2）气动装置的体积与液压传动相比较大，产生的推力小。其主要原因是气压系统工作压力低（0.5~0.8MPa），不易获得较大的输出力或转矩。

3）空气传递信号仅限于声学范围内，与电、光信号相比，传递会产生较大的延迟和失真，不适合用于高速传递的复杂线路中，但一般设备是可以满足的。

4）工作噪声较大，高速排气时需要加消声器。

5）空气无润滑作用，故需要专门润滑装置进行润滑。

3. 气压传动系统的组成

（1）动力元件　动力元件即气源装置，是获得压缩空气的设备与装置，包括空气压缩机、气罐和空气净化装置等。其主体部分是空气压缩机，它将原动机提供的机械能转变为气体的压力能。应用气动设备较多的厂矿可集中建立空气压缩站，再由空气压缩站统一向各用气点分配输送压缩空气。

气压传动系统的组成

（2）辅助元件　辅助元件是将压缩空气净化、润滑、消声以及元件间连接等所需的不可缺少的元件装置。包括过滤器、油雾器、消声器以及管件等，它们对保持气动系统可靠、稳定和持久工作起着十分重要的作用。

（3）执行元件　执行元件是将气体的压力能转换为机械能输送给工作部件的装置，包括气缸（直线运动）和气动马达（回转运动）。

(4) 控制元件 控制元件是用来控制压缩空气的压力、流量、流动方向以及执行元件的工作程序，以便使执行元件完成预定运动的元件，主要包括压力控制阀、流量控制阀、方向控制阀、逻辑元件等。

二、气动元件

1. 动力元件

动力元件的主体部分是空气压缩机，它把电动机输出的机械能转换为压力能输送给气动系统。空气压缩机的种类很多，按其工作原理分类如下：

- 空气压缩机
  - 容积式
    - 往复式
      - 活塞式
      - 膜片式
    - 回转式
      - 滑片式
      - 螺杆式
      - 转子式
  - 速度式
    - 轴流式
    - 离心式
    - 混流式

如图 3-86 所示，在容积式空气压缩机中，气体压力的提高是由于压缩机内部的工作容积被缩小，使单位体积内气体的分子密度增加而形成的。而在速度式压缩机中，气体压力的提高是由于气体分子在高速流动过程中突然受阻而停滞下来，使动能转化为压力能而达到的。

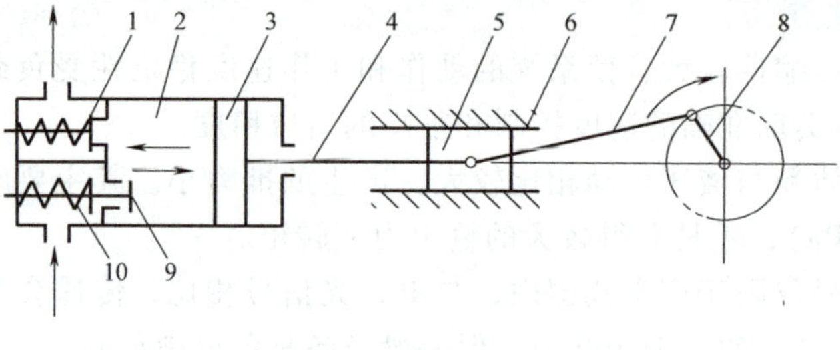

图 3-86 活塞式空气压缩机工作原理图

1—排气阀 2—气缸 3—活塞 4—活塞杆 5—滑块 6—滑道 7—连杆 8—曲柄 9—吸气阀 10—弹簧

按输出压力，空气压缩机又分为低压（$0.2\text{MPa}<p\leqslant 1.0\text{MPa}$）、中压（$1.0\text{MPa}<p\leqslant 10\text{MPa}$）、高压（$10\text{MPa}<p\leqslant 100\text{MPa}$）和超高压（$p>100\text{MPa}$）压缩机。

按气体流量大小，空气压缩机分为微型（$q<1\text{m}^3/\text{min}$）、小型（$1\text{m}^3/\text{min}\leqslant q<10\text{m}^3/\text{min}$）、中型（$10\text{m}^3/\text{min}\leqslant q\leqslant 100\text{m}^3/\text{min}$）和大型（$q>100\text{m}^3/\text{min}$）压缩机。

选用空气压缩机的依据是气动系统的工作压力和流量。目前，气动系统常用的工作压力为 0.5~0.8MPa，可直接选用额定压力为 0.7~1.0MPa 的低压空气压缩机，如有特殊需要可选用中、高压或超高压的空气压缩机。在确定空气压缩机的流量时，应该满足各气动设备所需的最大耗气量之和，同时需考虑泄漏量。

2. 辅助元件

由于大气中混有灰尘和水蒸气等杂质，压缩空气排出时是高温（140~170℃）、高压的，其中的水或油已经汽化，与空气中灰尘形成油气、水汽和灰尘混合成的杂质，非常容易堵塞管道，腐蚀设备，还会使膜片和橡胶密封件老化，不但使设备的寿命减少，甚至可能引发爆炸。因此，由空气压缩而成的压缩空气必须经过降温、净化和稳压等一系列处理方可供给系统使用。这就需要在空气压缩机的出口管路上安装一系列辅助元件，如冷却器、油水分离器、空气干燥器、空气过滤器和气罐等。此外，为了提高气压传动系统的工作性能，改善工作条件，还需要用到其他辅助元件，如油雾器、消声器和转换器等。

（1）冷却器 冷却器安装在空气压缩机出口管道上，又称后冷却器。主要作用是将140~170℃的高温压缩空气降至40~50℃，使水和油变成凝结的油滴和水滴，容易排出。常用冷却器有列管式、套管式、蛇形管式和散热式等几种。套管式冷却器的结构原理及冷却器的图形符号如图3-87所示。

热的压缩空气从管内流过，冷却水在管外水套中流动以进行冷却。在安装时应注意压缩空气和水的流动方向。

（2）油水分离器 油水分离器的作用是将经冷却器降温析出的水和油等杂质从压缩空气中分离出来，使空气得到初步净化。常见的结构有撞击挡板式、环形回转式、离心旋转式和水浴式等。撞击挡板式油水分离器结构示意图及油水分离器图形符号如图3-88所示。

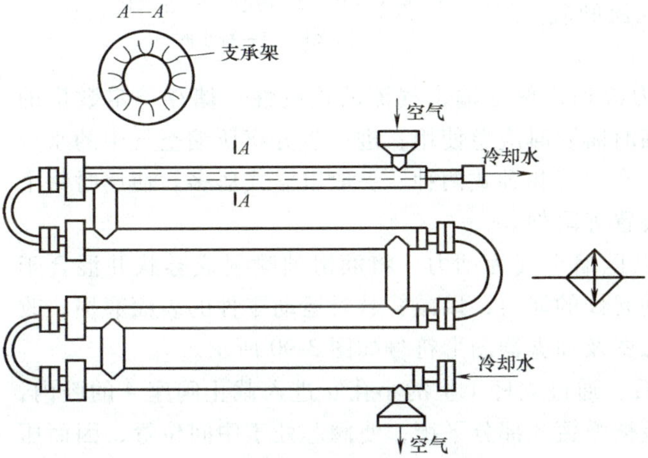

图3-87 套管式冷却器的结构原理及冷却器的图形符号

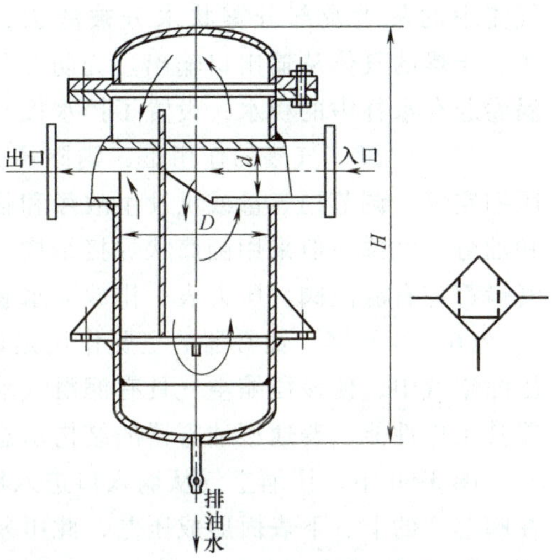

图3-88 撞击挡板式油水分离器结构示意图及油水分离器图形符号

压缩空气自入口进入分离器壳体，气流受隔板的阻挡被撞击折向下方，然后产生环形回转而上升，油和水等杂质由于惯性和离心力的作用析出，并沉降于壳体的底部，由排污阀定期排出。为达到较好的效果，气流回转后上升速度应缓慢。

（3）空气干燥器 空气干燥器主要作用是将初步净化的湿压缩空气进一步脱水去杂质，成为干压缩空气，以提高压缩空气质量。经过进一步的净化处理，可以防止初步净化后的湿压缩空气使一些精密机械和仪表产生锈蚀。目前，工业常用方法有冷冻法和吸附法。冷冻法是利用制冷设备或制冷剂使空气冷却到露点温度，析出相应水分，降低含湿量，增加空气干燥度。吸附法是让压缩空气通过栅板和滤网上的干燥吸附剂去除杂质。干燥吸附剂有硅胶、铝胶和焦炭等。但要注意，干燥吸附剂吸湿后达到饱和时，需用干空气去除水分，否则其将失去功能。

(4) 空气过滤器　空气过滤器的主要作用是根据固体物质和空气分子的大小和质量不同，利用惯性、阻隔和吸附的方法滤除压缩空气中的水分、油滴及杂质微粒，以实现空气净化要求。常用的有一次过滤器（简易过滤器），滤灰效率为50%~70%；二次过滤器，滤灰效率为70%~99%；高效过滤器，滤灰效率大于99%。空气过滤器、减压阀、压力表和油雾器被称为气源处理装置，是气动系统中必不可少的辅助装置。空气过滤器结构示意图及图形符号如图3-89所示。

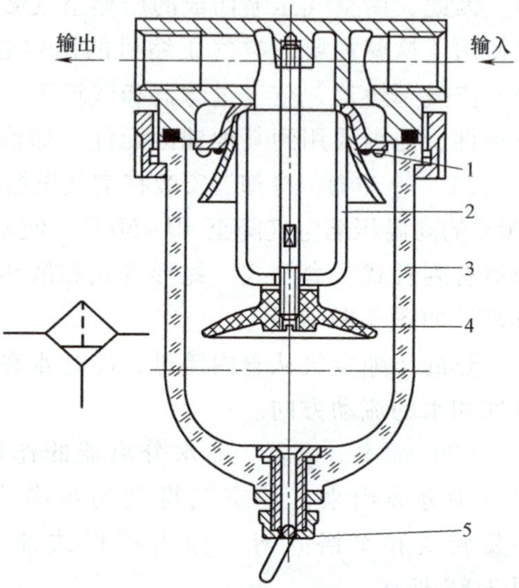

图 3-89　空气过滤器结构示意图及图形符号

1—旋风叶片　2—滤芯　3—存水杯
4—挡水板　5—排水阀

压缩空气从输入口进入，被旋风叶片1导向，沿存水杯3的四周产生强烈旋转，空气中夹杂的较大的水滴和油滴等在离心力作用下从空气中分离出来，沉到杯底；当气流通过滤芯2时，气流中的灰尘及部分雾状水分被滤去，较为洁净、干燥的气体从输出口输出。为防止气流的旋涡卷起存水杯中的积水，设置了挡水板4。

(5) 气罐　气罐的作用是：消除压力波动，保证输出气流的连续性；储存一定数量的压缩空气，调节用气量或供发生故障和临时需要时应急使用；进一步分离压缩空气中的水分和油分。气罐一般采用圆筒状焊接结构，有立式和卧式两种，一般以立式居多。使用时每个气罐都应有溢流阀、压力表、排放油水装置等附件。

(6) 油雾器　油雾器的主要作用是以压缩空气为动力，将润滑油喷射成雾状并混合于压缩空气中，使该压缩空气具有润滑气动元件的能力，以减轻其对运动零件的表面磨损，改善其工作性能。普通型油雾器的结构示意图及油雾器图形符号如图3-90所示。

图3-90中，压缩空气从输入口进入后，通过立杆1上的小孔a进入截止阀座4的腔内，在阀芯2的上、下表面形成压差，此压差被弹簧3部分平衡，使阀芯处于中间位置，因而压缩空气就进入储油杯5的上腔c，油面受压，液压油经吸油管6将单向阀7的阀芯托起，阀芯上部管道有一个边长小于阀芯（钢球）直径的四方孔，使阀芯不能将上部管道封死，液压油能不断地流入视油器9内，再滴入立杆1中，被通道中的气流从小孔b中引射出来，雾化后从输出口输出。油雾器上部的节流阀8用以调节滴油量，可在0~200滴/min范围内调节。

(7) 消声器　在气压传动装置中，当压缩气体直接从气缸、气动马达及气阀中排向大气时，会产生强烈的噪声（100~200dB）。噪声会对环境造成污染，损害人的身体健康，一般高于85dB就需要安装消声器。消声器是指能阻止声音传播而允许气流通过的一种气动元件，主要方法是通过阻尼或加大排气面积，以降低排气的速度和功率（能量）。常用的消声

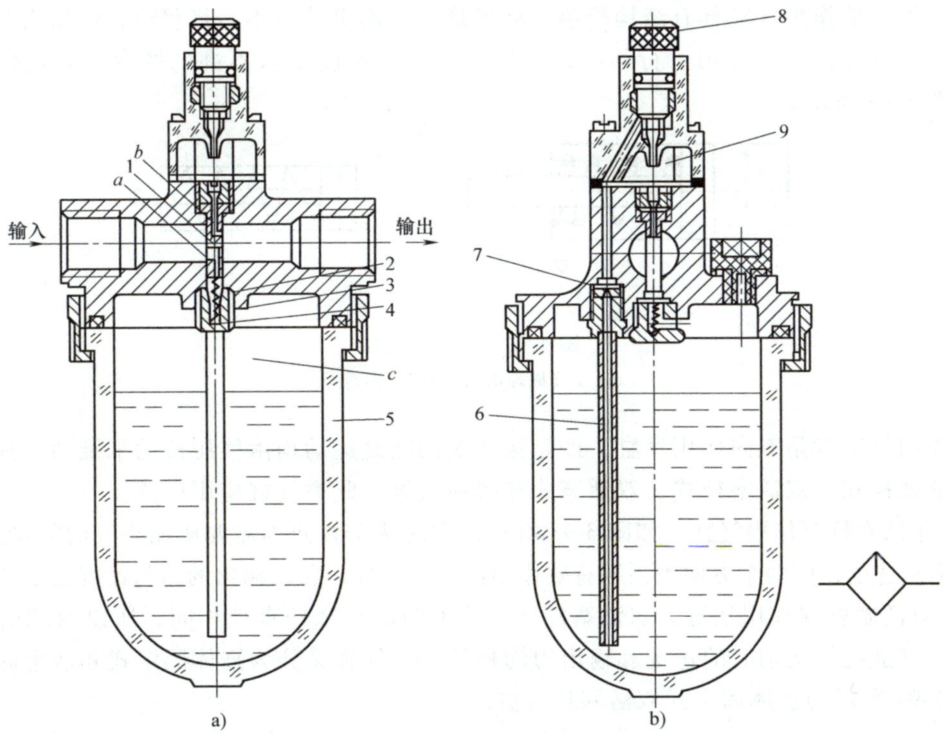

图 3-90　普通型油雾器的结构示意图及油雾器图形符号

a）主视图　b）左视图

1—立杆　2—阀芯　3—弹簧　4—阀座　5—储油杯　6—吸油管　7—单向阀　8—节流阀　9—视油器

器有三类，即阻性消声器、抗性消声器和阻抗复合消声器。阻性消声器的结构原理及消声器图形符号如图 3-91 所示。

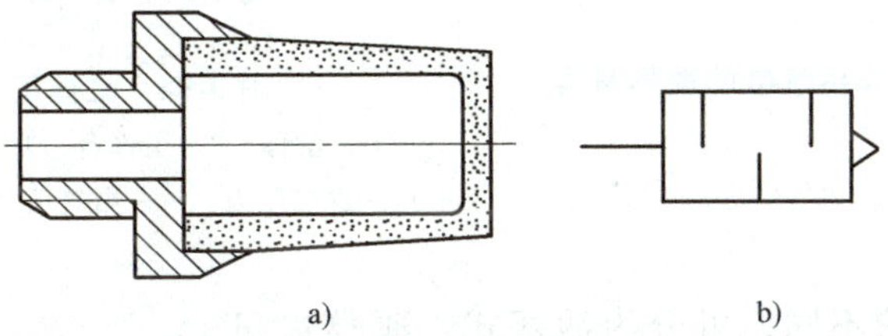

图 3-91　阻性消声器的结构原理及消声器图形符号

3. 执行元件

气动执行元件就是把压缩空气的压力能转变为机械能的能量转换装置，可分为气缸和气动马达。气缸是做直线往复运动的执行元件，输出的是机械力和速度。气动马达做回转运动或摆动，输出转矩和转速。

（1）气缸　气缸是气动系统中使用最多的一种执行元件，根据使用条件不同，其结构和形状也有多种形式。常用的分类方法有以下几种：

按压缩空气对活塞端面作用力的方向，分为单作用式和双作用式。单作用气缸是指气缸仅有一个方向的运动是气压传动，推动活塞运动，而返回时要靠外力，如弹簧力、膜片张力和自重力等。单作用气缸具有结构简单，耗气量少，输出外力小，行程短，输出力与运动速度稳定性较差等特点，适用于行程小，输出力和运动速度要求不高的场合，如定位和夹紧等，如图 3-92 所示。

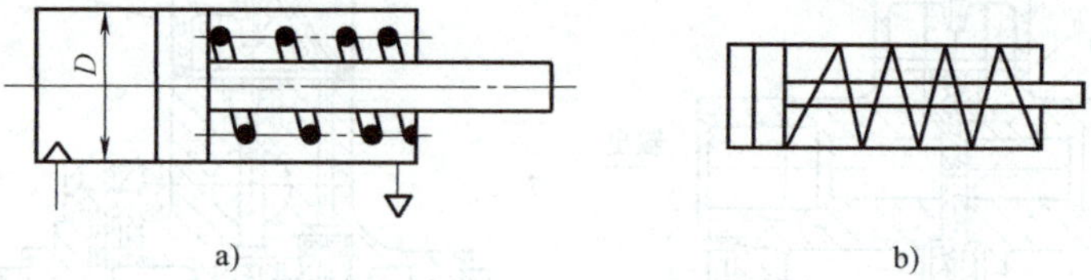

图 3-92 单作用气缸

a）工作原理简图 b）图形符号

双作用气缸就是双向作用气缸，即是指活塞的往复运动均由气压传动来推动。其结构形式有单活塞杆式、双活塞杆式、双活塞式和缓冲式等，此类气缸应用广泛。

1）单活塞杆双作用气缸。如图 3-93 所示，它的两个方向均需要压缩空气的能量来推动，以输出力和速度，但两个方向因活塞有效作用面积不一样，所以输出的力与速度也不同。

2）双活塞杆双作用气缸。双活塞杆气缸因为两端活塞杆直径相同，所以两端的有效面积相等，气缸往复运动时的速度和输出力均相等。此气缸又分为缸体固定式和活塞固定式两种。图 3-94 所示为缸体固定式双活塞杆气缸。

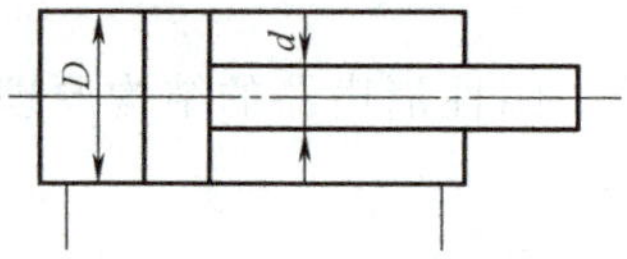

图 3-93 单活塞杆双作用气缸的图形符号

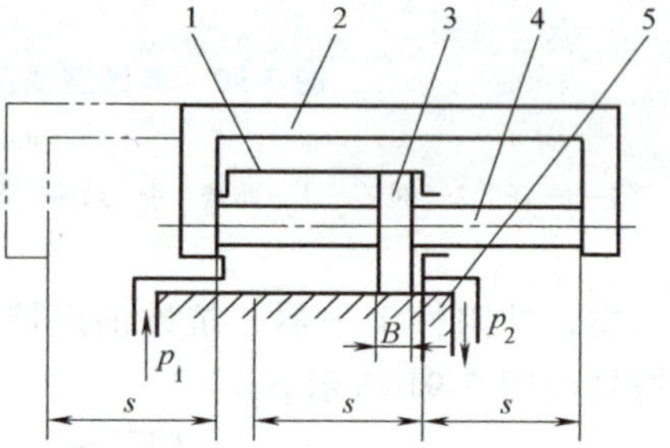

图 3-94 缸体固定式双活塞杆气缸

1—缸体 2—工作台 3—活塞 4—活塞杆 5—机架

p_1—进气压力 p_2—出气压力 s—活塞行程 B—活塞厚度

气缸按结构特征的不同，可分为活塞式、薄膜式和伸缩式。薄膜式气缸是利用膜片在压缩空气作用下产生的变形来推动活塞杆做直线运动的气缸。薄膜式气缸结构紧凑，密封性能好，成本低，维修方便，但活塞的位移小，一般小于 40mm，而且输出力随行程加大而减小，如图 3-95 所示。

气缸按功能的不同，可分为普通气缸、缓冲气缸、气—液阻尼缸、摆动气缸、冲击气缸和步进气缸等。

气—液阻尼缸是由气缸和液压缸组合而成的，它以压缩空气为能源，利用油液的不可压缩性和控制流量来获得活塞的平稳运动和调节活塞的运动速度。它克服了

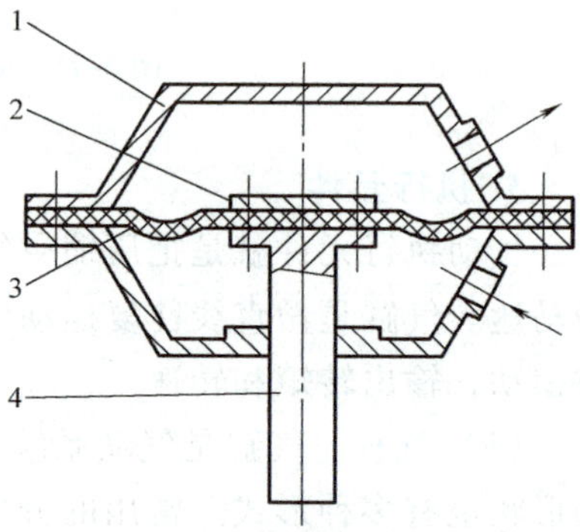

图 3-95 薄膜式气缸

1—缸体 2—膜盘 3—膜片 4—活塞杆

普通气缸“爬行”与“自走”的缺点，综合了气压传动动作快，液压传动平稳易调节的优点。气—液阻尼缸按组合形式又分为串联式和并联式两种。

冲击气缸能把压缩空气的能量转化为活塞高速运动的动能，利用此动能做功，可完成型材下料、打印、破碎、冲压和锻造等多种作业。如图 3-96 所示，气缸控制阀处于原始位置时，压缩空气由 *A* 孔进入活塞杆腔，蓄能腔 3 和活塞腔 2 与大气连通，活塞 6 上移至上限位，封住中盖的喷嘴口 4。随着换向阀的换向，由 *B* 孔充入蓄能腔 0.5～0.7MPa 的压缩空气，活塞杆腔 1 与大气连通，活塞在喷嘴口范围上受压下移，喷嘴口打开，蓄能腔中产生高速气流喷入活塞腔，使活塞获得强大的动能，高速下冲。

回转气缸如图 3-97 所示，气缸的缸体连同缸盖及导气头芯可被携带着回转，活塞杆及活塞只能直线往复运动，导气头体的外接管路固定不动。它主要适用于机床夹具和线材卷曲等装置上。

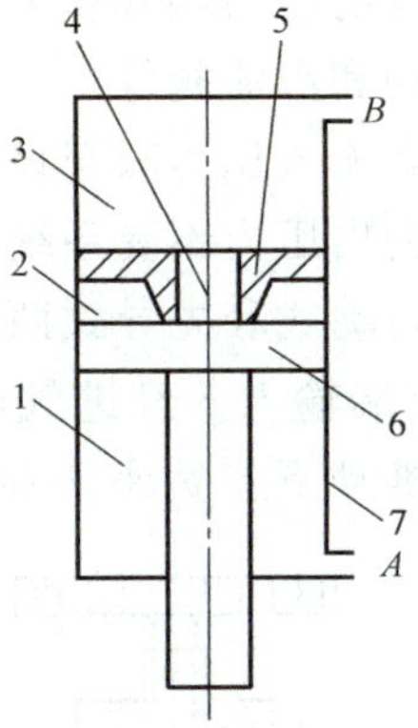

图 3-96　冲击气缸

1—活塞杆腔　2—活塞腔　3—蓄能腔　4—喷嘴口　5—中盖　6—活塞　7—缸体

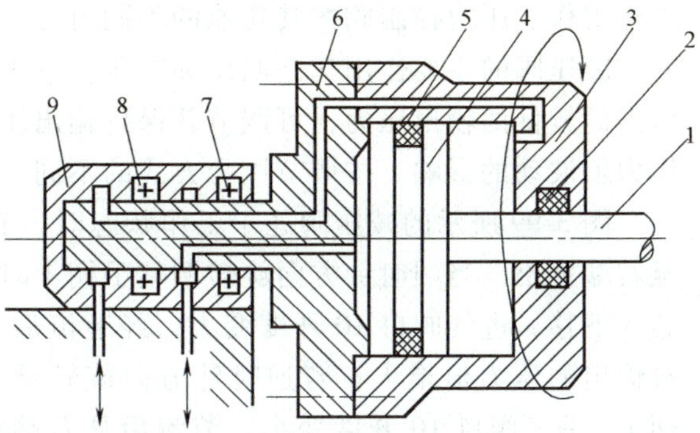

图 3-97　回转气缸

1—活塞杆　2、5—密封装置　3—缸体　4—活塞　6—缸盖及导气头芯　7、8—轴承　9—导气头体

（2）气动马达　气动马达是实现连续旋转运动或摆动的执行元件，它把压缩空气的压力能转换为机械能。气动马达种类很多，最常用的是叶片式和活塞式。这里以叶片式气动马达为例简单介绍气动马达的工作原理。

图 3-98 所示为双向旋转叶片式气动马达，压缩空气从 *A* 孔输入时分为两路：一路经定子 3 两端密封盖的弧形槽进入叶片 1 底部，将叶片 1 推出，使叶片 1 在气体压力、转子 2 的离心力和弹簧力的综合作用下，紧紧地抵在定子 3 的内壁上，以保证密封，提高容积效率；另一路压缩空气经过 *A* 孔进入气室后立即作用于叶片 1，产生转矩带动转子 2 做逆时针方向转动，输出旋转的机械能。压缩空气膨胀做功后变为废气，由 *C* 孔排出，剩余气体经过 *B* 孔二次排出。若改变压缩空气的输入方向，即 *B* 孔进气、*A* 孔排气，就可以改变转子的转向。

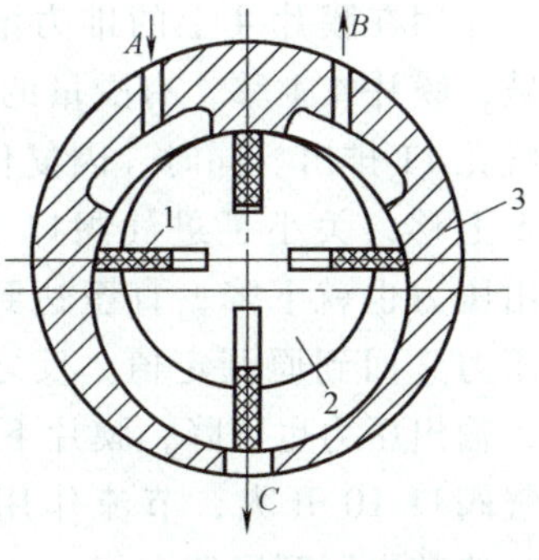

图 3-98　双向旋转叶片式气动马达

1—叶片　2—转子　3—定子

气动马达与液压马达相比，具有尺寸小，重量轻，功

率和转速范围大，无级调速，起动转矩大，抗过载能力强，换向容易，操作方便，维修容易，工作安全可靠，工作时温升小、发热量小和满载工作时间长等优点，但输出功率小，效率低，噪声大，易产生振动。气动马达主要用于风动工具、医疗器械、高速旋转机械及矿山机械等。

4. 控制元件

气动控制元件的作用是控制和调节压缩空气的压力、流量、流动方向和发送信号等，保证气动执行元件具有一定的力（力矩）和速度，按预定的方向与程序正常地工作。

气动控制元件按其功能和用途可分为压力控制阀、方向控制阀和流量控制阀三大类。

此外，气动控制元件还应包括通过改变气流方向和通断实现各种逻辑功能的气动逻辑元件和射流元件等。

（1）压力控制阀 压力控制阀主要用来控制系统中气体的压力，满足各种压力要求或用于节能。这类阀的共同特点是利用作用于阀芯上的压缩空气的压力和弹簧力相平衡的原理进行工作。压力控制阀按其功能的不同可分为减压阀、顺序阀和溢流阀等。

减压阀的主要作用就是调压和减压，它把来自气源的较高输入压力减至设备或分支系统所需的较低的输出压力，可调节并保持输出压力值稳定，使输出压力不受系统流量、负载和压力值波动的影响。按调节压力方式的不同，减压阀可分为直动式和先导式两大类。

图 3-99 所示的减压阀处于工作状态时，有压缩空气从左端输入，经进气阀口节流减压至右端输出。当顺时针方向旋转调整手柄 1 时，调压弹簧 2 推动下弹簧座 3 和膜片 4，使阀芯 5 下移，进气阀口 10 开度变大，经节流后从右端输出的压力值增大；若逆时针方向旋转调整手柄 1，进气阀口 10 开度变小，节流后从右端输出的压力值减小。输出气流的一部分由阻尼孔 7 进入膜片气室，在膜片 4 的下方产生向上的推力，作用结果总是企图使阀口的开度变小，使其节流损失变大，输出气压下降。当作用于膜片上的推力与弹簧力相平衡后，减压阀的输出压力也就调定。

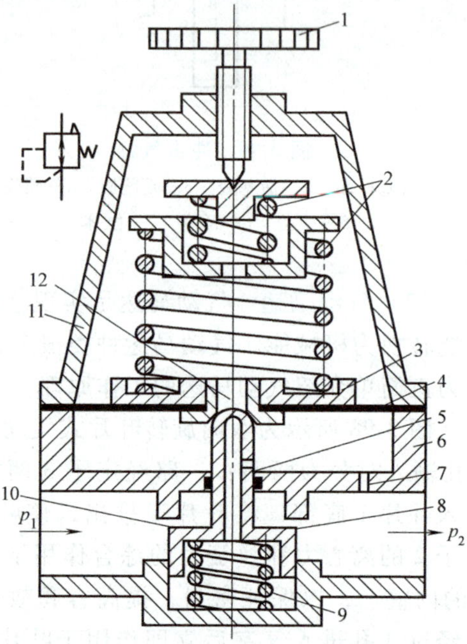

图 3-99 减压阀结构原理及图形符号

1—调整手柄 2—调压弹簧 3—下弹簧座 4—膜片 5—阀芯 6—阀套 7—阻尼孔 8—阀口 9—复位弹簧 10—进气阀口 11—排气孔 12—溢流孔 p_1—进气压力 p_2—出气压力

当输入瞬时压力增大时，输出压力也随之增大，作用在膜片 4 上的推力增大，原力的平衡被打破，膜片 4 上移，有少量的气体经溢流孔 12 和排气孔 11 排出。同时，因复位弹簧 9 的作用，阀芯 5 上移，关小了进气阀口 10，节流作用增大，输出压力也就下降，直至达到新的平衡为止，输出压力又回到原调定值。反之，输入压力瞬时下降，输出压力也下降，膜片下移，阀芯随之下移，进气阀口 10 开大，节流作用变小，输出压力变大，使其也回到原调定值。

逆时针方向旋转调整手柄 1 至调压弹簧 2 放松的位置时，气体作用在膜片 4 的向上推力大于调定弹簧的作用力，膜片向上弯曲，复位弹簧 9 使进气阀口 10 关闭，且使阀芯 5 的顶端与溢流座脱开。膜片气室中的气体经溢流孔 12 和排气孔 11 排出，使减压阀无输出。

选择与使用减压阀应注意以下几点：

1）根据工作要求选择其类型。

2）根据最大输出流量确定其通径。

3）根据气源压力选择减压阀的输出压力，即最低输入压力应比最高输出压力高 0.1MPa。

4）安装减压阀时不要装反，应按阀上标记的气流方向安装。安装位置应是在空气过滤器之后，油雾器之前。

5）调节应由低向高调定。不用时，应旋松旋钮，放松弹簧，避免膜片长时间受压变形，影响调压精度与使用寿命。

（2）方向控制阀　方向控制阀是用来控制气动系统中压缩空气的流向和通、断，从而控制执行元件的起、停及运动方向的气动元件。方向控制阀种类很多，按其作用特点可以分为单向型控制阀和换向型控制阀。

1）单向型控制阀有普通单向阀、梭阀和双压阀等几种。

① 普通单向阀是指气流只能向一个方向流动而不能反向流动的阀。与液压单向阀相比，气动单向阀阀芯和阀座之间有一层密封垫，其他与液压单向阀基本相同，如图 3-100 所示。

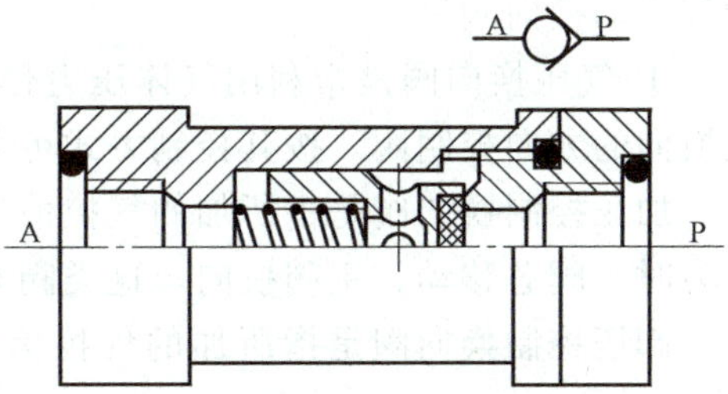

图 3-100　单向阀

② 在气压传动系统中，当两个通路 P_1 和 P_2 均与通路 A 口相通，而不允许 P_1 口与 P_2 口相通时，就要采用梭阀。由于其阀芯像织布梭子一样来回运动，因而称为梭阀。梭阀的结构相当于两个单向阀的组合，在气动逻辑回路中，起到“或”门的作用。图 3-101 所示为梭阀工作原理图和图形符号。

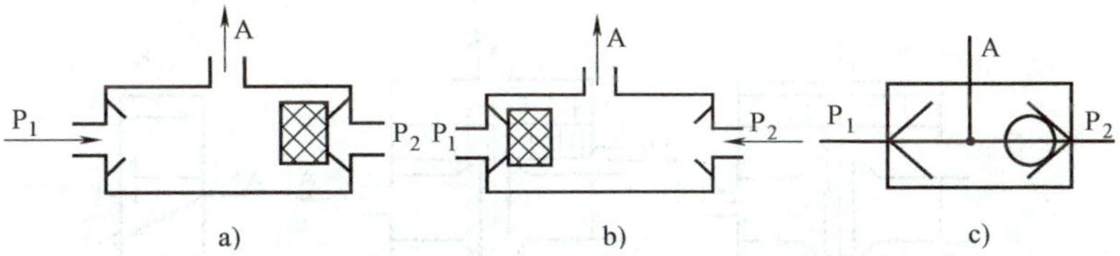

图 3-101　梭阀工作原理图和图形符号

当通路 P_1 口进气时，将阀芯推向右边，通路 P_2 口被关闭，于是气流从 P_1 口进入通路 A 口；当通路 P_2 口进气时，将阀芯推向左边，通路 P_1 口被关闭，于是气流从 P_2 口进入通路 A 口。

当 P_1 口和 P_2 口同时进气时，哪端压力高，A 口就与哪端相通，另一端就自动关闭。

③ 双压阀的结构也相当于两个单向阀的组合，在气动逻辑回路中，起到“与”门的作用。图 3-102 所示为双压阀工作原理图和图形符号。

当 P_1 口或 P_2 口单独有压缩空气输入时，阀芯被推向右端或左端，如图 3-102a、b 所

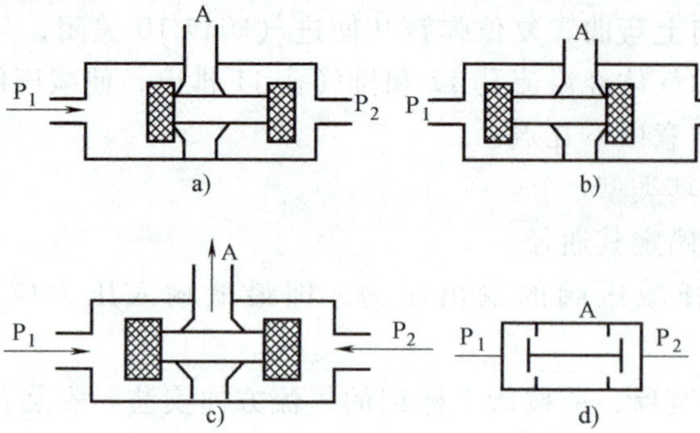

图 3-102 双压阀工作原理图和图形符号

示，此时 A 口无压缩空气输出。

只有当 P_1 和 P_2 两口同时有压缩空气输入时，A 口才有压缩空气输出，如图 3-102c 所示。当 P_1 和 P_2 两口压力不等时，则气压低的压缩空气通过 A 口输出。

2）换向型控制阀简称换向阀，其作用是改变气体通道，使气体流动方向发生变化，从而改变气动执行元件的运动方向。按其控制方式可分为气压换向阀、电磁换向阀、机械换向阀和手动换向阀等。

① 气压换向阀是指利用气体压力作为控制信号并驱动阀芯移动，控制主气流的通、断或换向的方向控制阀。按其控制方式可分为加压、卸压和差压三种控制形式。

加压控制换向阀是指所加的气控信号压力值是逐渐上升的，当气体压力增加到阀芯动作压力时，阀芯移动，主阀换向。这类阀有单气控和双气控之分。

卸压控制换向阀是指所加的气控信号是逐渐减小的，当气压降至某一压力值时，主阀换向。

差压控制换向阀是利用气控信号作用在两个面积不等的换向活塞上，产生压差使主阀换向。

单气控加压式换向阀的工作原理如图 3-103 所示。

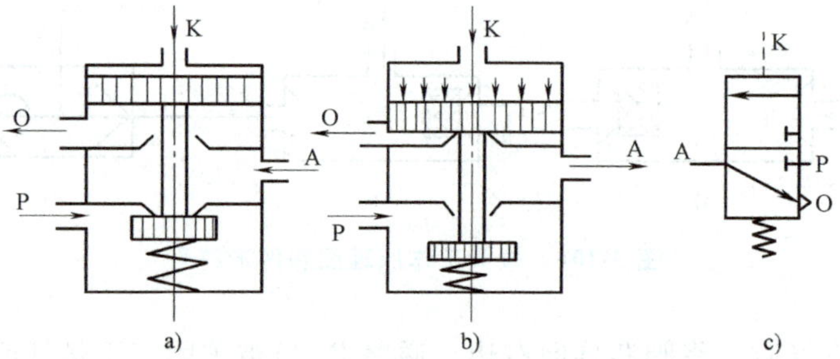

图 3-103 单气控加压式换向阀工作原理图和图形符号

该阀为常断型二位三通阀。当 K 口无控制信号时，阀芯在复位弹簧及 P 腔压力作用下处于上端位置，A 腔与 O 腔相通而排气，如图 3-103a 所示；当 K 口有控制信号时，阀芯下移，A 腔与 O 腔断开，与 P 腔相通，如图 3-103b 所示；图 3-103c 所示为其图形符号。

② 电磁换向阀是利用电磁力的作用实现主阀换向的。它主要是由电磁部分和主阀两部

分组成，按控制方式可分为直动式和先导式两种。

图 3-104 所示为单电磁铁直动式电磁换向阀的工作原理和图形符号。

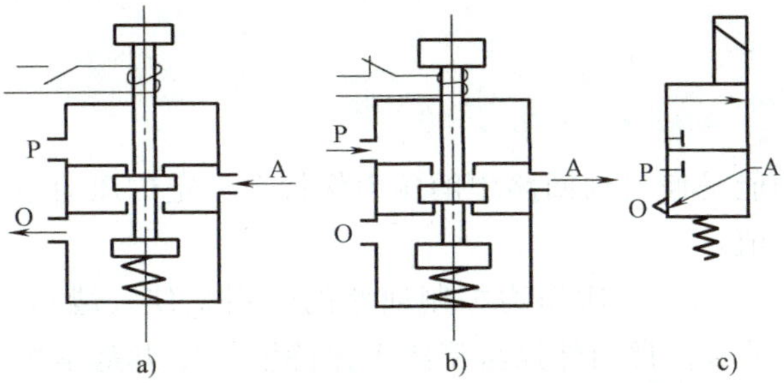

图 3-104　单电磁铁直动式电磁换向阀的工作原理和图形符号

（3）流量控制阀　流量控制阀是通过改变阀口的通流截面积来控制压缩空气流量的元件。在气动系统中，对气缸的运动速度的调节，控制信号延迟时间的调节，油雾器油滴量的控制和气缸的缓冲能力的调节等，均需要通过调节压缩空气的流量来实现。流量控制阀包括节流阀、单向节流阀、排气节流阀和行程节流阀等。

节流阀有可调和不可调两种。可调的节流阀简称节流阀；不可调的节流阀称为固定节流阀。根据节流阀阀口形式可分为针阀型、三角沟槽型和圆柱斜切型三种。

1）圆柱斜切型节流阀。如图 3-105 所示，压缩空气从 P 口输入，经过节流后从 A 口输出。通过调节螺杆使阀芯上下移动，从而改变节流阀口的通流截面积，调节空气流量。

2）单向节流阀。单向节流阀是由单向阀和节流阀并联而成的组合式流量控制阀。如图 3-106 所示，当压缩空气沿正向由 P 口向 A 口流动时，单向阀 1 在气压作用下处于关闭状态，气流经可调节流阀 2 节流后从 A 口排出。当气体反向由 A 口向 P 口流动时，单向阀 1 被推开，大部分气体从阻力小和通流截面积大的单向阀流向 P 口，只有少量的气体从节流阀口流至 P 口一同排出。单向节流阀常应用于调速和延时回路中。

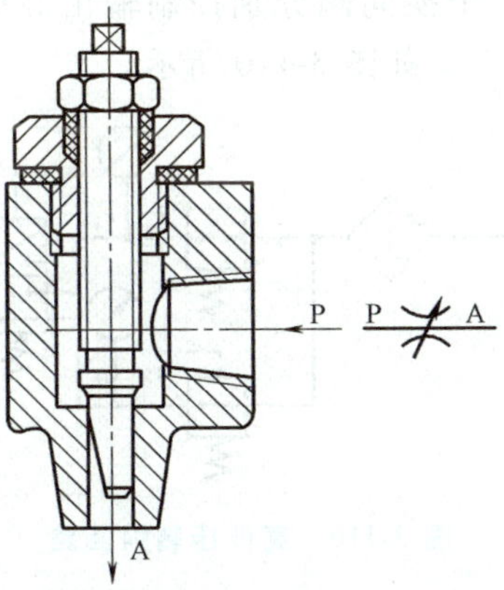

图 3-105　圆柱斜切型节流阀

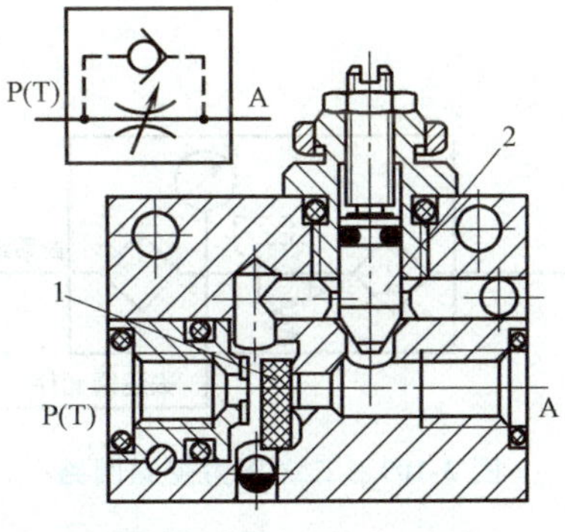

图 3-106　单向节流阀

1—单向阀　2—节流阀

3）排气节流阀。如图 3-107 所示，排气节流阀装在执行元件的排气口处，调节排入大气的流量，以此来调节执行元件的运动速度。气流从 A 口进入阀内，由节流口 1 节流后经消声器 2 排出。因而它不仅能调速，还能降低排气噪声。排气节流阀通常安装在换向阀的排气口处与换向阀联用，起单向节流作用。

三、气动基本回路

1. 压力控制回路

压力控制回路的功能是使气动回路中的压力保持在一定的压力范围内，保证气动系统使用的气体压力为一稳定值。

(1) 一次压力控制回路　一次压力控制回路的作用是使气罐送出的气体压力不超过规定的压力。如图 3-108 所示，常用外控溢流阀 1 保持供气压力基本恒定或用电接点压力表 2 来控制空气压缩机的转、停，使气罐内压力保持在规定范围内。因为一旦气罐内压力超过规定值，溢流阀 1 被打开，压缩机生产的压缩空气就经过溢流阀 1 排出。

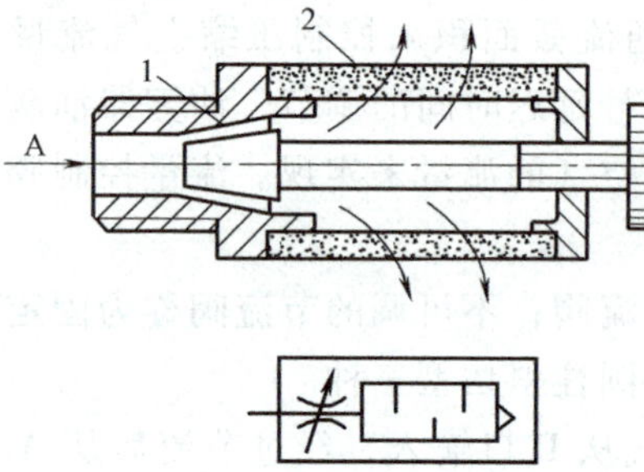

图 3-107　排气节流阀

1—节流口　2—消声器

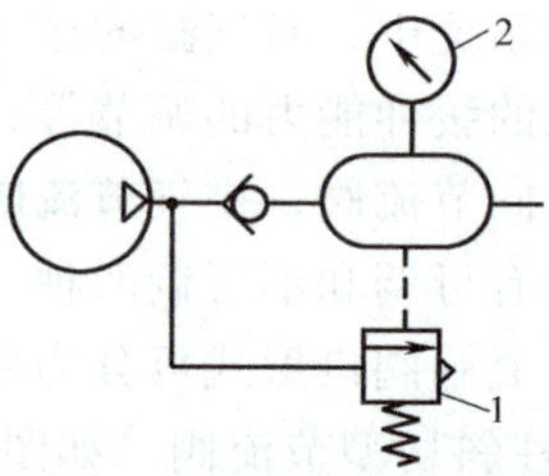

图 3-108　一次压力控制回路

1—溢流阀　2—压力表

(2) 二次压力控制回路　二次压力控制回路的作用是保证气动系统使用的气体压力为一稳定值。如图 3-109 所示，经过一次压力控制的压缩气体再经过空气过滤器、减压阀和油雾器就是二次压力控制。但要注意供给逻辑元件的压缩空气不要加入润滑油。

(3) 高低压转换回路　该回路利用两个减压阀和一个换向阀分别控制输出高压或低压气体，也可去掉换向阀，同时输出高、低压两种压缩空气，如图 3-110 所示。

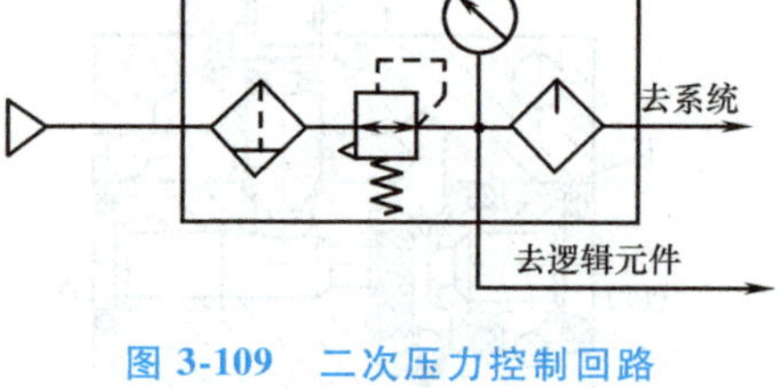

图 3-109　二次压力控制回路

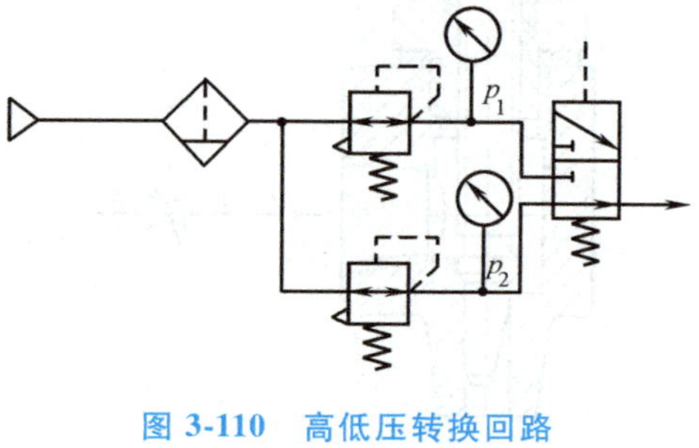

图 3-110　高低压转换回路

2. 速度控制回路

速度控制回路的作用是调节或变换执行元件的工作速度。速度控制的基本方法是用节流阀控制进入（或排出）执行元件的气体流量。速度控制回路包括单作用气缸的速度控制回路和双作用气缸的速度控制回路。

(1) 单作用气缸的速度控制回路　常用的单作用气缸的速度控制回路有三种形式，

分别是：采用节流阀的调速回路、双单向节流阀调速回路和快速返回回路，如图 3-111 所示。

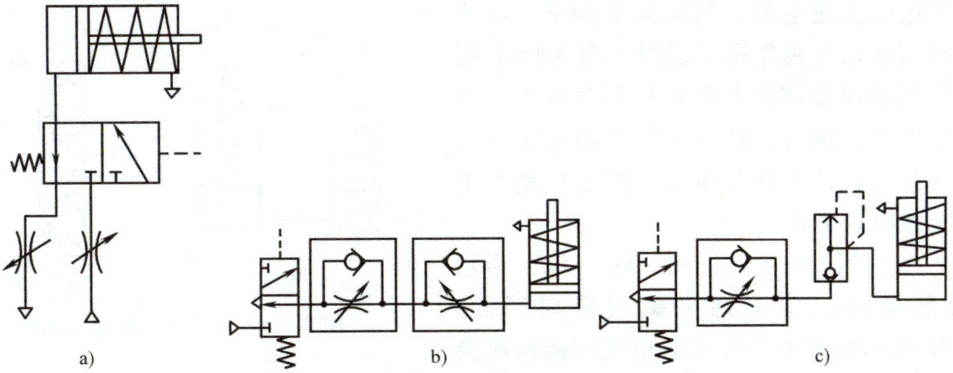

图 3-111　单作用气缸的速度控制回路

a）采用节流阀的调速回路　b）双单向节流阀调速回路　c）快速返回回路

1）采用节流阀的调速回路通过改变节流阀开度的大小来调节气缸活塞速度。此回路运动和速度稳定性较差，极易受到外负载变化的影响，适用于稳定性要求不高的场合。

2）双单向节流阀调速回路由左右两个单向节流阀控制活塞双向的运动速度。

3）快速返回回路。气缸活塞上升时，由节流阀调节其速度，活塞返回时，气缸下腔通过快速排气阀排气。

（2）双作用气缸的速度控制回路　双作用气缸的速度控制回路又可分为单向调速回路和双向调速回路两种。

1）单向调速回路。图 3-112a 所示为进气节流阀调速回路，活塞的运动速度靠进气气路上的单向节流阀调节。图 3-112b 所示为排气节流阀调速回路，活塞的运动速度靠排气气路上的单向节流阀调节。排气节流阀调速回路可承受负值负载，运动稳定性好，受外负载变化的影响小，比进气节流调速效果好。

2）双向调速回路。图 3-113a 所示为进气节流调速回路。此回路的承载能力大，但不能承受负值负载，运动稳定性较差，受外负载的影响大。图 3-113b 所示为排气节流速度回路，该回路可承受负值负载，运动稳定性好，受外负载变化的影响较小。

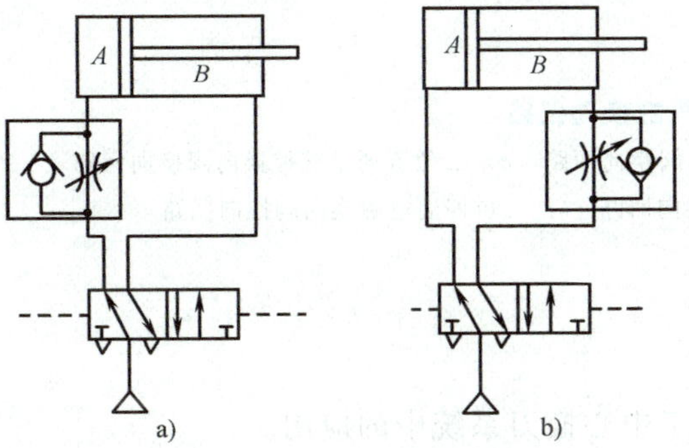

图 3-112　单向调速回路

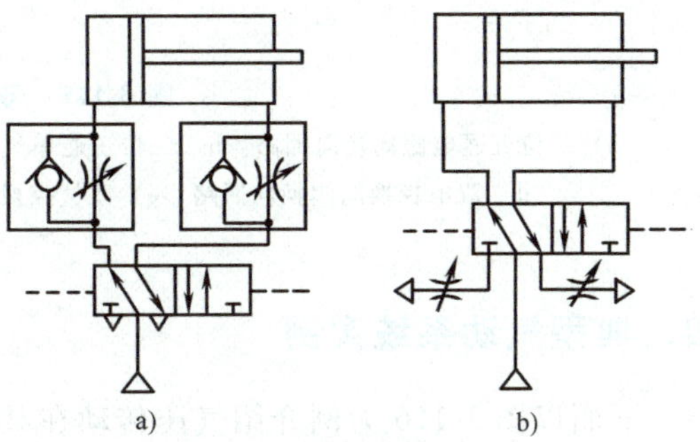

图 3-113　双向调速回路

3. 方向控制回路

(1) 单作用气缸换向回路 图 3-114a 所示为二位三通电磁阀控制的单作用气缸上、下回路，当电磁铁通电时，气缸向上伸出，电磁铁断电时气缸在弹簧作用下返回。图 3-114b 所示为三位四通电磁阀控制的单作用气缸上、下和停止的回路，该阀在两电磁铁均通电时能自动对中，使气缸停于任何位置，但定位精度不高，且定位时间不长。

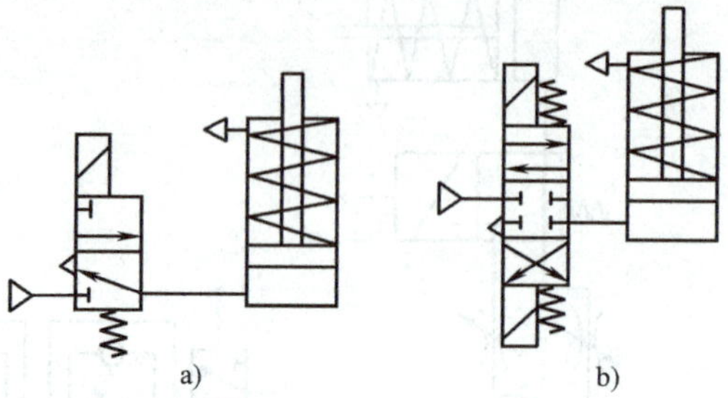

图 3-114 单作用气缸换向回路

(2) 双作用气缸换向回路 图 3-115a 所示为比较简单的二位五通电磁阀换向回路。图 3-115b 所示为两个二位三通单气控换向阀换向回路，当 *A* 有压缩空气时气缸推出，反之，气缸退回。图 3-115c 所示为二位五通单气控换向阀换向回路，气控换向阀由二位三通手动换向阀控制切换。图 3-115d 所示为双电控换向阀换向回路。图 3-115e 所示为双气控换向阀换向回路，主阀由两侧的两个二位三通手动换向阀控制切换，手动阀可远距离控制。图 3-115f 所示为三位四通电磁换向阀换向回路，该回路可控制双作用缸换向，还可使活塞在任意位置停留，但定位精度不高。这三个回路的两端控制电磁铁线圈或按钮不能同时操作，否则将出现误动作。

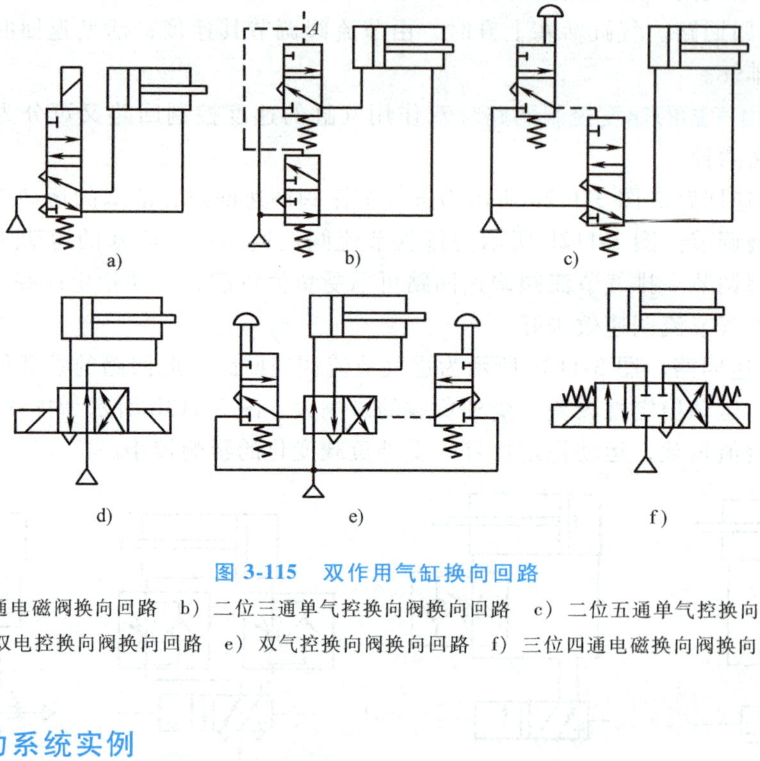

图 3-115 双作用气缸换向回路

a）二位五通电磁阀换向回路 b）二位三通单气控换向阀换向回路 c）二位五通单气控换向阀换向回路 d）双电控换向阀换向回路 e）双气控换向阀换向回路 f）三位四通电磁换向阀换向回路

四、典型气动系统实例

下面以图 3-116 为例介绍气压传动在某型加工中心换刀系统中的应用。

该系统在换刀过程中完成主轴定位，主轴松刀、拔刀，向主轴锥孔吹气和插刀动作。工作原理如下：

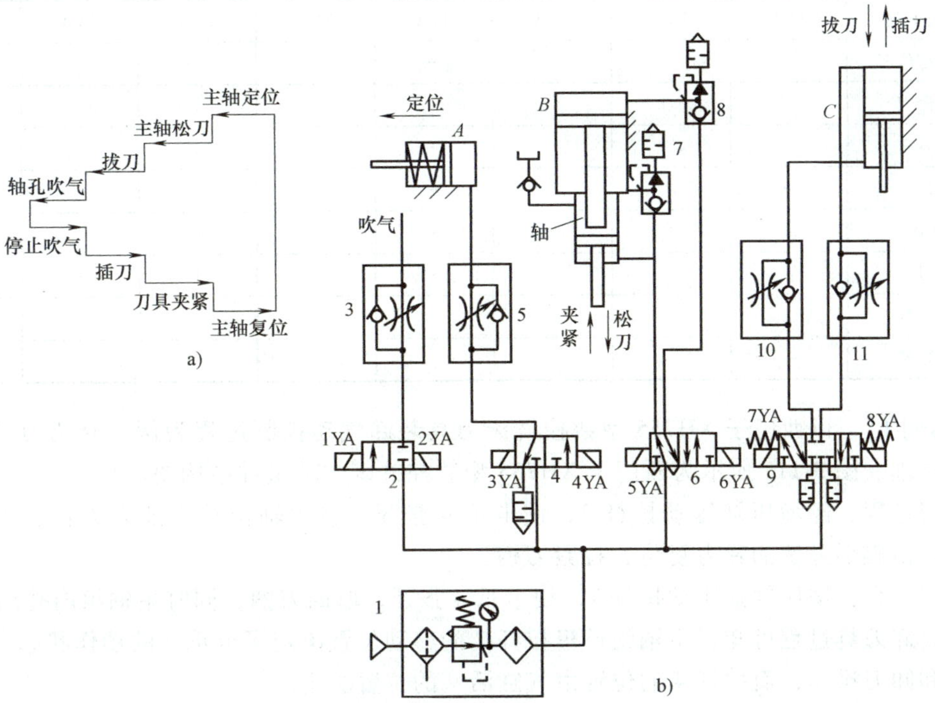

图 3-116　加工中心换刀系统

a）电磁铁动作顺序（工作循环图）　b）气动换刀系统原理图

1—气源处理装置　2、4、6、9—换向阀　3、5、10、11—单向节流阀　7—消声器　8—快速排气阀

主轴自动定位　主轴松刀　主轴拔刀　主轴吹气　插刀动作　主轴夹紧　换刀结束

当数控系统发出换刀指令时，主轴停止旋转，同时 4YA 通电，压缩空气经气源处理装置 1、换向阀 4 和单向节流阀 5 进入主轴定位缸 *A* 的右腔，气缸 *A* 活塞左移，使主轴自动定位。定位后压下无触点开关，使 6YA 通电，压缩空气经换向阀 6 和快速排气阀 8 进入气液增压缸 *B* 的上腔，增压腔的高压油使活塞伸出，实现主轴松刀，同时使 8YA 通电，压缩空气经换向阀 9 和单向节流阀 11 进入气缸 *C* 的上腔，气缸 *C* 下腔排气，活塞下移实现拔刀。由回转刀库交换刀具，同时 1YA 通电，压缩空气经换向阀 2 和单向节流阀 3 向主轴锥孔吹气。稍后 1YA 断电、2YA 通电，停止吹气，8YA 断电、7YA 通电，压缩空气经换向阀 9、单向节流阀 10 进入气缸 *C* 下腔，活塞上移，实现插刀动作。6YA 断电、5YA 通电，压缩空气经换向阀 6 进入气液增压缸 *B* 的下腔，活塞退回，主轴的机械机构使刀具夹紧。4YA 断电、3YA 通电，缸 *A* 的活塞在弹簧力作用下复位，回复到开始状态，换刀结束。电磁铁动作顺序见表 3-9。

表 3-9 电磁铁动作顺序

电磁铁工况	1YA	2YA	3YA	4YA	5YA	6YA	7YA	8YA
主轴定位				+				
主轴松刀				+		+		
拔刀				+		+		+
主轴锥孔吹气	+			+		+		+
吹气停		+		+		+		+
插刀				+		+	+	
刀具夹紧				+	+			
主轴复位			+					

【实例 1】 以西门子 XH755 型数控铣床刀具装卸气动控制过程为例，介绍刀具装卸气动控制原理。图 3-117 所示为西门子 XH755 型数控铣床主轴组件结构图。

装刀过程：经增压缸压动拉杆 7，使卡爪 4 张开，在主轴锥孔内插入刀柄，再松开气缸，拉杆由碟形弹簧的弹力复位，拉紧刀柄。

卸刀过程：增压气缸压动拉杆 7，使卡爪 4 张开，取回刀柄，同时主轴组内孔出气。

由装卸刀具过程可知，主轴组件里拉杆 7 的移动位置决定了卡爪 4 的动作状态，进而完成装刀和卸刀操作，而拉杆 4 的位置由气缸活塞的位置决定。

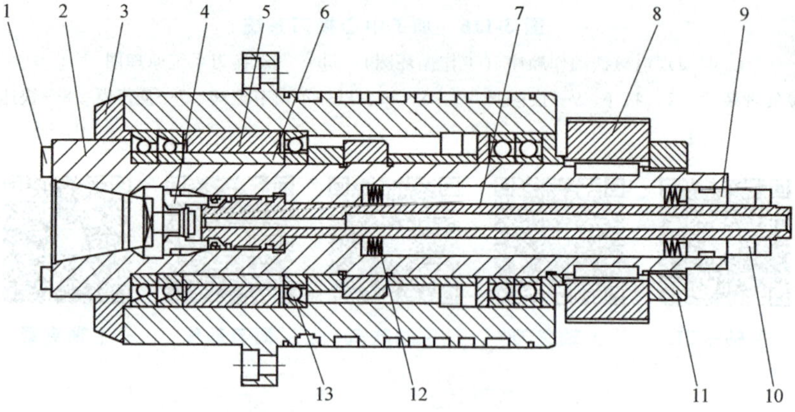

气压传动在某数控铣床刀具装卸过程中的应用

图 3-117 主轴组件结构图

1—端面键 2—主轴 3—法兰盖 4—卡爪 5—外隔套 6—支承套 7—拉杆 8—带轮 9—活塞 10—活塞杆 11—端盖 12—碟形弹簧 13—前支承轴承

图 3-118 所示为刀具松开夹紧气动原理。

1）气缸中活塞下移控制原理：按下松刀按钮，三位五通阀 Y2 得电，压缩空气通过梭阀 5 进入气缸，延时 0.3s 后，三位五通阀 Y1 得电，Y2 失电，继续加载气缸，气缸内活塞下移，推动主轴组件中的拉杆向下移动，使得卡爪张开。

2）气缸中活塞上移控制原理：松开松刀按钮，则三位五通阀 Y1 失电回中位。气缸在弹簧作用下复位，主轴组件中碟形弹簧推动拉杆上移，使得卡爪拉紧刀柄。

【实例 2】 以西门子 CY-VMC850Le 型立式加工中心（见图 3-119）为例，介绍立式加工中心气动控制回路的组成及其功能。

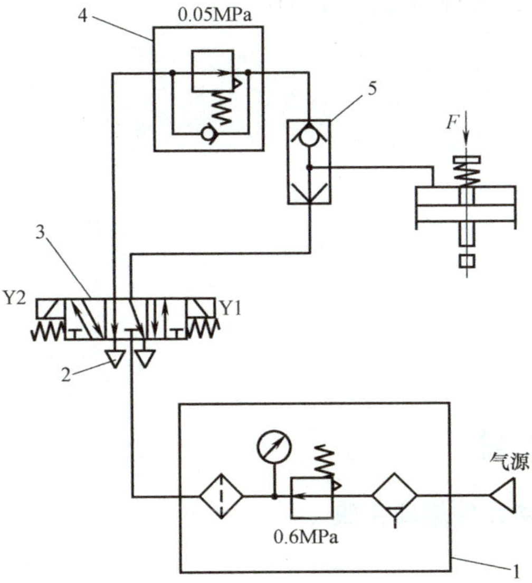

图 3-118　刀具松开夹紧气动原理图

1—气源处理装置　2—大气　3—三位五通阀
4—压力调节阀　5—梭阀

图 3-119　西门子 CY-VMC850Le 型立式加工中心

1）气动控制回路如图 3-120 所示，由气源、气源处理装置（过滤器+减压阀+油雾器）、电磁换向阀等元件组成。压缩空气经过气源处理装置后可分为五路：

① 压缩空气经过两位三通阀、单向节流阀至主轴气雾帘。

② 压缩空气经过两位三通阀至工件吹风。

③ 压缩空气经过两位五通阀，与增压打刀缸连接，实现刀具更换。加装打刀吹风联动功能，实现主轴锥孔吹风、清洁刀具功能。

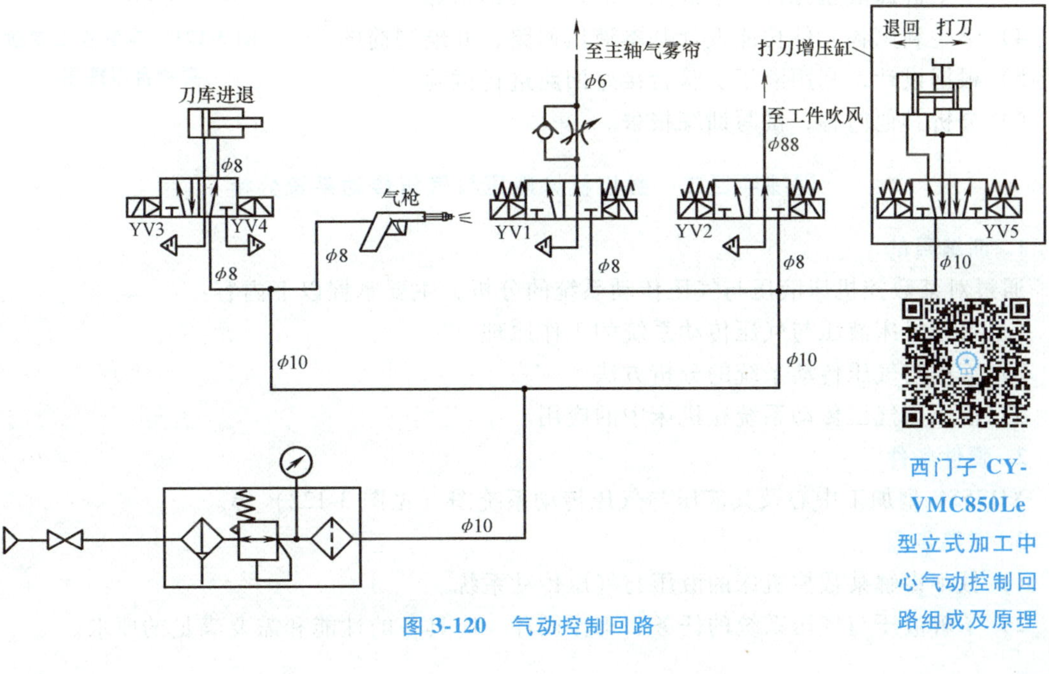

图 3-120　气动控制回路

西门子 CY-VMC850Le 型立式加工中心气动控制回路组成及原理

④ 压缩空气经过两位五通阀与刀库气缸连接，实现刀库换刀动作。

⑤ 压缩空气与清洁用气枪连接。

2）气动系统可实现如下功能。

① 主轴锥孔吹风，清洁刀具锥柄。

② 主轴鼻端轴承防尘的气雾帘。

③ 打刀气缸的气动源。

④ 刀具换刀气缸气动源。

⑤ 清洁用气枪的动力源。

⑥ 工件吹风。

综合训练

训练项目一 液压传动元件原理实验

1. 训练目的

通过对图 3-121 所示液压传动系统的分析，主要掌握以下内容：

1）液压传动系统各元件的结构。

2）液压传动系统各元件的工作原理。

3）液压传动系统各元件在基本回路中的作用。

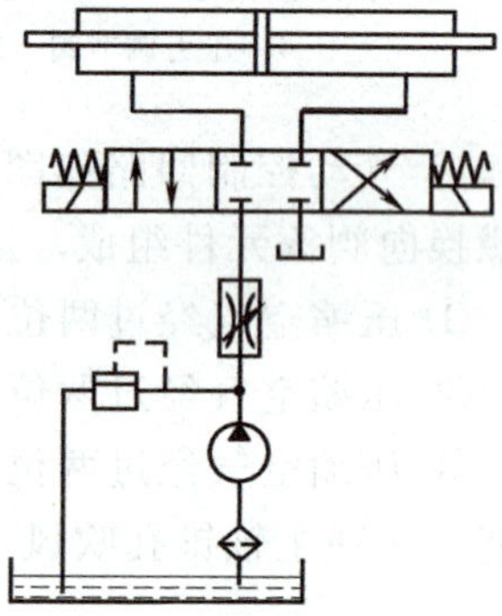

图 3-121 典型液压传动实验台原理图

2. 硬件条件

液压元件模型、液压元件、液压实验台等。

3. 训练步骤

1）教师讲解液压传动系统各元件的结构原理。

2）学生观察液压元件模型内部结构，教师指导。

3）学生拆卸液压元件，掌握工作原理，教师指导。

4）学生利用各元件功能设计基本液压回路，并绘制简图。

5）根据设计，利用液压实验台接好回路进行试验。

6）分析其他内容，撰写训练报告。

训练项目二 数控机床液压与气压传动系统分析

1. 训练目的

通过对某数控机床液压与气压传动系统的分析，主要掌握以下内容：

1）数控机床液压与气压传动系统的工作原理。

2）液压与气压传动系统的分析方法。

3）液压与气压传动系统在机床中的应用。

2. 硬件条件

XH755C 型加工中心及其液压与气压传动系统图（见图 3-122）等。

3. 训练步骤

1）教师讲解某数控机床的液压与气压传动系统。

2）了解液压与气压系统的任务、工作循环、应具备的性能和需要满足的要求。

3）查阅液压与气压系统图中所有的元件及其连接关系，分析它们的作用。
4）对每一个执行机构所使用的油路按基本回路分解，了解系统的工作原理。
5）根据系统的工作循环，对系统进行综合分析，归纳总结整个系统的特点。
6）分析其他内容，撰写训练报告。

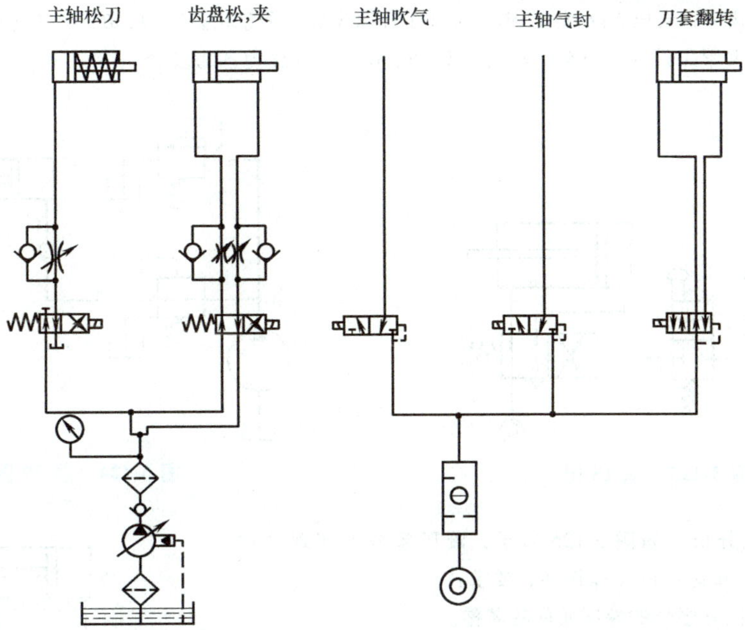

图 3-122　XH755C 型加工中心及其液压与气压传动系统图

复习思考题

1. 液压传动系统由哪几部分组成？试说明各部分的作用。
2. 什么是液体的黏性？常用的黏度表示方法有几种？液压油的牌号与黏度有什么关系？
3. 液压油有哪些主要品种？如何选用？液压油为什么要定期更换？
4. 液压油的黏度是怎样随温度变化而变化的？
5. 简述液压泵和液压马达的工作原理，并说明液压泵和液压马达有何不同。
6. 液压系统中液压泵的工作压力是否就是铭牌上的标注压力？为什么？
7. 液压系统中，常用的液压泵有哪几种？
8. 某液压系统中液压泵的工作压力为 10MPa，实际输出流量 $q=40\mathrm{mL/min}$，容积效率 $\eta_v=0.9$，机械效率 $\eta_m=0.9$。试求驱动液压泵的电动机功率。
9. 常用液压缸有哪几种？各有什么特点？适用于什么场合？
10. 气压传动系统由哪几部分组成？各有何作用？
11. 气压传动有何特点？
12. 气罐在气压传动中有何作用？
13. 简述活塞式压缩机的工作原理。
14. 空气过滤器有何作用？
15. 油雾器有何作用？

16. 简述气缸有哪些种类，各有什么特点。

17. 气动马达有何特点？

18. 图 3-123 所示为双手控制气缸往复运动回路图，该回路能否正常工作？有何改进建议？

19. 图 3-124 所示回路中，溢流阀的调整压力为 5MPa，减压阀的调整压力为 2.5MPa，试分析下列各情况：

1）当泵压力等于溢流阀调定压力时，夹紧缸使工件夹紧后，*A*、*B*、*C* 三点的压力各为多少？

2）当工作缸快进，泵压力降到 1.5MPa 时（工件原先处于夹紧状态），*A*、*B*、*C* 三点的压力各为多少？

3）夹紧缸在夹紧工件前作空载运动时，*A*、*B*、*C* 三点的压力各为多少？

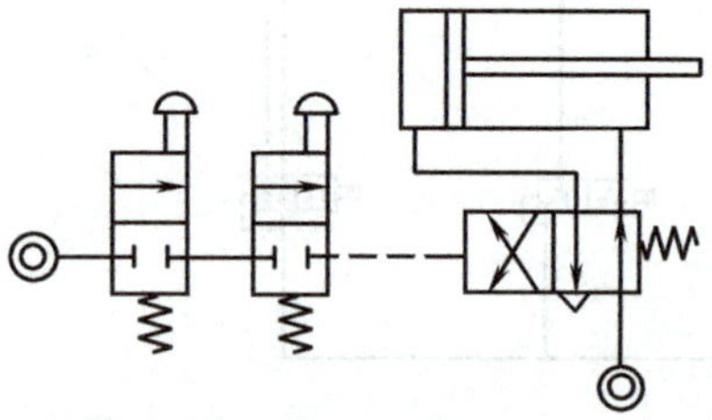

图 3-123　题 18 图

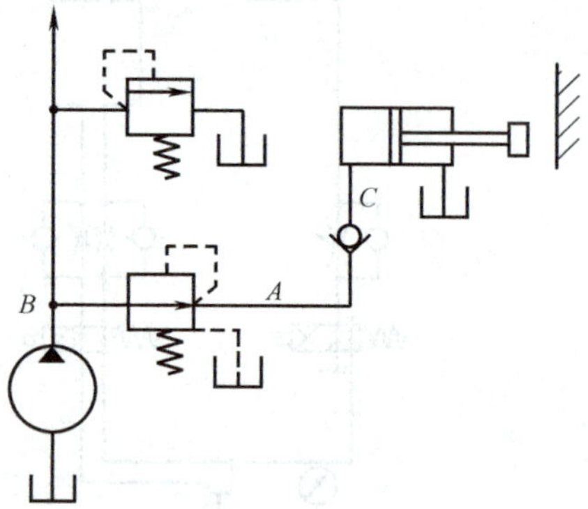

图 3-124　题 19 图

20. 液压系统分析：如图 3-125 所示，液压系统能实现“快进—工进—快退—卸荷”的工作循环，要求：

1）说明图中注有序号的液压元件的名称。

2）填写电磁铁动作顺序表。

21. 某液压泵的工作压力为 40bar，输出流量为 48L/min，主轴转速为 1200r/min。试问：

1）如将转速提高到 1800r/min，输出流量是多少？此时压力变化吗？

2）如将负载加大一倍，此时液压泵工作压力应是多少？输出流量会变化吗？

22. 图 3-126 所示为两个结构相同相互串联的液压缸，无杆腔面积 $A_1=100\times10^{-4}\text{m}^2$，有杆腔面积 $A_2=80\times10^{-4}\text{m}^2$，缸 1 输入压力 $p_1=0.9\text{MPa}$，输入流量 $q_1=12\text{L/min}$，不计损失和泄漏，求：

1）两缸承受相同负载（$F_1=F_2$）时，该负载的数值及两缸的运动速度。

2）缸 2 的输入压力是缸 1 的一半（$p_2=1/2p_1$）时，两缸各能承受多大的负载？

3）缸 1 不承受负载（$F_1=0$）时，缸 2 能承受多大的负载？

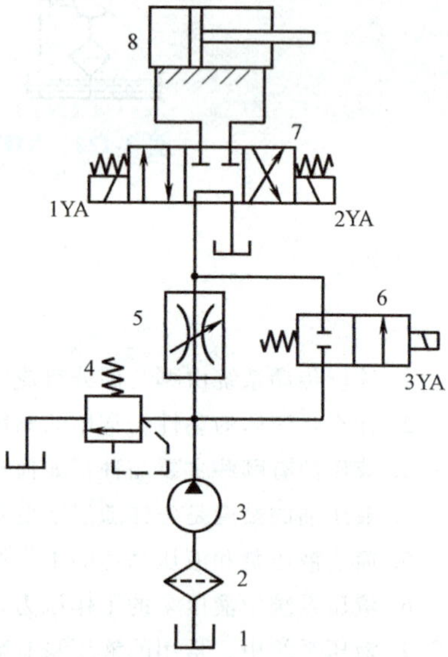

图 3-125　题 20 图

23. 在图 3-127 所示回路中，已知活塞在运动时所需克服的摩擦阻力 $F=1500\text{N}$，活塞面积 $A=15\text{cm}^2$，溢流阀的调整压力 $p_Y=4.5\text{MPa}$，两个减压阀的调整压力分别为 $p_{J1}=2\text{MPa}$，$p_{J2}=3.5\text{MPa}$，如管道和换向阀的压力损失均可不计，试问：

1）DT 吸合和不吸合时对夹紧压力有无影响？夹紧压力分别为多少？

2）如减压阀的调整压力改为 $p_{J1}=3.5\text{MPa}$，$p_{J2}=2\text{MPa}$，DT 吸合和不吸合时对夹紧压力有何影响？夹紧压力分别为多少？

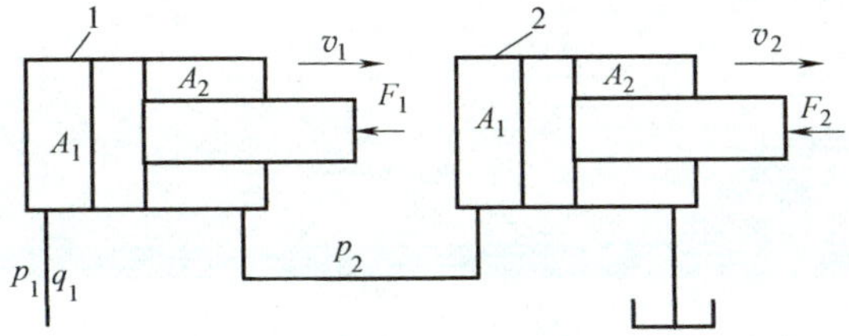

图 3-126　题 22 图

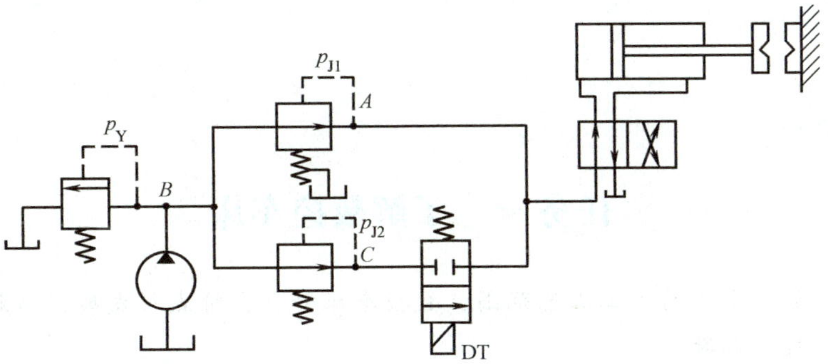

图 3-127　题 23 图

素养提升

智能设备维修神医——刘云清

刘云清本是一名中专毕业的钳工，却因为掌握了多门本领，被人称作“维修神医”“智能设备制造专家”。中车集团有一台全国顶级的22000t的一次锻压成形机，专门为“复兴号”高铁列车生产锻钢制动盘。作为厂里唯一全面掌握这台机器维修技术的专家，刘云清维修技术之高，远近闻名。为了不求人，原本只懂机械维修的刘云清，苦学电气、液压、软件等知识。渐渐地，他会的东西越来越多，也不再满足于维修工作，逐渐把目光移向了设备研发。“复兴号”高铁列车齿轮箱体内部结构复杂，原本装配前都需要进行人工清洗，但清洗后依旧残留的铁锈渣直接影响着齿轮的寿命。为了解决这个问题，刘云清先后拿出十多个论证方案，用了整整两年的时间，成功打造出了世界首台高铁齿轮箱全密封清洗机。

如今，中专学历的刘云清，手下却带着一批博士、硕士，他带队自主研发的设备直接创造经济效益超过1.5亿元。而这些，在刘云清看来，还只能算是跨出的小小一步。

学习项目四

数控车床结构分析

任务一　了解数控车床

任务内容： 数控车床的加工工艺范围，数控车床分类、特点与发展、布局形式、组成和技术参数。

任务目标： 通过学习，掌握数控车床的加工工艺范围、分类，了解数控车床的特点与发展，熟悉数控车床的结构布局形式，了解 MJ—50 型数控车床的组成与相关技术参数。

一、工艺范围与分类

1. 数控车床加工工艺范围

在现代制造业中，数控车削加工是数控加工中应用最为广泛的方法之一。数控车床主要用于对各种回转体表面进行加工，诸如内外圆柱面、内外圆锥面、成形回转面、螺纹面、高精度回转曲面、端面及端面螺纹面等的加工。在数控车床上所使用的刀具有各种车刀、钻头、铰刀、镗刀以及螺纹刀具等。图 4-1 所示为数控车床主要加工工艺范围。

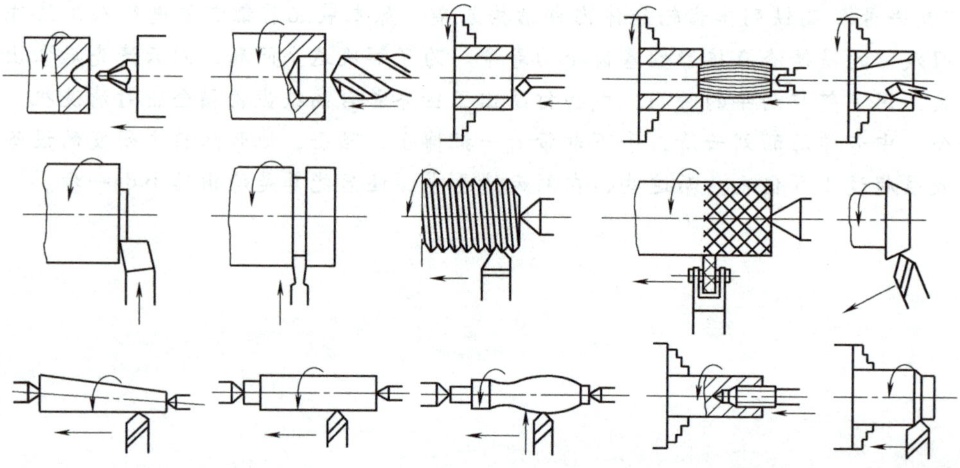

图 4-1　数控车床主要加工工艺范围

相比于普通车床来说，数控车床加工工序集中，如果数控车床具有多工位的刀架，则在该数控车床上可以完成零件的多道工序加工。如图 4-2 所示，零件不同部位采用不同刀具加工，可以在机床上一次性装夹完成所需要部位的加工，反映了数控车床工序集中及柔性化程度高等特点。

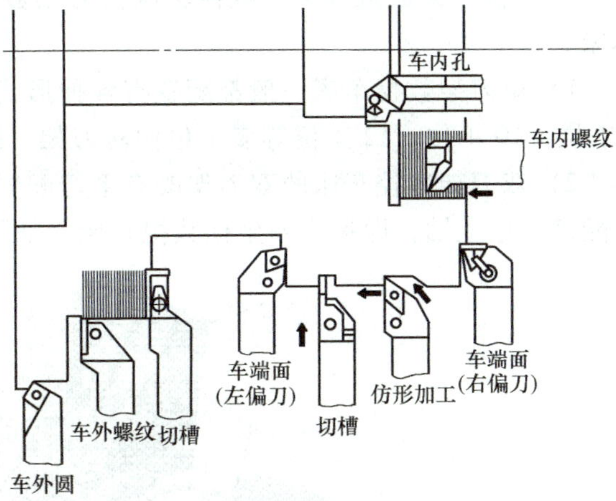

图 4-2 各种型面车削加工示意图

2. 数控车床的分类

(1) 按主轴位置分类 数控车床按其主轴位置布置方式可分为立式数控车床和卧式数控车床两大类。

1) 卧式数控车床又分为数控水平导轨卧式车床（平床身数控车床）和数控倾斜导轨卧式车床（斜床身数控车床）。其中斜床身的倾斜导轨结构可以使车床具有更大的刚性，易于排出切屑，且相对占地面积较小，一般倾斜角为 60°为宜。图 4-3 所示为带自动排屑装置的卧式斜床身数控车床。

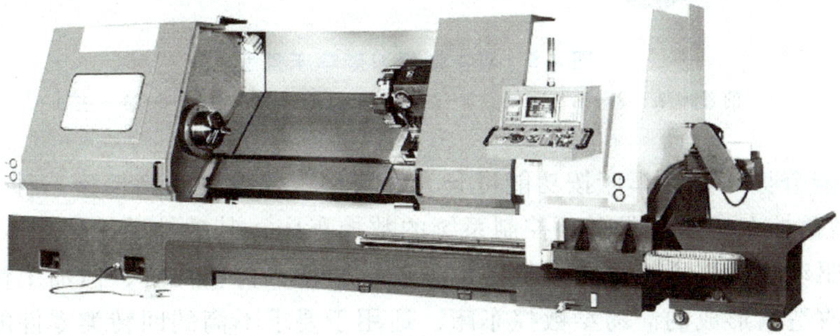

图 4-3 带自动排屑装置的卧式斜床身数控车床

2) 立式数控车床简称为数控立车，其主轴垂直于水平面，有一个直径很大的回转工作台用来装夹工件，如图 4-4 所示。该类机床主要用于加工径向尺寸大、轴向尺寸相对较小的大型复杂零件，例如重型汽车轮毂等。

图 4-4 立式数控车床

（2）按刀架数量分类 数控车床按刀架数量不同可分为单刀架数控车床和双刀架数控车床。

1）单刀架数控车床一般都配置有各种形式的单刀架，如4工位卧动转位刀架，6工位、8工位、10工位、12工位等多工位回转刀架。图4-3所示为单刀架数控车床。

2）双刀架数控车床的双刀架既有平行配置的，也有相互垂直分布的，如果尾座部分再装配第二根主轴，即称为四坐标数控车床，如图4-5所示。

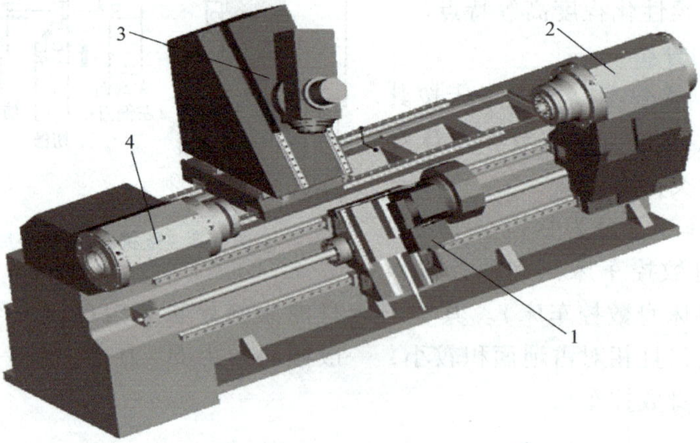

图4-5 双主轴双刀架车床模型

1—前置刀架 2—第二主轴 3—后置刀架（含立铣头） 4—第一主轴

（3）按功能分类 数控车床按功能可分为经济型、普及型和高档型三种。

1）经济型数控车床通常是开环控制系统的数控车床，其数控系统采用8位的CPU或单片机控制，其驱动装置采用步进电动机即可，成本较低，价格便宜，但加工精度较低，通常是对普通车床改造后形成的简易型数控车床，适用于要求不高的回转类零件的车削加工。

2）普及型数控车床是根据车削加工要求在结构上进行专门设计并配备通用数控系统而形成的，数控系统功能较强，通常采用16位及以上的CPU，具有图形显示功能，其自动化程度和加工精度也比较高，适用于形状较为复杂的回转类零件车削加工。这种数控车床可同时控制两个坐标轴，即X轴和Z轴，可实现两轴联动加工。

3）高档型数控车床的数控系统采用32位CPU或更高性能的CPU，分辨率可达0.1μm，具有可视化的图像显示功能，在伺服装置方面采用全数字化交流伺服电动机驱动。该类机床通常在结构上增加了C轴和动力头，甚至带有刀库，可控制X、Z和C三个坐标轴。图4-6所示为车削中心局部图。由于增加了C轴和铣削动力头，这种数控车床的加工功能大大增强，除可以进行一般车削外还可以进行径向铣削、

图4-6 车削中心局部图

轴向铣削、曲面铣削、中心线不在零件回转中心的孔和径向孔的钻削等加工。

（4）按加工工件的类型分类 数控车床可分为卡盘式、顶尖式等。

1）卡盘式数控车床没有尾座，适合车削盘类（含短轴类）零件，采用液压或电动卡盘装夹工件，卡盘多具有可调卡爪或不淬火卡爪（即软卡爪）。

2）顶尖式数控车床配有普通尾座或数控尾座，适合车削较长的零件及直径不太大的盘类零件。

（5）其他方式分类 数控车床的分类还有很多种方法，如按特殊或专门工艺性能可分为螺纹数控车床、活塞数控车床、曲轴数控车床等多种。

二、数控车床的特点与发展

1. 数控车床的特点

随着数控技术的发展与应用，现代数控车床具有以下主要特点：

（1）传动机构简单 数控车床传动机构无论是主运动传动机构，还是进给运动传动机构都较传统普通机床简单得多，如图 4-7 所示。

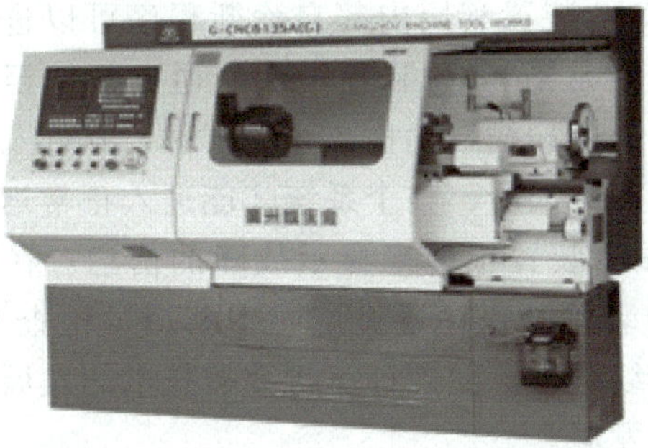

a)

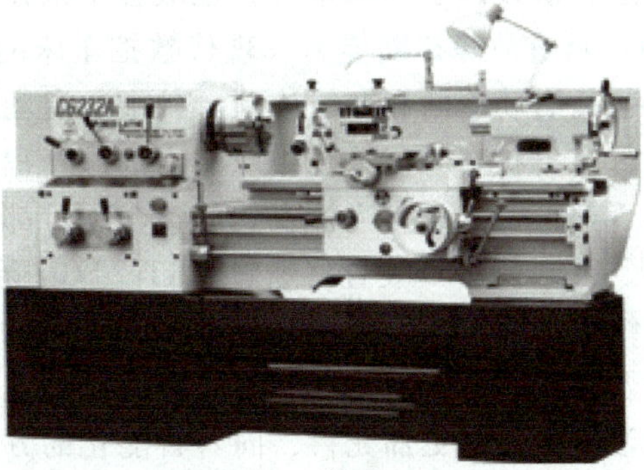

b)

图 4-7 数控车床与普通车床

a）数控车床 b）普通车床

1）在主运动传动机构方面，数控车床通常是通过带传动或两级以下的齿轮传动将主电动机和主轴连接在一起；而传统普通车床是由带传动和复杂的多级齿轮传动组成的中间传动机构连接主电动机与主轴。另外，数控车床的主电动机是可控制的无级调速伺服电动机；而普通车床主电动机则是传统的三相异步电动机，其转速和转动方向都不能直接控制，因此，在操作普通车床时是通过其主轴箱外部操纵手柄来控制机床主轴的转速和转向的。

2）在进给运动传动机构方面，数控车床的进给传动机构是由相应的坐标进给伺服电动机通过一对齿轮副（或者是直接通过联轴器）、滚珠丝杠副与刀架组成，通常数控车床有 X、Z 两个坐标进给机构，这两个坐标进给运动和主运动通过数控装置进行协调控制，从而实现零件加工过程中所需的运动轨迹；而普通车床的进给机构是由进给箱、丝杠或光杠、溜板箱等机构组成，其机械结构复杂，在加工零件的过程中需要操作人员熟练操纵进给箱和溜板箱上的手柄来控制机床运动。

（2）工艺复合化和功能集成化 数控车床最主要的特点就是加工工艺复合化、加工对象多样化，柔性化程度较高，适应性强。随着计算机数控技术的发展，数控车床的功能集成化程度也越来越高。

(3) 加工生产效率高 数控车床的主轴转速和进给速度变化范围很大，且可实现无级调速，加工时选用最佳切削用量可缩短机动时间。数控车床的生产效率一般为传统普通车床的2~6倍。因此，使用数控车床，可降低加工成本。

(4) 能加工复杂的回转表面，保证加工精度和质量 对于复杂的零件回转表面，事先通过对零件复杂表面进行数学处理后，编制出加工程序，通过加工程序来控制刀具相对于零件产生切削运动轨迹，不仅避免了人为操作误差或失误，也避免了利用成形刀具加工产生的误差等。数控车床本身具有很高的重复定位精度，在加工同一批零件时，能保证加工零件的一致性，保证零件加工精度和质量。

(5) 减轻了操作者的劳动强度 数控车床的操作不像传统普通车床的操作，由于机床的各个执行部件（如主轴、刀架）运动都是由数控装置统一协调控制各个执行部件的电动机来完成的，因此对于数控车床操作人员来说，只要将程序正确输入、正确完成工件装夹、对刀、偏置参数设置等加工准备工作后，按下机床CNC面板上的循环起动按钮即可，接下来就是数控装置根据加工程序来控制机床各部分执行部件的运动。操作过程简单，生产环境比较舒适，既改善了劳动条件，也减轻了操作者的劳动强度。

(6) 具有故障诊断能力 现代数控车床的CNC装置利用内部自诊断程序可以进行故障诊断，包括启动诊断和在线诊断。其中，启动诊断是指CNC装置每次从通电开始至进入正常的运行准备状态时，系统相应的内部诊断程序通过扫描自动检查系统硬件、软件及有关外设等是否都正常。只有当检查到的各个项目都正确无误后，整个系统才能进入正常运行的准备状态。否则，CNC装置将通过CRT、LCD等显示装置报警来显示故障的信息。在线诊断是指系统处于正常运行状态时，由系统相应的内装诊断程序通过定时中断扫描检查CNC装置本身及外设，只要系统不断电，在线诊断就持续进行。随着计算机数控技术的发展，机床的故障诊断能力将更加完善，向着智能化的方向发展。

2. 数控车床的发展

随着科学技术的发展，数控车床及其数控控制系统也向更高的水平和层次迈进。当前数控车床的发展趋势如下：

(1) 高速化、高精度化 高速化、高精度化是当前所有数控车床发展的主流方向。现今，产品零件的加工以复杂、多变且要求精度高的中小批量生产为主，这不仅要求零件加工符合图样技术要求，还要求生产效率高。因此，数控车床朝着高速化、高精度化发展为主流发展方向。

(2) 柔性化 柔性化指的是机床适应加工对象变化的能力。柔性化的生产组织方式，可满足加工对象小批量、多品种、变化频繁的特点。数控车床的发展趋势是从两轴联动的控制向多轴控制发展，例如，带有C轴功能和动力刀架的数控车床，能够完成零件的车削加工、铣削加工以及分度加工等功能；有的还配备刀具库，如实现自动换刀的车削中心机床，即柔性加工单元（FMC）。

(3) 智能化 智能化的内容在数控车床中应该是对数控系统的要求，包括加工效率、加工质量、提高驱动性能及使用连接方便、简化程序与操作、智能诊断与监控等多方面。

(4) 绿色化、人文化 绿色制造和人文制造赋予了现代制造业新的内涵，绿色制造所追求的是机床加工对环境污染小，甚至无污染；而人文制造指的是生产出的产品不仅在性能上能满足要求，而且在外观方面也具有观赏性等。

（5）网络化、集成化　网络化与集成化也是数控车床的发展方向之一，人们将逐渐感受到这一变化。目前有些企业的局域网络化和集成化已经实现，数控车床已成为企业集成化管理的一个重要组成部分。

三、数控车床的布局形式

1. 影响数控车床布局形式的主要因素

数控车床布局形式的不同，主要反映在机床的结构上，包括主轴箱、尾座、刀架、床身和导轨等结构部件的布置。这些结构部件的布局形式又受到哪些因素的影响呢？

（1）工件形状、尺寸和精度的方面影响　图 4-8 所示为不同的工件尺寸、质量（工件直径 d 的大小）对数控车床布局的影响。通常，轴类工件的加工是在卧式数控车床上进行的，如果是细长轴类零件，则要求车床尾部有尾座顶针，车床刀架部位有中心架或跟刀架。如果是加工盘类零件，车床通常以端面车床、立式车床布局形式为主。

（2）生产效率的影响　产品零件加工效率的高低，对车床的布局也有一定影响。例如，一般的数控车床布局只有一个主轴和一个刀架，有的车床为了减少零件装夹次数，提高加工效率，在尾座部位安装第二主轴，并配置前刀架和后置刀架，即四坐标车床。

（3）机床占地面积的影响　不同布局的数控车床占地面积也有所不同，不仅要综合考虑加工零件特征，还要考虑车床的占地面积和整体布局，这也是影响数控车床布局的因素之一。

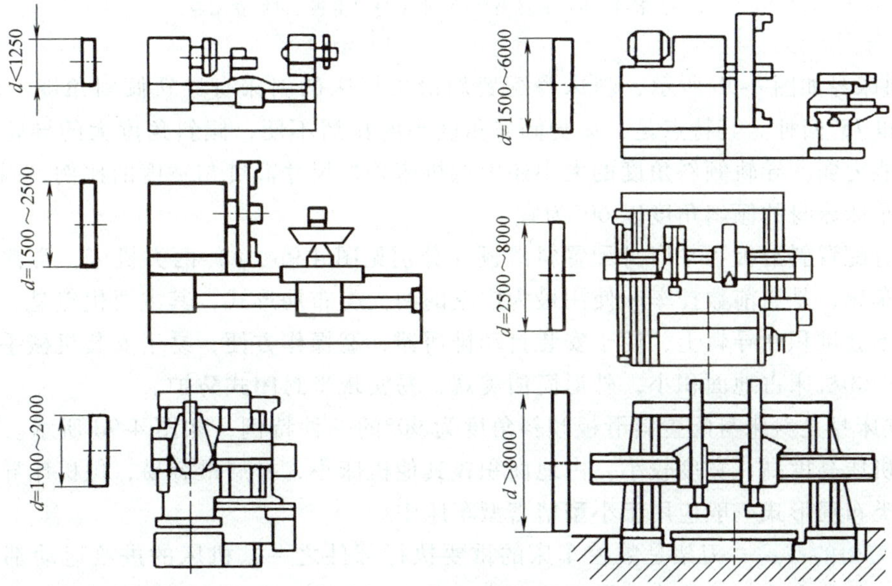

图 4-8　工件尺寸、质量对数控车床布局的影响

2. 数控车床主要布局形式

（1）床身与导轨的布局　数控车床的床身与导轨有四种布局形式，床身导轨与水平面的相对位置如图 4-9 所示。床身与导轨的布局形式对车床的性能影响很大，床身是整个机床的主要承载部件，是机床主体；导轨也是承载机床运动部件的主要部件，同时起到运动导向

的作用，是影响机床运动精度的重要部件之一。

1）平床身机床的工艺性好，便于导轨面的加工，如图 4-9a 所示。水平床身配上水平放置的刀架能够提高刀架的运动精度，一般可用于大型数控车床或小型精密数控车床的布局。但水平床身下部空间小，易造成排屑困难。从结构尺寸来看，刀架水平放置使得滑板横向尺寸较大，从而加大了机床宽度方向的结构尺寸。若水平床身上配置倾斜放置的滑板以及倾斜式的导轨防护罩（见图 4-9c），则一方面保留了水平床身工艺性好的特点，另一方面机床宽度方向的尺寸也比水平配置滑板布局形式的尺寸有所减小，也便于排屑。

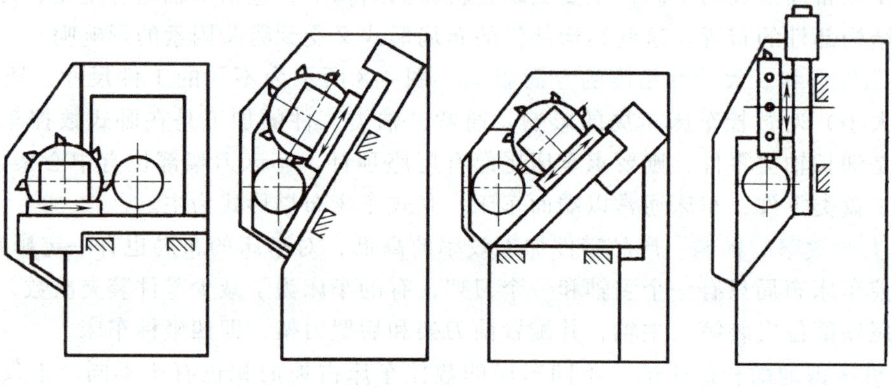

图 4-9 数控车床主要布局形式

a）平床身 b）斜床身 c）平床身斜滑板 d）立床身

2）斜床身如图 4-9b 所示，斜床身配置斜滑板机床的斜床身导轨倾斜角度一般有 30°、45°、60°和 75°四种。其特点是：床身倾斜角度小的排屑不便；倾斜角度大的导轨导向性能差，承载能力弱。导轨倾斜角度的大小还影响机床外形尺寸高度与宽度的比例，因此，中小规格数控车床床身的倾斜角度以 60°为宜。

斜床身配置斜滑板和平床身配置斜滑板（分别见图 4-9b、c）两类机床，常常应用于中小型数控车床，是当前数控车床使用最为广泛的两大类布局形式，其主要优点是：①排屑方便，热屑不会堆积在导轨上，便于安装自动排屑器；②操作方便，易于安装机械手，可实现单机自动；③机床占地面积小，外形简洁美观，易实现半封闭式防护。

3）立床身是斜床身配置斜滑板倾斜角度为 90°的一种特例，如图 4-9d 所示。采用该布局形式的机床高度高，宽度较小，占地面积较其他机床小，排屑最容易，但机床导轨承载能力差，这类布局形式一般应用于小型精密型车床中。

（2）刀架的布局　刀架是数控车床的重要执行部件之一，机床的进给运动都是由该部件完成的。数控车床刀架分为回转刀架和排式刀架两大类，常用的两轴联动数控车床多采用回转刀架。回转刀架在车床上的布局形式有两种：

1）用于盘类零件的加工，其回转轴线垂直于主轴。

2）用于轴类和盘类零件的加工，其回转轴线平行于主轴。

除此之外，数控车床还有四坐标控制，即前面所说的双主轴双刀架机构，两个刀架同时加工同一工件的不同部位，既提高了加工效率，又扩大了加工工艺范围，适合于加工曲轴等形状复杂且批量较大的工件，如图 4-5 所示。

（3）主轴箱与尾座的布局形式　数控车床主轴箱与尾座相对于床身布局形式与普通卧式车床基本一致。数控卧式车床主轴箱布置在车床的左端，用于传递动力并支承主轴部件；尾座布置在车床的右端，用于支承工件或安装刀架。

四、数控车床的组成与技术参数

1. 数控车床的组成

数控车床机械结构的配置如图 4-10 所示，数控车床机械结构主要由床身、主轴机构（包括主轴、卡盘、主轴电动机或 *C* 轴功能的主轴电动机等）、自动送料机构、刀架（包括标准刀架、VDI 刀架及动力刀架等）、尾座（或第二主轴机构）以及其他辅助机构（如排屑器、集屑车等）组成。除此之外还有相应的导轨副、滚珠丝杠副、联轴器等中间传动机构及其他连接机构。完整的数控车床还要有相应的数控系统、伺服驱动系统、位置检测反馈装置以及辅助控制装置（PLC）等。下面就以典型的 MJ—50 型数控车床为例作介绍。

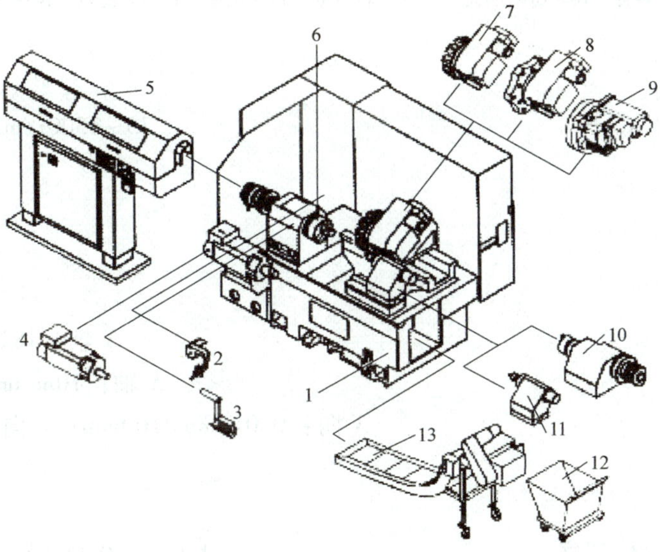

图 4-10　数控车床机械结构配置图

1—床身　2—工件接收器　3—对刀仪　4—主轴电动机　5—自动送料机构　6—主轴箱　7—标准刀架　8—VDI 刀架　9—动力刀架　10—第二主轴　11—尾座　12—集屑车　13—排屑器

2. MJ—50 型数控车床

MJ—50 型数控车床由济南一机床集团有限公司生产，是一种较为典型的数控车床，可配 FANUC 或 SIEMENS 等数控系统，可完成轴套类零件各种回转表面的加工，其组成如图 4-11 所示。

MJ—50 型数控车床的主要技术参数：

（1）机床主体部分主要技术参数

允许最大工件回转直径	500mm
最大车削直径	310mm
最大车削长度	650mm

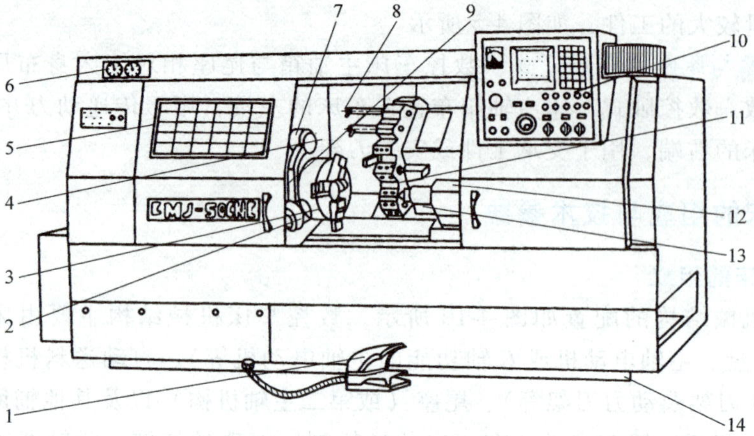

图 4-11 MJ—50 型数控车床

1—脚踏开关 2—对刀仪 3—卡盘 4—主轴箱 5—防护门 6—压力表 7、8—防护罩 9—转臂 10—CNC 装置 11—回转刀架 12—尾座 13—斜滑板 14—床身

极限车削直径	350mm
主轴转速范围	35～3500r/min（连续无级调速）
恒转矩范围	35～437r/min
恒功率范围	437～3500r/min
主轴通孔直径	80mm
拉管通孔直径	65mm
刀架有效行程	X 轴：182mm；Z 轴：675mm
快速移动速度	X 轴：10m/min；Z 轴：15m/min
定位精度	X 向：0.015mm/100mm；Z 向：0.025mm/300mm
刀架装刀数	10 把
刀架工位	10 工位
刀架分度重复定位精度	X 向：±0.003mm；Z 向：±0.005mm
尾座套筒直径	90mm
尾座套筒行程	130mm
机床外形尺寸	2995mm×1367mm×1796mm（见图 4-12）

（2）CNC 装置相关性能参数 该数控车床配备 FANUC 0TE 数控系统，具有以下主要性能：

控制轴	X 轴和 Z 轴
联动轴数	2
最小输入增量	X 向：0.001mm；Z 向：0.001mm
最小指令增量	X 向：0.005mm/P；Z 向：0.001mm/P
最大编程尺寸	±9999.999mm
直线插补	G01
全象限圆弧插补	G02，G03
进给功能	

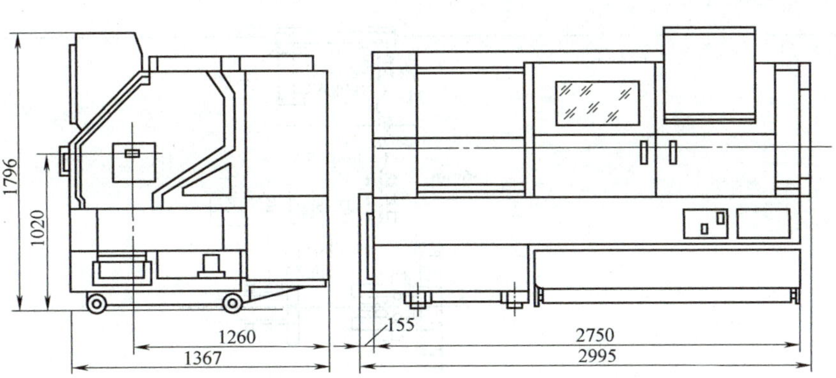

图 4-12 MJ—50 型数控车床外观图

主轴功能
刀具功能
辅助功能
编程功能
安全功能
手动数据输入（MDI）
数据显示（CRT）
自诊断功能

以上为 MJ—50 型数控车床的组成及主要技术参数介绍，其他类型数控车床的组成及其主要技术参数都有类似和相同之处。

任务二 分析数控车床的传动与结构

任务内容： MJ—50 型数控车床的主传动系统与主轴箱结构、进给传动系统与传动装置、自动回转刀架、尾座及辅助装置等知识。

任务目标： 通过对 MJ—50 型数控车床传动系统及结构的学习，掌握数控车床各传动系统及其结构的知识，了解其他类型数控车床的传动系统与结构。

一、主传动系统与主轴箱结构

1. 传动系统

数控车床传动系统指的是通过一系列传动件（如齿轮、带轮、带等）将执行件（如主轴、刀架等）与动力源（如主轴电动机、进给电动机等）联系起来所组成的系统。图 4-13 所示为标准型 MJ—50 数控车床传动系统图。

数控车床的传动与结构

2. 主传动系统

数控车床主传动系统指的是通过一系列传动件（如齿轮、带轮、带等）将主轴与主轴电动机联系起来所组成的传动系统。如图 4-13 所示，该机床的主传动系统是由功率为 11kW 的 AC（交流）伺服电动机，经一级速比为 1∶1 的弧齿同步带轮传动，直

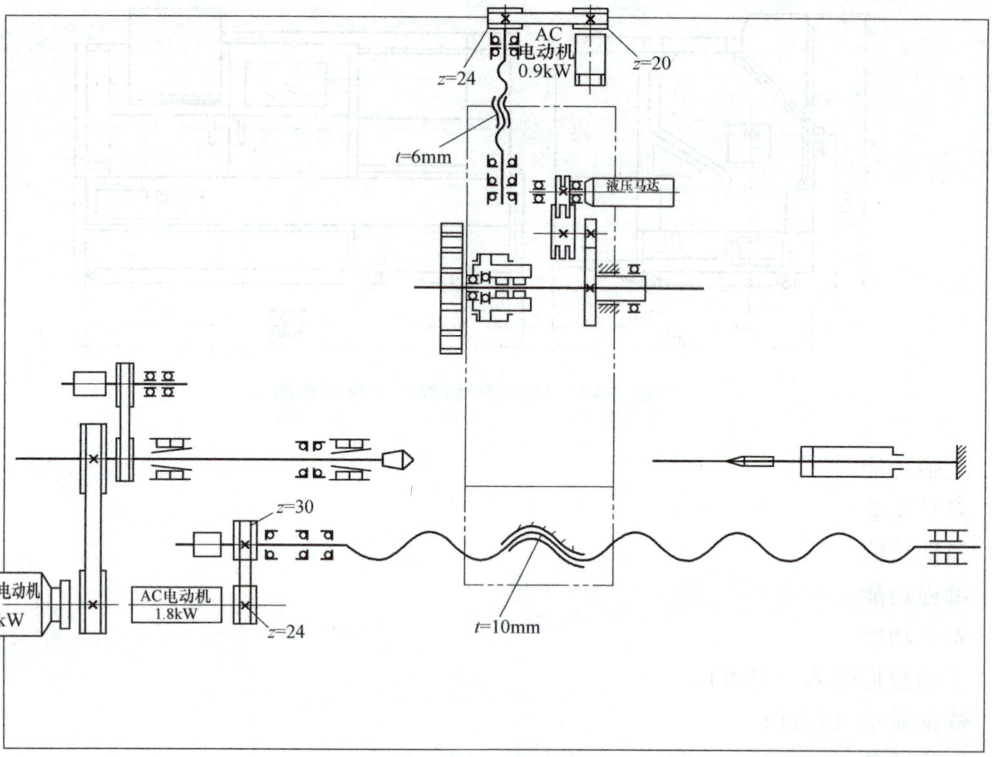

图 4-13 标准型 MJ—50 数控车床传动系统图

接带动主轴传动。主轴后端还安装一个同步带轮，与另一个同步带轮按 1∶1 传动带动一个脉冲编码器，从而对主轴转动的角位移量、转速等进行实时检测，并将检测结果反馈至 CNC 装置，以便控制主轴转动，通常在加工工件的螺纹时十分有用。图 4-14 所示为主传动系统实体图。

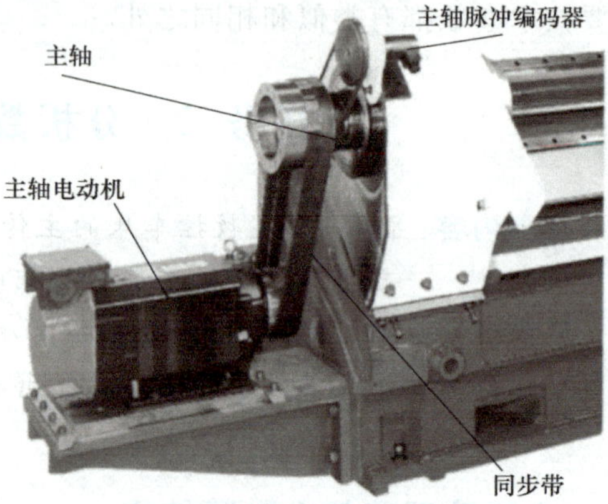

图 4-14 主传动系统实体图

主轴可在 35～3500r/min 的转速范围内实现无级调速，对比于传统的普通车床主传动系统来说，该传动机构简单，没有齿轮副、离合器、制动装置等，因此，传动误差减小，传动精度提高，也便于机床的维护与维修。

该机床主轴功率转矩特性如图 4-15 所示。该图说明了主轴转矩、功率与转速之间的关系。通过图示可知，主轴在低速（35～437r/min）状态下，主轴电动机是在恒转矩条件下调速；主轴在高速（437～3500r/min）状态下，主轴电动机是在恒功率的条件下调速。

3. 主轴箱结构

主轴箱通常由主轴、主轴箱体、轴承、带轮、螺母、螺钉等零部件组成。对于主轴转动来说，影响主轴精度的主要因素是主轴轴向圆跳动误差和主轴径向圆跳动误差两方面。为此，在分析主轴箱结构时，除了了解主轴箱的结构组成，更重要的是分析主轴在主轴箱体中

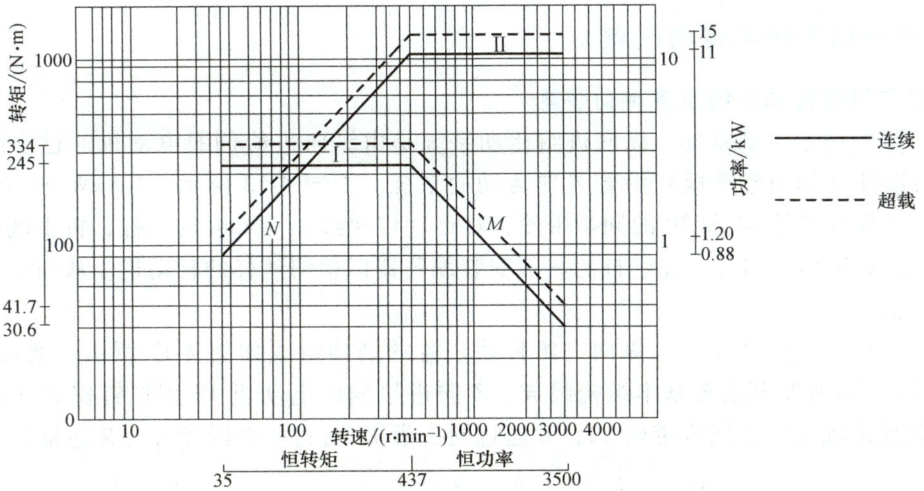

图 4-15 主轴功率转矩特性图

的安装及支承方式，如图 4-16 所示。

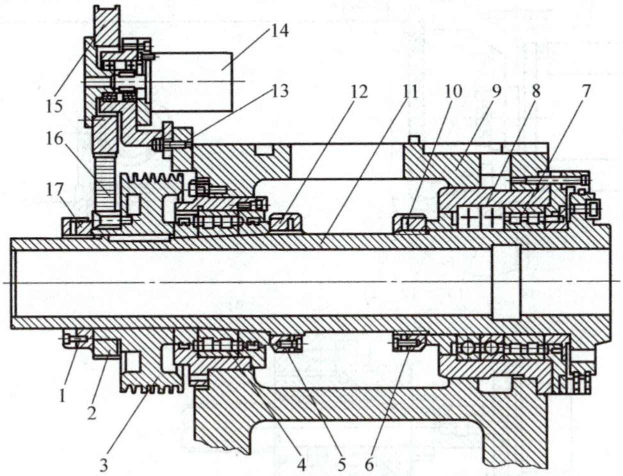

图 4-16 MJ—50 型数控车床主轴箱结构简图

1、5、6、13—螺钉 2、15—同步带轮 3—大带轮 4、7—圆柱滚子轴承 8—角接触球轴承 9—主轴箱体 10、12、17—螺母 11—主轴 14—脉冲编码器 16—同步带

从主轴支承方式来看，主轴 11 前端是由一个圆锥孔双列圆柱滚子轴承 7 和一对“背靠背”形式的角接触球轴承 8 共同支承，其中轴承 7 主要用来承受径向载荷，轴承 8 用来承受双向的轴向载荷和径向载荷；后端是由一个圆锥孔双列圆柱滚子轴承 4 支承，用来承受主轴后端径向载荷。轴承采用油脂润滑，靠非接触式迷宫套密封。从轴承安装调整来看，前端轴承是用螺母 10 调整，用螺钉 6 固定螺母 10；后端轴承由螺母 12 和螺母 17 来调整，分别用螺钉 5 和螺钉 1 来锁紧固定。MJ—50 型数控车床主轴采用该方式支承的优点是以前端定位，主轴受热膨胀向后伸长，前后支承所用圆锥孔双列圆柱滚子轴承的支承刚性好，允许极限转速高。图中主轴旋转位置和速度分别由主轴后端同步带轮 2 通过同步带 16 驱动同步带轮 15 带动脉冲编码器 14 进行检测，并由该装置将检测结果反馈至机床 CNC 装置。

二、进给传动系统与传动装置

1. 纵向进给传动系统及其传动装置

（1）纵向进给传动系统　纵向进给传动系统是由纵向进给伺服电动机通过中间传动件带动执行部件（如刀架滑板）沿着 Z 向运动的系统。如图 4-13 所示，1.8kW 的 AC 电动机通过一对齿数分别是 24 和 30 的同步带轮，将运动传递给 $t=10\text{mm}$ 的丝杠，再由丝杠上螺母带动刀架滑板运动。同时，在丝杠的一端安装编码器以检测丝杠的转动量，从而实现机床的半闭环控制。

（2）纵向进给传动装置　纵向进给传动装置的结构组成如图 4-17 所示。通过图 4-17a 与图 4-17b 可以观察其装置基本结构组成，Z 向进给伺服电动机 14 用螺钉安装在机床床身 13 上，其输出轴端安装同步带轮 12，并通过同步带 11 与另一个同步带轮 2 连接，同步带轮

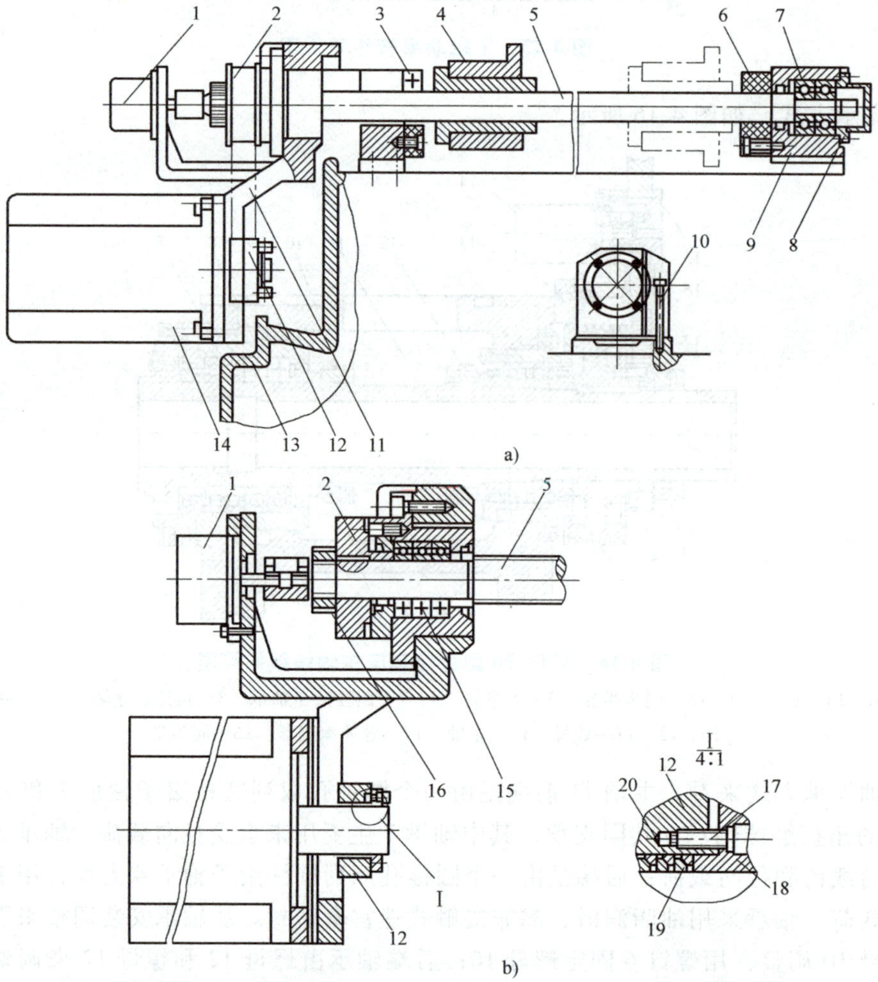

图 4-17　MJ—50 型数控车床纵向进给传动装置结构简图

1—脉冲编码器　2、12—同步带轮　3、6—缓冲挡块　4、8、16—螺母　5—滚珠丝杠　7—轴承　9—轴承座　10、17—螺钉　11—同步带　13—床身　14—进给伺服电动机　15—角接触球轴承　18—法兰　19—内锥环　20—外锥环

2 安装在滚珠丝杠 5 的一端，用螺母 16 调整锁紧。滚珠丝杠 5 两端分别用轴承支承，其中图示左端用三个角接触球轴承支承，以抵消丝杠所受到的径向载荷和轴向载荷，右端用圆柱滚子轴承支承，该支承方式可提高滚珠丝杠刚性，两端轴承都有相应的螺母调整，并用螺钉进行锁紧固定（滚珠丝杠其他支承方式在学习项目二中已有介绍）。另外，图中 3 和 6 是缓冲挡块，在出现意外碰撞时起保护作用。在丝杠的左端通过联轴器直连了一个脉冲编码器 1，该装置通过螺钉安装在机床床身上，可以实时检测丝杠运动量，并将检测量反馈至数控装置以便准确控制机床在 Z 向的进给运动。

2. 横向进给传动系统及其传动装置

（1）横向进给传动系统　横向进给传动系统是由横向进给伺服电动机通过中间传动件带动执行部件（如回转刀架）沿着 X 向运动的系统。如图 4-13 所示，0.9kW 进给伺服电动机通过一对齿数分别是 20 和 24 的同步带轮，将运动传递给 $t=6$mm 的丝杠，再由丝杠上螺母带动回转刀架沿着装夹工件直径（X 方向）方向运动。

（2）横向进给传动装置　横向进给传动装置的结构如图 4-18 所示。X 向进给电动机 15 用螺钉安装在滑板 1 上，其一端安装脉冲编码器 16，作用同上所述，其输出轴端通过键 13 连接同步带轮 14，并以同步带轮 12 带动另一同步带轮 10，同步带轮 10 安装在滚珠丝杠 6 的一端，并用螺母 11 调整锁紧。滚珠丝杠 6 两端分别由一对球轴承和三个球轴承支承，轴承外圈分别由轴承座支承（如 A—A 剖视图表示滚珠丝杠前支承的轴承座 4 通过螺母 2 调整，通过螺钉 20 固定在滑板 1 上），丝杠两端采用角接触球轴承支承，可以承受丝杠上的双向载荷，这种丝杠两端固定方式，虽然结构和工艺较复杂，但可以提高丝杠的轴向刚性。图

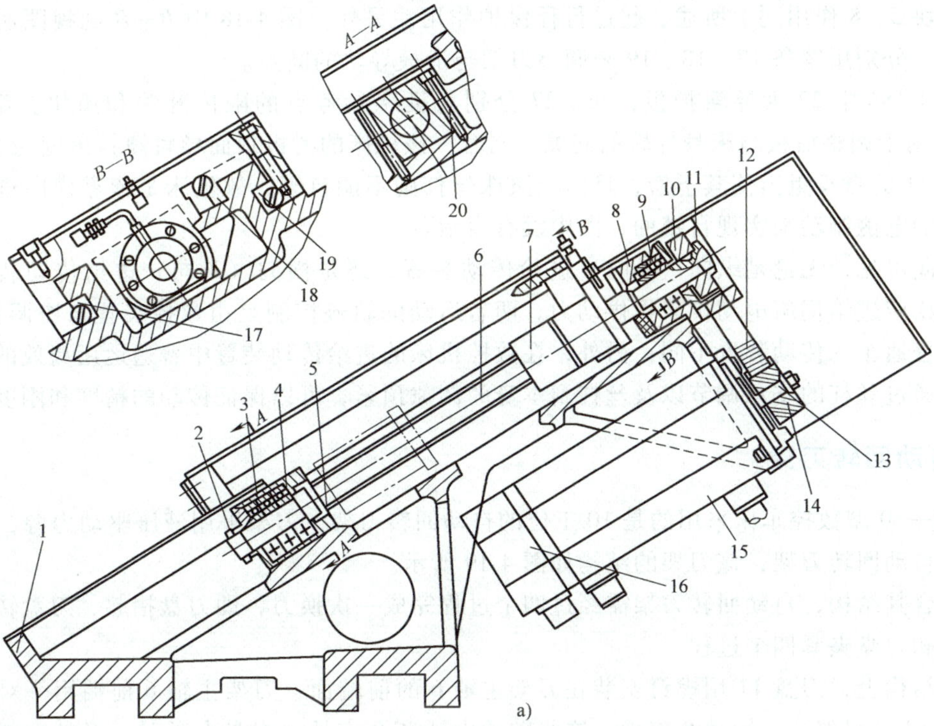

图 4-18　MJ—50 型数控车床横向进给传动装置结构简图

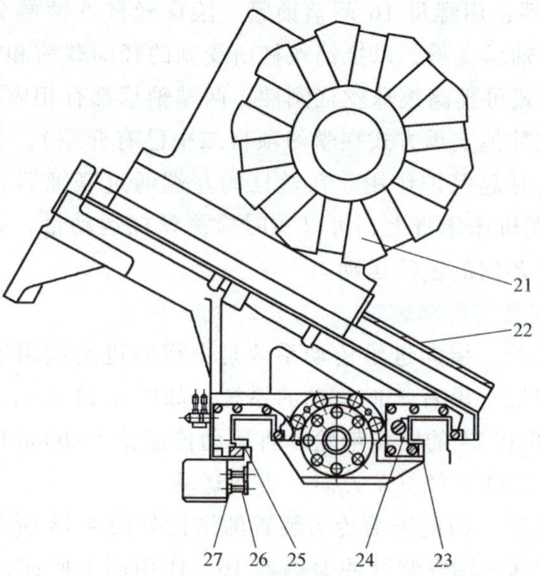

b)

图 4-18 MJ—50 型数控车床横向进给传动装置结构简图（续）

1—滑板 2、11—螺母 3、9—轴承 4—轴承座 5、8—缓冲块 6—滚珠丝杠 7—丝杠螺母 10、12、14—同步带轮 13—键 15—进给电动机 16—脉冲编码器 17、18、19、23、24、25—镶条 20—螺钉 21—回转刀架 22—导轨护板 26—限位开关 27—撞块

中缓冲块 5、8 作用同上所述，起过行程保护作用。另外，图 4-18 中 *B—B* 剖视图所示为矩形导轨，分别用镶条 17、18、19 来调整刀架与滑板导轨的间隙。

图 4-18b 中 22 为导轨护板，26、27 分别为机床参考点的限位开关和撞块。镶条 23、24、25 用于调整滑板与床身导轨的间隙。同时，该机床的滑板顶面导轨倾斜角度为 30°，回转刀架 21 的自身重力使其下滑，且由于滚珠丝杠副不能自锁，故机床是依靠横向进给伺服电动机的电磁制动来实现自锁的，图中没有表示。

由此可见，无论是纵向（*Z* 向）进给传动装置，还是横向（*X* 向）进给传动装置都分别由其相应进给伺服电动机来提供动力，两者运动的轨迹控制是由数控装置来协调控制的，这点与普通车床传动装置不同；另外，在数控机床的进给传动装置中普遍运用高效的滚珠丝杠副，通过丝杠的支承调节以及丝杠副本身的调隙预紧，可以保证传动的精度和刚度。

三、自动回转刀架

MJ—50 型数控车床采用的是 10 工位的自动回转刀架，刀架采用液压驱动力源，是一种典型的自动回转刀架，该刀架的结构如图 4-19 所示。

结合其结构，自动回转刀架需经过四个过程完成一次换刀，即刀盘抬起、刀盘转位、刀盘定位和刀盘夹紧四个过程。

在结构上，刀盘 11 用螺钉安装在刀架主轴 6 的前端面，刀架主轴 6 前端用一对推力轴承 7 和 12 及双列滚针轴承 8 支承，这些轴承由活塞 9 支承；刀盘夹紧时，刀盘底部安装的鼠牙盘 13 和在刀架体上安装的鼠牙盘 10 处于啮合状态。

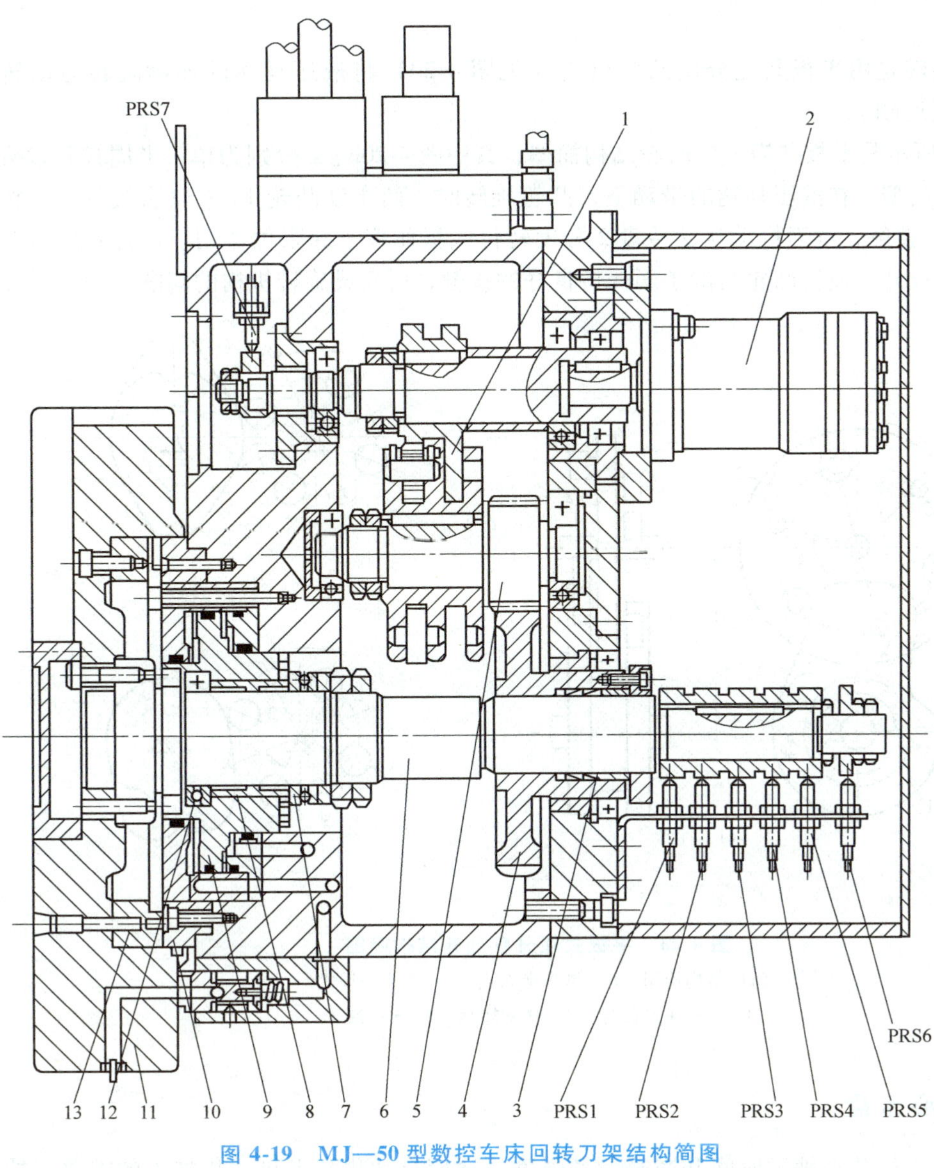

数控车床自动换刀过程

图 4-19　MJ—50 型数控车床回转刀架结构简图

1—平板共轭分度凸轮　2—液压马达　3—锥环　4、5—齿轮　6—刀架主轴　7、12—推力轴承　8—滚针轴承　9—活塞　10、13—动、静鼠牙盘　11—刀盘

在数控装置接受换刀指令时，活塞右腔进油使得活塞推动推力轴承 12 连同刀架主轴左移，致使两个鼠牙盘脱开，刀盘抬起；这时液压马达 2 起动，带动平板共轭分度凸轮 1 转动，经齿轮 5 和齿轮 4 带动刀架主轴和刀盘旋转，即刀盘转位；当刀盘旋转到指定的刀位时，通过开关 PRS1、PRS2、PRS3 和 PRS4 的通断组合来判断刀位是否准确，当刀架刀位旋转正确时，接近开关 PRS7 通电，向数控装置发出信号，液压马达停止转动，这时刀盘定位完成；在液压马达停止转动的同时，压力油推动活塞向右移动，致使两个鼠牙盘啮合，即刀盘夹紧；至此，机床换刀循环过程完成。

在机床循环换刀过程中，当数控系统接受换刀指令后，系统会自动判别当前刀位号和目标刀位号的位置，从而使刀盘转动时以就近方式转位换刀，即数控系统会自动控制刀盘选择正转或反转。

刀架的回转是由平板共轭分度凸轮机构（见图 4-20）将液压马达的连续旋转运动转换成刀盘的分度运动。

图 4-20a 所示是平板共轭分度凸轮结构简图，其中图 4-20b、c 分别为单头半周式和多头一周式两种结构类型。在液压马达的带动下，凸轮旋转时，两主动凸轮 1、1′轮廓线分别与相应的滚子 3、3′相接触，继而推动从动转盘 2 分度转位或抵住滚子起限位作用。设计者经过对凸轮轮廓形状的设计，使得凸轮与滚子间保持良好的接触，可完成旋转机构的间歇运动。

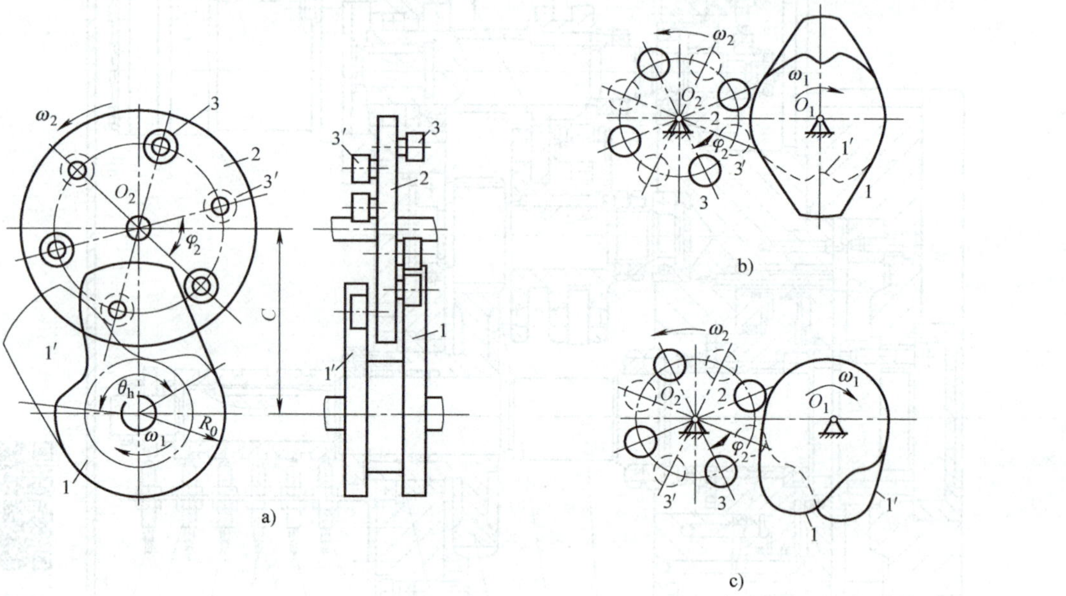

图 4-20　平板共轭分度凸轮结构简图

a）结构简图　b）单头半周式　c）多头一周式

1、1′—主动凸轮　2—从动转盘　3、3′—滚子

四、自动定心卡盘

为了减少工件装夹辅助时间和减轻劳动强度，适应自动化和半自动化加工的需要，数控车床多采用动力卡盘装夹工件，目前使用较多的是自动定心液压或气压动力卡盘。图 4-21

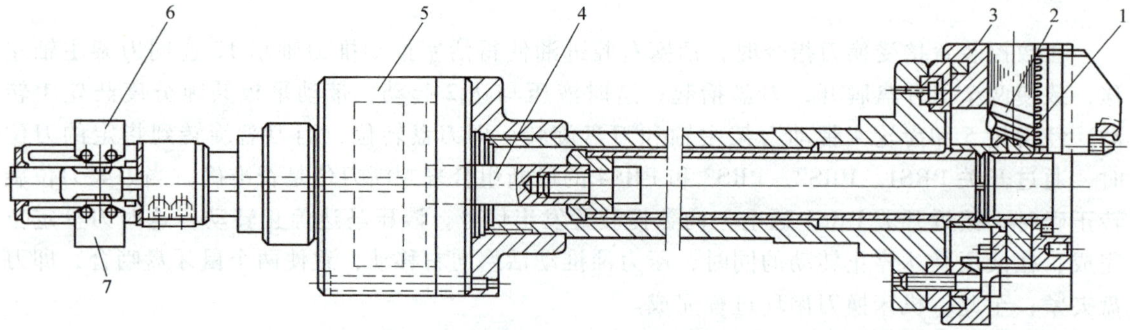

图 4-21　液压驱动动力自定心卡盘

1—驱动爪　2—卡爪　3—卡盘　4—活塞杆　5—液压缸　6、7—行程开关

所示为数控车床上常采用的一种液压驱动动力自定心卡盘，卡盘 3 用螺钉固定在主轴前端，液压缸 5 固定在主轴后端，改变液压缸左右腔的通油状态，活塞杆 4 带动卡盘内的驱动爪 1 驱动卡爪 2 夹紧或松开工件，并通过行程开关 6 和 7 发出相应信号。

五、机床尾座

图 4-22 所示为 MJ—50 型数控车床上配置的液压尾座结构简图。整个尾座可由机床 Z 轴滑板带动移动，在移动到 Z 向某一位置时可以用手动控制方式将其锁紧在机床床身上。

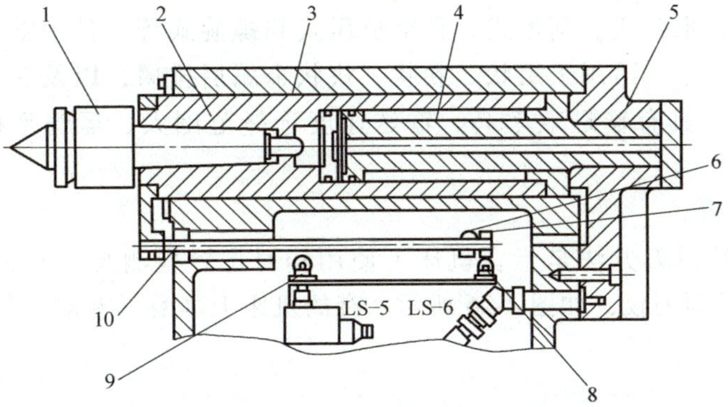

图 4-22　MJ—50 型数控车床上配置的液压尾座结构简图

1—顶尖　2—尾座套筒　3—尾座壳体　4—活塞杆　5—端盖

6、7—挡块　8、9—行程开关　10—行程杆

顶尖 1 与尾座套筒 2 通过锥孔连接在一起，当数控机床接受数控系统发出液压顶尖顶出动作时，数控系统发出的指令将控制液压系统的电磁换向阀动作，从而控制液压油通过活塞杆 4 的中心孔压入尾座套筒 2 的左腔，即可推动尾座套筒伸出；反之，当数控系统要求液压顶尖退回时，系统指令将控制电磁换向阀重新动作，致使液压油由液压套筒右腔进入，此时尾座套筒和顶尖退回。尾座套筒推进和退回的行程是由套筒外部的行程杆 10 上面的移动挡块 6、7 来控制，当顶尖推出到极限位置时，行程杆上挡块 6 会压下行程开关 9，由 LS-5 电器元件将信号传递给数控系统，从而控制液压控制回路；同理，当顶尖退回到极限位置时，行程杆上挡块 7 也会压下行程开关 8，由 LS-6 电器元件将信号传递给数控系统来控制液压回路，这样可以保证液压自动控制的安全可靠性。

六、数控车床的辅助装置

全功能的数控车床还具备功能齐备的辅助装置，如防护装置、排屑装置以及检测对刀装置等。

1. 防护装置

数控车床上的防护装置主要起安全防护的作用，如防尘、防水、防油、防腐蚀等。图 4-23 所示为钢板防护罩，主要是安装在导轨与机床工作台之间，起保护导轨副的作用；图 4-24 所示为圆形防护罩，主要是安装在丝杠上，起防护作用。

2. 排屑装置

数控车床上配置排屑装置的目的是实现自动排屑，从而减轻操作人员的劳动强度，主要

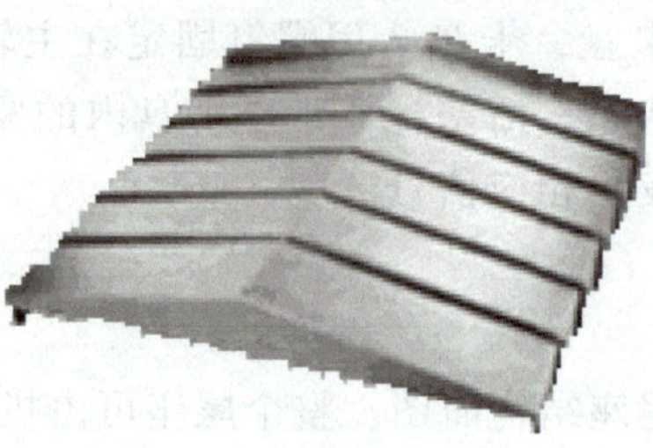

图 4-23 钢板防护罩

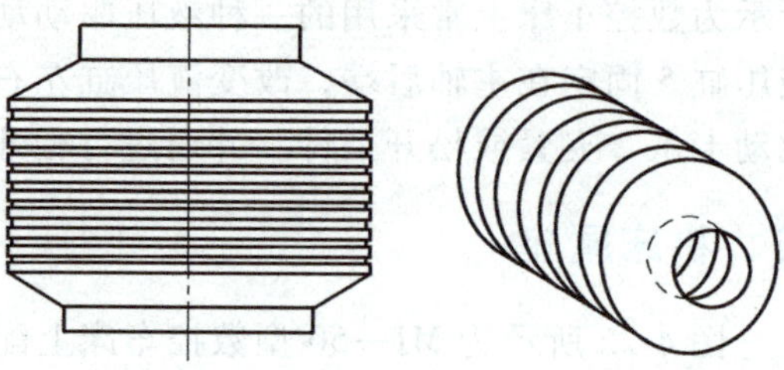

图 4-24 圆形防护罩

排屑装置有链板式、永磁式、刮板式、真空负压式和螺旋式等，其中链板式排屑装置使用较为广泛，适用于团状、卷状、块状金属屑排屑，以及非金属的干式、湿式排屑，具有输送效率高、输送速度选择范围大、运输平稳可靠、噪声小等特点。

排屑装置分类

3. 检测对刀装置

数控车床的传统对刀方法是指在机床上使用相对位置检测装置对刀，如图 4-25 所示。精确对刀可利用机外对刀仪，如图 4-26 所示。有的机床上本身具有对刀检测系统，如图 4-27 所示的自动对刀。

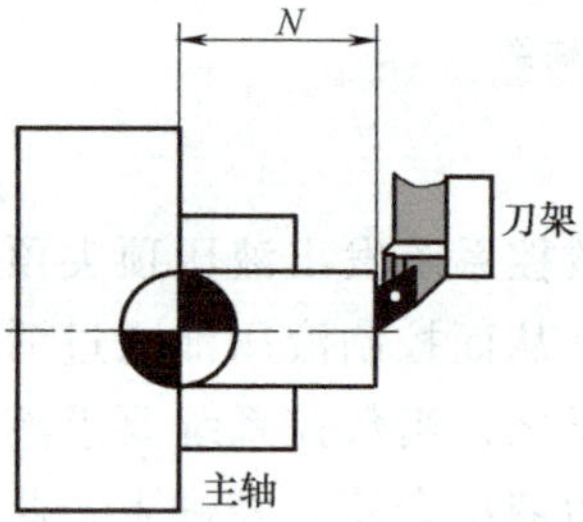

图 4-25 传统对刀方式

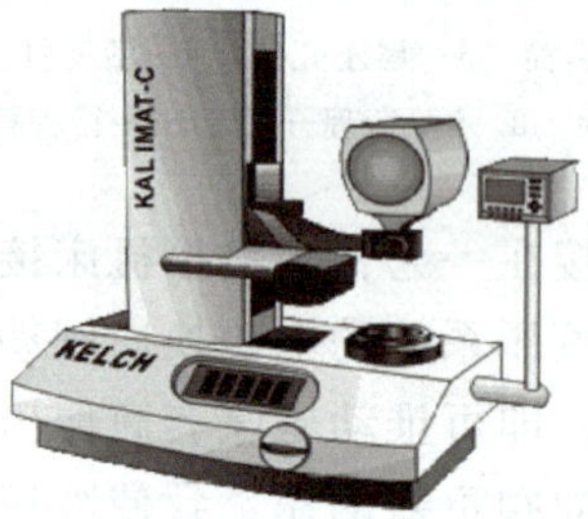

图 4-26 机外对刀仪

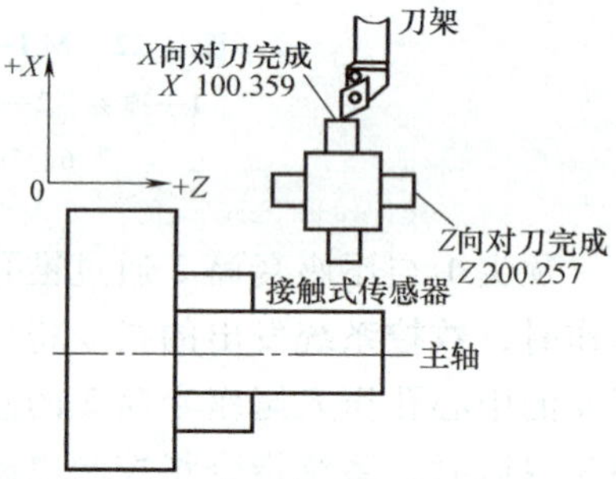

图 4-27 自动对刀

任务三 了解数控车削中心

任务内容： 数控车削中心的加工工艺范围、C 轴功能与伺服控制以及自驱动刀具的典型结构。

任务目标： 通过学习，掌握数控车削中心的加工工艺范围、C 轴功能与伺服控制以及自驱动刀具的典型结构。

车削中心是一种复合型多功能机床，是集数控车、铣、钻和镗等加工工艺为一体的多工序机床。它是在工件一次装夹完成数控车削加工的基础上，拓展了在其回转工件表面上实现铣削、钻削和镗削加工。图 4-28 所示为车削中心加工的典型零件。

一、车削中心的工艺范围

车削中心的工艺范围集数控车削全部工艺和铣削、钻削等工艺为一体。图 4-29 所示为

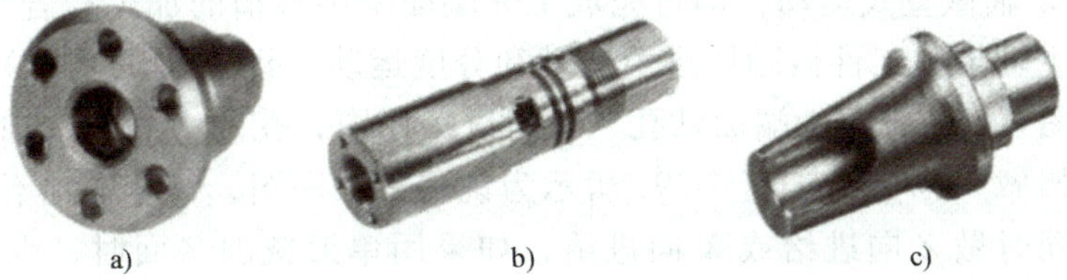

图 4-28　车削中心加工的典型零件

a）连接管　b）活塞　c）医用器件

数控车削中心结构分析

其除了车削加工以外，可以完成的铣削、钻削等加工工序。图 4-29a 所示为铣削端面槽工序图，该端面槽是直线的十字形槽，此时主轴不动，装在刀架上的动力头带动铣刀旋转，分别

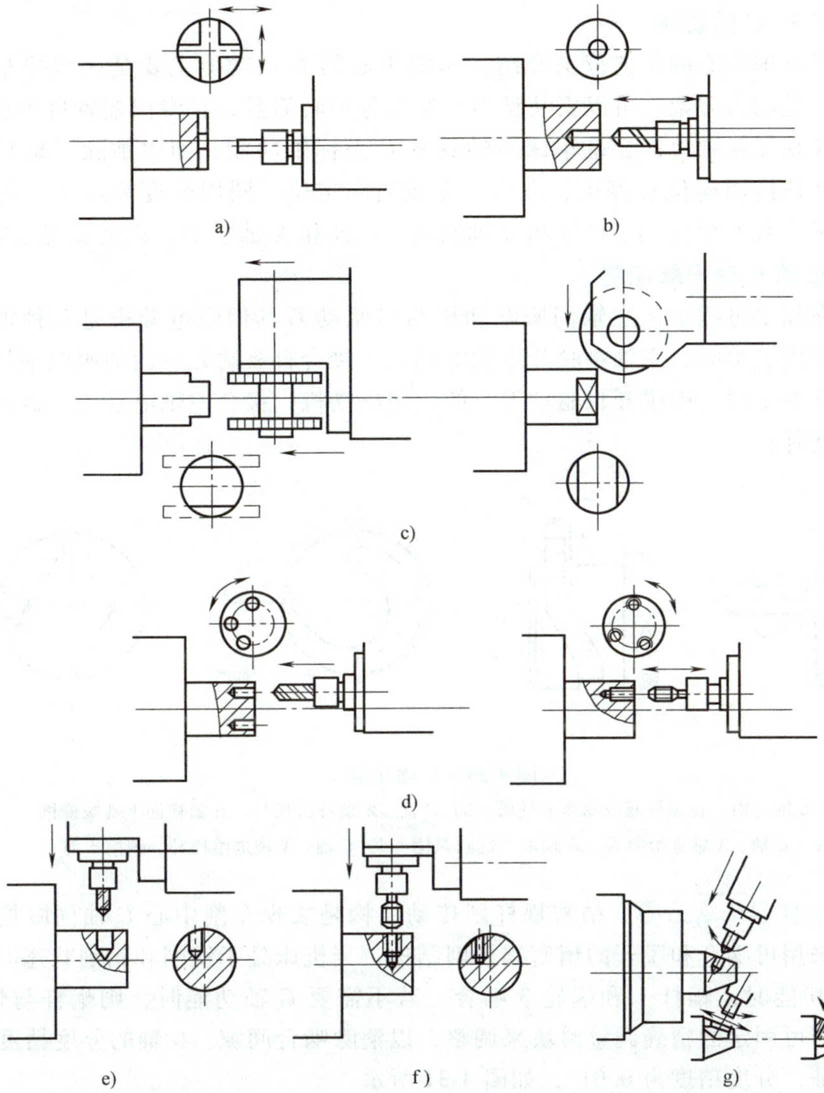

图 4-29　车削中心可完成的铣削、钻削的加工工序

a）铣端面槽　b）端面钻孔、攻螺纹　c）铣扁方　d）端面分度钻孔、攻螺纹　e）径向钻孔　f）径向攻螺纹　g）在斜面上钻孔、铣槽、攻螺纹

由刀架沿 X 轴和 Z 轴做直线运动，即可完成工件端面十字形槽的加工；若端面槽为弧形槽，则铣刀旋转，且主轴带动工件做圆周进给运动和分度运动（即 C 轴的功能），从而逐个完成弧形槽的加工。图 4-29b 所示为端面钻孔、攻螺纹工序图，孔的中心与主轴中心重合，主轴或刀具旋转，刀架做 Z 向进给。图 4-29c 所示为铣扁方工序图，机床主轴不转，回转刀架上的铣刀轴旋转，同时做 Z 向进给或 X 向进给，如果用单刀铣削多面时，则需要主轴带动工件分度。图 4-29d 所示为端面分度钻孔及攻螺纹工序图，装有钻头或丝锥的刀轴旋转并随刀架做 Z 向进给，每加工完成一个孔，主轴带工件分度。图 4-29e、f、g 分别为径向或在斜面上钻孔、铣槽、攻螺纹的工序图。

二、C 轴功能与伺服控制

1. 车削中心的 C 轴功能

通过以上对车削中心的工艺范围介绍，车削中心的 C 轴功能主要是在数控车床上拓展了两大结构：一是动力刀架，可以安装铣刀、钻头等回转刀具，且专门配置自驱动刀具的伺服电动机，可实现无级调速；二是车床主轴具有 C 坐标轴功能，即主轴除了旋转做主运动之外，还可以在任何周向位置停止、进给，完成周向定位、圆周分度等运动。例如图 4-30 所示的四种情况，有 C 轴定向、C 轴和 Z 轴联动、C 轴和 X 轴联动，甚至实现三轴联动等。

2. 车削中心的 C 轴伺服控制

车削中心在加工过程中，主轴伺服电动机与自驱动刀具伺服电动机是互锁的。即当 C 轴进行分度或圆周进给时，主轴将脱开主轴电动机，接合自驱动刀具的伺服电动机；若进行普通的数控车削加工时，则脱开自驱动刀具的伺服电动机，接合主轴电动机。这种互锁的方式主要有以下两种：

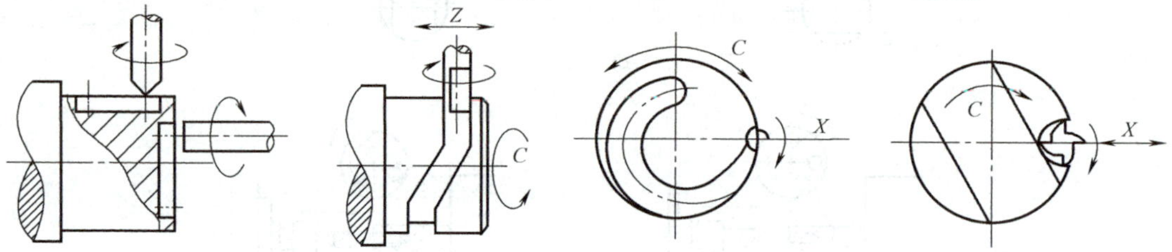

图 4-30 C 轴功能

a）C 轴定向，在圆柱面或端面上铣槽 b）C 轴、Z 轴进给插补，在圆柱面上铣螺旋槽
c）C 轴、X 轴进给插补，在端面上铣圆弧槽 d）C 轴、X 轴进给插补，铣削平面

（1）精密蜗杆副传动结构 精密蜗杆副传动结构是实现车削中心 C 轴伺服控制的典型结构之一。它采用可啮合和脱开的精密蜗杆副结构，当机床处于铣削和钻削状态时，即主轴需要实现 C 轴功能时，蜗杆 1 和蜗轮 3 啮合，若不需要 C 轴功能时，则蜗杆与蜗轮脱开。该蜗杆副由一个可固定的精确调整滑块来调整，以消除啮合间隙。C 轴的分度精度由一个脉冲编码器来保证，分度精度为 0.01°，如图 4-31 所示。

（2）经滑移齿轮控制的 C 轴传动 图 4-32 所示为车削中心的 C 轴传动系统图，由主轴箱和 C 轴控制箱两部分组成。当主轴在一般车削状态时，换位液压缸 6 使滑移齿轮 5 与主轴齿轮 7 脱开，制动液压缸 10 脱离制动，主轴电动机通过 V 带带动 V 带轮 11 使主轴 8 转动。

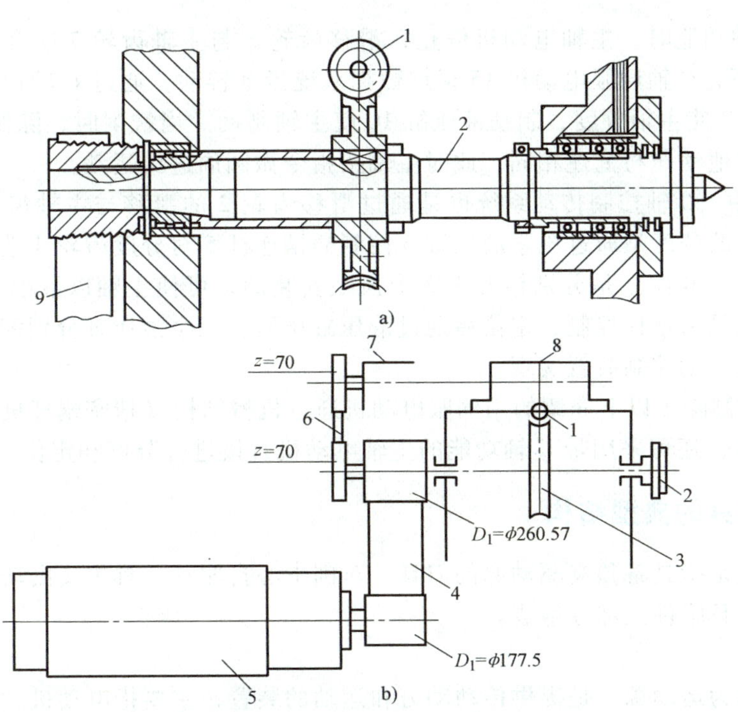

图 4-31　精密蜗杆副控制的 C 轴传动结构简图

a）主轴结构简图　b）C 轴传动链控制示意图

1—蜗杆　2—主轴　3—蜗轮　4、6—同步带　5—主轴电动机　7—脉冲编码器

8—C 轴伺服电动机　9—同步带

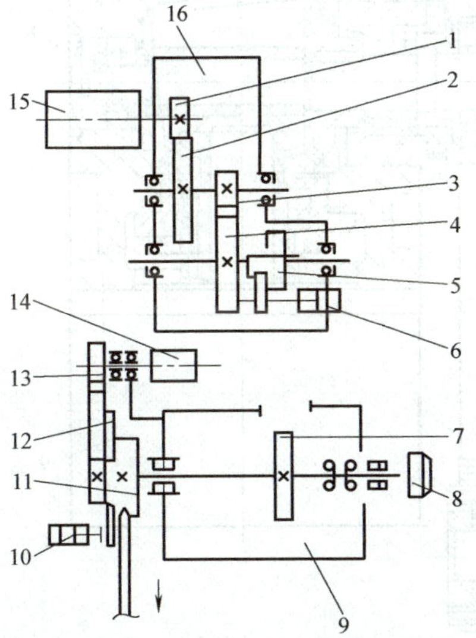

图 4-32　C 轴控制传动系统图（1）

1～4—传动齿轮　5—滑移齿轮　6—换位液压缸　7—主轴齿轮　8—主轴　9—主轴箱　10—制动液压缸　11—V 带轮　12—主轴制动盘　13—同步带轮　14—脉冲编码器　15—C 轴伺服电动机　16—C 轴控制箱

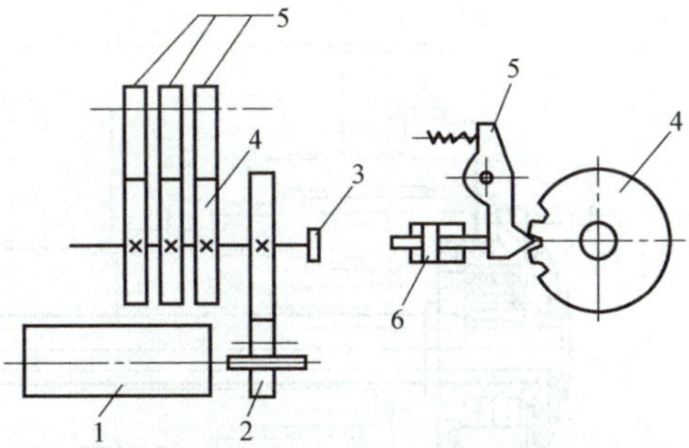

图 4-33　C 轴控制传动系统图（2）

1—C 轴伺服电动机　2—滑移齿轮　3—主轴　4—分度齿轮　5—插销连杆　6—压紧液压缸

当主轴需要 C 轴功能时，主轴电动机停止，滑移齿轮 5 与主轴齿轮 7 啮合，在制动液压缸 10 未制动情况下，C 轴伺服电动机 15 根据数控系统指令转动，通过 C 轴控制箱，经滑移齿轮 5、主轴齿轮 7 使主轴分度，制动液压缸 10 使主轴制动。当铣削时，除制动液压缸 10 不制动主轴外，其他动作与上述相同，此时主轴按指令做圆周进给运动。

在图 4-33 中，C 轴控制传动系统也是通过滑移齿轮 2 的滑移与主轴齿轮啮合来完成接合与脱开，主轴的分度是通过压紧液压缸 6 控制插销连杆 5 对分度齿轮 4 进行的。主轴上的三个分度齿轮 4(120 齿）是分别错开 1/3 个齿距安装的，可使主轴以最小分度值 1°进行分度。其主轴定位是由连杆控制，定位后通过液压缸压紧，三个液压缸分别配合三个连杆协调动作，可用电气自动控制装置实现。

C 轴传动控制除了以上介绍的用伺服电动机通过机械结构（精密蜗杆机构和滑移齿轮控制机构）实现外，还可采用带 C 轴功能的主轴电动机直接进行分度和定位。

三、自驱动刀具的典型结构

自驱动刀具是指具备独立驱动源的刀具。车削中心自驱动刀具主要由动力源、变速传动装置和自驱动刀具附件三部分组成。

1. 动力源

动力源又称为运动源，是提供传动动力和运动的装置，主要指电动机。自驱动刀具的电动机通常是异步交流伺服电动机。

2. 变速传动装置

车削中心的自驱动刀具的变速传动装置如图 4-34 所示。传动箱 7 安装在回转刀架体

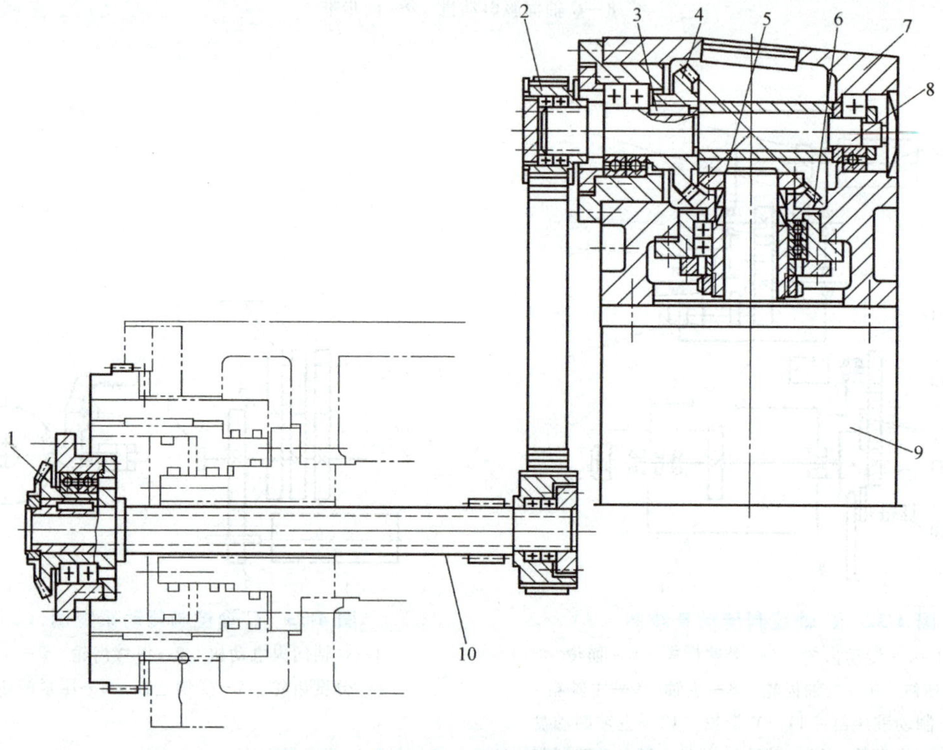

图 4-34 自驱动刀具的变速传动装置

1—中央锥齿轮 2—同步带轮 3—键 4、6—锥齿轮 5—锥环 7—传动箱 8—传动轴 9—伺服电动机 10—空心轴

（图中未画出）上方，伺服电动机 9 经锥环 5 无键连接传动锥齿轮 6 和 4，锥齿轮 4 和传动轴 8 之间经键 3 连接带动同步带轮 2，将动力传至位于刀架回转中心的空心轴 10，其上的中央锥齿轮 1 与刀具附件相连接，将动力和运动传给自驱动刀具的刀轴。

3. 自驱动刀具附件

车削中心的自驱动刀具附件分别用于铣削、钻削和攻螺纹等多种加工工艺，下面以高速钻孔附件和铣削附件为例介绍自驱动刀具附件。图 4-35 所示为高速钻孔附件，图 4-36 所示为铣削附件。

图 4-35 所示为高速钻孔附件。轴套的 *A* 部转入回转刀架的刀具孔内，刀具主轴 3 的右端装有锥齿轮，与图 4-34 中的中央锥齿轮 1 相啮合。主轴前端支承为角接触球轴承 4，后支承为滚针轴承 2，主轴头部有弹簧夹头 5，拧紧外面的套，可以靠锥面的夹紧力夹持刀具。

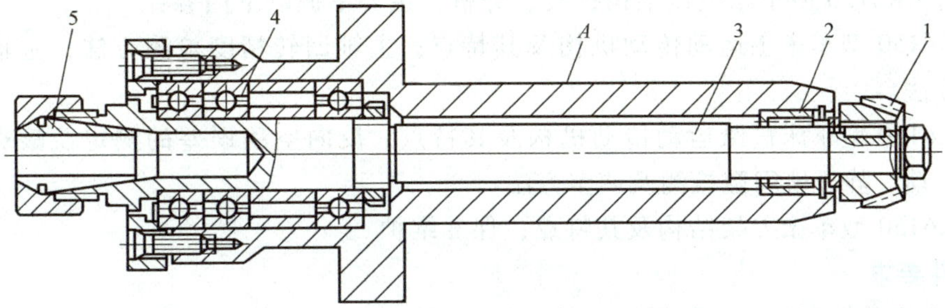

图 4-35　高速钻孔附件

1—锥齿轮　2—滚针轴承　3—主轴　4—角接触球轴承　5—弹簧夹头　*A*—轴套

图 4-36 所示为铣削附件。图 4-36a 为中间传动装置，仍由锥套的 *A* 部装入回转刀架的刀

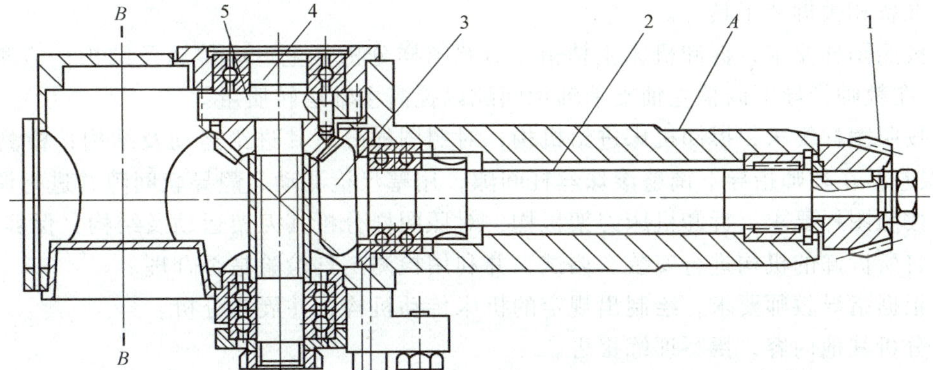

a)

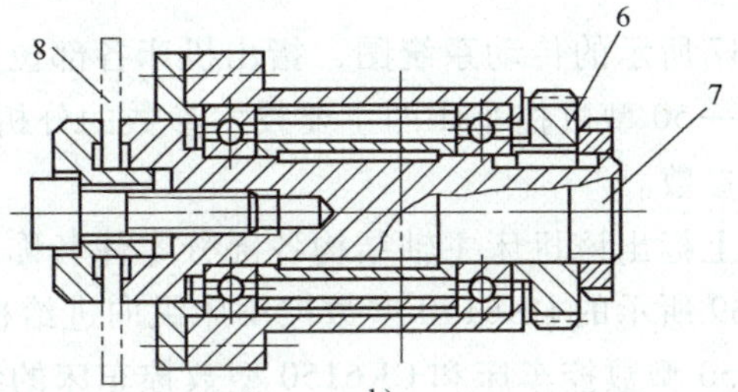

b)

图 4-36　铣削附件

1、3—锥齿轮　2—轴　4—横轴　5、6—圆柱齿轮　7—铣削主轴　8—铣刀　*A*—锥套

具孔内，锥齿轮1与图4-34中的中央锥齿轮1啮合。轴2经锥齿轮3、横轴4和圆柱齿轮5，将运动传至铣削主轴7上的圆柱齿轮6，铣削主轴7上安装有铣刀8，中间传动装置可连同铣削主轴一起旋转。在中心 $B—B$ 处，除了可以安装图4-36b所示的铣削主轴之外，还可以安装其他的钻孔或攻螺纹刀具主轴。显然，图4-36所示的铣刀轴与图4-35所示的钻削主轴在空间上相差90°角，可以分别进行平行于 Z 轴的加工和平行于 X 轴的加工。

综合训练

训练项目　CK6150型数控车床机械结构分析与调整

1. 训练目的

通过对CK6150型车床机械结构拆装、分析，主要掌握以下内容：

1）CK6150型车床主运动传动机构及其特点；主轴回转精度检测方法；主轴支承轴承间隙调整方法。

2）CK6150型车床进给运动传动机构及其特点；反向空程误差的测定及滚珠丝杠间隙调整方法；动、静导轨间隙检测及调整方法。

3）CK6150型车床刀架结构及其特点；保养维护。

2. 硬件要求

CK6150型数控车床、各种拆卸调整工具、铜棒、标准试棒、百分表、塞尺、步距规等。

3. 训练步骤

1）教师讲解CK6150型数控车床的整体结构及其特点。

2）学生领取相关技术图样等资料，对照机床进行图样分析。

3）准备相关拆装工具等。

4）按照图样要求，拆卸机床主轴箱、对照图样分析其主运动传动及结构；检测主轴回转精度；在教师指导下调整主轴支承轴承间隙以提高主轴运转质量。

5）按照图样要求，拆卸机床进给机构，对照图样分析其进给运动及结构；检测 Z 轴反向空程误差；在教师指导下调整滚珠丝杠间隙；用塞尺检测动、静导轨间隙并进行调整。

6）按照图样要求，拆卸机床刀架机构，对照图样分析其刀架运动及结构；保养维护。

7）将所拆卸的机构进行安装、调试，并利用检测工具检验是否合理。

8）根据指导教师要求，绘制出规定的机床传动机构，并展开分析。

9）分析其他内容，撰写训练报告。

4. 参考附图及相关要求

要求1：根据图4-37所示的传动系统图，指出机床各部位功能及特点。

要求2：根据对MJ—50型数控车床的主要技术参数的分析，查阅相关资料编写CK6150型数控车床的主要技术参数。

要求3：在图4-38上标出该机床主轴结构各部分零件名称，并分析、说明其作用。

要求4：分析图4-39所示的CK6150型数控车床纵向进给机构。

要求5：对照MJ—50型数控车床和CK6150型数控车床的纵向进给机构简图，分析两种机床纵向进给机构的异同点。

要求6：分析图4-40所示的CK6150型数控车床横向进给机构。

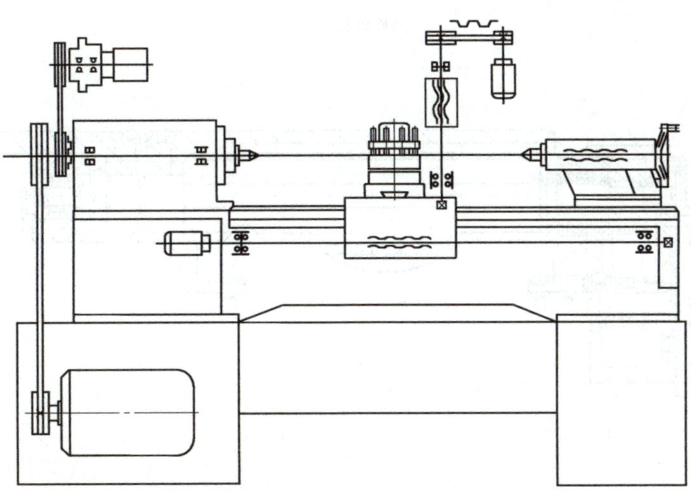

图 4-37　CK6150 型数控车床传动系统图

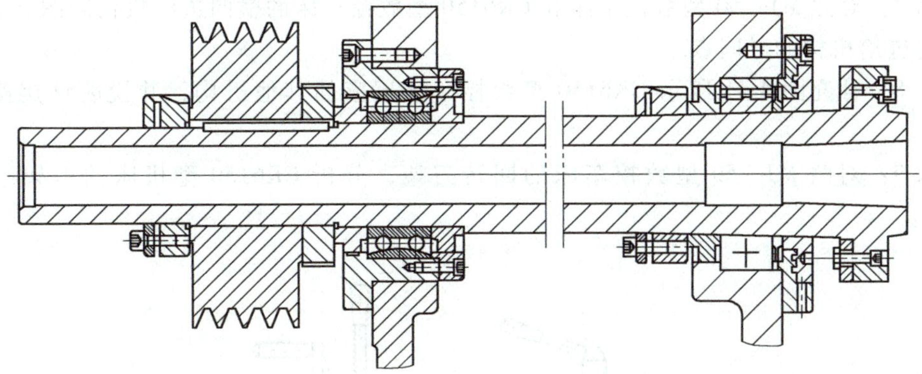

图 4-38　CK6150 型数控车床主轴结构简图

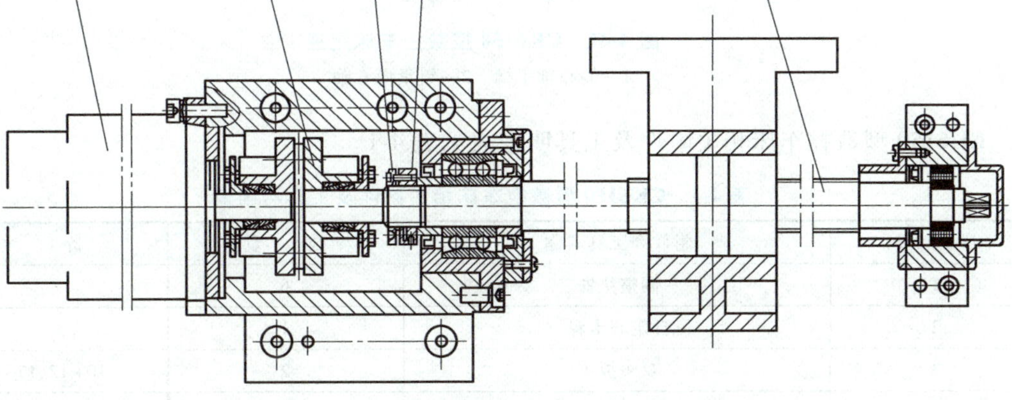

图 4-39　CK6150 型数控车床纵向进给机构简图

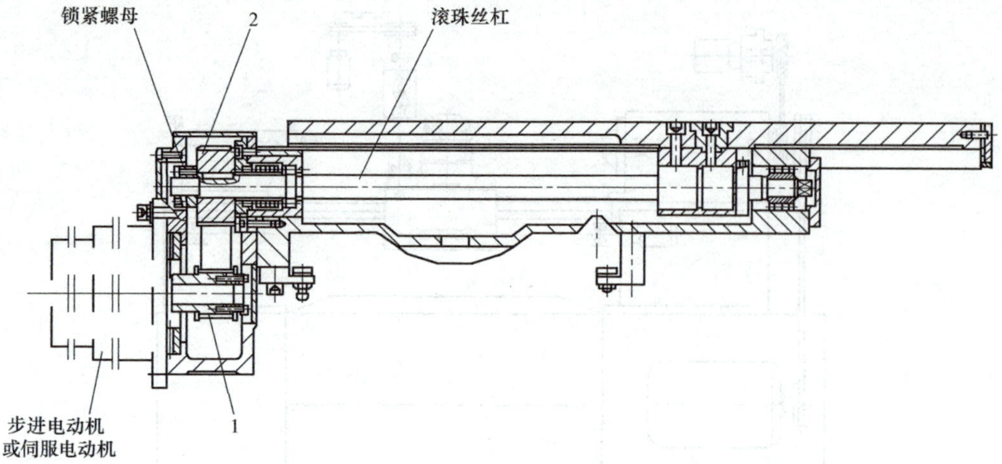

图 4-40　CK6150 型数控车床横向进给机构

1、2—同步带轮

要求 7：对照 MJ—50 型数控车床和 CK6150 型数控车床的横向进给机构简图，分析两种机床横向进给机构的异同点。

要求 8：补充图 4-41 所示 CK6150 型数控车床尾座的其他机构，并说明该尾座的工作过程。

要求 9：对照 MJ—50 型数控车床的回转刀架，分析 CK6150 型机床的刀架结构（见图 4-42）。

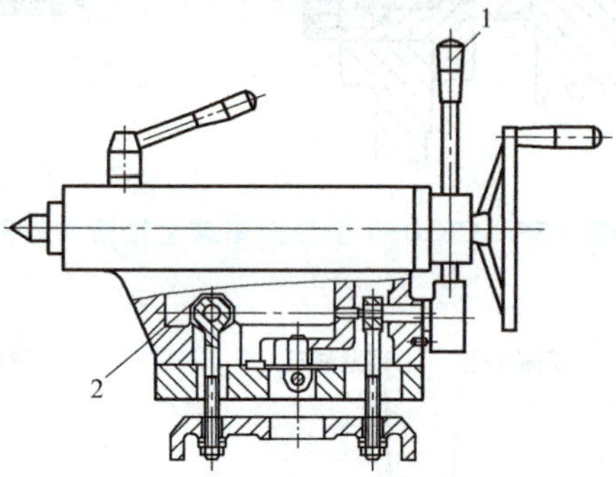

图 4-41　CK6150 型数控车床尾座

1—偏心轴手柄　2—锁紧偏心轴

CK6150 型数控车床相关附件及工具明细表见表 4-1。

表 4-1　CK6150 型数控车床相关附件及工具明细表

序　号	附件和工具名称	数　量	备　注
1	调整垫铁	6	
2	自定心卡盘	1	
3	双头扳手	2	10～12,17～19
4	内六角扳手	5	4,5,6,8,10

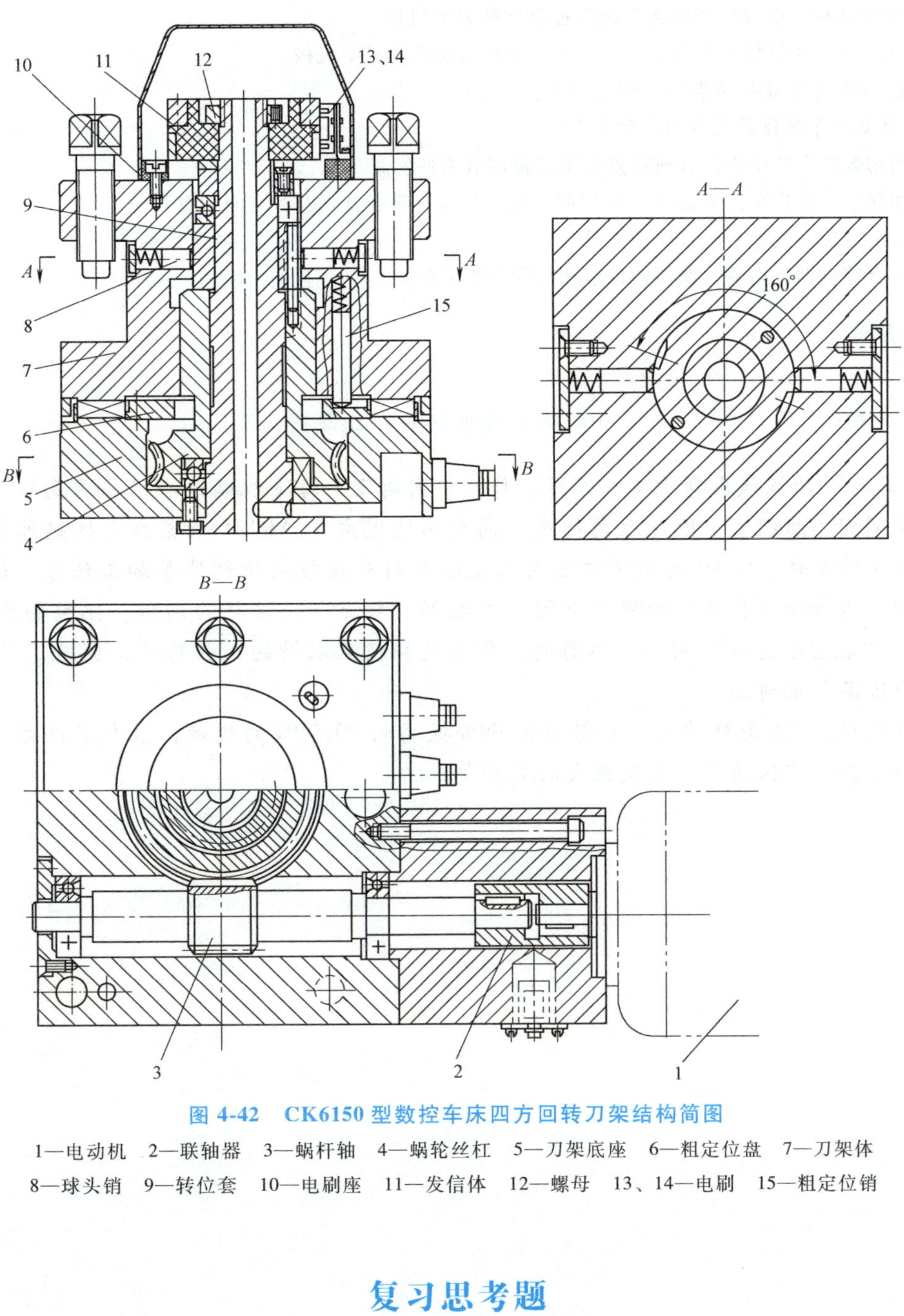

图 4-42　CK6150 型数控车床四方回转刀架结构简图

1—电动机　2—联轴器　3—蜗杆轴　4—蜗轮丝杠　5—刀架底座　6—粗定位盘　7—刀架体
8—球头销　9—转位套　10—电刷座　11—发信体　12—螺母　13、14—电刷　15—粗定位销

复习思考题

1. 简述数控车床的加工工艺范围。
2. 数控车床的分类有哪些？各有何特点？
3. 对照传统普通车床和现代数控车床，简要说明两类机床的区别与联系。
4. 简要说明数控车床的发展趋势。
5. 简述不同布局的数控车床分别具有哪些特点。
6. 以 MJ—50 型数控车床为例，分析该类车床的主运动传动系统、主轴结构、进给传动系统、纵向和横向进给传动结构，以及机床的典型液压控制回转刀架机构。

7. 结合 MJ—50 型数控车床的学习，对比分析电动回转刀架机构。

8. 简述数控车床防护装置的类型及作用。

9. 简述数控车床排屑装置的类型及作用。

10. 何谓数控车削中心？有何特点？工艺范围有哪些？

11. 如何实现数控车削中心的 C 轴控制功能？具体有哪些方式？各有何特点？

12. 简述数控车削中心的自驱动刀具装置。

13. 结合综合训练内容，撰写数控车床结构分析报告。

素养提升

一双手一生坚守——胡双钱

“好工人”胡双钱出身于工人家庭，作为中国商飞上海飞机制造有限公司高级技师、数控机加车间钳工组组长，他先后高精度、高效率地完成了 ARJ21 新支线飞机起落架钛合金作动筒接头特制件、C919 大型客机首架机壁板长桁对接接头特制件等加工任务。核准、划线、锯割，握着锉刀将零件的锐边倒圆、去毛刺、打光……这样的动作，他整整重复了 30 年。这位“航空手艺人”用一丝不苟的工作态度和精益求精的工作作风，创造了“35 年没出过一个次品”的奇迹。

胡双钱说，“工匠精神是一种努力将 99%提高到 99.99%的极致，每个零件都关系着乘客的生命安全，确保质量，是我最大的职责”。

学习项目五

数控铣床与加工中心结构分析

任务一　分析数控铣床结构及传动

任务内容： 数控铣床的加工范围、布局及主要技术参数、机床传动结构及调整、机床传动系统图、升降台自动平衡装置的工作原理及调整。

任务目标： 通过学习，掌握数控铣床的加工范围，了解 XKA5750 型数控铣床的布局，理解其传动系统图，掌握数控铣床的基本结构和组成、主传动和进给传动的结构特征、升降台自动平衡装置的工作原理及调整等。

数控铣床主要采用铣削方式加工工件，用途广泛，不仅可以加工各种平面、沟槽、螺旋槽、成形表面和孔，而且还能加工各种平面曲线等复杂型面，适合于各种模具、凸轮、板类及箱体类零件的加工。另外，数控铣床还有孔加工功能，通过特定的功能指令可以进行钻孔、扩孔、铰孔、镗孔和攻螺纹等。目前应用较多的是三轴联动数控铣床。如果附加一个数控回转工作台（或数控分度头），就增加了一个坐标，可以扩大加工的范围。

一、数控铣床的工艺范围和分类

数控铣床的工艺范围

1. 数控铣床的工艺范围

铣削是机械加工中最常见的加工方法之一，主要包括平面铣削和轮廓铣削。数控铣床特别适用于加工下列几类零件：

（1）平面类零件　平面类零件是指加工平面与水平面的夹角为定角的零件。这类零件的特点是，各个加工表面是平面或可以展开为平面，如图 5-1 中的曲线轮廓面 *M* 和斜平面 *P* 以及圆台侧平面 *N*。

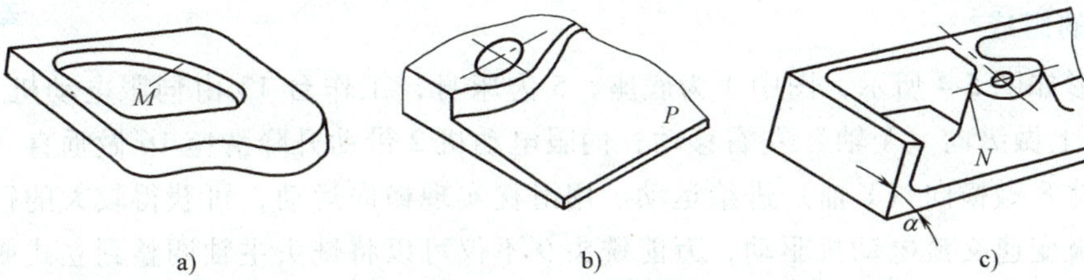

图 5-1　平面类零件

（2）变斜角类零件 变斜角类零件是指加工面与水平面的夹角呈连续变化的零件，如图 5-2 所示。其加工面不能展开为平面，但在加工中，铣刀圆周与加工面接触的瞬间为一直线。

（3）曲面类零件 曲面类零件是指加工面为空间曲面的零件，如图 5-3 所示。其特点是加工平面不能展开为平面，且加工面与铣刀始终为点接触。

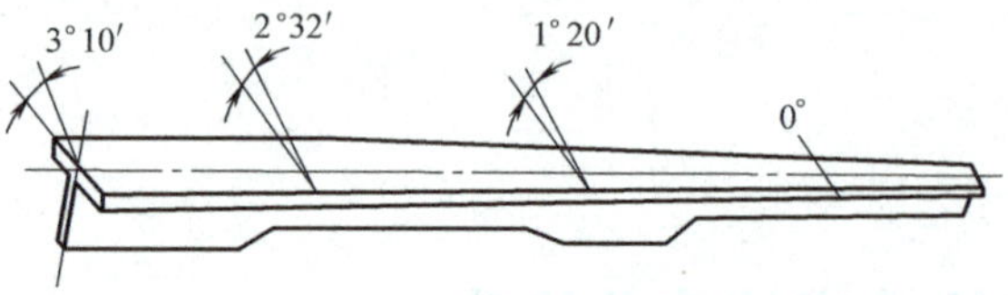

图 5-2 变斜角类零件

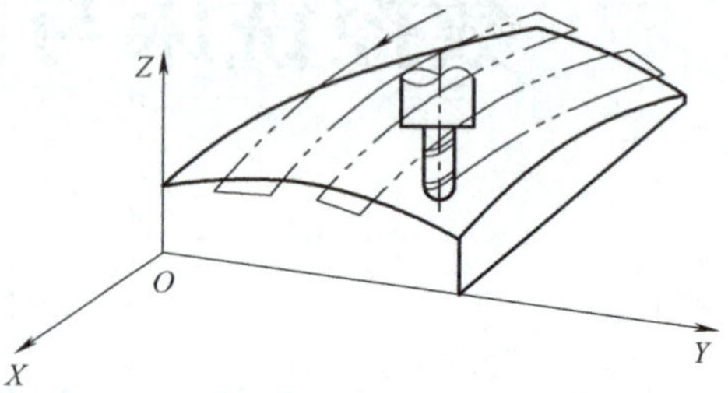

图 5-3 曲面类零件

2. 数控铣床的分类

数控铣床通常按机床主轴的布置形式及机床的布局特点分类，可分为立式、卧式和立卧两用三种。

数控铣床的分类

（1）立式数控铣床 立式数控铣床的主轴轴线垂直于水平面，是数控铣床中最常见的一种布局形式，应用范围最广泛。立式数控铣床主要用于水平面内的型面加工，增加数控分度头后，可在圆柱表面上加工曲线沟槽。

（2）卧式数控铣床 卧式数控铣床的主轴轴线平行于水平面，主要用于垂直平面内的各种型面加工，配置万能数控转盘后，还可以对工件侧面上的连续回转轮廓进行加工，并能在一次安装后加工箱体零件的四个表面。通常采用增加数控转盘的方法来实现四轴或五轴加工。

（3）立卧两用数控铣床 立卧两用数控铣床的主轴轴线方向可以变换，既可以进行立式加工，又可以进行卧式加工，使用范围更大，功能更强。若采用数控万能主轴（主轴头可以任意转换方向），就可以加工出与水平面成各种角度的工件表面；若采用数控回转工作台，还能对工件实现除定位面外的五面加工。

二、数控铣床的基本组成与技术参数

XKA5750 型数控立式铣床是带有万能铣头的立卧两用数控铣床，为机电一体化结构，三坐标联动，可以铣削具有复杂曲线轮廓的零件，如凸轮、模具、样板、叶片、弧形槽等零件。

数控铣床的基本组成

1. 机床的组成

机床外形如图 5-4 所示，图中 1 为底座，5 为床身，工作台 13 由伺服电动机 15 带动在升降滑座 16 上做纵向（X 轴）左右移动；伺服电动机 2 带动升降滑座 16 做垂直（Z 轴）上下移动；滑枕 8 做横向（Y 轴）进给运动。用滑枕实现横向运动，可获得较大的行程。机床主运动由无级变速交流电动机驱动，万能铣头 9 不仅可以将铣头主轴调整到立式或卧式位置（见图 5-5），而且还可以在前半球面内使主轴轴线处于任意空间角度。纵向行程限位挡铁 3、

14 起限位保护作用，6、12 分别为横向、纵向限位开关，4、10 分别为强电柜和数控柜，悬挂按钮站 11 上集中了机床的全部操作和控制键与开关。

机床的数控系统采用的是 AUTOCON 公司生产的 DELTA 40M CNC 系统，可以附加坐标轴增至四轴联动，程序输入/输出可通过软驱和 RS232C 接口连接。主轴驱动和进给采用 AUTOCON 公司主轴伺服驱动装置和进给伺服驱动装置以及交流伺服电动机，其电动机机械特性硬，连续工作范围大，加减速能力强，可以使机床获得稳定的切削过程。检测装置为脉冲编码器，与伺服电动机装成一体，半闭环控制，主轴有锁定功能。电气控制采用可编程序控制器和分立电器元件相结合的控制方式，使电动机系统由可编程序控制器软件控制，结构件简单，提高了控制能力和运行可靠性。

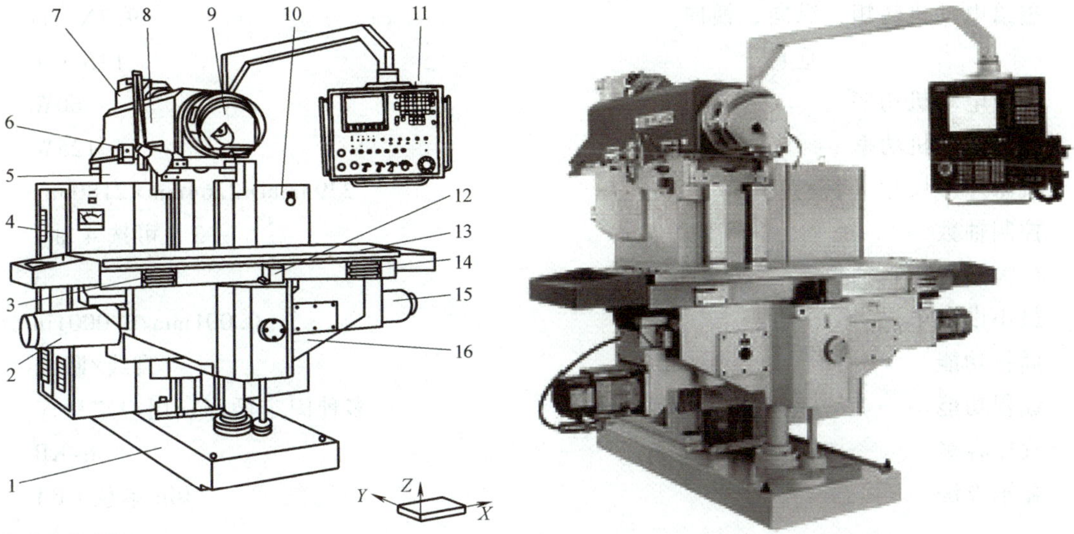

图 5-4　XKA5750 型数控立式铣床

1—底座　2—伺服电动机　3、14—纵向行程限位挡铁　4—强电柜　5—床身　6—横向限位开关　7—后壳体　8—滑枕　9—万能铣头　10—数控柜　11—悬挂按钮站　12—纵向限位开关　13—工作台　15—伺服电动机　16—升降滑座

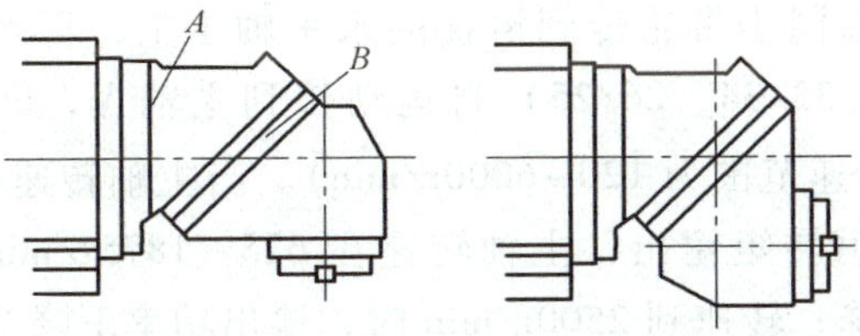

图 5-5　主轴立式和卧式位置

2. 机床的技术参数

工作台面积（宽×长）	500mm×1600mm
工作台纵向行程	1200mm
滑枕横向行程	700mm
工作台垂直行程	500mm
主轴锥孔	ISO50

主轴端面到工作台面距离	50~550mm
主轴中心线到床身立导轨面距离	28~728mm
主轴转速	50~2500r/min
进给速度：纵向（X向）	6~3000mm/min
横向（Y向）	6~3000mm/min
垂直（Z向）	3~1500mm/min
快速移动速度：纵向、横向	6000mm/min
垂直	3000mm/min
主轴电动机功率	11kW
进给电动机转矩：纵向、横向	9.3N·m
垂直	13N·m
润滑电动机功率	60W
冷却电动机功率	125W
机床外形尺寸（长×宽×高）	2393mm×2264mm×2180mm
控制轴数	3（可选4轴）
最大同时控制轴数	3
最小设定单位	0.001mm/0.0001in
插补功能	直线/圆弧
编程功能	多种固定循环、用户宏程序
程序容量	64KB
显示方法	9in 单色 CRT

三、XKA5750型数控铣床机床传动系统

XKA5750型数控铣床传动系统

1. 主传动系统

图5-6所示为XKA5750型数控铣床传动系统图。主运动是铣床主轴的旋转运动，由装在滑枕后部的主轴交流伺服电动机驱动，电动机的运动通过传动比为1∶2.4的一对弧齿同步带轮传到滑枕的水平轴Ⅰ上，再经过万能铣头的两对弧齿锥齿轮副（33/34、26/25）将运动传到主轴Ⅳ，转速范围为50~2500r/min（电动机转速范围为120~6000r/min）。当主轴转速在625r/min（电动机转速在1500r/min）以下时为恒转矩输出；主轴转速在625~1875r/min内为恒功率输出；超过1875r/min后输出功率下降，转速到2500r/min时，输出功率下降为额定功率的1/3。

2. 进给传动系统

工作台的纵向（X向）进给和滑枕的横向（Y向）进给运动，是由交流伺服电动机通过传动比为1∶2的一对圆弧齿同步带轮，将运动传动至导程为6mm的滚珠丝杠。升降台的垂直（Z向）进给运动为交流伺服电动机通过传动比为1∶2的一对同步带轮将运动传到轴Ⅶ，再经过一对弧齿锥齿轮传到垂直滚珠丝杠上，带动升降台运动。垂直滚珠丝杠上的弧齿锥齿轮还带动轴Ⅸ上的锥齿轮，经单向超越离合器与自锁器相连，防止升降台因自重而下滑。

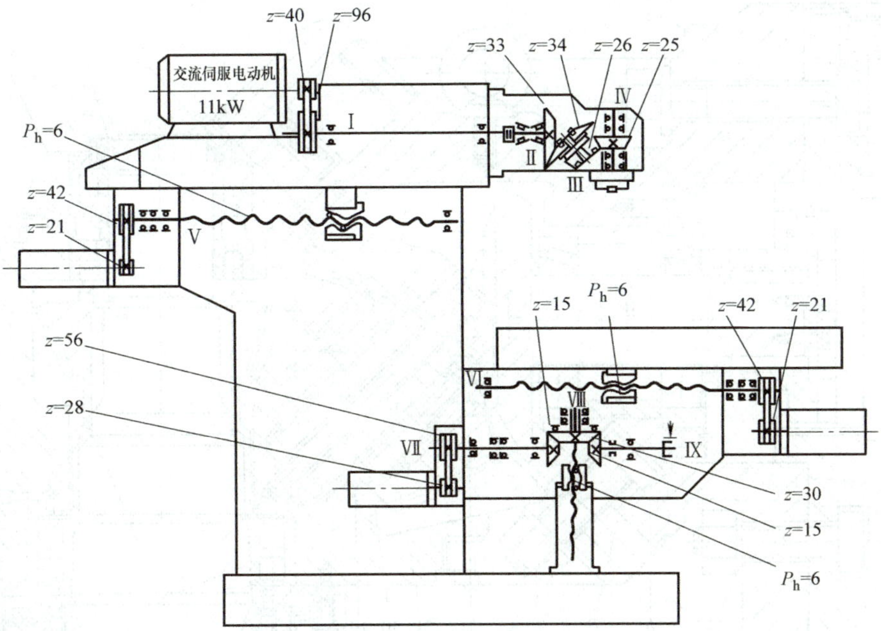

图 5-6　XKA5750 型数控铣床传动系统图

四、XKA5750 型数控铣床主要部件

1. 万能铣头部件结构

万能铣头部件结构如图 5-7 所示，主要由前、后壳体 12、5，法兰 3，传动轴Ⅱ、Ⅲ，主轴Ⅳ及两对弧齿锥齿轮组成。万能铣头用螺栓和定位销安装在滑枕前端。铣削主运动由滑枕上的传动轴Ⅰ（见图 5-6）的端面键传到轴Ⅱ，端面键与连接盘 2 的径向槽相配合，连接盘与轴Ⅱ之间由两个平键 1 传递运动。轴Ⅱ右端为弧齿锥齿轮，通过轴Ⅲ上的两个锥齿轮 22、21 和以花键连接方式装在主轴Ⅳ上的锥齿轮 27，将运动传到主轴上。主轴为空心轴，前端有 7∶24 的内锥孔，用于刀具或刀具心轴的定心；通孔用于安装拉紧刀具的拉杆。主轴端面有径向槽，并装有两个端面键 18，用于主轴向刀具传递转矩。

万能铣头能通过两个互成 45°的回转面 *A* 和 *B* 调节主轴Ⅳ的方位，在法兰 3 的回转面 *A* 上开有 T 形圆环槽 *a*，松开 T 形螺栓 4 和 24，可使铣头绕水平轴Ⅱ转动，调整到要求位置将 T 形螺栓拧紧即可；在万能铣头后壳体 5 的回转面 *B* 内，也开有 T 形圆环槽 *b*，松开 T 形螺栓 6 和 23，可使铣头主轴绕与水平轴线成 45°夹角的轴Ⅲ转动。绕两个轴线转动组合起来，可使主轴轴线处于前半球面的任意角度。

万能铣头作为直接带动刀具的运动部件，不仅要能传递较大的功率，更要具有足够的旋转精度、刚度和抗振性。万能铣头除在零件结构、制造和装配精度等方面要求较高外，还要选用承载力和旋转精度都较高的轴承。两个传动轴都选用了 D 级精度的轴承，轴上为一对 D7029 型圆锥滚子轴承，一对 D6354906 型向心滚针轴承 20、26，承受径向载荷，轴向载荷由两个型号分别为 D9107 和 D9106 的推力圆柱滚子轴承 19 和 25 承受。主轴上前后支承均为 C 级精度轴承，前支承是 C3182117 型双列圆柱滚子轴承，只承受径向载荷；后支承为两个 C36210 型角接触球轴承 9 和 11，既承受径向载荷，也承受轴向载荷。为了保证旋转精

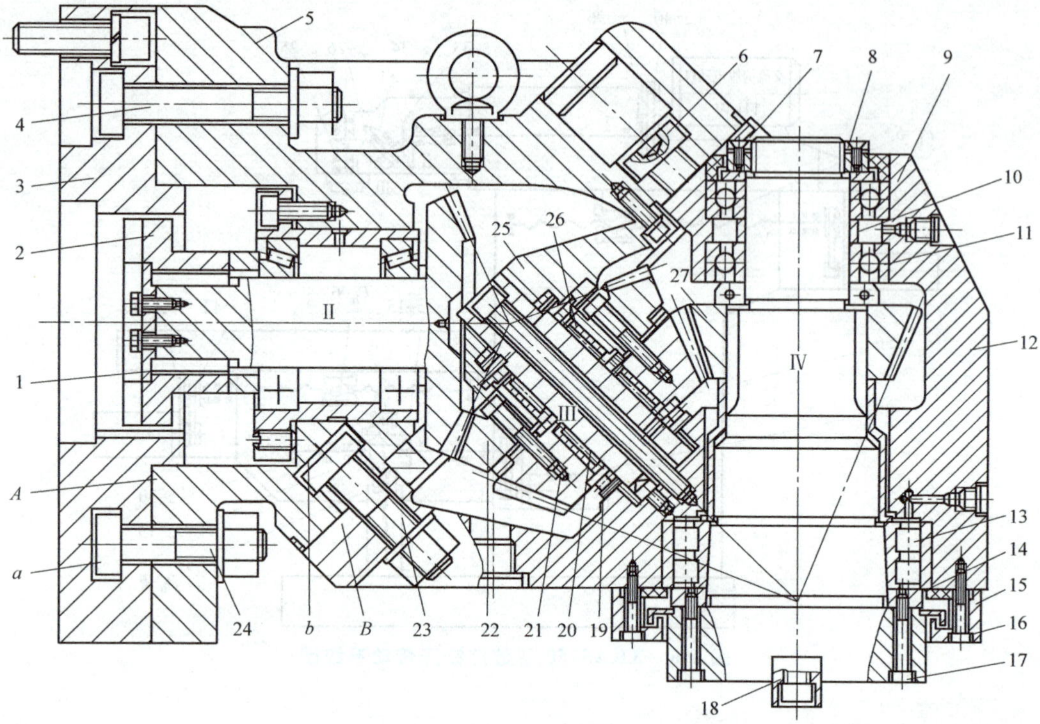

图 5-7 万能铣头部件结构

1—平键 2—连接盘 3、15—法兰 4、6、23、24—T 形螺栓 5—后壳体 7—锁紧螺钉 8—螺母 9、11—角接触球轴承 10—隔套 12—前壳体 13—轴承 14—半圆环垫片 16、17—螺钉 18—端面键 19、25—推力圆柱滚子轴承 20、26—滚针轴承 21、22、27—锥齿轮

度，主轴轴承不仅要消除间隙，而且要有预紧力，轴承磨损后也要进行间隙调整。前轴承消除间隙和预紧的调整是靠改变轴承内圈在锥形颈上的位置，使内圈外胀实现的。调整时，先拧下四个螺钉 16，卸下法兰 15，再松开螺母 8 上的锁紧螺钉 7，拧松螺母 8 将主轴Ⅳ向前（向下）推动 2mm 左右，然后拧下两个螺钉 17，将半圆环垫片 14 取出，根据间隙大小磨薄垫片，最后将上述零件重新装好。后支承的两个角接触球轴承开口相背（轴承 9 开口朝上，轴承 11 开口朝下），作消除间隙和预紧调整时，采用两轴承外圈不动、内圈的端面距离相对减小的办法实现。具体方法是控制两轴承内圈隔套 10 的尺寸。调整时取下隔套 10，修磨到合适尺寸，重新装好后，用螺母 8 顶紧轴承内圈及隔套即可。最后要拧紧锁紧螺钉 7。

2. 工作台纵向传动机构

工作台纵向传动机构如图 5-8 所示。交流伺服电动机 18 的轴上装有圆弧同步带轮 19，通过同步带 14 和装在丝杠右端的同步带轮 11 带动丝杠旋转，使底部装有螺母 1 的工作台 4 移动。装在伺服电动机中的编码器将检测到的位移量反馈回数控装置，形成半闭环控制。同步带轮与电动机轴，以及与丝杠之间的连接采用锥环无键式连接，这种连接方法不需要开键槽，而且配合无间隙，对中性好。滚珠丝杠两端采用角接触球轴承支承，右端支承采用三个 7602030TN/P4TFTA 轴承，精度等级 P4，径向载荷由三个轴承分担。两个开口向右的轴承 6、7 承受向左的轴向载荷，开口向左的轴承 8 承受向右的轴向载荷。轴承的预紧力由两

XKA5750 型数控铣床工作台纵向传动机构

个轴承 7、8 的内、外圈轴向尺寸差实现。当用螺母 10 通过隔套将轴承内圈压紧时，外圈因为比内圈轴向尺寸稍短，仍有微量间隙，用螺钉 9 通过法兰盘 12 压紧轴承外圈就会产生预紧力。调整时修磨垫片 13 的厚度尺寸即可。丝杠左端的角接触球轴承（7602025TN/P4）除承受径向载荷外，还通过螺母 3 的调整，使丝杠产生预拉伸，以提高丝杠的刚度和减小丝杠的热变形。5 为工作台纵向移动时的限位挡铁。

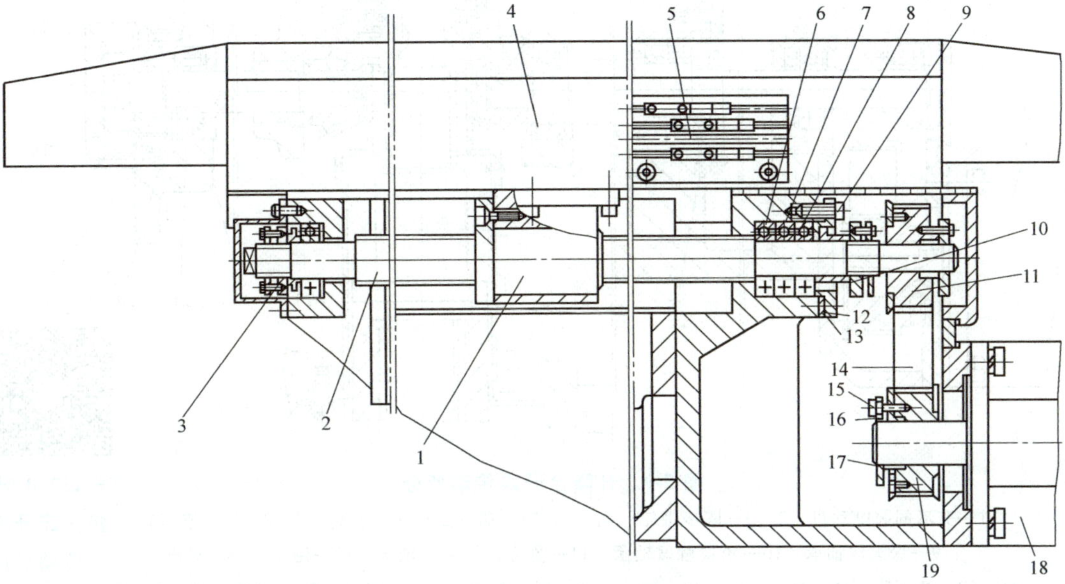

图 5-8　工作台纵向传动机构

1、3、10—螺母　2—丝杠　4—工作台　5—限位挡铁　6~8—轴承　9、15—螺钉　11、19—同步带轮　12—法兰盘　13—垫片　14—同步带　16—外锥环　17—端盖　18—交流伺服电动机

3. 升降台传动机构及自动平衡机构

图 5-9 所示为升降台升降传动部分，交流伺服电动机 1 经一对同步带轮 2、3 将运动传到传动轴Ⅶ，轴Ⅶ右端的弧齿锥齿轮 7 带动锥齿轮 8 使垂直滚珠丝杠Ⅷ旋转，升降台上升下降。传动轴Ⅶ有左、中、右三点支承，轴向定位由中间支承的一对角接触球轴承来保证，由螺母 4 锁定轴承与传动轴的轴向位置，并对轴承预紧，预紧量用修磨两轴承的内外圈之间的隔套 5、6 的厚度来保证。传动轴的轴向定位由螺钉 25 调节。垂直滚珠丝杠副的螺母 24 由支承套 23 固定在机床底座上，丝杠通过锥齿轮 8 与升降台连接，其支承由深沟球轴承 9 和角接触球轴承 10 承受径向载荷；由 D 级精度的推力圆柱滚子轴承 11 承受轴向载荷。图中轴Ⅸ的实际安装位置是在水平面内，与轴Ⅶ的轴线呈 90°相交（图中为展开画法）。其右端为自动平衡机构。因滚珠丝杠无自锁能力，当垂直放置时，在部件自重作用下，移动部件会自动下移。因此除升降台驱动电动机带有制动器外，还在传动机中装有自动平衡机构，一方面防止升降台因自重下落，另外还可平衡上升下降时的驱动力，其结构由单向超越离合器和自锁器组成。工作原理为：丝杠旋转的同时，通过锥齿轮 12 和轴Ⅸ带动单向超越离合器的星轮 21 转动。当升降台上升时，星轮的转向使滚子 13 与超越离合器的外环 14 脱开，外环 14 不随星轮 21 转动，自锁器不起作用；当升降台下降时，星轮 21 的转向使滚子楔在星轮与外环之间，使外环随轴一起转动，外环与两端固定不动的摩擦环 15、22（由防转销 20 固定）

形成相对运动，在碟形弹簧 19 的作用下，产生摩擦力，增加升降台下降时的阻力，起自锁作用，并使上下运动的力量平衡。调整时，先拆下端盖 17，松开螺钉 16，适当旋紧螺母 18，压紧碟形弹簧 19，即可增大自锁力。调整前需用辅助装置支承升降台。

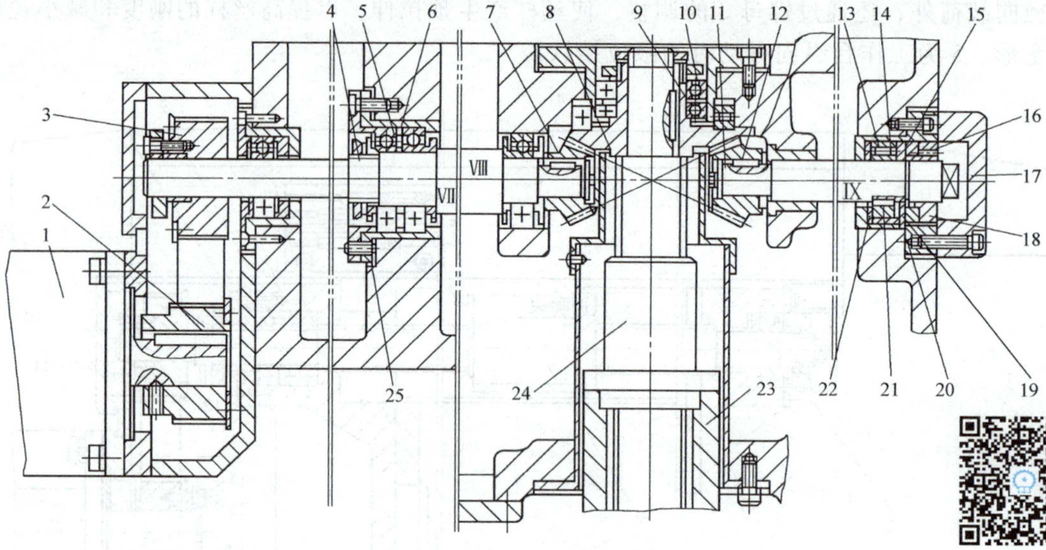

图 5-9　升降台升降传动部分

1—交流伺服电动机　2、3—同步带轮　4、18、24—螺母　5、6—隔套　7、8、12—锥齿轮　9—深沟球轴承　10—角接触球轴承　11—推力圆柱滚子轴承　13—滚子　14—外环　15、22—摩擦环　16、25—螺钉　17—端盖　19—碟形弹簧　20—防转销　21—星轮　23—支承套

XKA5750 型数控铣床升降台传动机构

4. 数控回转工作台

数控回转工作台和数控分度头是数控铣床常用附件，可使数控铣床增加一个数控轴，扩大数控铣床功能。数控回转工作台适用于板类和箱体类工件的连续回转表面加工和多面加工；数控分度头用于在轴类、套类工件的圆柱面和端面上的加工。数控回转工作台和数控分度头可通过接口由机床的数控装置控制，也可由独立的数控装置控制。

图 5-10 所示为立卧式数控回转工作台结构图，有两个相互垂直的定位面，而且装有定位键 22，可方便地进行立式或卧式安装。工件可由主轴孔 6 定心，也可装夹在工作台 4 的 T 形槽内。工作台可以完成任意角度分度和连续回转进给运动。工作台的回转由直流伺服电动机 17 驱动，伺服电动机尾部装有检测用的每转 1000 个脉冲信号的编码器，实现半闭环控制。机械转动部分是两对齿轮副和一对蜗杆副。齿轮副采用双片齿轮错齿调隙法消隙。调整时卸下电动机 17 和法兰盘 16，松开螺钉 18，转动双片齿轮消隙。蜗杆副采用变齿厚双导程蜗杆调隙法消隙。调整时松开螺钉 24 和螺母 25，转动螺纹套 23，使蜗杆 21 轴向移动，改变蜗杆 21 与蜗轮 20 的啮合部位，消除间隙。工作台导轨面 7 贴有聚四氟乙烯，改善了导轨的动、静摩擦因数，提高了运动性能，减少了导轨磨损。

工作时，首先气液转换装置 14 中的电磁换向阀换向，使其中的气缸左腔进气，右腔排气，气缸活塞杆 15 向右退回，油腔 13 及管路中的油压下降，夹紧液压缸 1 上腔减压，活塞 2 在弹簧的作用下向上运动，拉杆 3 松开工作台。同时触头 12 退回，松开夹紧信号开关 9，压下松开信号开关 10。此时直流伺服电动机 17 开始驱动工作台回转（或分度）。工作台回转完毕（或分度到位），气液转换装置 14 中的电磁换向阀换向，使气缸右腔进气，左腔排

数控回转工作台的结构及工作原理

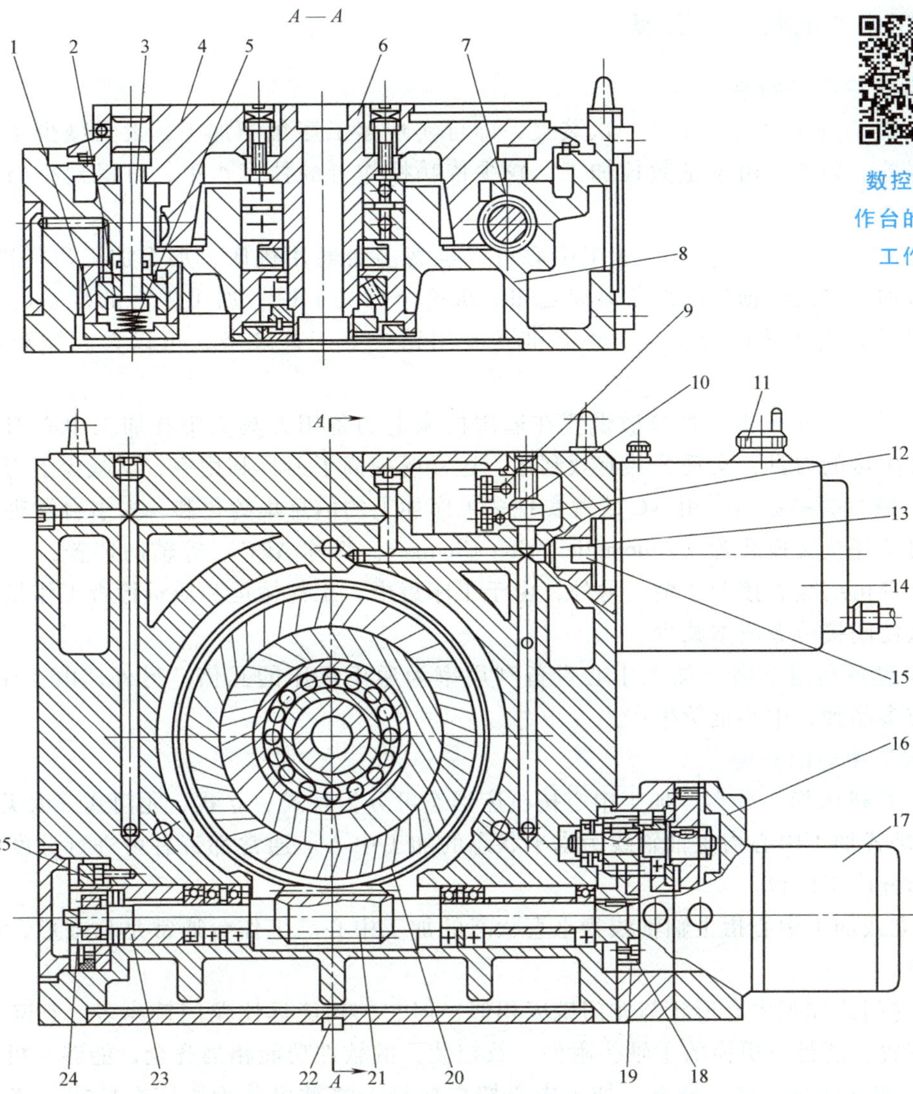

图 5-10　立卧式数控回转工作台

1—夹紧液压缸　2—活塞　3—拉杆　4—工作台　5—弹簧　6—主轴孔　7—工作台导轨面　8—底座　9、10—信号开关　11—手摇脉冲发生器　12—触头　13—油腔　14—气液转换装置　15—活塞杆　16—法兰盘　17—直流伺服电动机　18、24—螺钉　19—齿轮　20—蜗轮　21—蜗杆　22—定位键　23—螺纹套　25—螺母

气，活塞杆 15 向左伸出，油腔 13、油管及夹紧液压缸 1 上腔的油压增加，使活塞 2 压缩弹簧 5，拉杆 3 下移，将工作台压紧在底座 8 上，同时触头 12 在油压作用下向外伸出，放开松开信号开关 10，压下夹紧信号开关 9。工作台完成一个工作循环时，零位信号开关（图中未画出）发出信号，使工作台返回零位。手摇脉冲发生器 11 可用于工作台的手动微调。

任务二　了解加工中心

任务内容： 加工中心的特点和分类，加工中心的发展方向。

任务目标： 通过学习，了解加工中心的特点及其结构，了解加工中心的分类。

一、加工中心的特点、分类

1. 加工中心的特点

(1) 提高加工质量　工件一次装夹，即可实现多工序集中加工，大大减少了多次装夹带来的误差。另外，由于是数控加工，较少依赖操作者的技术水平，可得到相当高的稳定精度。

(2) 缩短加工准备时间　加工中心可以顶替多台通用机床，那么加工所需准备时间，即是每台加工单元所损耗的准备时间之和。从这个意义上说，加工中心的准备时间显然短得多。另外，由于是数控加工，不必准备专用钻模等工艺装备，可以大大缩短加工准备时间。

(3) 减少刀具成本　把分散设置在通用机床上的备用刀具集中在加工中心刀库上，有可能用最少量的刀具，实现公共有效利用。这样既提高了刀具利用率，又减少了刀具数量。

(4) 减少劳务成本　由NC装置实现多工序加工的信息集约化和一人多台管理，以及用工作台自动托盘交换装置（Automatic Pallet Changer，简称APC）等辅助装置，实现夜间无人运转，都可缩减直接劳务费。另外，由于工序集中，工件搬运和质量检查工作量都大为减少，这就使间接劳务成本减少。

(5) 设备利用率高　加工中心设备利用率为通用机床的几倍。另外，由于工序集中，容易适应多品种、中小批量生产。

2. 加工中心的分类

(1) 按机床形态分类　加工中心按机床形态可分为卧式、立式、龙门式三大类。

1）卧式加工中心指主轴轴线为水平状态的加工中心。通常都带有可进行分度回转运动的正方形分度工作台。

2）立式加工中心指主轴轴线为垂直状态的加工中心。工作台通常是长方形，且无分度回转功能。

3）龙门式加工中心形状与龙门铣床相似，但它的功能远比龙门铣床多。它除了带有自动换刀装置，还带可更换的主轴头附件，数控装置的软件功能相当齐全，能够一机多用。

(2) 按立柱是否移动分类　加工中心按立柱是否移动可分为固定立柱式、移动立柱式和立柱作平面二坐标移动式三种。

1）固定立柱式适用于小型加工中心。平面上的两个坐标移动由工作台和溜板来实现。由于立柱固定在床身上，就便于把刀库、电柜等装在立柱上，实现机电一体化。

2）移动立柱式通常见于大、中型加工中心。为了避免大尺寸工作台在溜板两端极限位置发生翘曲和大溜板加工难的问题，采用了立柱在床身上沿前后方向移动，而工作台则在床身上沿左右方向移动的形式，从而减少了溜板和结构的多层，有利于提高机床精度。

3）立柱作平面二坐标移动式，这种形式的加工中心，工作台不移动，而平面上的二坐标移动均由立柱来实现。因为工作台不移动，这种加工中心比较适用于柔性自动线等自动生产系统。

(3) 按自动换刀形式分类　加工中心按自动换刀形式可分为带刀库、机械手换刀的加工中心，无机械手的加工中心和转塔刀库式加工中心。

1）带刀库、机械手换刀的加工中心。这是加工中心最普遍采用的形式。加工中心的自动换刀装置（Automatic Tool Changer，简称 ATC）是由刀库和换刀机械手组成。

2）无机械手的加工中心。有些采用 40 号以下刀柄的小型加工中心，没有换刀机械手，换刀是通过刀库和主轴箱的配合动作来完成的。

3）转塔刀库式加工中心。部分小型立式加工中心采用转塔刀库形式，主要以孔加工为主。

二、加工中心的发展

近些年来，加工中心正在向高速度、高精度和高度自动化方向发展。

1. 高速度

加工中心向高速度发展的主要目的是提高生产率，主要措施是提高主轴转速、提高进给速度和缩短辅助时间等。

（1）提高主轴转速　近些年来，加工中心的主轴转速普遍提高。中、小型加工中心的主轴最高转速大部分提高到 5000～6000r/min，有的加工中心已达到 40000r/min。为此，在主轴轴承的材料、结构、润滑方式，主轴组件的结构，电动机的冷却防振措施等方面都做了大量工作。例如某些高速加工中心的主轴采用了陶瓷滚动体轴承，润滑方式采用油气润滑，以及对主轴系统进行严格的动平衡等。

（2）提高进给速度　一般的加工中心，进给速度可达 1～2m/min，快速移动速度已达 33m/min，逐步靠近 50m/min。为了实现高速，数控装置可进行快速处理。例如采用数控高速转换器，将数据快速传递；采用 32 位的计算机数控装置等。在机械结构方面也相应地采取了措施，例如采用大导程滚珠丝杠和滚动导轨等。驱动元件采用交流伺服电动机也有利于提高伺服进给的速度。

（3）缩短辅助时间　缩短辅助时间包括缩短换刀时间、刀具移近或离开工件的时间及工件装卸时间等。现在许多小型加工中心的换刀时间达 1～2s，有的已缩短到 0.5s。快移速度又有所提高，以缩短刀具移近或离开工件的时间。移动式立柱比十字运动双层工作台更便于操作者接近工件，故较大的加工中心多采用移动式立柱。用传感器测量工件尺寸，比手工测量自动化程度高，还有利于节省时间和提高精度。采用工序更加集中的加工中心，使工件在一次装夹中完成更多的工序，可以减少工件装卸的时间。例如，有的加工中心主轴可以转位，既可立式，又可卧式，并配有回转工作台，一次装夹可加工五个表面。

切削加工时，采用合适的冷却方式，防止切屑进入机床的运动部位，使机床运转可靠等，都是充分发挥机床性能，提高生产率的措施。

2. 高精度

一般情况下，加工中心的加工公差等级可达 IT7，有些可以达到 IT6。镗孔加工时，如提高主轴组件的刚度和精度，其加工孔径公差等级可达 IT4。提高加工中心加工精度的主要措施是提高编程时的圆弧插补精度、机床定位精度和采用精度补偿技术。世界上许多国家都在进行机床运动和负载变形误差以及机床热误差的软件补偿技术的研究，有的可消除此类误差的 60%。

3. 高度自动化

为了进一步提高自动化程度，加工中心的硬件和软件采取了许多改进措施。例如采用对话系统，可使操作更方便、操作时间缩短、检验更及时以及差错率减少。许多加工中心设自动交换托盘，工件由人工装在托盘上。工作时，把托盘送到工作台上，定位、夹紧，进行加工。托盘至少两个，一个在工作台上工作，另一个在机外装卸工件，工作结束后交换。这就可使装卸工件的时间与加工时间重合。有的加工中心有6个或8个托盘，一次装好，依次自动交换。机床可长期无人看管，自动地工作。

现代加工中心正在配备越来越多的各种附件，以进一步增加加工中心的功能。例如，新型的加工中心可供选择的附件有：工件自动测量装置、尺寸调整装置和镗刀检验装置以及刀具破损监测装置等。后者是应用声发射的检测方法，利用刀具在断裂瞬间发生的超声波来判断刀具的破损，以便及时采取措施。

任务三　分析与调整立式加工中心

任务内容： JCS-018型立式加工中心的基本结构和布局，机床的主轴箱结构，刀具的夹紧装置和换刀机构，JCS-018型立式加工中心的主要部件。

任务目标： 通过学习，掌握JCS-018型立式加工中心的结构，掌握JCS-018型立式加工中心的主轴结构和刀库结构，掌握JCS-018型立式加工中心的换刀装置和换刀过程。

中、小型立式加工中心适用于扁平类、盘类、模具等零件的多品种小批量生产。大型立式加工中心也是主要用于扁平类零件加工，也可进行箱体加工。立式加工中心加工中的主要问题是排屑问题，目前主要采用大流量高压切削液冲刷工件表面排屑。

一、立式加工中心基本布局和结构形式

立式加工中心基本布局和结构形式

立式加工中心的布局形式是多种多样的，按照立柱结构可分为单柱式和龙门式；按刀库的刀套轴线方向可分为水平刀库和垂直刀库。不同的结构有不同的特点及使用范围。

中型加工中心应用最普遍的形式是单柱水平刀库布局（见图5-11），它是立式加工中心的基本布局形式。这种形式加工空间宽阔，外形整齐，刀库易于扩张。由机械手完成换刀。

垂直刀闸式布局多用于小型和经济型立式加工中心（见图5-12），刀库挂在立柱左侧，一般不设机械手，由刀库的摆动和主轴箱沿水平轴的移动实现直接交接。这种布局的机床结构简单，但刀库容量受布局方式限制。

龙门式布局（见图5-13）因其结构刚性好，容易实现热对称设计，多用于大型立式加工中心，也可用于中小型精密加工中心。

二、JCS-018A型立式加工中心的组成与技术参数

JCS-018A型立式加工中心的组成

JCS-018A型立式加工中心集中了平面加工（通常为面铣）和孔加工（钻、扩、铰、攻螺纹和镗等）的功能，不仅能完成半精和精加工，还可进行粗加工。工件以底面为安装基准，加工顶面和与底面垂直的孔。它适合于小型箱体类、模具、板件以及盘件等复杂零件的多品种、小批量加工。机床具有自动换刀功能，为此，备有刀库和机械手。

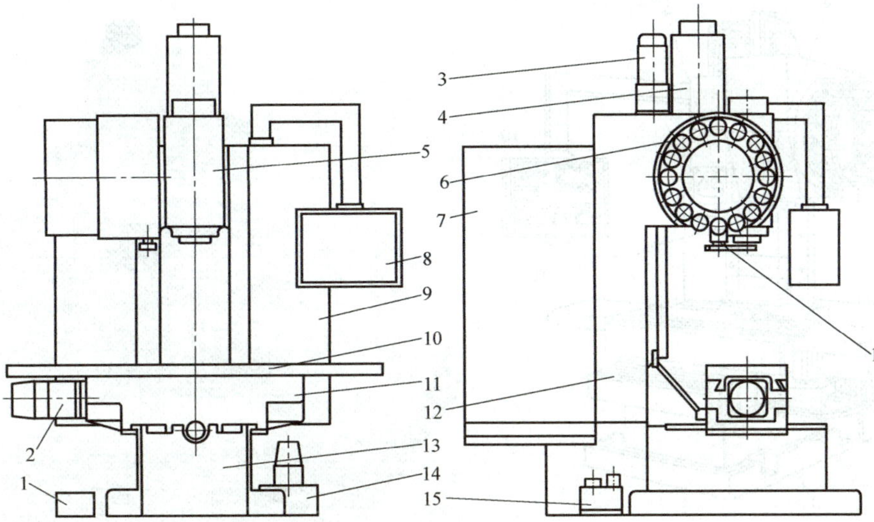

图 5-11　立式加工中心基本布局和结构

1—切屑箱　2—X 轴伺服电动机　3—Z 轴伺服电动机　4—主轴电动机　5—主轴箱　6—刀库　7—数控柜　8—操纵面板　9—驱动电柜　10—工作台　11—滑座　12—立柱　13—床身　14—冷却液箱　15—间歇润滑油箱　16—机械手

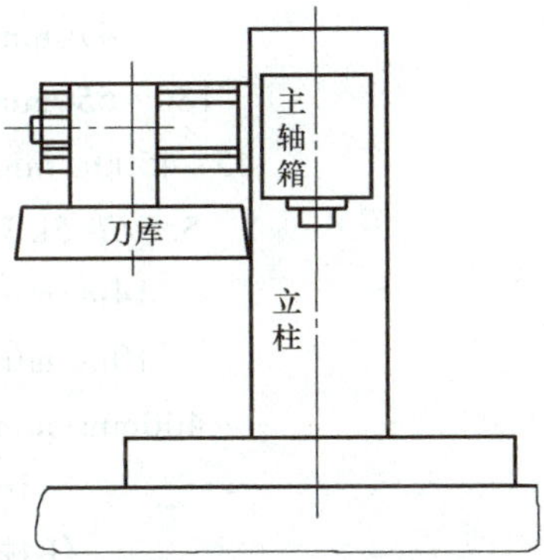

图 5-12　垂直刀闸式布局

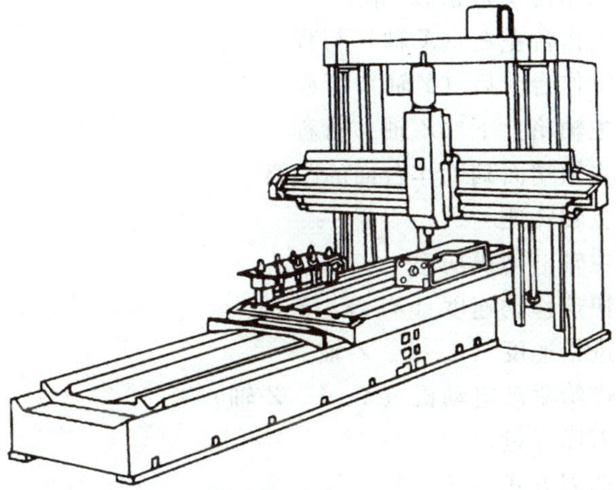

图 5-13　龙门式布局

1. JCS-018A 型立式加工中心的组成

JCS-018A 型立式加工中心结构的外观如图 5-14 所示。床身 1 上有滑座 2，做横向（前后）运动（Y 轴）。工作台 3 在滑座上做纵向（左右）运动（X 轴）。床身后部固定有框式立柱 5。主轴箱 9 在立柱导轨上做升降运动（Z 轴）。立柱的左侧前部装有回转刀库 7 和自动换刀机械手 8。刀库能容纳 16 把刀具。立柱的左后部是数控柜 6，内有数控系统。立柱右侧装驱动电柜 11，内有电源变压器、强电系统和伺服装置。操作面板 10 悬伸在机床的右前方，以便于操作。机床的各种工作状态显示在操作面板上。

2. 主要技术参数

工作台外形尺寸（工作面）　　1200mm×450mm（1000mm×320mm）

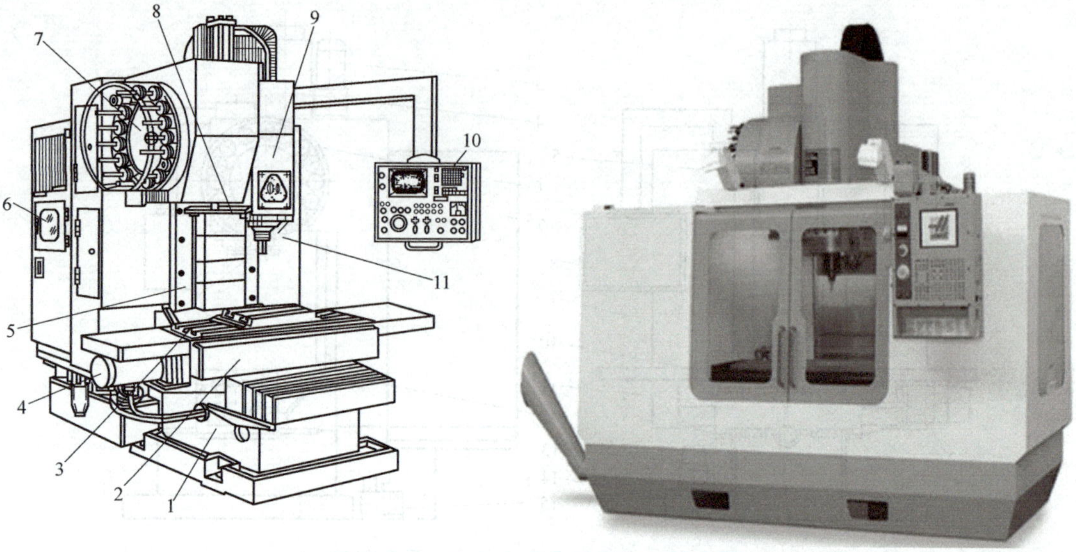

图 5-14　JCS-018A 型立式加工中心结构外观图

1—机床床身　2—滑座　3—工作台　4—X 轴伺服电动机　5—立柱
6—数控柜　7—回转刀库　8—机械手　9—主轴箱　10—操作面板　11—驱动电柜

工作台 T 形槽数×槽宽	18×3mm
工作台左右（X 轴）行程	750mm
工作台前后（Y 轴）行程	400mm
主轴箱上下（Z 轴）行程	470mm
主轴端面到工作台面的距离	180～650mm
主轴转速	45～4500r/min
主轴电动机功率	5.5/7.5kW
快速移动速度（X、Y、Z 轴）	14m/min
进给速度（X、Y、Z 轴）	10m/min
进给驱动电动机（X、Y、Z 轴）	1～400mm/min
刀库容量	16
选刀方式	任选
最大刀具尺寸（长度×直径）	100mm×ϕ300mm
最大刀具质量	8kg
刀库电动机功率	1.4kW
工作台允许负载	500kg
滚珠丝杠尺寸（X、Y、Z 轴）（公称直径×导程）	ϕ40mm×10mm
钻孔能力（一次钻出）	ϕ32mm
攻螺纹能力	M24
铣削能力	110cm^3/min
定位精度	±0.012mm/300mm
重复定位精度	±0.006mm

气源	5～7MPa
机床质量	5000kg
占地面积	3280mm×2300mm

三、JCS-018A 型立式加工中心的传动系统

JCS-018A 型立式加工中心的传动系统如图 5-15 所示，共存在五条传动链：主运动传动链，纵向、横向、垂向运动传动链，刀库的旋转运动传动链，分别用来实现刀具的旋转运动，工作台的纵、横向进给运动，主轴箱的升降运动，以及选择刀具时的刀库旋转运动。各种运动的驱动电动机均为无级调速。

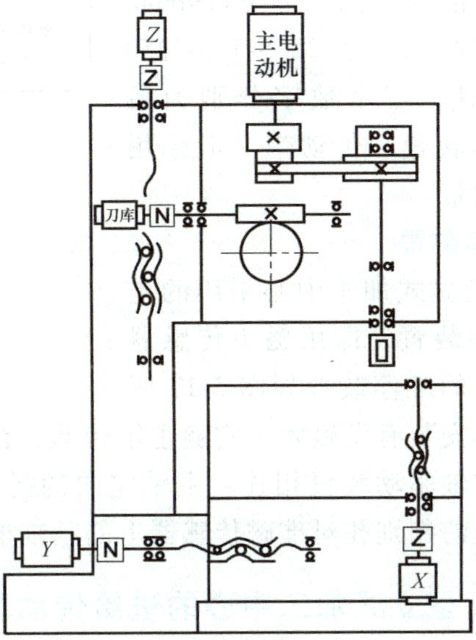

图 5-15　JCS-018A 型立式加工中心传动系统图

JCS-018A 型立式加工中心的主传动系统

1. 主传动系统

JCS-018A 型立式加工中心要求主轴最大输出转矩为 200N·m，此时带传动比为 1∶2，所以电动机最大输出转矩应达到 100N·m，为此选择了 12 型交流变频调速电动机。这种电动机在 30min 过载运转时最大输出转矩为 95.5N·m，功率为 15kW；连续运转时最大输出转矩为 70N·m，功率为 11kW。该机床要求主轴 30min 过载运转最大输出功率为 7.5kW，连续运转输出额定功率为 5.5kW，因此，所选电动机基本满足输出转矩的要求，但功率比需要的大一倍。

这种电动机在 1500～4500r/min 运转时为恒功率输出，此时 30min 过载运转最大输出功率为 15kW，连续运转输出额定功率为 11kW。如前所述，机床要求主轴 30min 过载运转最大输出功率为 7.5kW，连续运转输出额定功率为 5.5kW，为电动机转速为 1500～4500r/min 时对应输出功率的一半，所以计算转速也可以下降一半，恒功率输出时最低转速为 750r/min。相应地，当主轴带传动比为 1∶2 时，计算转速为 375r/min，30min 过载运转最大输出转矩为 191N·m，连续运转最大输出转矩为 140N·m，如图 5-16 所示，其中，虚线为主轴

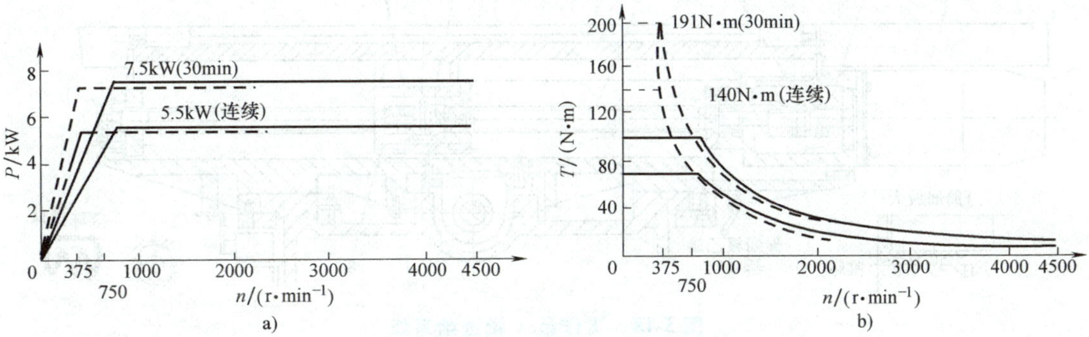

图 5-16　功率转矩特性

功率转矩输出特性曲线，实线为电动机功率转矩输出特性曲线。

主电动机经两级多楔带轮驱动主轴。当经带轮副直径为 ϕ183.6mm/ϕ183.6mm 传动时，主轴转速 n 为 45-1500-4500 r/min；当经带轮副直径为 ϕ119mm/ϕ239mm 传动时，n 为 22.5-750-2250 r/min。无级调速，三个数字分别为最低、额定和最高转速。传动带一般采用一次成形的三联带。

2. 主轴准停装置

JCS-018A 型立式加工中心采用的是电气式主轴准停装置，即用磁力传感器检测定向。主轴的准停装置如图 5-17 所示，主轴的尾部安装有发磁体，它随主轴转动，在距发磁体外缘 1～2mm 处，固定了一个磁传感器，它与主轴驱动装置相连。主轴定向的指令由数控系统发出后，主轴便处于定向状态，当发磁体上的判别孔对准磁传感器上的基准槽时，主轴立即停止。

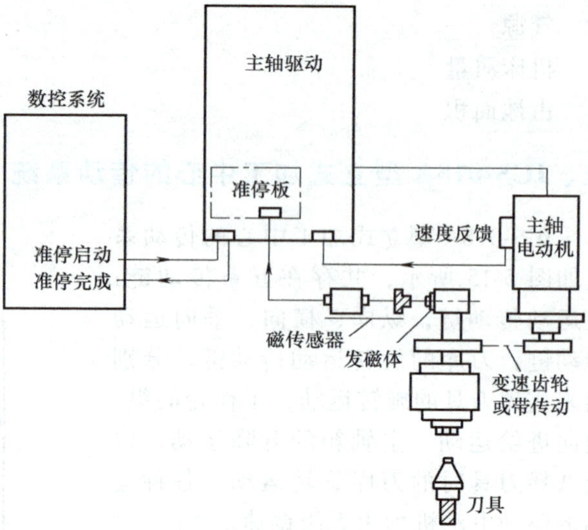

图 5-17　主轴的准停装置

四、JCS-018A 型立式加工中心的进给传动系统

JCS-018A 型立式加工中心的进给传动系统

X、Y、Z 三个轴各有一套基本相同的进给伺服系统。脉宽调速直流伺服电动机直接带动滚珠丝杠，功率都为 1.4kW，无级调速。三个轴的进给速度均为 1～400mm/min。快移速度，X、Y 两轴皆为 15m/min，Z 轴为 10m/min。三个伺服电动机分别由数控系统通过计算机控制，任意两个轴都可以联动。

图 5-18 所示为工作台的纵向（X 轴）伺服进给系统。该系统由伺服电动机 1 经滑块联轴器 2、滚珠丝杠 3 驱动工作台。滚珠螺母就固定在工作台上。反馈装置装在电动机内，与电动机轴连接。滑块联轴器难免有间隙，现已很少采用，改用挠性联轴器和波纹管联轴器。滑块联轴器 2 与电动机轴靠锥形锁紧环摩擦连接。锥形锁紧环见图 5-18 中的局部放大图。每套两环，内环为内柱外锥，外环为外柱内锥。这里共用了两套，把内、外环轴向压紧，外环因锥面而胀大，内环因锥面而收缩。靠摩擦把轴与外套（联轴器）连在一

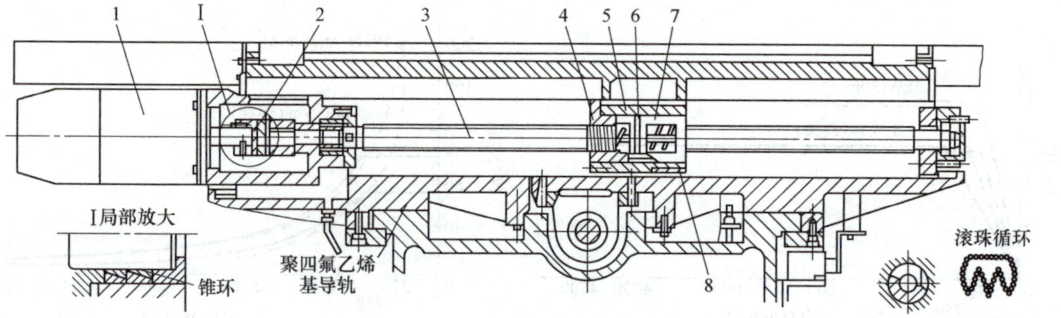

图 5-18　工作台 X 轴进给系统

1—伺服电动机　2—滑块联轴器　3—滚珠丝杠　4—左螺母　5—键　6—半圆垫片　7—右螺母　8—螺母座

起。用这个办法不需开键槽，没有间隙，电动机轴与丝杠可相对转任意角。

五、JCS-018A 型立式加工中心的自动换刀装置

JCS-018A 型立式加工中心的自动换刀装置

自动换刀装置安装在立柱的左侧上部，由刀库和机械手两部分组成。刀库的结构如图 5-19 所示，当数控系统发出换刀指令后，伺服电动机 1 接通，其运动经过滑块联轴器 2、蜗杆 4、蜗轮 3 传到刀盘 14，刀盘带动其上面的 16 个刀套 13 转动，完成选刀工作。每个刀套尾部有一个滚子 11，当待换刀具转到换刀位置时，滚子 11 进入拨叉 7 的缺口内。同时，气缸 5 的下腔通压缩空气，活塞杆 6 带动拨叉 7 上升，放开位置开关 9，用以断开相关的电路，防止刀库、主轴等误动作。如图 5-19 所示，拨叉 7 在上升的过程中，带动刀套绕着销轴 12 逆时针方向翻转 90°，从而使刀具轴线与主轴轴线平行。

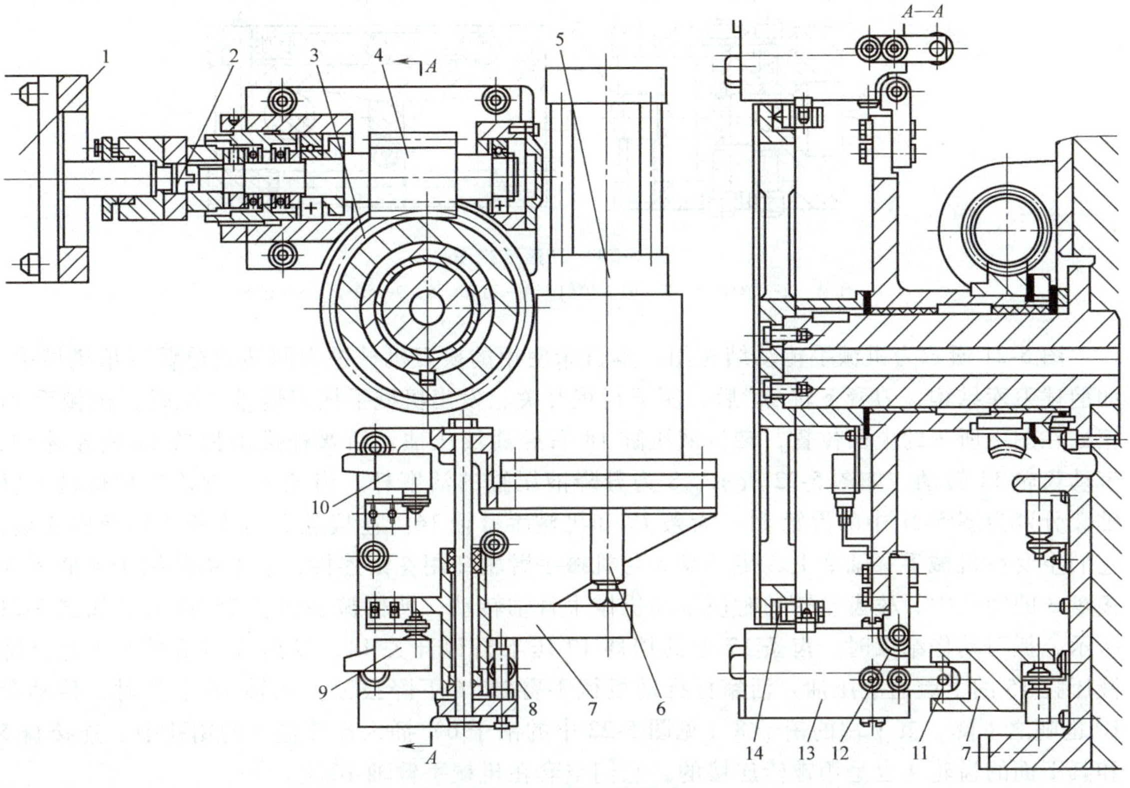

图 5-19　刀库结构简图

1—伺服电动机　2—滑块联轴器　3—蜗轮　4—蜗杆　5—气缸　6—活塞杆　7—拨叉　8—螺杆　9—位置开关　10—定位开关　11—滚子　12—销轴　13—刀套　14—刀盘（导盘）

刀套下转 90°后，拨叉 7 上升到终点，压住定位开关 10，发出信号使机械手抓刀。通过螺杆 8 可以调整拨叉的行程。拨叉的行程决定刀具轴线相对主轴轴线的位置。刀套的结构如图 5-20 所示，*F—F* 剖视图中的件 7 即为图 5-19 中的滚子 11，*E—E* 剖视图中的件 6 即为图 5-19 中的销轴 12。刀套 4 的锥孔尾部有两个球头销钉 3。在螺纹套 2 与球头销钉之间装有弹簧 1，当刀具插入刀套后，由于弹簧力的作用，刀柄被夹紧。拧动螺纹套，可以调整夹紧力的大小，当刀套在刀库中处于水平位置时，靠刀套上部的滚子 5 来支承。

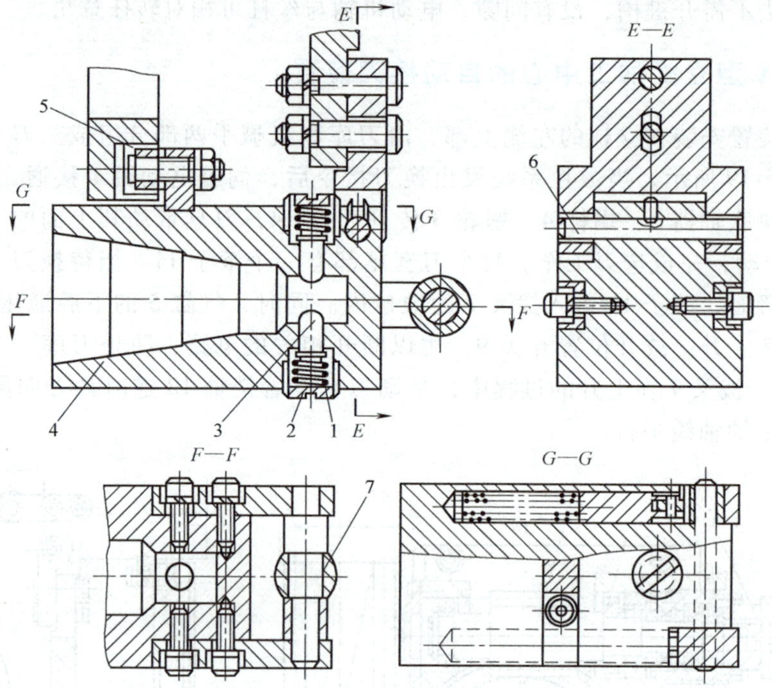

图 5-20 刀套结构图

1—弹簧 2—螺纹套 3—球头销钉 4—刀套 5、7—滚子 6—销轴

图 5-21 所示为机械手传动结构图。本机床使用的换刀机械手为回转式单臂双爪机械手。如前述刀库结构，刀套下转 90°后，压下行程开关，发出机械手抓刀信号。此时，机械手 21 正处在图中所示的上面位置，转位液压缸 18 右腔通液压油，活塞杆推动齿条 17 向左移动，带动齿轮 11 转动。如图 5-22 所示，8 为升降液压缸的活塞杆，齿轮 1、齿条 7 和机械手臂轴 2 分别为图 5-21 中的齿轮 11，齿条 17 和机械手臂轴 16。连接盘 3 与齿轮 1 用螺栓连接，它们空套在机械手臂轴 2 上，传动盘 5 与机械手臂轴 2 用花键连接，它上端的销子 4 插入连接盘 3 的销孔中，故齿轮转动时便带动机械手臂轴转动，使机械手回转 75°抓刀。如图 5-21 所示，抓刀动作结束时，齿条 17 上的挡环 12 压下行程开关 14，发出拔刀信号，于是升降液压缸 15 的上腔通液压油，活塞杆推动机械手臂轴 16 下降拔刀。在轴 16 下降时，传动盘 10 也随之下降，其下端的销子 8（见图 5-22 中的销子 6）插入连接盘 5 的销孔中，连接盘 5 和其下面的齿轮 4 也是用螺栓连接的，它们空套在机械手臂轴 16 上。

当拔刀动作完成后，机械手臂轴 16 上的挡环 2 压下行程开关 1，发出换刀信号。这时转位液压缸 20 的右腔通液压油，活塞杆推动齿条 19 向左移动，带动齿轮和连接盘 5 转动，通过销子 8 由传动盘带动机械手转动 180°，交换主轴和刀库上的刀具。换刀动作完成后，齿条 19 上的挡环 6 压下行程开关 9，发出插刀信号，使升降液压缸下腔通液压油，活塞杆带着机械手臂轴上升插刀，同时带动下面的销子 8 从连接盘 5 的销孔中移出。插刀动作完成后，机械手臂轴 16 上的挡环压下行程开关 3，使转位液压缸 20 的左腔通液压油，活塞杆带着齿条 19 向右移动复位，齿轮 4 空转，机械手无动作。齿条 19 复位后，其上挡环压下行程开关 7，使转位液压缸 18 的左腔通液压油，活塞杆带着齿条 17 向右移动，通过齿轮 11 使机械手反转 75°后复位。机械手复位后，齿条 17 上的挡环压下行程开关 13，发出换刀完成信号，使刀套向上翻转 90°，为下次选刀做好准备，同时机床继续执行后面的操作。换刀过程如图 5-23 所示。

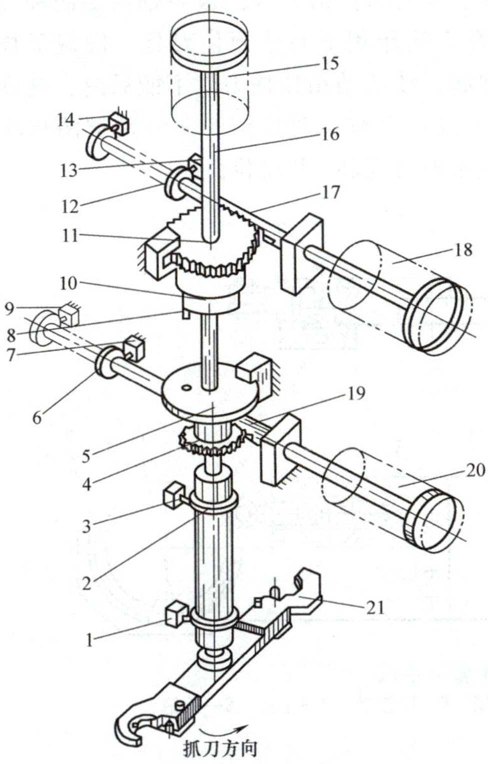

图 5-21　机械手传动结构图

1、3、7、9、13、14—行程开关　2、6、12—挡环　4、11—齿轮　5—连接盘　8—销子　10—传动盘　15—升降液压缸　16—机械手臂轴　17、19—齿条　18、20—转位液压缸　21—机械手

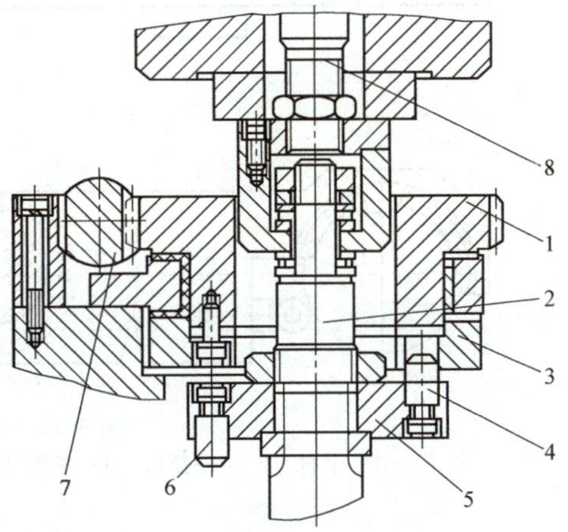

图 5-22　机械手传动结构局部示意图

1—齿轮　2—机械手臂轴　3—连接盘　4、6—销子　5—传动盘　7—齿条　8—活塞杆

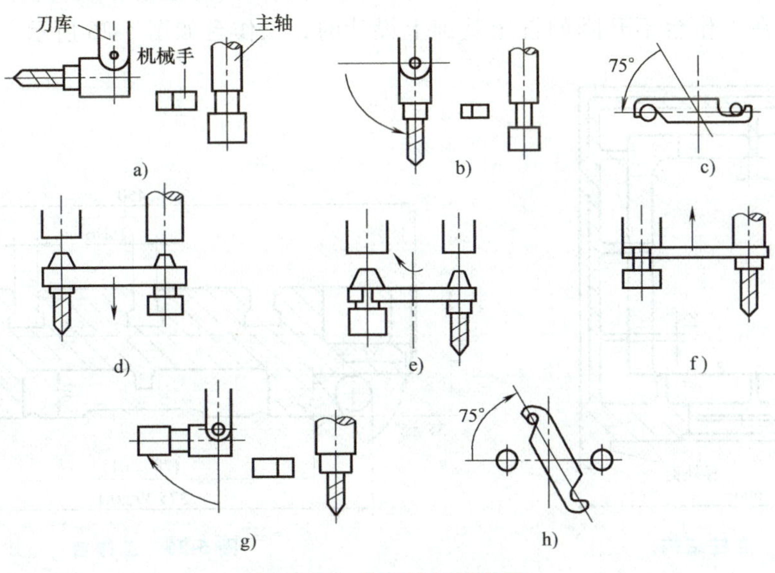

图 5-23　换刀过程示意图

图 5-24 所示为机械手抓刀部分的结构，它主要由手臂 1 和固定其两端的结构完全相同的两个手爪 7 组成。手爪上握刀的圆弧部分有一个圆锥销 6，机械手抓刀时，该圆锥销插入刀柄的键槽中。当机械手由原位转 75°抓住刀具时，两手爪上的长销 8 分别被主轴前端面和刀库上的挡块压下，使轴向开有长槽的活动销 5 在弹簧 2 的作用下右移顶住刀具。机械手拔刀时，长销 8 与挡块脱离接触，锁紧销 3 被弹簧 4 弹起，使活动销顶住刀具不能后返，这样机械手在回转 180°时，刀具不会被甩出。当机械手上升插刀时，两长销 8 又分别被两挡块压下，锁紧销从活动销的孔中退出，松开刀具，机械手便可反转 75°复位。

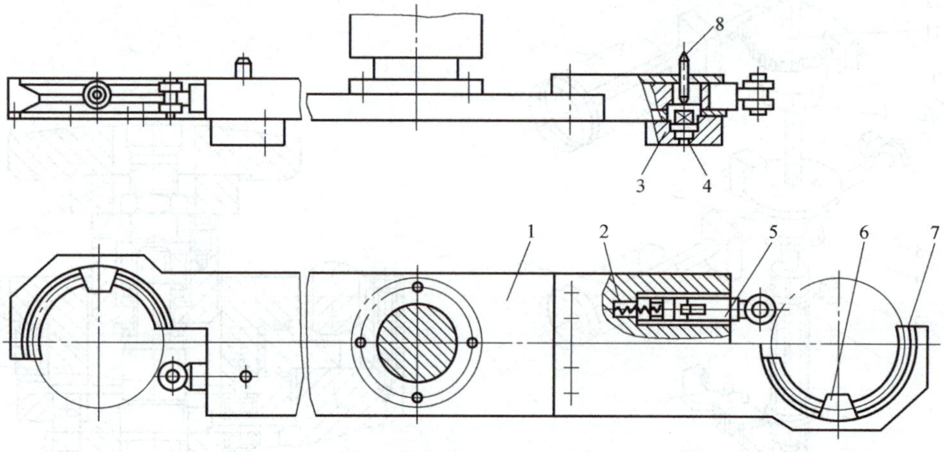

图 5-24 机械手的手臂和手爪

1—手臂 2、4—弹簧 3—锁紧销 5—活动销 6—圆锥销 7—手爪 8—长销

六、JCS-018A 型立式加工中心的基础部件

加工中心的基础部件包括立柱、床身和工作台。JCS-018A 型立式加工中心的立柱为封闭的箱形结构，如图 5-25 所示。立柱承受两个方向的弯矩和转矩，故其截面形状近似取为正方形。立柱的截面尺寸较大，内壁设置较高的竖向和横向加强肋，刚度较大。

该机床是在工作台不升降的铣床基础上设计的，工作台如图 5-26 所示，滑座如图 5-27

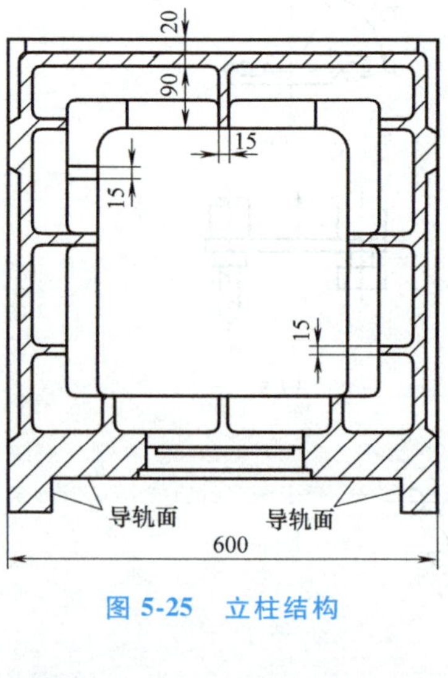

图 5-25 立柱结构

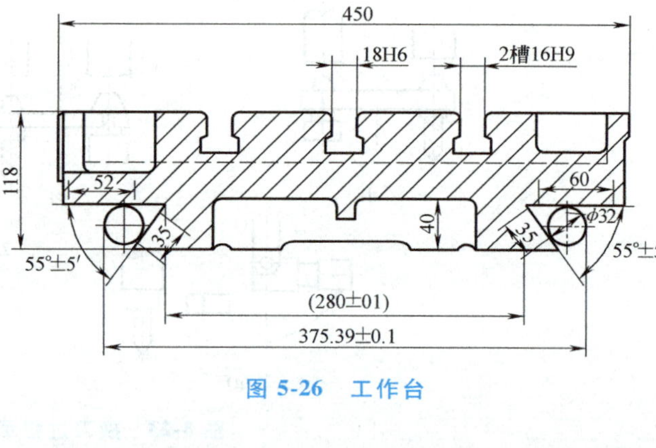

图 5-26 工作台

所示。工作台与滑座之间为燕尾形导轨，丝杠位于两导轨的中间。滑座与床身之间为矩形导轨。工作台与滑座之间、滑座与床身之间，以及立柱与主轴箱间的动导轨面上，均贴有聚四氟乙烯导轨板。两轴以机床最低进给速度运动时，无爬行现象发生。

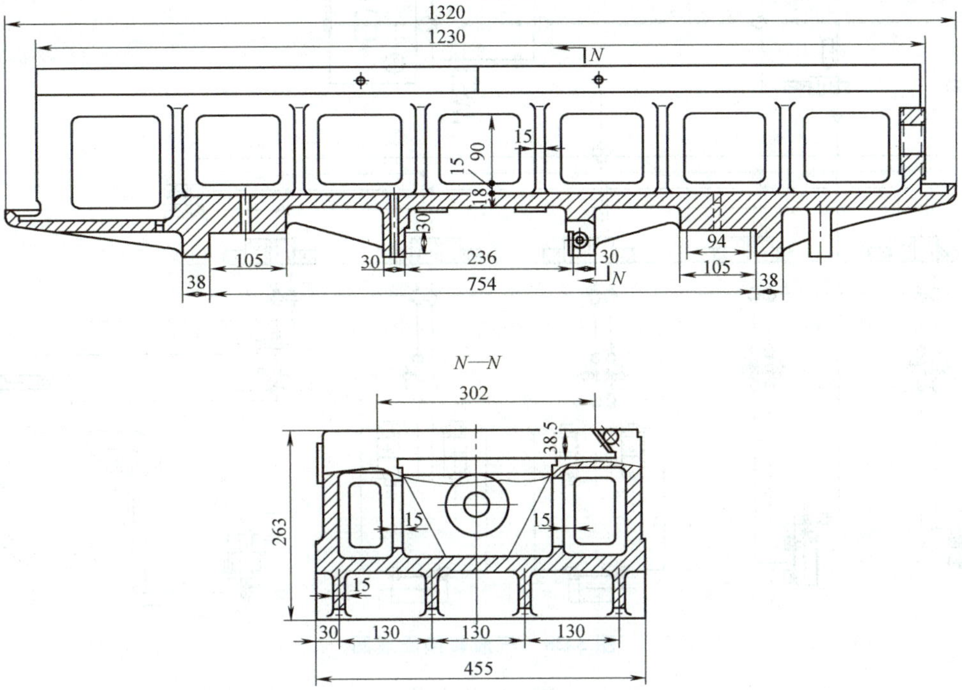

图 5-27　滑座

聚四氟乙烯导轨板的润滑性良好，对润滑油的供油量要求不高，因此，机床只用了间隙式润滑泵供油。每次泵油量为 1.5~2.5mL，每隔 7.5min 泵一次油。润滑油由油泵通过油管送到各润滑点。润滑点的管接头内有单向阀和节流小孔，节流小孔的直径只有零点几毫米。管接头有几种不同规格的节流小孔。单向阀的作用是当油泵停止供油时防止导轨间的润滑油被挤回油管。根据润滑点到油泵的距离不同（管路中阻力不同）、导轨位置不同（水平和竖直）、形状不同（平面和圆柱面等），可适当选择不同规格的管接头，以保证各润滑点的供油量基本一致。

七、JCS-018A 型立式加工中心的气液控制系统

机床刀具交换系统中的机械手动作以及刀套上下运动、主轴松刀等动作，都是依靠气液转换系统实现的。图 5-28 所示为 JCS-018A 型立式加工中心气液转换原理图，压力为 49~68MPa 的压缩空气通过空气过滤装置后，一部分压缩空气通过电磁阀送至气缸等执行元件中；一部分压缩空气通过电磁阀和管路，送至执行元件前的气液转换器中实现气液转换，然后液压油驱动液压缸使动作平稳；还有一部分压缩空气通过电磁阀和管路，送至立柱上方的增压器内，转换输出 53MPa 的液压油，驱动液压缸实现松刀动作。采用气液控制系统可使机床反应速度提高，实现快速换刀。

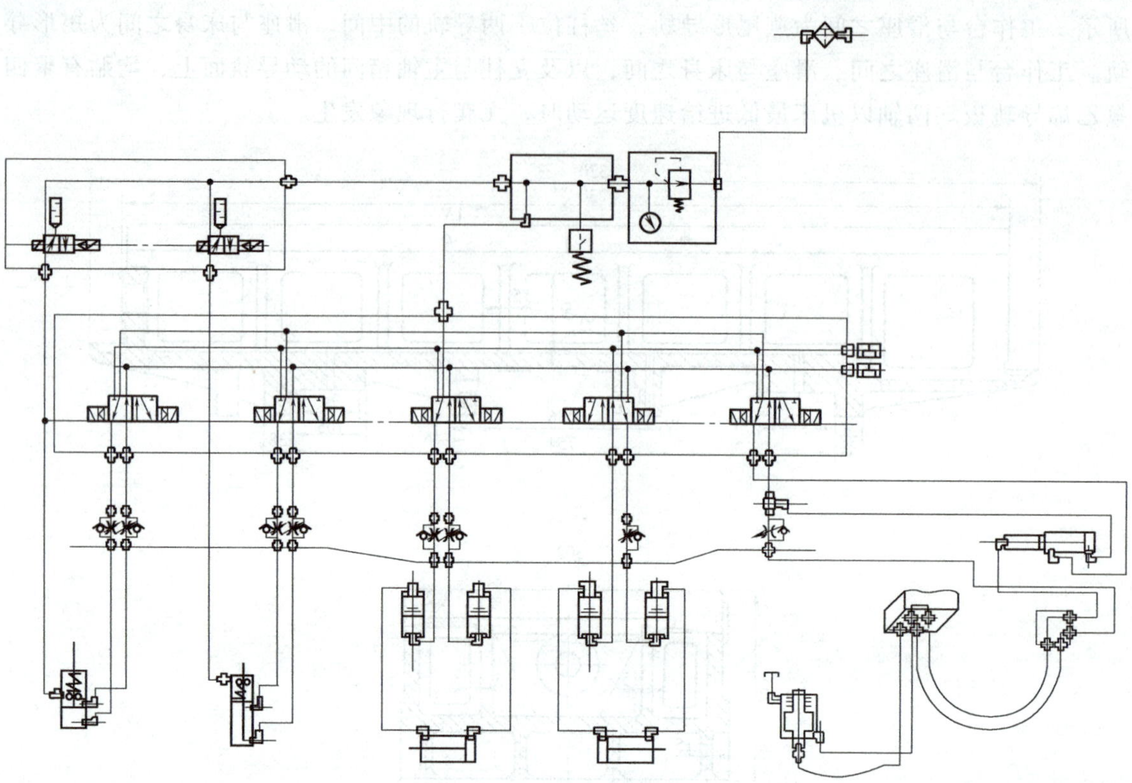

图 5-28　气液转换原理图

任务四　分析与调整卧式加工中心

任务内容： TH6350 型卧式加工中心的基本布局、结构形式和主要部件，TH6350 型卧式加工中心的主轴箱结构和刀具的夹紧装置和换刀机构。

任务目标： 通过学习，掌握卧式加工中心的基本布局、结构形式、组成与技术参数，掌握卧式加工中心主轴结构和进给传动机构。

卧式加工中心适用于箱体类零件、大型零件的加工。卧式加工中心工艺性能好，工件安装方便，利用回转工作台可以加工四个面或更多面，并能进行掉头镗孔和铣削。

卧式加工中心的基本布局和结构形式

一、卧式加工中心的基本布局和结构形式

1. 立柱不动式

采用立柱不动式布局，工作台能实现两个方向的进给，但刚性差，往往用于小型、经济型卧式加工中心。

2. 立柱移动式

立柱移动式卧式加工中心大体分为两类。一类是立柱 Z 向进给运动，X 向运动由工作台或交换工作台进行，这种布局能够提高床身和工作台的刚性，立柱进给时，有利于保

证加工孔轴线的直线度和平行度。当采用双立柱时，轴线位于两立柱之间，受力时不影响精度，主轴轴线能避免因发热而产生的变形。这种布局形式近年来采用得比较多。另一类是立柱双向移动式，即立柱安装在十字滑板上，进行 Z 向及 X 向运动，适用于大型工件加工。立柱移动式卧式加工中心的最大优点就是工作台能够针对不同的工件进行柔性组合，它既可以用长工作台和圆工作台，也可用交换工作台，由于机床的前、后床身可以分离，故在加工大型工件时，不安置工作台也可以，特别适合组成柔性制造系统和柔性制造单元。

3. 滑枕式

滑枕式卧式加工中心的主轴箱大多采用侧挂式，滑枕带动刀具前、后运动，如图 5-29 所示。这类机床最大的优点是滑枕运动代替了立柱的运动，从而使工件以良好的固定状态接受切削加工。解决好滑枕悬臂的自重平衡是保证切削精度的关键。

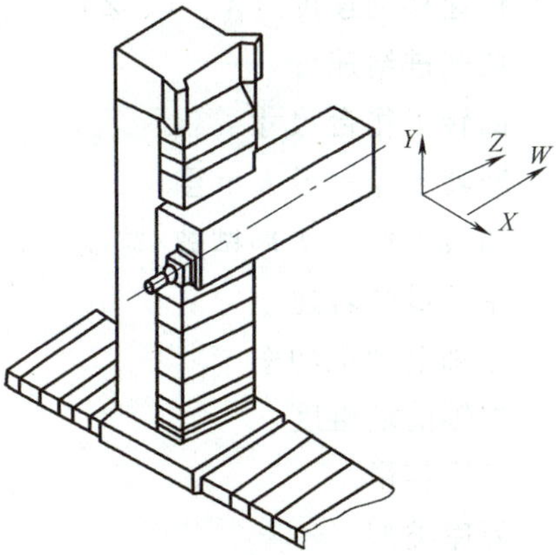

图 5-29　滑枕式结构

二、卧式加工中心的基本组成与技术参数

1. TH6350 型卧式加工中心的基本组成

TH6350 型卧式加工中心的基本组成如图 5-30 所示。

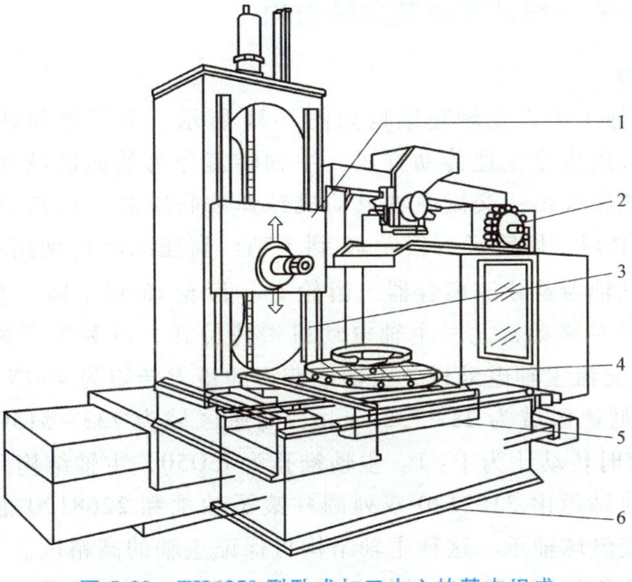

图 5-30　TH6350 型卧式加工中心的基本组成

1—主轴箱　2—刀库　3—Y 向导轨　4—回转工作台　5—X 向运动副　6—底座

TH6350 型卧式加工中心的基本组成

2. TH6350 型卧式加工中心的技术参数

X 轴行程	650mm
Y 轴行程	650mm
Z 轴行程	670mm

主轴鼻端至工作台面距离	240～910mm
主轴中心至工作台面距离	0～650mm
快速移动速度（X、Y、Z）	24000mm/min
切削进给速度	1～5000mm/min
回转工作台尺寸	500mm×500mm
回转工作台最大承重	500kg
回转工作台 T 形槽数/宽度/间距	6/14mm/80mm
主轴最高转速	2400 或 6000r/min
主轴电动机功率	7.5 或 10kW
主轴前端锥度	BT50
刀库容量	24
刀库类型	圆盘式
最大刀具直径	ϕ127mm 或 ϕ178mm
刀具最大长度	300mm
刀具最大质量	15kg
换刀时间	3s
数控回转工作台定位精度	±3″
数控回转工作台重复定位精度	±1″

三、卧式加工中心的主传动系统及主轴结构

1. 主轴箱的结构

TH6350 型卧式加工中心的主传动系统

TH6350 型卧式加工中心主轴箱结构如图 5-31 所示。为了增加转速范围和转矩，主传动采用齿轮变速传动方式。主轴转速分为低速区域和高速区域。低速区域传动路线是：交流主轴电动机经弹性联轴器、齿轮 $z1$、齿轮 $z2$、齿轮 $z3$、齿轮 $z4$、齿轮 $z5$、齿轮 $z6$ 到主轴。高速区域传动路线是：交流主轴电动机经联轴器及牙嵌离合器、齿轮 $z5$、齿轮 $z6$ 到主轴。变换到高速档时，由液压活塞推动拨叉向左移动，此时主轴电动机慢速旋转，以利于牙嵌离合器啮合。主轴电动机采用 FANUC 交流主轴电动机，主轴能获得的最大转矩为 490N · m；主轴转速范围为 28～3150r/min，低速区域为 28～733r/min，高速区域为 733～3150r/min；低速时传动比为 1∶4.75，高速时传动比为 1∶1。主轴锥孔为 ISO50，主轴结构采用了高精度、高刚性的组合轴承。其前轴承由 3182120 双列圆柱滚子轴承和 2268120 推力球轴承组成，后轴承采用 46117 角接触球轴承，这种主轴结构可保证主轴的高精度。

主轴电动机采用交流主轴伺服电动机，调速范围宽，恒功率范围广。

2. 主轴及刀具自动夹紧机构

主轴结构采用高精度、高刚性的组合轴承。其前轴承由双列圆柱滚子轴承和推力球轴承组成，后轴承采用角接触球轴承，这种结构保证了主轴高精度和强力切削的要求。主轴为非外伸结构，Z 向不能做进给运动，而由立轴移动实现 Z 向进给。由于主轴悬伸少，所以主轴的抗弯刚度及扭转刚度高，对镗孔、铣削均很有利。

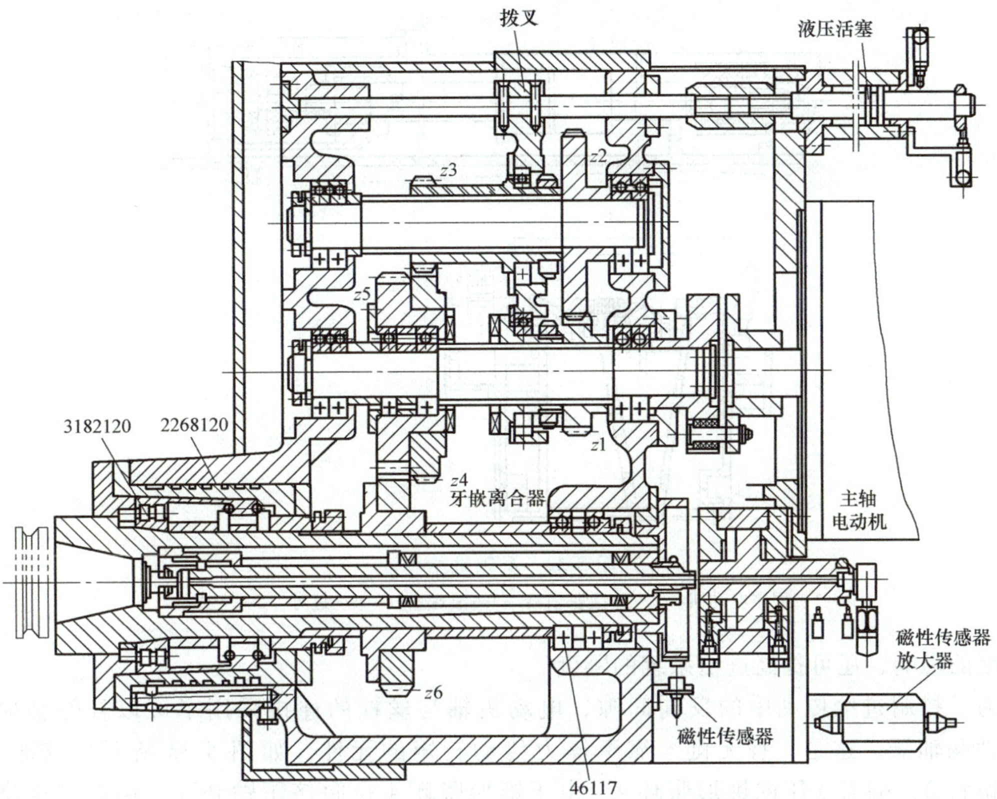

图 5-31　TH6350 型卧式加工中心主轴箱结构

3. 主轴准停

当机械手从刀库取出刀具后，为了能顺利地装入主轴锥孔，必须使主轴准确停止在固定位置上。同时，当刀具锥柄上的键槽装入时键，也必须使主轴前端传递转矩的端键停在固定位置。该机床采用电气控制方式实现主轴准停，控制装置由发磁体、传感器和放大器组成。控制装置发出主轴准停指令后，主轴工作速度转换为低速，然后实现主轴准停。

四、卧式加工中心的进给传动系统

TH6350 型卧式加工中心的进给传动系统

该机床 X、Y、Z 轴三坐标进给驱动形式基本相同，现以 X 坐标进给驱动方式说明其传动过程。如图 5-32 所示，伺服电动机 1 通过弹性联轴器 2 带动滚珠丝杠 3 旋转，从而使与工作台连接的螺母 4 移动，实现 X 轴进给。滚珠丝杠经过预紧，消除了螺母与丝杠的间隙。

X、Y、Z 三坐标伺服电动机功率相同，但 Y 向电动机要承担主轴箱垂直移动后的自锁，所以采用断电后自制动装置。伺服电动机尾部都安装了脉冲编码器，用来测量电动机和丝杠的旋转角度，以间接显示坐标位置。通过数控系统的间隙补偿和螺距补偿，消除驱动系统中的间隙和滚珠丝杠的螺距误差。

为了减少丝杠热变形对加工精度的影响，要对丝杠进行预拉紧。借助螺母，将丝杠预拉伸 0.003~0.005mm，为此，丝杠螺距按负公差制造。丝杠的预拉紧抵消了丝杠热伸长对定

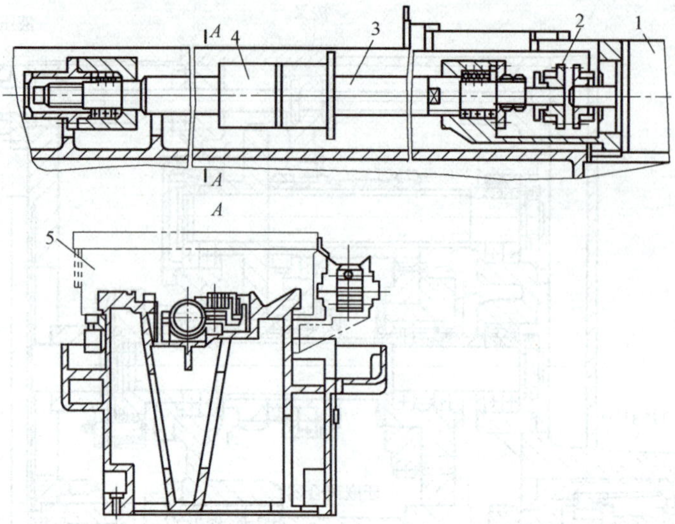

图 5-32　*X* 轴进给传动

1—伺服电动机　2—弹性联轴器　3—滚珠丝杠　4—螺母　5—工作台

位精度的影响，还可提高进给系统的刚度。

为了控制进给传动中的反向间隙，电动机轴与丝杠的连接采用了可以补偿轴向窜动的弹性联轴器。这是一种无键、靠摩擦力传动转矩的元件，如图 5-33 所示。其原理是：拧紧螺钉 2，端盖 3 压向锥形胀环 4，由于锥形胀环 4 径向挤压轴和孔，由此产生摩擦力来传递转矩，同时可以补偿电动机轴和丝杠因制造和安装造成的偏心、轴向窜动和角度误差等。

五、卧式加工中心的自动换刀装置

TH6350 型卧式加工中心的自动换刀装置

链式方刀库置于机床左侧，通过地脚螺钉及调整装置，使刀库在机床上的相对位置能保证准确地换刀。如图 5-34 所示，刀库链条 3 上有连接板 2 与刀套 1 相连，刀套供存放刀柄用。伺服电动机 5 经联轴器 6 带动蜗杆 7 旋转，蜗杆 7 带动蜗轮 8，再经齿轮 9、11 和链轮 10，带动链条运动，实现选刀动作。调整张紧装置，可使链条张紧。刀库回零时，刀套沿顺时针方向转动，当刀套压上回零开关时，刀套开始减速，超过回零开关后实现准确停车，此时 0 号刀套停在换刀位置上。刀库可正转和反转，找刀时按最近路程转动。选刀方式为计算机记忆式选刀（即任意选刀）。刀具号和刀库上的存刀位置（地址）对应地记忆在计算机存储器内或可编程序控制器的磁盘存储器内。刀库上装有位置检测装置以检测每个地址，这样就可以任意取出、送回刀具。这种选刀方式不仅可以节省换刀时间，而且刀具本身不必设置编码元件，省去编码识别装置，使数控系统简化。刀库上设有机械原点（零位），每次选刀运动正转或反转不超过 180°，实现刀库回转小半径的逻辑判断，使刀库选刀时以捷径到达换刀位置。

机械手在机床主轴与刀库之间自动完成刀具的交换。通过机械手将使用过的刀具从主轴上取下送回刀库，同时从刀库取出所需新刀具装入主轴中。其形式为回转式单臂双爪机械手。插刀、拔刀动作靠液压缸完成，机械手臂与缸筒安装在一起，由进入液压缸的液压油使

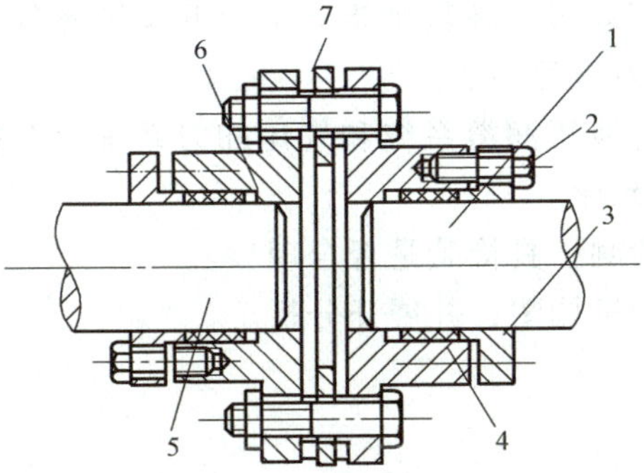

图 5-33 无键锥环联轴器

1—丝杠 2—螺钉 3—端盖 4—锥形胀环
5—电动机轴 6—联轴器 7—弹簧片

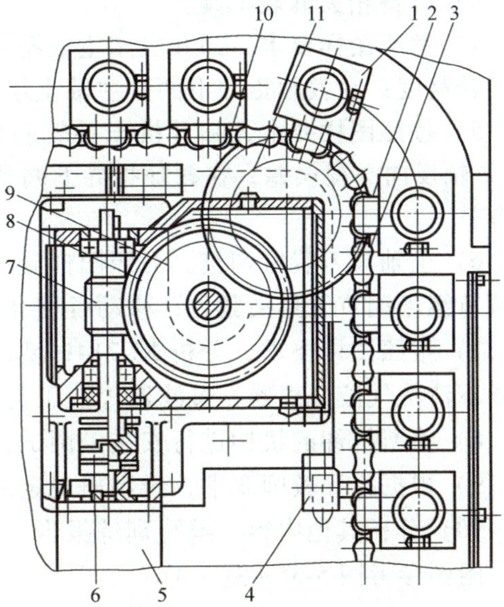

图 5-34 刀库部分传动结构

1—刀套 2—连接板 3—刀库链条
4—链条张紧装置 5—伺服电动机 6—联轴器
7—蜗杆 8—蜗轮 9、11—齿轮 10—链轮

机械手臂移动，实现不同的动作，液压缸行程末端可进行节流调节，以使动作缓冲。机械手臂回转动作是靠四位套筒液压缸与齿轮齿条机构来实现的，大小、行程不同的两个活塞分别使机械手臂作 90°、180°回转。机械手座的回转是由回转液压缸完成的，回转的缓冲可通过节流调整。

综合训练

训练项目一 XK714D 型数控铣床机械结构分析与调整

1. 训练目的

通过对 XK714D 型数控铣床机械结构拆装、分析，主要掌握以下内容：

1）XK714D 型数控铣床主运动传动机构及其特点，检测回转精度的方法，调整主轴支承轴承间隙的方法。

2）XK714D 型数控铣床进给运动传动机构及其特点，滚珠丝杠间隙的调整方法，动、静导轨间隙的检测及调整方法。

3）XK714D 型数控铣床主轴夹刀装置刀具夹紧力、松刀行程等的调整方法。

4）XK714D 型数控铣床液压与气压传动结构及其特点，系统保养方法。

2. 硬件要求

XK714D 型数控铣床、各种拆卸调整工具、铜棒、标准试棒、百分表、步距规、塞尺等。

3. 训练步骤

1）教师讲解 XK714D 型数控铣床的整体结构及其特点，查阅机床主要技术参数。

2）学生领取相关技术图样等资料，对照机床进行图样分析。

3）准备相关拆装工具。

4）按照图样要求，卸开机床主轴箱外罩，对照图样分析主运动传动及其结构；检测主轴回转精度；在教师指导下调整主轴支承轴承间隙以提高主轴运转质量。

5）按照图样要求，卸开机床导轨防护罩、对照图样分析进给运动及其结构；检测 *X*、*Y*、*Z* 轴反向空程误差；在教师指导下调整滚珠丝杠间隙；用塞尺检测动、静导轨间隙并进行调整。

6）主轴夹刀装置调整。对照图样分析主轴夹刀装置，在教师指导下松开锁紧螺母，拧动调节螺母调节刀具夹紧力；移动行程开关实现卸刀行程调节。

7）按照图样要求，分析 XK714D 型数控铣床的液压润滑系统和气压卸刀系统，在教师指导下清洗气液分离器、过滤器等液压与气压传动元件。

8）将所拆卸的机构进行安装、调试，并利用检测工具检验是否合理。

9）根据指导教师要求，绘制出规定的机床传动机构图，并展开分析。

10）分析其他内容，撰写训练报告。

附图参考图 5-35～图 5-37。

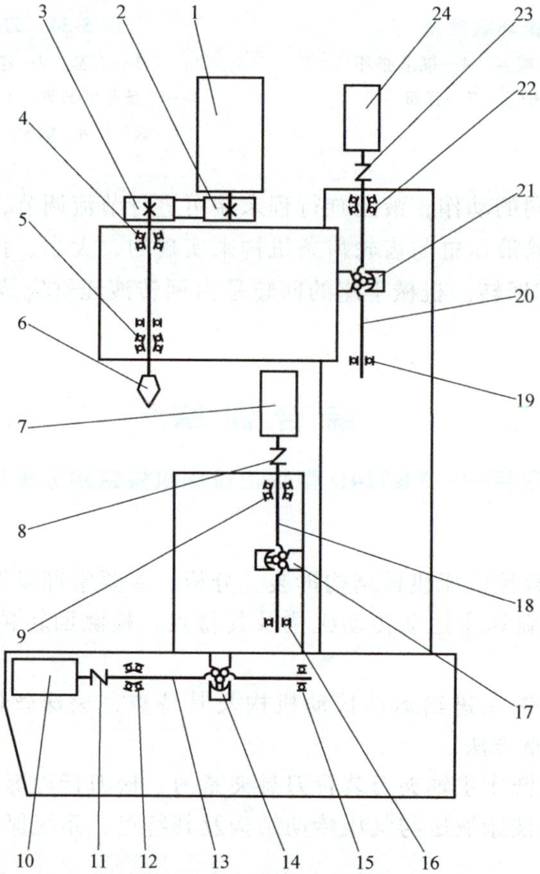

图 5-35　XK714D 型数控铣床传动系统图

1—主轴电动机　2、3—带轮　4、5—轴承　6—主轴　7、10、24—交流伺服电动机　8、11、23—无齿隙弹性联轴器　9、12、22—丝杠专用轴承　13、18、21—滚珠丝杠　14、17、20—滚珠丝杠副　15、16、19—深沟球轴承

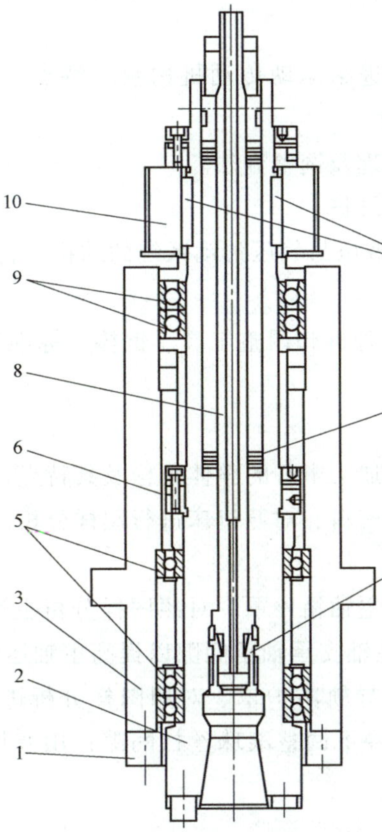

图 5-36　XK714D 型数控铣床主轴结构图

1—法兰盘　2—主轴　3—主轴套筒　4—夹头　5—前轴承　6—调整螺钉　7—碟形弹簧　8—拉杆　9—后轴承　10—带轮　11—键

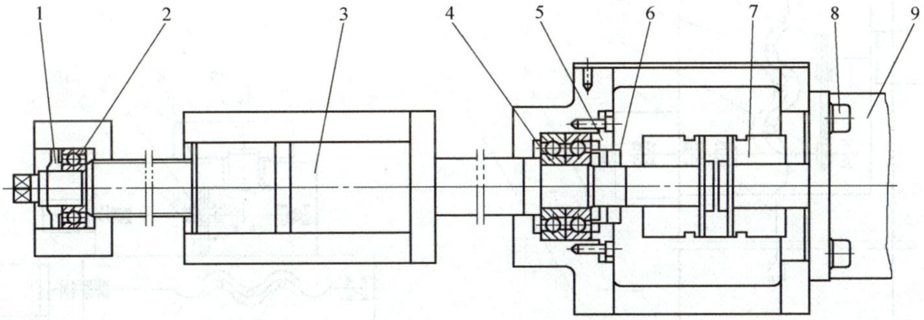

图 5-37　XK714D 型数控铣床 X 轴传动结构图

1—隔套　2、4—轴承　3—滚珠丝杠　5—法兰盘　6—螺母　7—联轴器　8—螺钉　9—电动机

训练项目二　XH755C 型卧式加工中心机械结构分析与调整

1. 训练目的

通过对 XH755C 型卧式加工中心机械结构的拆装、分析，主要掌握以下内容：

1）XH755C 型卧式加工中心主运动传动机构及其特点，检测回转精度的方法，主轴支承轴承间隙的调整方法。

2）XH755C 型卧式加工中心进给运动传动机构及其特点，滚珠丝杠间隙的调整方法；动、静导轨间隙的检测及调整方法。

3）刀库及换刀装置的工作原理及调整方法。

4）回转工作台工作的原理及维护。

5）XH755C 型卧式加工中心液压与气压传动系统的结构、特点及保养。

2. 硬件要求

XH755C 型卧式加工中心、各种拆卸调整工具、铜棒、标准试棒、百分表、步距规、塞尺等。

3. 训练步骤

1）教师讲解 XH755C 型卧式加工中心的整体结构及其特点，查阅机床主要技术参数。

2）学生领取相关技术图样等资料，对照机床进行图样分析。

3）准备相关拆装工具。

4）按照图样要求，卸开机床主轴箱外罩，对照图样分析主运动传动及其结构；检测主轴回转精度；在教师指导下调整主轴支承轴承间隙以提高主轴运转质量。

5）按照图样要求，卸开机床导轨防护罩、对照图样分析进给运动及其结构；检测 *X*、*Y*、*Z* 轴反向空程误差；在教师指导下调整滚珠丝杠间隙；用塞尺检测动、静导轨间隙并进行调整。

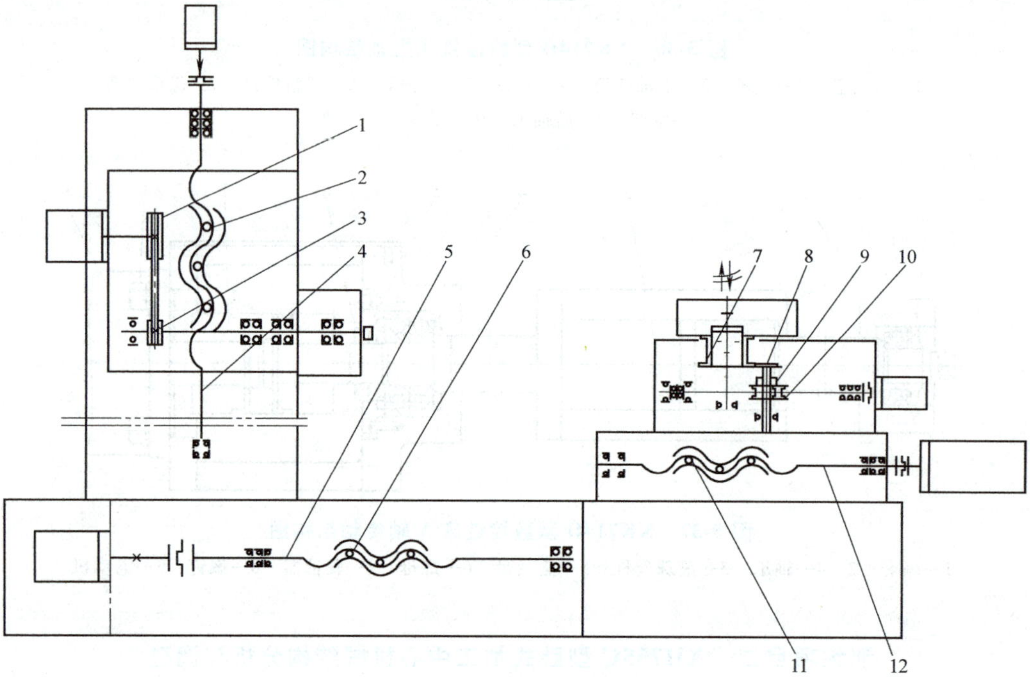

图 5-38　机床传动系统图

1、3—带轮　2、6、11—开合螺母　4、5、12—丝杠　7、8—齿轮　9—蜗杆　10—蜗轮

6）对照图样分析自动换刀机构动作原理，选刀方式；单段运行换刀程序，分析保证各步动作准确的关键零件及调整方法；对换刀装置运动部分进行润滑养护（注意，机械手夹持部分不要润滑）。

7）按照图样要求，分析 XH755C 型卧式加工中心的液压润滑系统和气压卸刀系统，在教师指导下清洗气液分离器、过滤器等液压与气压传动元件。

8）对照图样分析回转工作台动作原理；单段运行回转分度；教师指导学生回转工作台维护注意事项（如注意清除切屑、防止振动等）。

9）将所拆卸的机构进行安装、调试，并利用检测工具检验是否合理。

10）根据指导教师要求，绘制出规定的机床传动机构，并展开分析。

11）分析其他内容，撰写训练报告。

附图参考图 5-38～图 5-42、图 2-88、图 3-122。

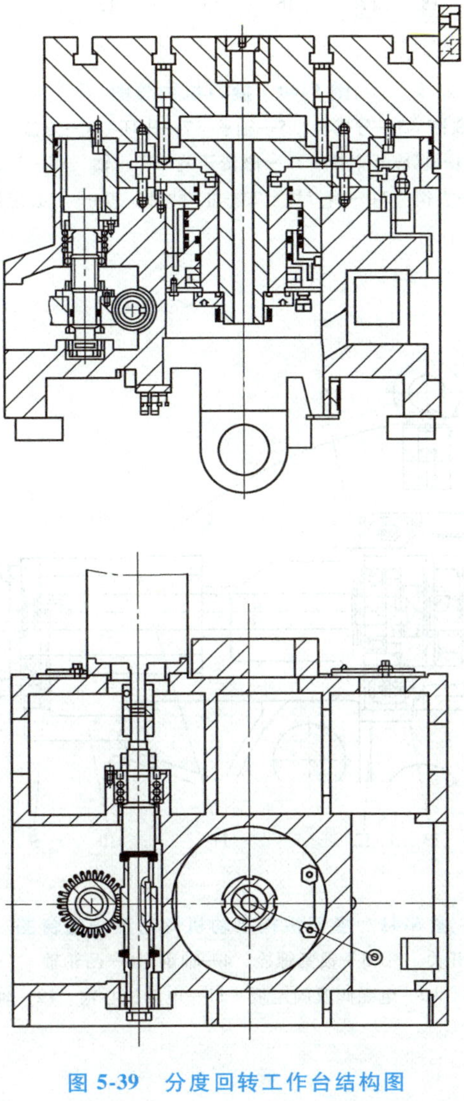

图 5-39　分度回转工作台结构图

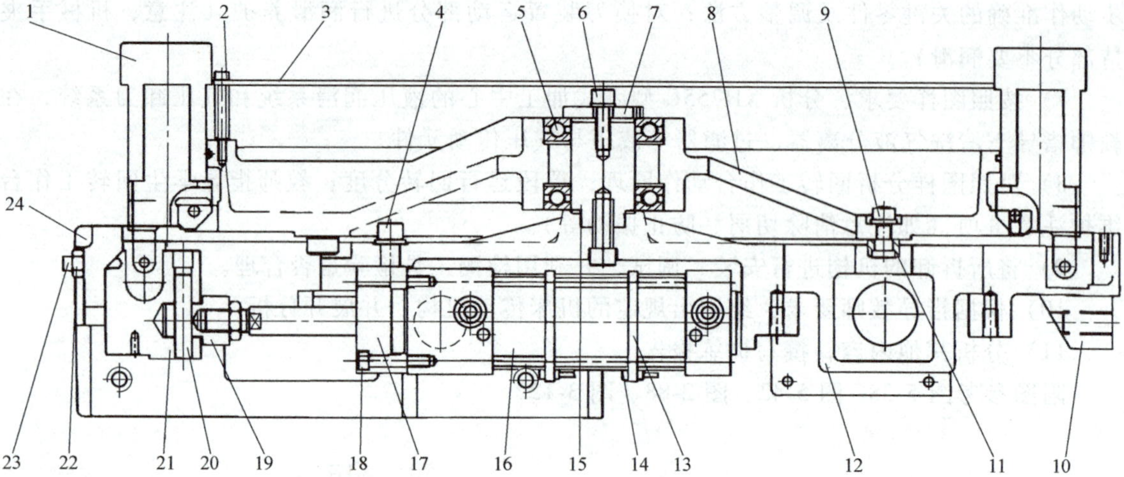

图 5-40　换刀机构总图

1—刀套　2、4、6、18—内六角螺钉　3—号码盘　5—轴承　7—压环　8—刀盘　9、22—六角螺母　10—刀库本体　11—轴承　12—凸轮座护罩　13—感应器束带　14—磁簧开关　15—轴　16—气缸　17—气缸托架　19—连接杆　20—直销　21—倒刀块　23—止动螺钉　24—刀套定位座

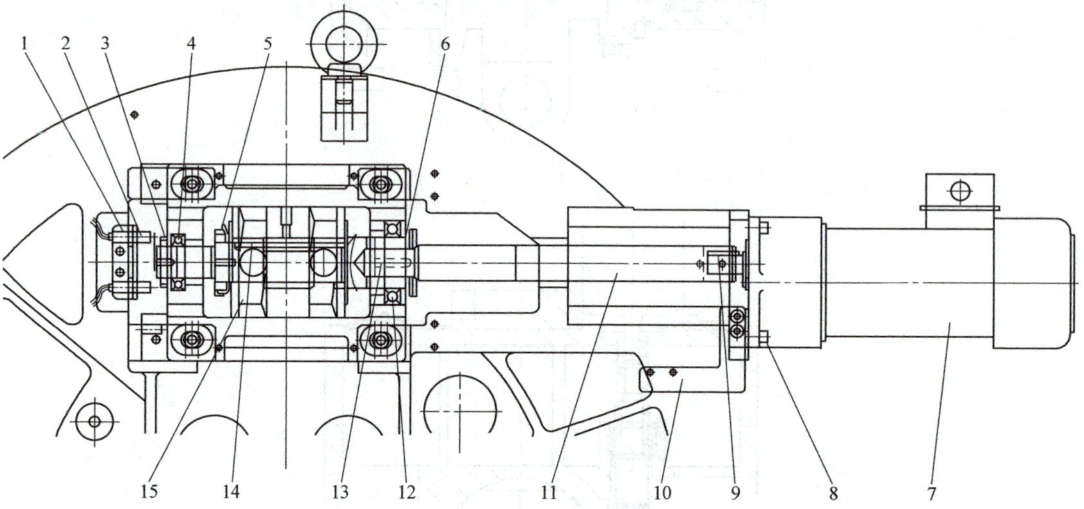

图 5-41　换刀机构电动机传动部分组合图

1—接近开关固定板　2—接近开关　3、5—锁紧螺栓　4—轴承　6—凸轮轴　7—电动机　8—内六角沉头螺钉　9、13、14—键　10—电磁阀及固定板　11—电动机心轴　12—轴承　15—凸轮

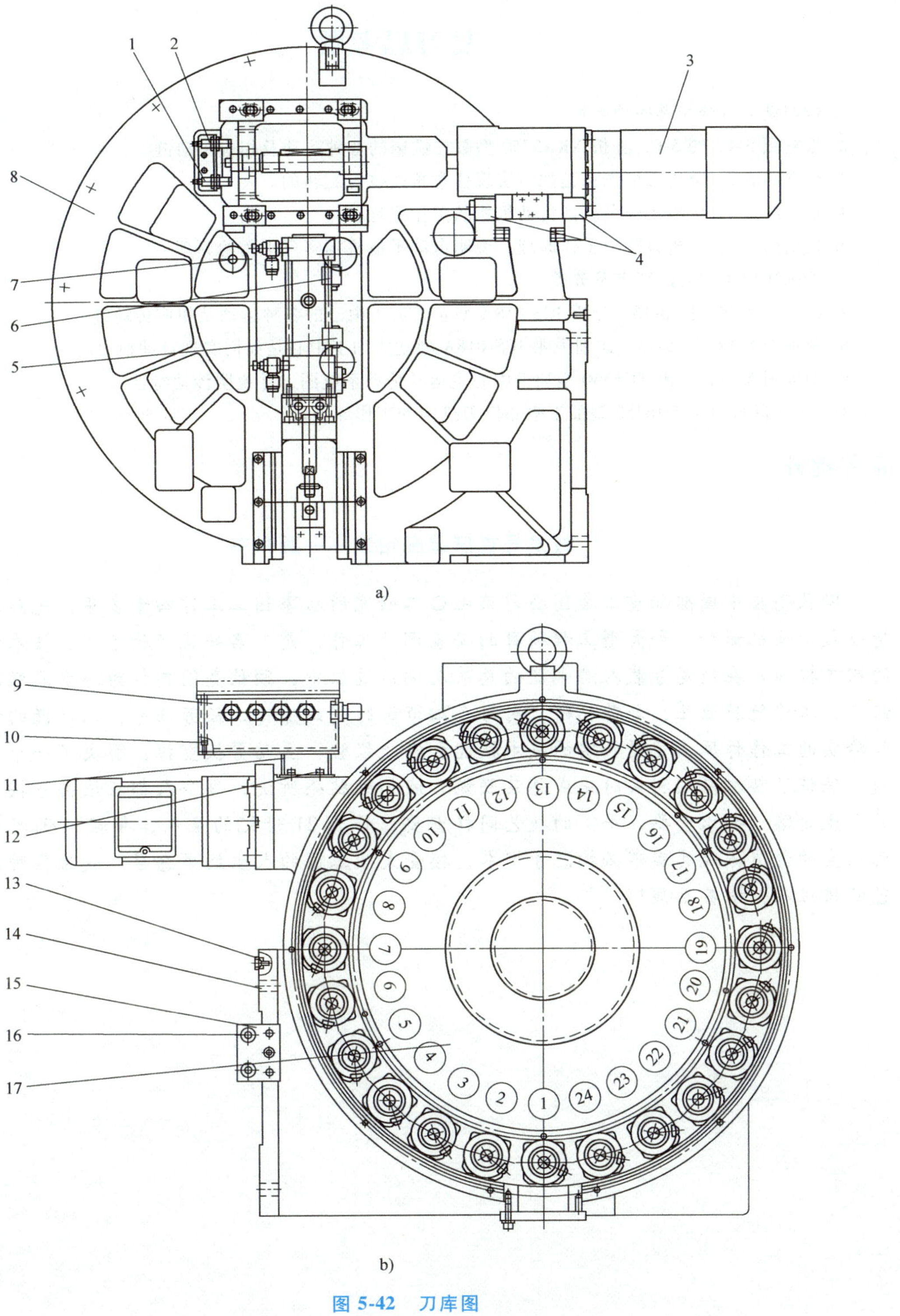

图 5-42　刀库图

a）刀库动作原理（反面）　b）刀盘布局（正面）

1—接近开关固定板　2—接近开关　3—电动机　4—电磁阀　5—刀套水平检知磁簧开关　6—刀套垂直检知磁簧开关　7—刀库原点接近开关　8—刀盘座　9—接线盒　10、12、14、16—内六角螺钉　11—连接板　13—定位销孔　15—调整块　17—号码盘

复习思考题

1. 数控铣床可分为哪些种类？
2. 根据图 5-4、图 5-6，分析 XKA5750 型数控铣床的各种运动及相应传动链。
3. 根据图 5-7，分析万能铣头是如何实现任意角度位置旋转的。
4. 根据图 5-8，分析工作台纵向传动机构的工作原理。
5. 根据图 5-9，分析升降台工作原理，说明自动平衡机构实现平衡的原理。
6. 请阐述加工中心的特点及分类。
7. 结合图 5-14、图 5-15，分析 JCS-018A 型立式加工中心的各种运动及相应传动链。
8. 根据图 5-19～图 5-23，详细说明 JCS-018A 型立式加工中心是如何实现自动换刀的。
9. 根据图 5-31，画出 TH6350 型加工中心主运动传动系统图，并说明传动特性。
10. 查阅资料说明 TH6350 型加工中心换刀机构的工作原理。

素养提升

蛟龙号首席装配钳工——顾秋亮

顾秋亮在中国船舶重工集团公司第七〇二研究所从事钳工工作四十多年，先后参加和主持过数十项机械加工和大型工程项目的安装调试工作，是一名安装经验丰富、技术水平过硬的钳工技师。在蛟龙号载人潜水器的总装及调试过程中，顾秋亮同志作为潜水器装配保障组组长，工作兢兢业业，刻苦钻研，对每个细节进行精细操作，任劳任怨，以严谨的科学态度和踏实的工作作风，凭借扎实的技术技能和实践经验，主动勇挑重担，解决了一个又一个难题，保证了潜水器顺利按时完成总装联调。诚如顾秋亮所说，每个人都应该去寻找适合自己的人生之路。知识重要，手上的技艺同样重要，作为 21 世纪的主人，年轻一代理应看清自己人生的价值体现其实不必拘泥于书本，接受大国工匠的人生故事感召，成为各种高精尖技艺的接班人，幸甚至哉！

学习项目六

其他数控机床的结构分析

任务一　了解数控齿轮加工机床

任务内容：数控齿轮加工机床的种类、组成和基本工作原理。

任务目标：通过学习，掌握数控齿轮加工机床的组成和基本工作原理，理解数控齿轮加工的特点，了解数控齿轮加工机床的现状和发展趋势。

一、齿轮加工技术概述

1. 齿轮加工技术现状

齿轮是机械行业最重要的基础件之一，广泛应用于机床、汽车、航空等各个领域。齿轮的质量、性能、寿命直接影响机械产品的技术经济指标。齿轮本身具有形状复杂、制造难度大的特点，所以齿轮的制造水平在很大程度上体现了一个国家机械工业的水平。从 20 世纪 60 年代开始，数控系统应用于齿轮加工，到 20 世纪 80 年代齿轮数控加工得到广泛应用，20 世纪 90 年代已经开始使用全功能的数控齿轮加工系统。目前，齿轮加工的主要方法有切制法、铸造法、冷轧法、热轧法、粉末冶金法、冲压成形法等，其中使用最广泛的是切制法。切制法是在金属切削机床上利用专用刀具加工齿轮轮齿的方法，包括滚齿、插齿、剃齿、磨齿、珩齿、研齿、铣齿等。

（1）滚齿　滚齿是目前最主要的齿轮加工方法，在齿轮加工过程中，滚刀和被加工的齿轮相当于一对啮合的螺旋齿轮，在运动过程中，滚刀和工件始终保持严格的速比关系，并按照展成运动来完成渐开线齿形加工。图 6-1 所示为滚刀结构图及实物图。滚刀实际上是一个圆柱斜齿轮，它的特点是螺旋角大，齿数少，因此可以看成是一个带有切削刃的螺杆。

滚齿机的数控化能更精确地控制加工过程，扩大加工范围和提高加工效率。

（2）插齿　插齿的加工过程是模拟一对直齿圆柱齿轮的啮合过程。插齿时刀具沿工件轴向作高速往复运动，形成切削加工的主运动，同时与工件进行无间隙的啮合运动，从而形成工件上的全部齿轮齿廓。插齿也是一种广为使用的轮齿加工方法，特别适用于加工内齿轮和多联齿轮。图 6-2 所示为常用的直齿插刀。

数控化的插齿机可以加工非圆齿轮和异形齿轮，还可以提高齿轮的加工精度和加工效

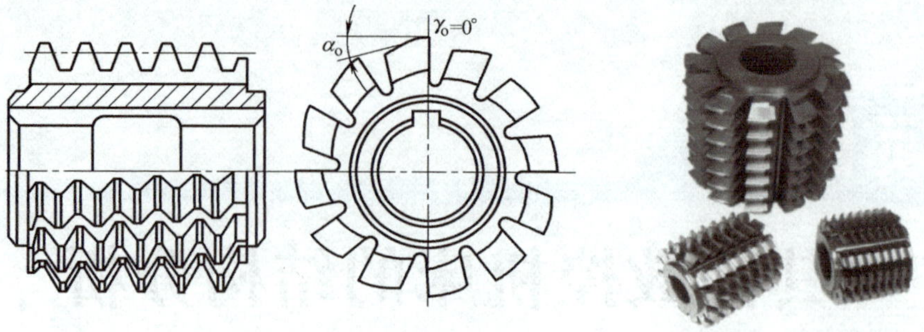

图 6-1　滚刀

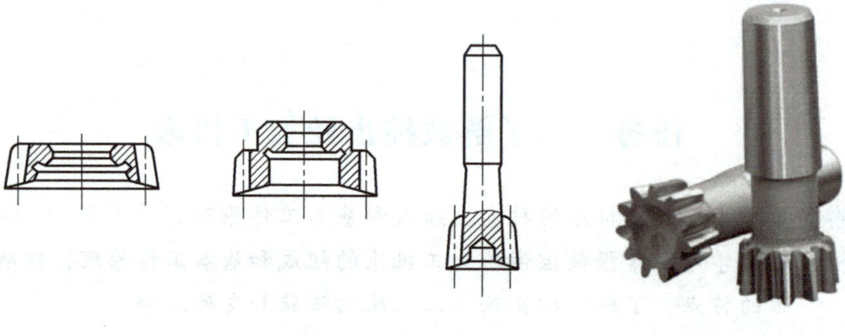

a)　b)　c)　d)

图 6-2　常用的直齿插刀

a）盘形直齿插刀　b）碗形直齿插刀　c）锥形直齿插刀　d）实物图

率。同时，数控插齿机能够实现多轴控制，可以方便灵活地满足齿轮加工的各种特殊要求。

（3）剃齿　剃齿的工作原理是交错轴斜齿轮副无侧隙啮合，剃齿刀（见图 6-3）带动工件旋转，在啮合面产生相对滑动速度，从工件表面剃除材料。剃齿加工效率和精度都比较高，主要用于各种机动车辆和机床用齿轮的精密加工。

（4）磨齿　磨齿是高精度齿轮加工的最有效、最可靠的方法，磨齿方法一般可分为展成磨削和成形磨削两种。CNC 技术在齿轮磨床上的应用，提高了加工柔性，可加工出任意曲线的齿轮齿形，并可利用检测设备实时检测出磨削的实际参数，从而修正和提高齿形精度，还可以扩大砂轮的应用范围。因此，数控成形磨齿机具有良好的万能性、较高的生产率和不断提高的精度。图 6-4 所示为常用的磨齿砂轮。

图 6-3　剃齿刀

图 6-4　常用的磨齿砂轮

（5）珩齿　珩齿相当于一对交错轴斜齿轮啮合传动。与剃齿相同，珩齿在加工时用含磨料的塑料珩磨轮与工件无隙啮合自由转动，利用齿面间的相对滑动速度和进给压力进行切削。珩齿机是一种齿轮光整加工机床，主要用于热处理后改善齿轮的齿面质量。

2. 齿轮加工技术的发展趋势

齿轮加工技术的发展趋势主要是追求齿轮加工的高精度和高效率，并提高加工的柔性和加工复杂形状齿轮的能力。主要体现在：

（1）数控化　齿轮加工的数控化大幅提高了加工精度和加工效率，增强了加工柔性和加工能力。数控齿轮加工机床取代普通齿轮加工机床已经成为不可阻挡的趋势。

（2）智能化　智能化主要体现于加工过程中系统可以根据应力或温度等环境参数，动态调整机床切削的工艺参数，保证加工精度和加工效率。

（3）高速化　提高机床传动和伺服系统效率和可靠性，采用先进的加工工艺和工具，进一步提高齿轮加工的效率和加工质量。

（4）集成化　很多大型齿轮加工机床有集多种加工工艺于一体的趋势，如有些机床同时具有滚齿、插齿、磨齿和齿轮检测功能。

（5）新工艺不断涌现　每种新的齿轮加工工艺都能改善和提高加工质量和效率，甚至给齿轮加工带来深刻变革。随着齿轮加工数控化的不断普及，越来越多的新工艺和新工具会不断诞生，并推动齿轮加工水平不断提高。

二、滚齿机

1. 滚齿原理

如图 6-5 所示，滚齿加工采用展成法，轮齿的切出是由滚刀旋转运动和工件旋转运动共同形成复合运动来完成，通常把这个复合运动称为展成运动。滚刀和工件连续不断地旋转，从而在工件圆周上依次切出齿槽。在加工过程中滚刀和工件端面倾斜成一定夹角，单头滚刀转过一圈，工件转过一个齿；多头滚刀转过一圈，工件转过相应的多齿。滚刀的齿廓展成工件的齿廓。当然，为了保证加工轮齿的齿宽，滚刀在作展成运动的同时，还必须沿工件的轴线做上下运动。

2. 直齿圆柱齿轮加工的传动原理

以加工直齿圆柱齿轮为例，B_{11} 和 B_{12} 共同构成展成运动。A_2 是为了保证齿宽的直线运动，如图 6-6 所示。

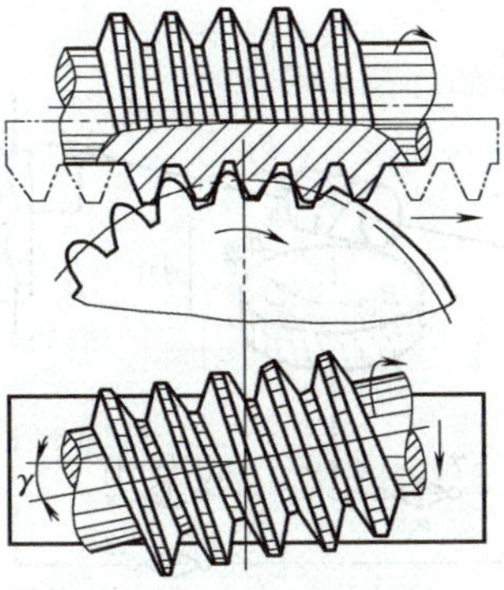

图 6-5　滚齿加工原理

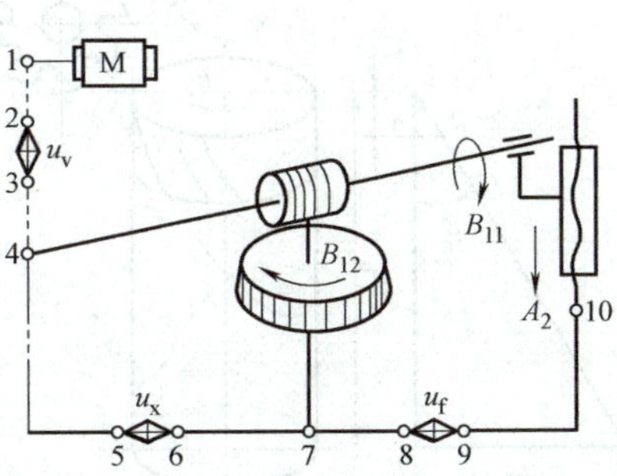

图 6-6　滚切直齿圆柱齿轮加工的传动原理

（1）主运动传动链　主运动传动链是指电动机到滚刀主轴的传动链，又称为外联系传动链。这个传动链由电动机—1—2—u_v—3—4—滚刀组成，产生主运动 B_{11}。其中，换置机构 u_v 用于调整渐开线成形速度，从而适应滚刀直径、滚刀材料、工件直径、工件材料、加工参数、加工质量要求等因素的变化。

（2）展成运动传动链　展成运动传动链保证了 B_{11} 和 B_{12} 之间严格的传动比关系，又称内联系传动链（简称内链）。这个传动链由滚刀—4—5—u_x—6—7—工作台组成。其中，换置机构 u_x 用以适应工件齿数和滚刀头数的变化。对于展成运动传动链，要求其传动比一定要准确，还要求保证滚刀和工件旋转方向符合一对交错轴斜齿轮啮合传动时的相对运动方向。

（3）垂直进给运动传动链　垂直进给运动传动链是指滚刀刀架沿立柱的移动，也就是沿工件轴向的直线运动。这个传动链由 7—8—u_f—9—10 组成，并将工作台和刀架联系起来。传动链中的换置机构 u_f 用于调整轴向的进给量大小和进给方向，以适应不同加工精度的要求。该传动链也是外联系传动链。滚齿时，轴向进给量通常指工件转一圈时，刀架的轴向进给量。

3. 斜齿圆柱齿轮加工的传动原理

和直齿圆柱齿轮不同，斜齿圆柱齿轮的齿线是螺旋线而非直线，也就是说每个齿的齿长是某个大导程螺旋线的一小段，多个齿看上去是斜着并平行排列的。

由此可见，滚切斜齿圆柱齿轮时，除了和滚切直齿圆柱齿轮一样要有展成运动外，还必须在滚刀做轴向运动的同时，工件配合完成附加的旋转运动，而且轴向运动和这个附加运动必须保持确定的关系，即滚刀移动一个螺旋线导程时，工件应该均匀地附加转过一圈。

如图 6-7 所示，在加工斜齿圆柱齿轮的传动链中，展成运动、主运动、垂直进给运动的传动链和加工直齿圆柱齿轮的传动链相同，只是在刀架和工件之间增加了一条附加的运动传动链，包括：刀架—丝杠—12—13—u_y—14—15—合成机构—6—7—u_x—8—9—工作台，这个传动链保证刀架沿工件轴线方向移动一个螺旋线导程 P_h 时，工件附加转过一圈，形成螺旋线齿线。这条传动链属于内联系传动链，其中换置机构 u_y 用于适应工件螺旋线导程和螺旋方向的变化。在图 6-7 中，B_{11} 和 B_{22} 分别由主运动传动链和附加传动链来实现，通过一个合成机构将其合成后传给工件，使工件同时接受两个运动而不发生矛盾。这也就是说，工件的实际运动是由两个运动组成的复合运动。

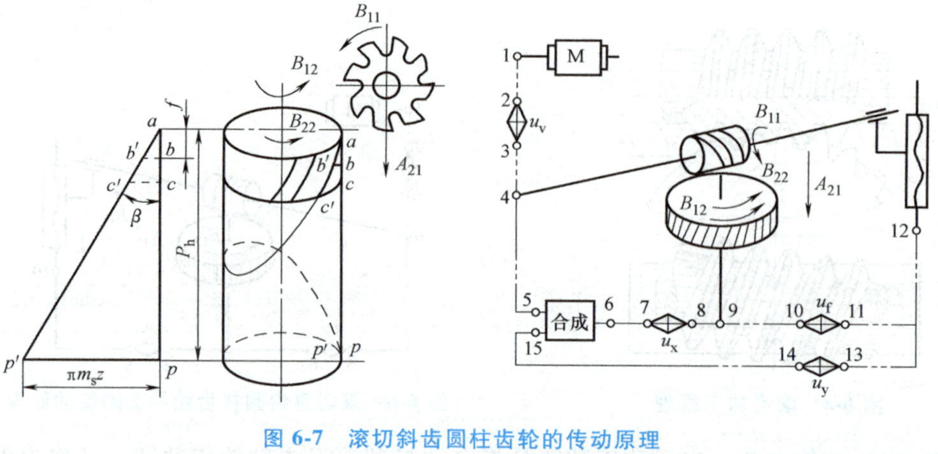

图 6-7　滚切斜齿圆柱齿轮的传动原理

4. 数控滚齿机

数控滚齿机是利用数控装置控制刀具和工件之间特定的相对运动来完成切削加工，它比传统的普通滚齿机传动系统简单、传动链短、传动精度高，并且能够实现高度自动化和柔性控制，简化了使用过程中的调整。随着齿轮的数控加工技术不断成熟，数控滚齿机和其他数控齿轮加工机床的应用将越来越普及。

数控滚齿机一般分为立式和卧式两种。和其他数控机床一样，数控滚齿机的核心是数控系统。目前，国际上一些著名的齿轮加工机床生产商往往采用自行研制的数控系统，也有部分采用通用的 SIEMENS 系统或者 FANUC 系统。而国内的厂商则多采用通用系统，少量配有国内一些大学研制的齿轮加工专用数控系统。

（1）数控滚齿机床的组成和运动　图 6-8 所示为重庆机床集团生产的 YKS3120 型数控高速滚齿机。该机床采用通用的西门子 840D 作为数控系统（也可选配其他类型的通用数控系统），用展成法加工各种圆柱齿轮、斜齿轮、小锥度齿轮、花键、链轮等。

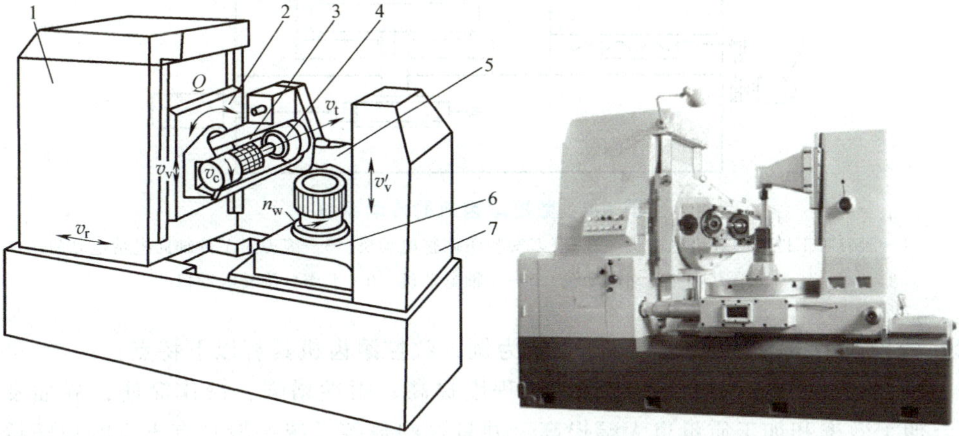

a)　　　　b)

图 6-8　YKS3120 型数控高速滚齿机

a）外形结构图　b）实体图

1—立柱　2—垂直滑座　3—滚刀架　4—切向滑座　5—顶针支承　6—工作台　7—后立柱

该机床为六轴四联动。六个轴的运动分别是：

A—刀架摆动运动。滚齿时，为了切出准确的齿形，应当使滚刀的螺旋方向与被加工齿轮的齿形线方向一致，即滚刀与工件应处于正确的啮合位置。为此，需要将滚刀轴线与被切齿轮端面安装成一定的角度，称为滚刀的安装角。安装角的调整由图 6-9 中电动机 2 带动刀架摆动运动实现。滚刀安装角调整好后才能开始齿形加工。

B—滚刀回转运动，为主运动，由图 6-9 中电动机 5 经齿轮副带动滚刀回转。

C—工作台回转运动，与滚刀回转运动配合形成展成运动。由图 6-9 中电动机 6 经蜗杆副带动工作台回转。

X—径向运动，以实现全齿深加工。由图 6-9 中电动机 1 经同步带、滚珠丝杠副带动立柱前后移动。

Y—切向运动，使滚刀沿滚刀轴线方向进给，主要应用于锥度蜗轮滚刀或变齿厚蜗轮滚

刀加工蜗轮。由图6-9中电动机4经同步带、滚珠丝杠副带动滚刀切向移动。

Z—轴向进给运动，以实现全齿宽加工。由图6-9中电动机3经同步带、滚珠丝杠副带动滚刀刀架上下移动。

其中，B、C、X、Z轴可以联动。

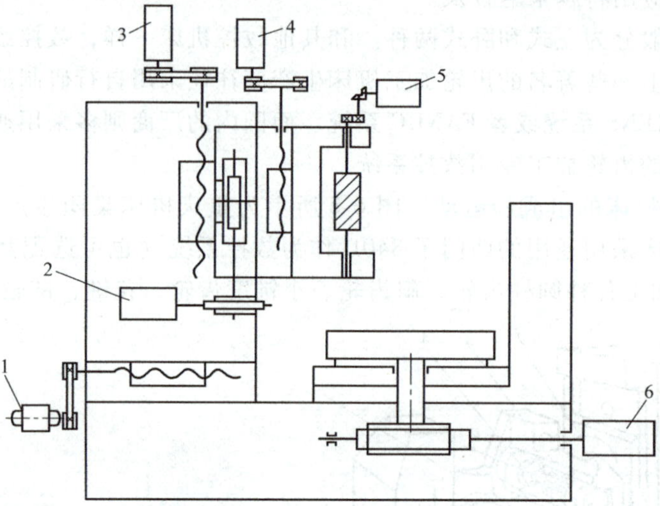

图6-9　数控滚齿机的传动系统

1—滚刀对工件径向进给电动机　2—滚刀安装角调整电动机　3—滚刀对工件轴向进给电动机　4—滚刀切向运动电动机　5—主轴电动机　6—工作台旋转电动机

(2) 数控滚齿机的特点　以YKS3120为例，数控滚齿机具有以下特点：

1）采用先进的数控系统，加工自动化程度提高，柔性增强，操作简便，界面友好，编程方便，加工效率和加工质量也大幅提高。并且这些数控系统一般具有丰富的故障诊断功能和报警功能，使维护维修更方便、快捷。

2）目前，数控滚齿机大多数采用电子齿轮箱来实现展成运动和差动补偿运动，其他运动采用数字控制。也有机床采用所有运动完全数控的全功能数控结构。但不管哪种结构，其传动链比普通的滚齿机要短很多，传动结构简单，并且每种运动都有相应的伺服电动机单独驱动完成，加工精度和加工质量都得到大幅提高。

3）自动检测和误差补偿系统能自动补偿由于磨损等原因造成的加工误差；机械运动部件采用高精度齿轮副和具有自动消除间隙和调节阻尼的机构，保证了加工精度。

4）由于没有长的传动链，数控滚齿机的立柱和床身采用双侧壁加强肋的封闭式框架结构，刚性强，热变形小。轴向进给电动机可直接装在立柱顶部，可直接驱动或通过滚珠丝杠副带动刀架，保证实现无振动的均匀进给。

5）独立的液压、润滑、冷却系统保证了加工过程的质量。例如由于液压系统独立于润滑系统，提高了液压系统的稳定性和可靠性，工作台的间隙消除和增加阻尼就可通过液压系统来实现。

6）自动化程度高，柔性好。利用不同程序可直接加工一些具有异形结构的齿轮类零件，并且能够快速换刀，自动夹紧等，对工人操作技能要求比较低，机动时间较短，大大提高了生产效率。

三、数控插齿机

1. 插齿原理

插齿机主要适用于加工在滚齿机上不能加工的内齿轮和多联齿轮。插齿加工仍然采用展成原理。如图 6-10 所示，插齿刀是一个经过特殊处理的圆柱齿轮，插齿刀端面磨有前角，齿顶和齿侧均磨有后角。插齿时，插齿刀沿工件的轴向做直线往复运动，这是插齿切削的主运动。与此同时，刀具和工件毛坯做无间隙啮合运动，刀具往复运动一次，切出工件齿槽的一小部分，经过多次连续切削，切削刃多个瞬时位置的包络线形成轮齿的齿廓曲线。

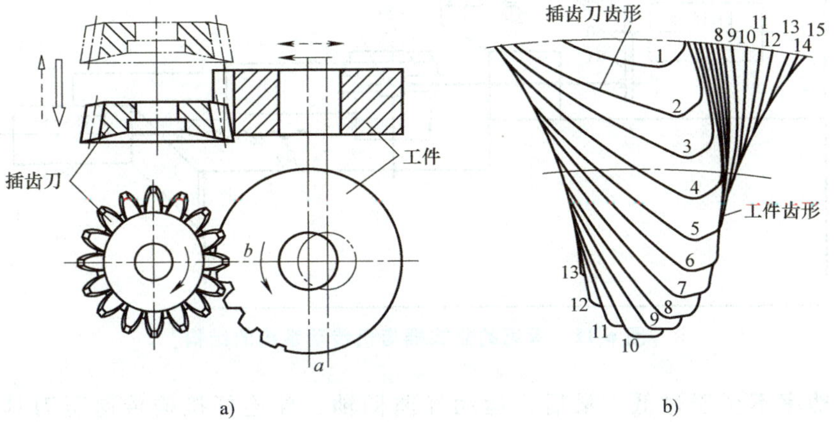

图 6-10　插齿工作原理

a）插齿原理　b）齿廓形成原理

1）插齿的主运动是插齿刀沿工件轴线的直线往复运动，包括向下的切削运动和向上的退刀运动。

2）展成运动是刀具运动和工件运动共同构成的一个复合运动，即在加工过程中，刀具每旋转一个轮齿位置，工件必须准确地转过一个齿，从而使二者保持正确的啮合关系。

3）径向进给运动保证刀具切削至工件的全齿深。刀具每往复运动一次之后便径向运动一段距离（径向进给量），当达到全齿深之后，机床便停止本次径向进给。

4）圆周进给运动指插齿刀每往复运动一次后，同时要回旋一个角度，从而保证形成合格的轮齿包络线。旋转速度直接影响插齿刀切削用量、齿形参数以及包络线的数量。

5）让刀运动是一种空走刀运动，在往复运动回程时，刀具和工件让开一段距离，在回程后重新向下开始工作行程时，刀具又迅速恢复到原位。可见让刀运动包括让刀和恢复两部分，主要是保证在回程时刀具不会划伤工件表面。

2. 数控插齿机

插齿机按照工件轴线空间位置的布置方式分为立式和卧式两类。图 6-11 所示为常见的立式插齿机传动系统的结构。

与普通的插齿机相比，数控插齿机传动链要短很多，有利于提高传动精度。插齿机的各运动部分或全部由计算机软件来实现，可大大增强插齿机的加工能力。

在图 6-11 所示的插齿机上，主运动的实现是通过一台采用 SCR 无级调速的直流电动机，用 V 带将运动传至滑移齿轮，两对滑移齿轮可实现不同的加工速度并保证低速时电

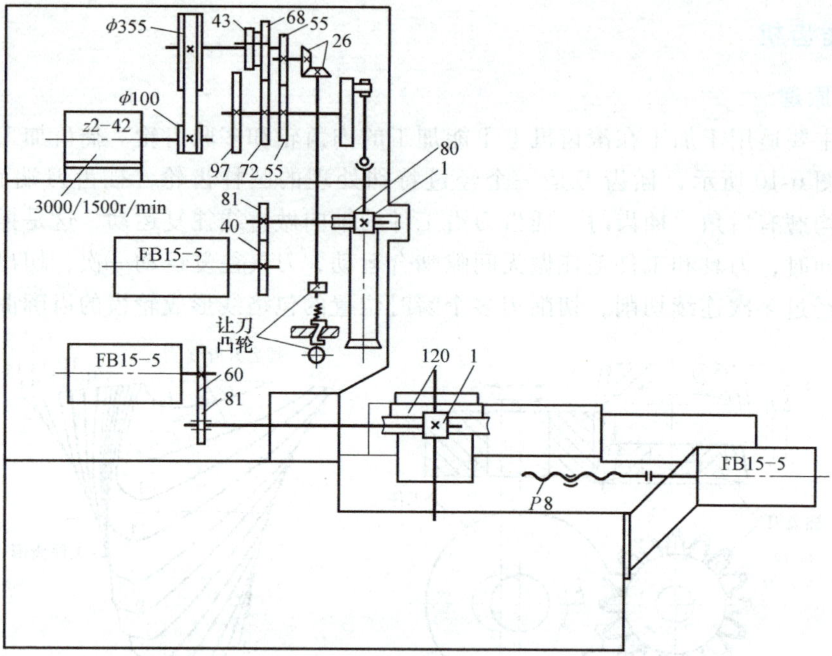

图 6-11 常见的立式插齿机传动系统的结构

动机的输出功率不至于过低。最后，运动经曲柄轴、球连杆机构传递至刀具使刀具完成往复运动。

展成运动由两个独立的直流伺服电动机完成，数控系统输出的脉冲直接驱动电动机完成工作，电路和脉冲质量决定加工过程。插齿机的加工能力与质量与传统的机械传动链关系不大。

让刀运动是靠凸轮机构和让刀楔铁配合完成的。当曲柄盘转动时，让刀凸轮与之同速，让刀凸轮推动让刀楔铁完成让刀运动。

圆周进给运动也是由直流伺服电动机驱动的，经过一对齿轮副和一对蜗杆副带动刀具做圆周进给运动。

径向进给运动主要是工作台做径向直线移动，是由一个直流伺服电动机通过齿轮副直接带动滚珠丝杠来完成的。

任务二 了解数控电加工机床

任务内容： 电加工的基础知识，电加工机床的典型结构和技术参数。

任务目标： 通过学习，掌握数控电火花成形和数控线切割加工的基本原理，同时熟悉典型电加工机床的组成和典型部件结构。

一、数控电火花机床

电加工是一种利用放电原理进行金属加工的方法。和普通的金属切削加工原理不同，电加工依靠工具和工件之间不断的脉冲性火花放电，局部产生瞬时高温把金属材料逐步烧蚀除掉，因此这种方法又称为放电加工（EDM）。电加工工艺方法广泛应用于硬质合金、不锈钢、工具钢等难加工材料和复杂形状零件的加工，成为金属切削加工方法的有效补充。数控电火花成形机和数控电火花线切割机床在金属加工业特别是模具制造业中得到了非常广泛的应用。根据加工方法、加工条件、加工要求等的不同，电加工分类如图 6-12 所示。

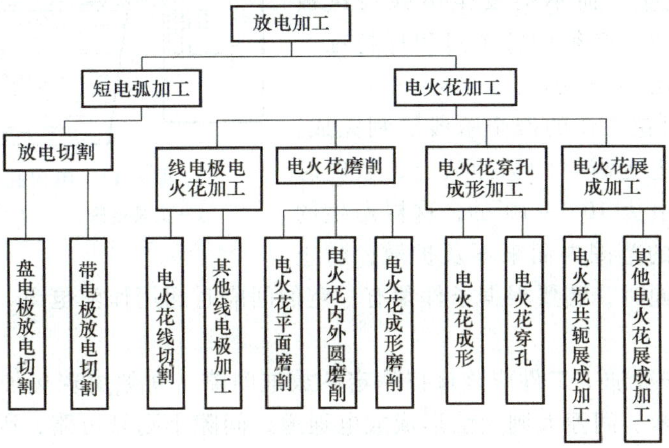

图 6-12　电加工分类

数控电加工机床

1. 电火花加工的基本原理

电火花加工原理是基于电腐蚀现象。在 20 世纪初人们发现电器开关的触点开闭时，会产生火花把接触面烧坏、腐蚀成凹坑。这种现象一直被认为是有害的，直到 20 世纪 40 年代，苏联科学家拉扎连科夫妇研制出世界上第一台实用化的电火花加工装置，电加工方法才被实际应用到生产当中。随后，电火花加工在工业生产中被广泛推广使用。

（1）电火花加工工作机理　电火花加工工作机理是指电火花放电时，表面金属被烧蚀下来的物理本质，是一个微观过程。这个过程分为四个阶段：形成放电通道，介质分解、电极材料熔化、汽化膨胀，电离材料抛出，极间电极的消电离。

1）形成放电通道。当工具电极和工件之间保持合适距离并施加脉冲电压时，二者之间立刻形成一个电场。当这个电场的电场强度增强到一定程度，就会由阴极向阳极逸出电子，如果此时电场间存在工作液介质，向阳极高速运动的电子会撞击介质中的分子或中性原子，撞击会产生碰撞电离现象，即介质原子的外层电子被撞出去，形成带电粒子，新粒子继续撞击使带电粒子雪崩式增多，电阻迅速降低形成放电通道。

2）介质分解、电极材料熔化、汽化膨胀。介质被击穿、电离，形成放电通道，带电粒子在电场间高速运动和剧烈碰撞，瞬时产生大量的热。瞬时热源使工作液介质汽化，同时也使工具电极和工件表面被熔化甚至汽化。汽化后的蒸气体积迅速增大，出现冒出气泡并有轻微爆炸的现象。

3）电离材料抛出。电离产生瞬时热源，由于热源不同位置的温度存在差异，通常热源核心处温度最高，压力也最大。热源核心和其他压力较高位置的熔态金属和混合蒸气被快速挤出原来位置，进入工作液中。被抛出的熔态金属会冷凝聚成细小颗粒进入工作液，形成电蚀产物。

4）极间电极的消电离。当脉冲电压撤销后，电场强度消失，电场间电流迅速降低到零，此后的一小段时间，两极间带正负电荷的粒子结合形成不带电的中性粒子，同时介质温度和绝缘强度恢复到常态。

(2) 电火花用于加工的条件　为了保证电火花加工机理正常发生，而不会发生电弧持续放电、焊接或切割现象，必须使整个过程保持在某种特定条件下，如图6-13所示。

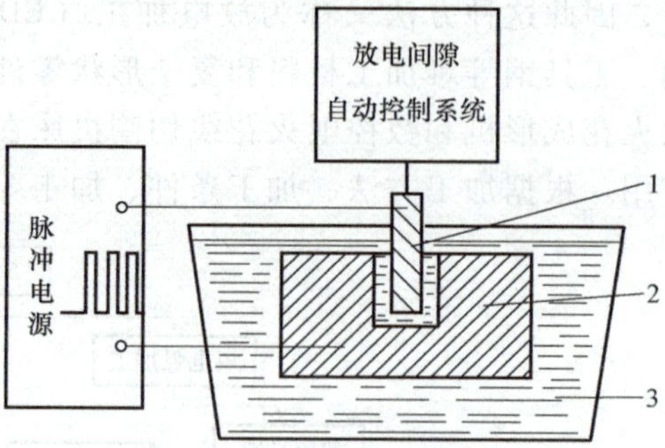

图 6-13　电火花加工的条件

1—工具电极　2—工件　3—液体介质

1）要保持电火花工作的四个阶段顺利完成，首先要使电火花放电为瞬时的脉冲放电，放电时间有严格控制，一般为10^{-7}~10^{-3}s，这样产生的热量被局限在固定的范围内而来不及扩散，防止工件表面被损伤。同时，还要根据条件留有一定的间隔时间用作消电离，因此电火花加工通常采用脉冲电源。

2）工具电极和被加工工件应该保持一定的放电间隙。间隙由现场加工条件而定，一般是几微米到几百微米。间隙大则无法形成放电通道，间隙小则易短路，因此一般在电火花加工机床上安装电极自动进给和位置调节装置。

3）加工过程要有工作液介质存在。工作液一般由煤油、皂化液、乳化液或去离子水等充当。工作液除了具备较高的绝缘强度外，还能够清除两极间放电产生的金属屑和炭黑，并且具有冷却作用。

(3) 电火花加工的特点和适用范围　电火花适于加工那些用普通金属切削机床难以加工的材料，由于加工是靠放电来实现，不会要求刀具硬度一定要高于工件，因此可以用软的工具来加工硬度非常高的工件。电火花加工属于非接触加工，没有切削力作用，因此适宜加工刚度小的微细结构，例如模具的一些精密结构。电火花加工直接利用电能，便于实现加工过程自动化。

电火花加工有很多优点，当然也存在不足，例如电场形成要靠金属材料，因此电火花不能加工非金属材料，另外电火花加工速度较慢、效率低，加工过程中电极有损耗，因而影响加工精度。

2. 数控电火花机床

数控电火花机床有很多种类，在此主要说明电火花穿孔和电火花成形加工机床的机构和原理。电火花穿孔主要是指贯穿的二维型孔的电火花加工，孔可以是固定截面通孔，也可以是变截面通孔；电火花成形是指三维型腔和型面的电火花加工，是非贯通的不通孔加工。

(1) 电火花穿孔、成形加工机床的型号和规格　目前，我国电火花穿孔、成形机床编号并不统一，一些国产的机床型号往往加上本厂厂名和其他代号，如汉川机床厂生产的机床前面加上HC，而一些合资或独资企业的产品编号更不统一，都采用自定义的型号系列。一般来说，数控电火花穿孔、成形机往往用DK表示或者在编号最后加K表示。

(2) 数控电火花机床的结构　如图6-14所示，利用电火花加工工作机理的数控机床主要由数控系统、脉冲电源、电气控制系统、工作液循环系统、机床本体等部分组成。数控电火花加工机床见图1-6a。

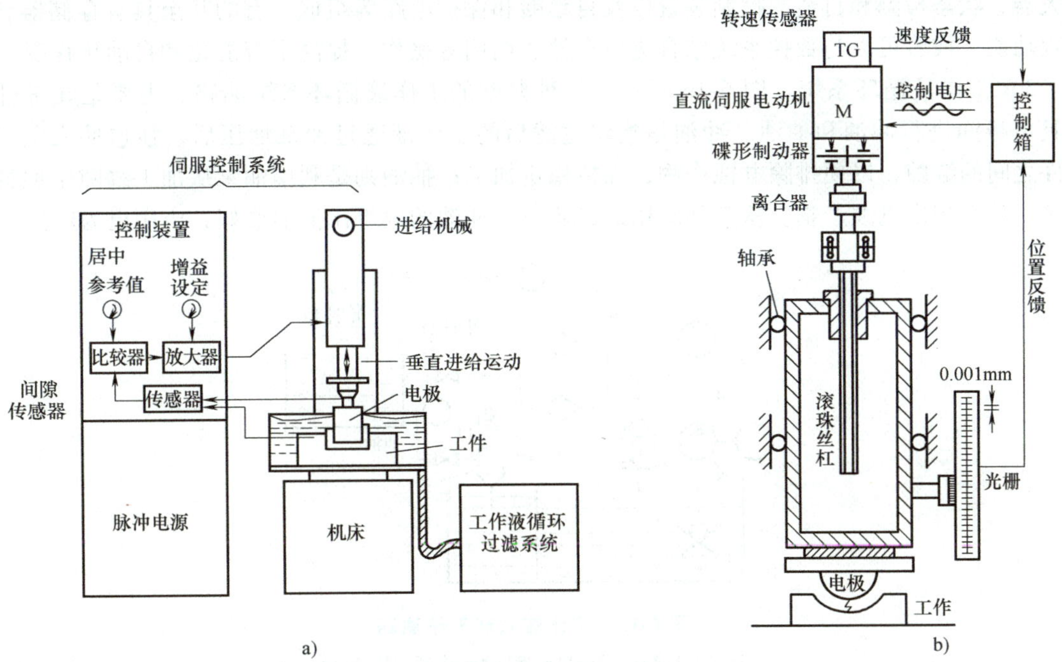

图 6-14　电火花穿孔、成形加工机床

a）机床机构　b）主轴伺服系统

1）数控系统。数控电火花穿孔机和电火花成形机的数控系统可以是专用的，也可以在通用数控系统上增加适于电火花加工的专用功能。电火花加工的数控系统可以方便地控制各个直线坐标轴和旋转坐标轴，实现多轴联动。和普通电火花机床相比较，数控电火花机床加工精度和自动化程度高，加工工艺的适应性强，大大降低了工人的劳动强度。

2）脉冲电源。脉冲电源主要为放电提供能量，把工频交流电转换成一定频率的单向脉冲电流，供给火花放电间隙所需要的能量来蚀除金属。脉冲电源对加工表面质量、加工效率、加工过程稳定性等工艺指标的影响都很大。电火花加工脉冲电源的分类方法有很多种，如图 6-15 所示，按元件来分，有最简单的 RC 脉冲电源、闸流管式和电子管脉冲电源、晶闸管脉冲电源、晶体管脉冲电源等。

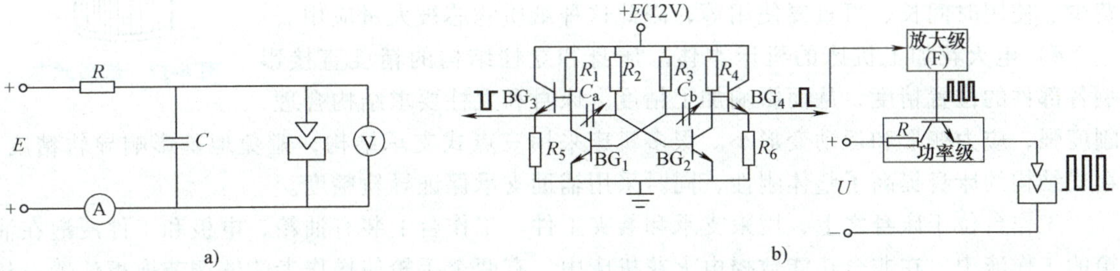

图 6-15　脉冲电源

a）RC 脉冲电源　b）晶体管脉冲电源

目前，经济型数控电火花机床通常采用高低压复合的晶体管脉冲电源，而中高档的电火花加工机床通常采用计算机控制的脉冲电源，这种数字化的电源一般由接口、脉冲发生器和功率放大器、状态检测和自适应控制装置以及自诊断和保护电路等组成，有的甚至具有存储器和可编程功能，或者可以与数控系统结合进行存储、调用等操作，提高了智能化和自动化程度。

3）工作液循环系统。图 6-16 所示为一种典型的工作液循环系统油路，主要是在工件和工具电极间进行冲油和抽油。冲油是指将过滤后的工作液通过油泵加压后，强迫冲入电极和工件之间的缝隙，以便排除电蚀产物，保持稳定加工；抽油则是利用油泵从加工缝隙中回抽工作液，从而带出电蚀产物。从实际应用的经验看，冲油的效果比抽油要好，应用更为广泛。

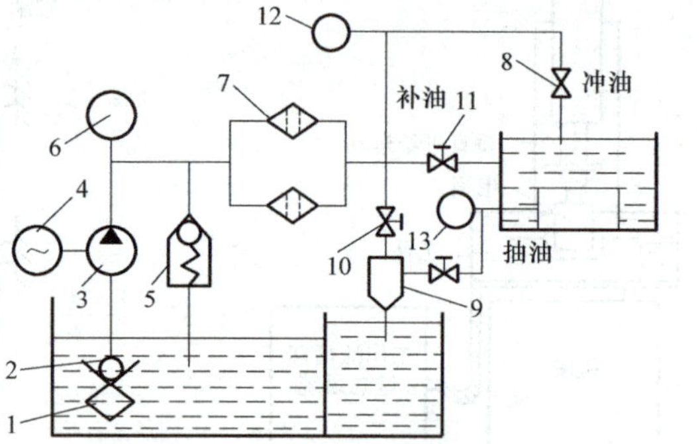

图 6-16 工作液循环系统油路

1—粗过滤器 2—单向阀 3—油泵 4—电极
5—安全阀 6—压力表 7—精过滤器 8—压力调节阀
9—射流抽吸管 10—冲油选择阀 11—快进油控制阀
12—冲油压力表 13—抽油压力表

工作液经过的油路如下：

补油：储油箱中的工作液→粗过滤器→单向阀→油泵→精过滤器→补油阀→工作液槽。此时溢流安全阀控制压力不至于过高。

冲油：工作液→冲油/抽油选择阀→冲油阀→工作缝隙。此时补油油路和抽油油路都不通。

抽油：工作液槽中的工作液→抽油阀→射流抽吸管→储油箱。此时冲油/抽油选择阀处于抽油状态，抽油和补油两路都通。

目前，数控电火花加工机床大都采用纸质滤芯对工作液进行过滤，如图 6-17 所示，它的优点是过滤精度高、阻力小、更换方便、油液浪费少、使用时间长、可重复使用等，因此这种纸质滤芯被大量应用。

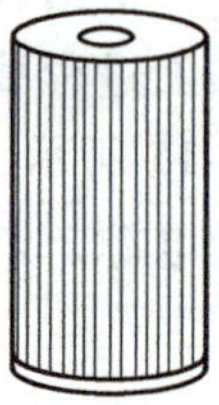

图 6-17 纸质滤芯

4）电火花加工机床的机床本体。床身和立柱结构的精度直接影响各部件的位置精度，从而影响加工精度。床身和立柱要求结构合理，刚度强，应力变形和运动变形小。很多机床采用三点式支承结构，避免地基影响导轨精度，箱式结构的床身提高了整体刚性，同时采用辅助支承保证导轨精度。

工作台位于床身之上，用来支承和装夹工件。工作台上装有油箱，电极和工件浸泡在油箱的工作液中。在非全功能数控电火花机床中，有两个手轮使操作者能够调节拖板位置，从而改变工件的横纵位置，以适应工件电极位置；全功能数控电火花机床上取消了工作台两侧面的手轮，操作者可以通过数控系统人机界面上的按键来调节工作台的位置。数控电火花机床工作台采用高品质直线滚动导轨，纵横向运动则采用交流伺服电动机带动滚珠丝杠副来实现。

主轴头用来控制工具电极和工件之间的放电间隙，由伺服机构、导向机构和辅助机构组成。伺服机构一般采用步进电动机、直流伺服电动机、交流伺服电动机作为驱动装置。电动机通过同步齿形带和滚珠丝杠副驱动主轴做上下伺服运动。可见主轴头的质量会直接影响加工的工艺指标。数控电火花加工机床的主轴头应该具有足够的支承强度和结构刚度，能够保证运动的直线性和抗扭转性，伺服系统反应速度快、灵敏度高。

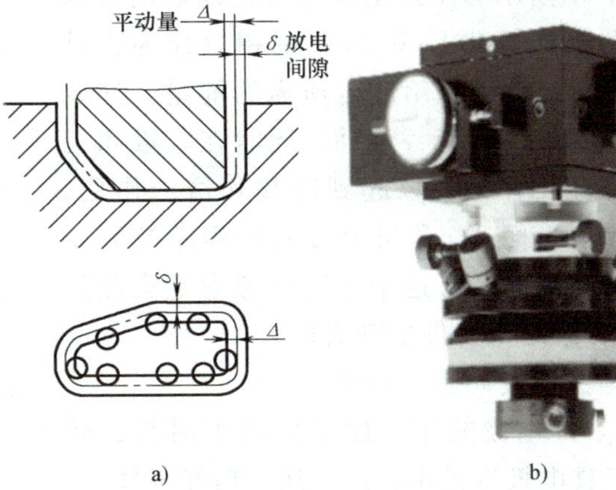

图 6-18　平动头加工原理

a）平动运动　b）平动头实物

5）主要附件。平动头是为了修光工件侧壁、提高其尺寸精度而设计的一种工艺附件，目前功能强大的数控平动头逐渐被应用到电火花加工机床上。平动头一般由电动机驱动的偏心机构和平动轨迹保持机构组成。如图 6-18 所示，平动头的主要工作原理是利用偏心机构将伺服电动机的旋转运动转化成电极的平动，这样可以将粗加工形成的粗糙侧壁表面修光。

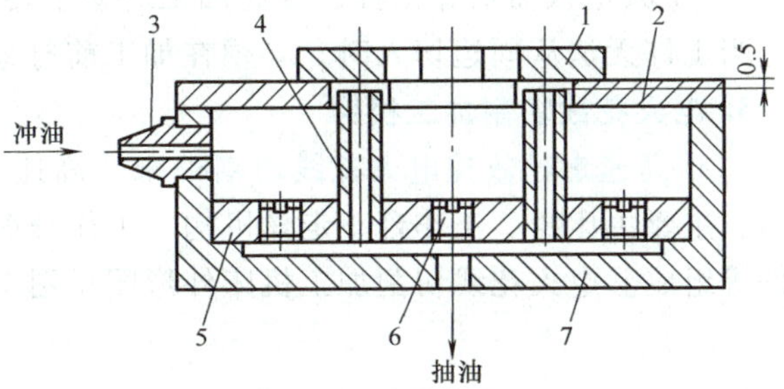

图 6-19　油杯的结构

1—工件　2—杯盖　3—管接头　4—抽油抽气管
5—底板　6—油塞　7—杯体

油杯是用于冲油和吸油的一个主要附件，一般在侧壁和底面上开有抽油孔和吸油孔，如图 6-19 所示。油杯的形状可以是圆形的也可以是矩形的，但不管哪一种都应该具备冲油和抽油条件以及良好的安装工艺性。

二、数控线切割机床

电火花线切割加工（Wire Cut EDM，简称 WEDM）的加工原理和电火花穿孔、成形加工的加工原理是一样的。它是在 20 世纪 50～60 年代发展起来的一种电火花加工的新工艺，主要是利用线状的工具电极依靠电火花放电对工件进行切割，因此又简称为线切割。目前，数控线切割机床的数量已经占整个电加工机床的一半以上。

1. 电火花线切割的基本原理

电火花线切割的基本原理是以垂直运动的铜丝或者钼丝作为工具电极，对工件进行脉冲火花放电，按要求切出工件形状。通常情况下，工具电极接高频电源的负极，工件接高频电源的正极。

电火花线切割机通常分为两类，一类是走丝速度大于 8～10m/s 的，称为高速走丝电火花线切割机床（WEDM—HS）；另一类是走丝速度在 0.2m/s 左右的，称为低速走丝电火花线切割机床（WEDM—LS）。我国最常用的是高速走丝电火花线切割机床。

图 6-20 所示为高速走丝电火花线切割机床的原理图。直径 0.1~0.2mm 的钼丝作为工具电极，由脉冲电源供给放电所需的能量。储线筒使钼丝做正反向交替运动，同时在电极和工件之间浇注工作液，以起到冷却和清洁作用。工作台在水平面 X、Y 两个方向按程序控制要求做伺服进给运动（这个运动要考虑电火花间隙状态），最终把工件切割成形。

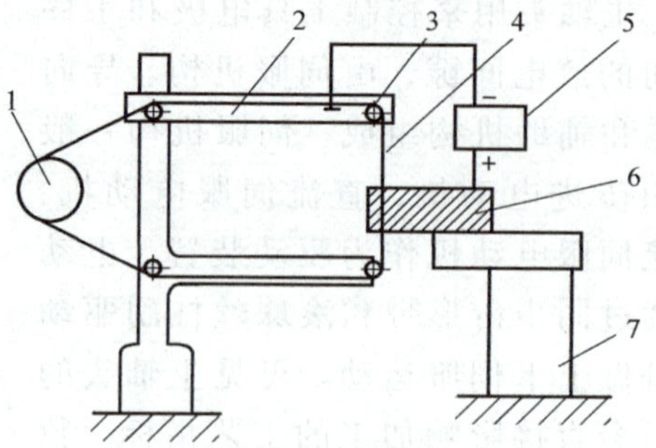

图 6-20 高速走丝电火花线切割机床的原理图

1—储丝筒 2—支架 3—导向轮 4—钼丝
5—脉冲电源 6—工件 7—绝缘底板

2. 电火花线切割的特点

1）工具电极简单，加工准备工时短，效率高；工具电极直径小，适于加工精细零件。

2）工具电极在加工中移动，往复重复使用，在一定时间内不必考虑损耗对加工的影响。

3）数控系统能方便地支持 CAD/CAM 软件，加工能力强；调节参数可控制加工，操作方便，自动化程度高。

4）工具电极需贯穿工件，因此加工对象主要是平面形状，很难加工台阶状零件和不通孔。当工件无法从周边切入时，必须在加工前打穿丝孔。

3. 电火花线切割加工机床

（1）高速走丝数控电火花线切割机床 高速走丝数控电火花线切割机床结构如图 6-21 所示，主要由床身、工作台、走丝机构、工作液循环系统、数控系统、脉冲电源发生装置和附件等组成。电火花线切割加工机床外形图见图 1-6b。

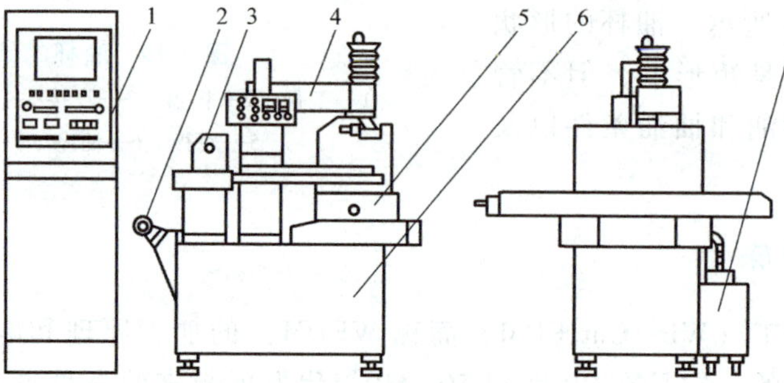

图 6-21 高速走丝数控电火花线切割机床结构

1—数控柜及脉冲电源发生装置 2—上丝轮 3—储线筒
4—丝架 5—工作台 6—床身 7—工作液循环系统

1）数控系统。数控系统具有插补运算、轨迹控制和加工控制等功能，精确控制电极丝相对于工件的运动轨迹，与此同时，进行伺服进给、间隙补偿、短路回退、自动对中、自适应控制、电源控制、工作液控制等。通常情况下，简单的高速走丝数控电火花切割机采用开环伺服系统，驱动元件是步进电动机；慢速走丝数控电火花切割机采用伺服电动机加码盘的半闭环；随着数控技术的不断发展和普及，越来越多的机床采用全闭环的控制系统。

2）脉冲电源。脉冲电源的类型和质量会影响很多加工工艺参数。电火花线切割的脉冲电源有一定的特点，主要是线切割的工具电极细，允许承载电流也有一定限制，因此脉冲电源产生的脉冲要求脉宽窄、单个脉冲能量和平均电流都比较低。

3）走丝机构。走丝机构的主要作用是保证作为加工电极的金属丝来回快速移动，要求保证电极丝移动平稳可靠，不易断丝，还应该保证电极丝整齐地来回排绕在储丝筒上。

图 6-22 所示为一种典型快速走丝的循环走丝机构。这种结构由走丝电动机、弹性联轴器、储丝筒组件、支架、拖板、丝杠等组成，其特点是结构简单、维护方便、应用方便；缺点是电动机变向频繁、绕丝长度小、电极丝张力不可调。

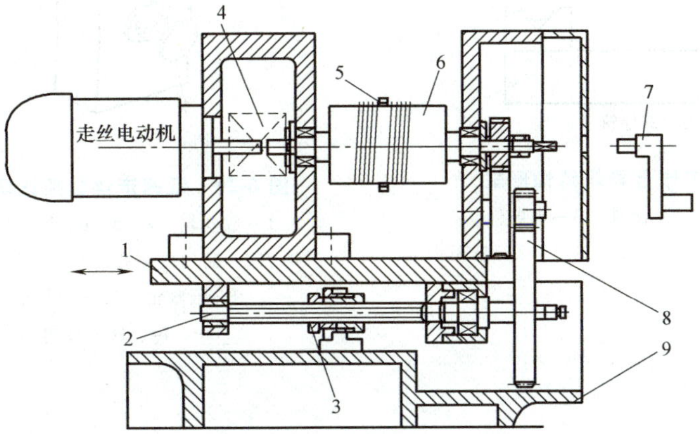

图 6-22　循环走丝机构

1—拖板　2—丝杠　3—双向预紧螺母　4—弹性联轴器
5—挡丝块　6—储丝筒　7—手摇柄　8—齿轮箱　9—座体

4）工作台。数控装置通过伺服系统来实现工作台 X、Y 两个坐标轴运动，工作台应该具有很高的位置精度和运动精度，而且要求运动轻巧、灵敏，因此一般采用滚动导轨和滚珠丝杠，并且在安装时采用弹性螺母来减小空程误差。工作台导轨结构形式如图 6-23 所示，这种结构形式大大减小了导轨副间的摩擦力，便于实现工作台精确、微量移动，且润滑方便；其缺点是抗振性差，承载能力不强。

5）床身。床身是支承和固定的基础。在床身上放置走丝机构、丝架、工作台等。床身一般为铸件，并采用箱体式机构。

6）工作液循环系统。该系统的作用与电火花成形机的工作液循环系统相同，典型的工作液循环系统一般由工作液箱、油泵、流量控制阀、管路、过滤网、压力表等组成。

（2）低速走丝数控电火花线切割机床　与高速走丝线切割不同，低速走丝线切割走丝速度低于 0.2m/s，工具电极通常采用黄铜丝，直径为 0.1～0.35mm，电极丝单向运动，不重复使用，有利于减小损耗带来的加工误差。比较慢的走丝速度使加工时振动较小，保证加工过程的平稳，提高了加工精度。

图 6-24 所示为低速走丝数控线切割机床的走丝结构，结构清楚地显示走丝系统中，电极丝自上而下单向运动，同时在传动机构之外还增加了导向机构以防止振动。断丝检测装置用于保证在电极丝意外断开时机床立刻自动停止加工。

目前，低速走丝数控线切割机床都采用半闭环控制结构，这种机床主要由日本、瑞士等国生产，国内也有少数厂家通过引进技术或合资来生产。

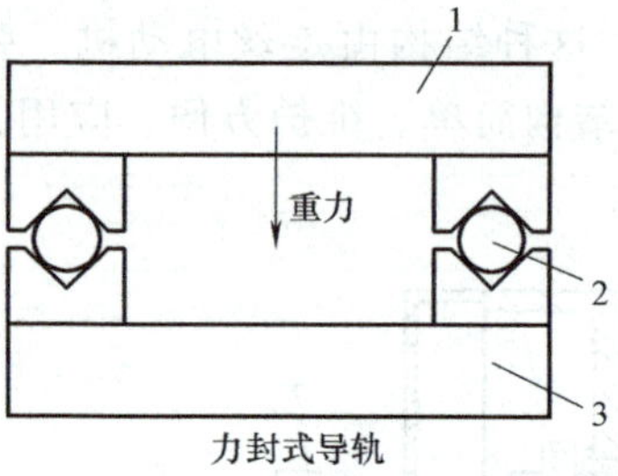

图 6-23　工作台导轨结构形式

1—运动件　2—滚珠　3—承导件

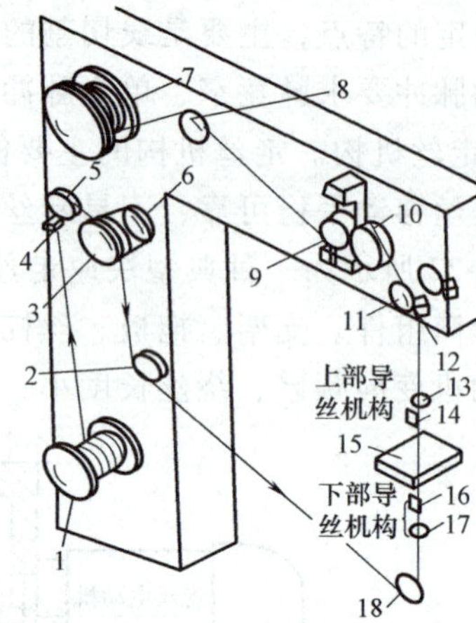

图 6-24　低速走丝数控线切割机床的走丝结构

1—放丝轮　2、5、6、11、18—滑轮　3—制动轮　4、12—断丝检测微动开关　7—卷丝筒　8—排丝装置　9—压紧轮　10—抬丝轮　13、17—进电板　14、16—导向器　15—工件

任务三　了解数控压力机、折弯机和热切割机床

任务内容： 数控板材加工机床和数控热切割机床的基础知识。

任务目标： 要求学生掌握数控板材加工机床和热切割机床的基本原理，同时熟悉典型数控压力机、折弯机和热切割机床的构造。

一、数控压力机

数控压力机

压力机、剪板机是主要的板材冲压加工设备。板材加工设备的数控化可以实现高自动化、高精度和高效率加工，很容易实现小型简单模具单元的组合冲压加工，很容易加工复杂形状的大工件。随着数控技术的发展，数控板材加工机床应用越来越广泛。

数控压力机又称为数控冲床。较常见的数控压力机有数控步冲压力机和数控冲模回转头压力机。数控压力机一般采用通用数控系统，采用多轴联动和高性能的数字伺服系统，可以高速、高精度地进行冲孔、成形、半切断、压印标记、打中心孔、步冲大孔、冲压方孔、冲压曲线孔等操作。

1. 数控压力机的原理和特点

与普通压力机不同，数控压力机采用数控技术进行板料送进和定位以及选择模具。普通压力机在加工时，只能装一副模具，利用这副模具完成冲压后，需要手动换另一副模具冲压，直至冲压完所有的孔。整个加工过程板材搬动频繁，换模时间长，劳动强度较大。数控压力机在加工时，数控系统根据加工顺序自动更换模具，并通过伺服系统准确定位，同时可以在同一位置利用不同模具完成组合加工，或者在不同位置利用同一模具进行复制加工，如图 6-25 所示。

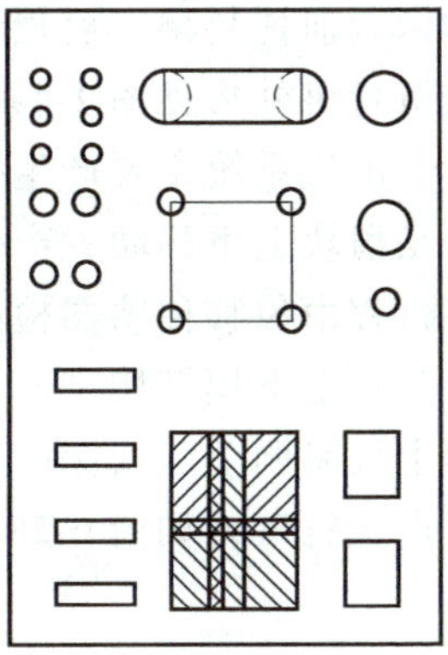

图 6-25　数控压力机板材冲压方式

数控压力机还具有以下特点：

1）具有模具库。上下转盘式结构载有多个模具，供加工时灵活选用。

2）运动精度高、可靠性高。数控压力机一般采用滚珠丝杠和滚动导轨，提高了运动精度和可靠性。

3）自动化程度高，劳动强度小，生产效率高。

4）产品精度高，定位精度可达±0.15mm 以上。

2. 数控压力机的结构

以数控步冲压力机为例。如图 6-26 所示，步冲压力机多采用电动机驱动曲柄连杆滑块机构，使滑块上下往复移动完成冲压。图中冲压运动由主电动机 1 通过 V 带带动飞轮 3，经过离合—制动器 4 驱动偏心轴 5 使滑块 6 上下运动来实现。模具定位是由直流伺服电动机通过减速装置和传动链来完成，上下转盘同步运动从而转换模具，同时液气动控制定位销套使它们准确定位。板料进给运动由两个直流伺服电动机来实现，伺服电动机通过同步带和滚珠丝杠带动工作台运动，工作台上装有液气动压紧和定位装置，带动板料完成运动和定位。数控压力机外形见图 1-5c。

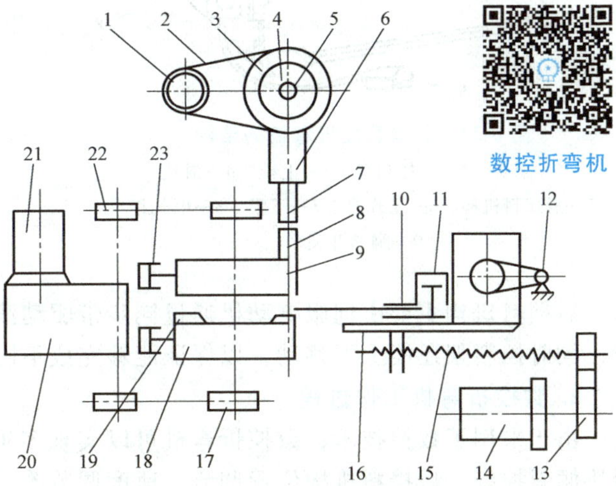

图 6-26　数控步冲压力机传动机构

1—主电动机　2—V 带　3—飞轮　4—离合—制动器　5—偏心轴　6—滑块　7—击打器　8—上模座　9—上转盘　10—夹钳　11—气缸　12—X 轴伺服电动机　13—同步带　14—Y 轴伺服电动机　15—滚珠丝杠　16—工作台　17—大链轮　18—下转盘　19—下模座　20—转盘减速器　21—转盘伺服电动机　22—小链轮　23—转盘定位气缸

数控折弯机

二、数控折弯机

数控折弯机的主要功能是对金属板材在冷态下进行折弯，产生不同的几何形状以满足生产需要。为了完成折弯工艺，折弯机一般要完成两个运动：滑块往复运动及后挡料机构的定位移动，前者是上下模的垂直相对运动，是产生压弯的主要运动，后者则可以保证压弯中心线和板材边界的相对位置。数控折弯机由于采用了数控系统，可以按照控制程序自动对后挡料机构进行控制，能够对一个工件的多次折弯进行有序、高精度的加工，既提高了加工质量，又提高了生产效率。

1. 数控折弯机的结构

常见数控折弯机的结构包括数控和电气系统、液压系统、床身、滑块、上模和下模、工作台、前托料架、后挡料机构、滑块同步反馈机构、行程限位机构等，如图 6-27 所示。数控折弯机外形见图 1-5a。

滑块系统主要产生折弯的压力和运动。滑块系统由液压缸、滑块、导轨等组成，液压缸推动滑块上下移动，产生折弯力，并且在滑块往复运动的极限点位置装有限位装置，同时活塞行程由位移传感器检测。

在上下模结构中，上模随滑块运动，下模固定在工作台上。在折弯过程中，如果仅靠控制上模来调节压入深度，称为自由折弯；如果主要通过下模活动垫块来调节压入深度，称为三点式折弯，如图 6-28 所示。

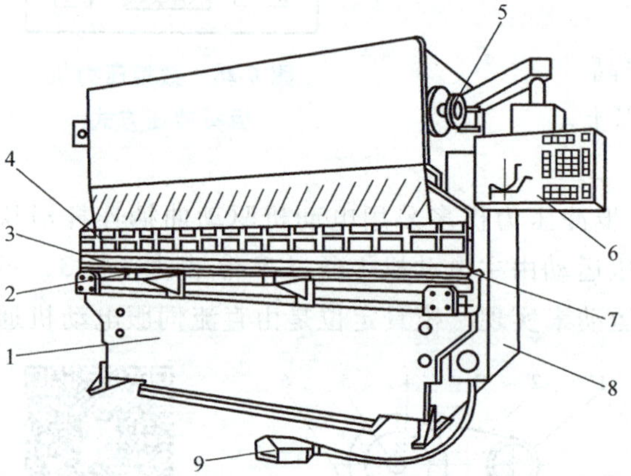

图 6-27 典型数控折弯机的结构

1—床身 2—前托料架 3—上模 4—滑块
5—后挡料机构 6—工作台 7—下模 8—电气柜
9—脚踏开关

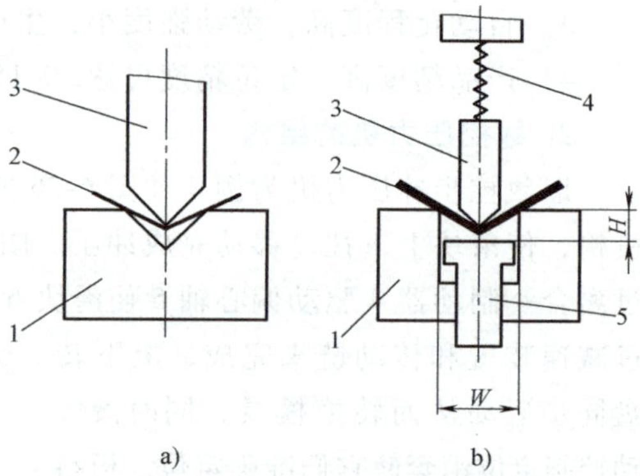

图 6-28 自由折弯和三点式折弯

a）自由折弯 b）三点式折弯
1—下模 2—板料 3—上模
4—弹性垫 5—活动垫块

后挡料机构主要由伺服电动机通过同步带驱动滚珠丝杠带动挡料架作前后移动并准确定位，同时挡料架还能上下移动，以保证能够完成不同折弯角度的加工。

2. 数控折弯机工作过程

由于采用了数控技术，数控折弯机可以实现多轴联动，并可以自动实现压入深度控制、滑块倾斜控制、后挡料机构位置调节、速度调节等。数控折弯机的工作方式和过程更加灵活方便，加工能力大大增强。在加工时，将板料放在前托板上，推入上下模之间，由后挡料机构确定位置，冲压开始后，滑块下移，上下模将板材按要求折成相应的角度。

三、数控热切割机床

数控热切割机床主要是利用高能激光束或离子束产生的热效应来切割材料、加工零件。随着加工要求的不断提高，数控技术不断进步，光电加工技术日趋成熟，数控热切割机床的应用越来越广泛。

数控激光切割机床

1. 数控激光切割机床

激光作为光的一种，除了具有一般光的共性之外，还有强度高、单色性好、相干性和方向性好等特点。根据光的特性，可以将激光束聚焦成一个极小的光斑，由此获得很高的能量密度和 10000℃以上的高温，它能在 0.001s

的时间内将物质熔化、汽化，以达到蚀除被加工工件的目的。

(1) 激光加工的特点

1) 加工用的激光光斑直径可达 1μm 以下，可以完成非常精细的加工。

2) 激光加工的光束能量密度高，可以加工多种难加工材料。

3) 可在同一部件上进行切割、打孔、焊接等操作。

4) 能通过透明体进行内部加工。

5) 激光加工属于非接触式加工，力变形和热变形非常小。

由于上述特点，激光加工可以用于各种材料的打孔、切割、划线、焊接、热处理等操作。

(2) 激光加工设备的构成　激光加工设备通常由电源系统、激光器、光学调整系统、机电控制系统、工作台等几部分组成，如图 6-29 所示。

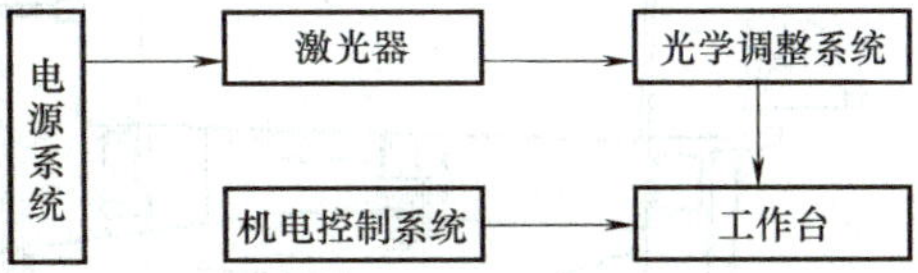

图 6-29　激光加工设备的构成

其中，电源系统主要提供激光加工时所需的能量，激光器则是把电能转换成高能光束，光学调整系统可将高能激光束聚焦并调整焦点位置，机电控制系统则主要是按照加工要求在三坐标范围内移动工作台。

图 6-30 所示为某国产数控激光切割机床外形。图中机床由数控系统、床身、工作台、横梁、Z 轴切割箱、激光发生器等组成。加工时，激光束经光学系统由切割嘴发出，聚焦于装夹在工作台的工件上。工作台由数控系统控制，通过伺服系统可以快速、准确地实现 X、Y 向运动，同时切割嘴可以完成相对工作台垂直的 Z 向运动。

2. 数控电子束加工

电子束加工是近年来兴起的特种加工，由于它具有独特的加工方式和特点，目前被广泛应用于打孔、切割、光刻加工等精细微加工，也可用于塑料、玻璃、陶瓷、宝石、金属、印制电路板等特殊加工。

电子束加工是在真空条件下，将众多电子聚焦成能量极高的电子束，并将其加速冲击到工件上，由于冲击面积极小，冲击时间极短，高能量密度的电子束使被冲击部分工件材料瞬时熔化或汽化，达到切割工件的目的。典型的电子束加工装置如图 6-31 所示，主要由电子束发生装置、真空系统、电源、控制系统等组成。

电子束发生装置的核心是电子枪，电子枪由发射阴极、控制栅极和加速阳极等组成。发射阴极由钨、钽等制成，加热会发射大量电子；加速阳极可由专门的阳极板构成或者由被加工工件充当。发射阴极在电流作用下发热，溢出大量电子，电子高速飞向阳极，在此过程中，加速阳极将电子运动速度加强，并且通过束流聚焦控制系统将电子束聚焦成截面很小的束流。聚焦主要通过高强度磁场来实现，有时也用高压静电场。磁场由电磁线圈产生，线圈通电后产生与电子束中心线平行的轴向磁场和与此中心线垂直的径向磁场，这两个磁场保证电子在向前运动过程中受力，这个复合力使电子做半径越来越小的螺旋空间运动，最后聚焦于一点。这种聚焦的电磁线圈装置通常称为“电磁透镜”。通过电磁透镜聚焦可以决定加工点的孔径或缝宽，同时束流装置可以改变电子束的方向和焦点位置，而工作台的移动控制则是为了在加工过程中改变加工位置。因为束流装置控制电子束偏移的范围仅为数毫米，大面积加工需要数控系统通过伺服系统控制工作台运动与电子束偏移来配合完成。由于电子束高速运动只能在真空中完成，因此必须将工作环境保持在高真空状态。多级真空泵可保证将环境中的空气抽走，形成真空，同时被抽走的还有加工产生的金属蒸气，使加工正常稳定地进行。

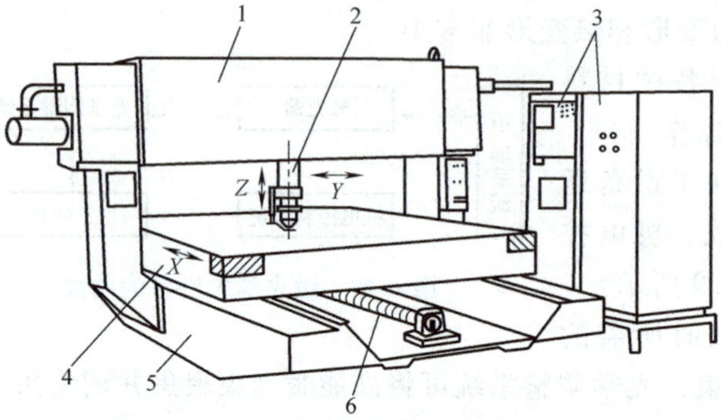

图 6-30 数控激光切割机床外形

1—横梁 2—切割头 3—数控和电气柜 4—工作台 5—床身 6—丝杠

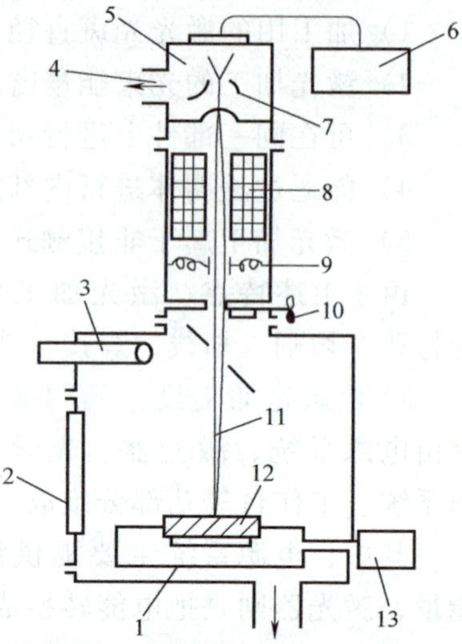

图 6-31 电子束加工装置

1—移动工作台 2—更换工件及观察窗 3—观察筒 4—抽气孔 5—电子枪 6—加速电压 7—束流强度控制 8—束流聚焦控制 9—束流位置控制 10—更换工件时的截止阀 11—电子束 12—工件 13—驱动电动机

综合训练

训练项目一 数控齿轮加工机床的结构

1. 训练目的

通过对数控插齿机和数控滚齿机传动系统的分析，掌握以下内容：

1）数控齿轮加工的基本原理。

2）数控齿轮加工机床主传动系统的传动特点、路线。

3）数控齿轮加工机床电气部分组成和机械部分组成的特点。

2. 硬件条件

数控插齿机和数控滚齿机、拆卸调整工具、百分表等。

3. 训练步骤

1）教师讲解数控滚齿机和数控插齿机的加工原理和运动特性。

2）学生拆卸插齿机和滚齿机机壳，观察内部结构，教师指导。

3）对照主传动系统图分析插齿机和滚齿机的传动特点、路线。

4）分析其他内容，撰写训练报告。

4. 参考机型

重庆机床集团生产的 YKS3120 型数控高速滚齿机，天津第一机床厂生产的 YK5120 型数控插齿机。

训练项目二　数控电加工机床的结构分析

1. 训练目的

通过对数控电火花加工机床和数控电火花线切割机床的加工原理和结构进行分析，掌握以下内容：

1）数控电加工机床的加工原理。

2）数控电加工机床的调整、加工和应用特点。

3）数控电加工机床附件的调整。

4）数控电加工机床的电气结构和机械结构。

2. 硬件条件

数控电火花成形机、数控电火花线切割机床、拆卸调整工具等。

3. 训练步骤

1）教师讲解数控电火花成形机和数控电火花线切割机床的工作原理。

2）学生拆卸机床外罩，观察内部结构，教师指导。

3）对照电气系统图分析电气工作特点。

4）对照机械系统图分析其机械系统工作特点。

5）研讨数控电加工机床调整方法和流程。

6）分析数控电加工机床附件的调整方法。

7）分析其他内容，撰写训练报告。

4. 参考机型

汉川机床有限责任公司生产的 HCD300K 型数控精密电火花成形机，苏州长风线切割机床有限公司生产的 DK7725E 型数控线切割机床。

训练项目三　数控板材加工机床的工作原理和结构分析

1. 训练目的

通过对数控压力机和数控折弯机的工作原理和结构进行分析，掌握以下内容：

1）数控板材加工机床的工作原理。

2）数控板材加工机床的模具结构，模具转换方式。

3）数控板材加工机床的定位机构原理。

4）数控板材加工机床的调整方法和加工过程。

2. 硬件要求

数控压力机、数控折弯机、拆装和调整工具。

3. 训练步骤

1）教师讲解数控压力机和数控折弯机的工作原理和运动特性。

2）学生操作机床实现模具转换，观察并记录整体动作过程。

3）对照图样分析模具转换机构和定位机构，分析模具转换和定位的实现。

4）对照图样分析电气结构和机械结构。

5）分析其他内容，撰写训练报告。

4. 参考机型

济南铸造锻压机械研究所生产的 J92K—30A 型数控冲模回转头压力机，安徽华瑞（集团）锻压设备有限公司生产的 WC67K—100TX2500 型液压板料数控折弯机。

复习思考题

1. 齿轮的加工方法有哪些？最普及的齿轮加工机床是什么？
2. 滚齿加工和插齿加工时分别需要哪些机床运动？在数控齿轮加工机床上，这些运动如何实现？
3. 齿轮加工采用数控技术有哪些优点？
4. 数控滚齿机在床身、刀架、主轴、工作台等机械结构上有何特点？
5. 数控电加工机床如何分类？
6. 数控电火花成形机的工作原理是什么？
7. 数控电加工机床的工作液循环系统有何作用和特点？
8. 数控电火花成形机和数控电火花线切割机床工作方式和结构有何不同？
9. 数控压力机如何工作？
10. 数控热切割机床有哪些种类？各有什么特点？
11. 数控压力机的模具转换如何实现？
12. 数控折弯机如何对被加工板材定位？
13. 数控激光切割机床的工作原理是什么？
14. 查找资料，总结现代特种加工技术有哪些，哪些必须采用数控技术。

素养提升

精密零部件顶级雕刻师——孟维

孟维，荣获全国技术能手、中国机械工业劳动模范、国家级技能大师工作室领衔人、江苏省有突出贡献中青年专家、江苏大工匠等称号。

参加工作二十多年来，孟维凭借着一股韧劲和百折不挠的毅力，破解了高强钢加工工艺、起重机核心零部件中心回转体加工等难题，发明了“孟维滑轮操作法”“G1 代起重机中心回转体套筒加工法”等 177 项先进的数控加工方法，9 次荣获全国 QC 成果一等奖，在数控加工、刀具应用、数控机床维修、工装夹具设计等领域，形成了具有自主产权的核心技术优势。孟维先后对螺纹梳刀、反镗刀、蜗轮刀具刀杆等进行刀具优化、二次开发使用，实现刀具降本约 343.7 万元。

在工作中，孟维始终坚守“质量就是生命，而生命只有一次”信条，严格要求自己。他认真钻研尺寸控制方法、加工心得，将自己的学习收获和钻研经验，及时向同事们分享，带动大家共同提升技能水平。

学习项目七

数控机床的调试与维护

任务一　选用数控机床

任务内容： 数控机床选用的原则及数控机床选用时应注意的几点问题。

任务目标： 通过学习，在掌握数控机床选用一般原则的基础上，根据典型加工工件，选择出价格合理、功能完善的数控机床。

一、数控机床的选用原则

（1）实用性　选用数控机床总是有一定的出发点，目的是解决生产中的某一个或几个问题，因此选用是为了使用，这是最主要的。实用性就是要使选中的数控机床能以最佳的效果实现预定的目标。例如，选用数控机床是为了加工复杂的零件？为了提高加工效率？是为了提高精度？还是为了集中工序，缩短周期或是实现柔性加工要求？有了明确的目标，有针对性地选择机床，才能以合理的投入获得最佳效果。要达到实用性要求就要选用数控机床合适的功能，因为一种机床往往具有多种功能，用户在选用机床时有很大的选择余地。但这也使得机床结构复杂，生产成本高，用户购置机床的投资也相应增加。如果用户只是用到其中某一部分功能，就会造成功能浪费。

（2）经济性　经济性是指所选用的数控机床在满足加工要求的条件下，所支付的代价最经济或者是较为合理。经济性往往是和实用性相联系的，机床选得实用，那么经济上也会合理。在这方面要注意的是，不要以高代价换来功能过多而又不合用的较复杂的数控机床。否则，不仅造成了不必要的浪费，也会给使用保养及修理等带来困难。况且数控系统的更新周期越来越短，几年不用，就有新的系统和新的机床出现，现有机床和系统的费用也会随着时间的推移而降低。

（3）可操作性　用户所使用的数控机床应与本企业的操作和维修水平相适应。选用了一台结构复杂、功能齐全、技术先进的数控机床，如果没有适当的人去操作使用、没有熟悉设备的技工去维护修理，再好的机床也不可能用好，也发挥不了应有的作用。因此，在选用数控机床时要注意对加工零件的工艺分析，考虑到零件加工工序的制订、数控编程、工装准备、机床安装与调试，以及在加工过程中进行的故障排除与及时调整的可能性，这样才能保证机床能长时期正常运转。

(4) 稳定可靠性　这虽是指机床本身的质量，但也是选用时要考虑的因素之一。稳定可靠性的高低，既与数控系统有关，也与机械部分有关，尤其是数控系统（包括伺服驱动）部分。数控机床如果不能稳定可靠地工作，就完全失去了意义。在选用数控机床时，尽量选用名牌产品（包括主机、系统和配套件）。因为这些产品技术成熟，有一定生产批量，能提供较好的售后服务。

二、选用数控机床时应注意的几个问题

根据数控机床的选用原则，在选用数控机床时应该考虑以下几点问题：

1. 确定典型加工工件

考虑到数控机床品种多，而且每种机床的性能只适用于一定的使用范围，只有在一定的条件下，加工一定的工件才能达到最佳效果，因此选购数控机床首先必须确定要加工的典型工件。在选定典型工件时，应根据添加设备部门的技术改造和生产发展要求，确定有哪些零件的哪些工序准备用数控机床来完成。确定典型工件之后，再挑选合适的加工机床。每种加工机床都有其最佳加工的典型零件。如卧式加工中心适用于加工箱体类零件，如箱体、泵体、阀体和壳体等；立式加工中心适用于加工板类零件，如箱盖、盖板、壳体和平面凸轮等单面加工零件。

2. 数控机床规格的选择

数控机床规格选择主要考虑数控机床各坐标轴的行程范围指标。一般在机床说明书中会给出机床工作台的运动尺寸和行程范围，如典型零件的轮廓尺寸是450mm×450mm，考虑到夹具和工件是否与机床换刀空间干涉，以及其在工作台上回转时是否与防护罩附件干涉等一系列问题，可选择工作台为500mm×500mm、X 轴行程为 700～800mm、Y 轴行程为 550～700mm 的机床。

3. 机床精度的选择

选择机床的精度等级应依据典型工件关键部位加工精度的要求。国产机床按精度不同可分为普通型和精密型两种。机床的精度项目很多，主要项目要求见表 7-1。

表 7-1　机床精度主要项目要求

精度项目	普通型	精密型
单轴定位精度/mm	±0.01/300 或全长	±0.005/全长
重复定位精度/mm	±0.006	±0.003
铣圆加工精度/mm	0.03～0.05	0.02

数控机床的其他精度与表中所列数据都有一定的对应关系。定位精度和重复定位精度综合反映了该轴各运动元部件的综合精度。表 7-1 中所列的单轴定位精度是指该轴行程内任意一个点定位时的误差范围。而重复定位精度反映了该控制轴在行程内任意定位点的定位稳定性。这是衡量该控制轴能否稳定可靠工作的基本指标。

铣圆加工精度是综合评价数控机床有关数控轴的伺服跟随运动特性和数控系统插补功能的指标。由于数控机床都具有圆弧插补功能，所以可以采用铣削方式，加工大直径圆弧曲线。

4. 自动换刀装置的选择及刀柄的配置

自动换刀装置（ATC）的工作质量主要表现为换刀时间和故障率。ATC装置一般故障率较高，而且价格是一台数控机床价格的30%~50%，因此，用户在选择ATC装置时最好在满足使用要求的条件下，尽量选择结构简单、可靠性高的ATC。

刀库容量不宜选的太大。容量大，刀库成本高，结构复杂，故障率也相应增加，刀具的管理也相应复杂化。有一些新的机床用户往往把刀库作为一个车间的工具室来对待，在更换不同工件时想用什么工具就从刀库里取用，而这些工具又必须是人工事先准备好后装到刀库中去的。这样的使用方法如果没有刀库工具自动管理功能，对操作者反而是一种沉重的负担。

通常，在立式加工中心上选用20把左右刀具容量的刀库，在卧式加工中心上选用40把左右刀具容量的刀库基本上能满足要求。对一些复杂工件，可能一次完成全部加工所需刀具数量会超过刀库容量，但全面考虑综合工艺因素，如插入消除内应力的热处理工序，将粗精加工分为两道或三道工序进行，工件装夹调换工艺基准等，就可把一个复杂工件分为两个或三个加工程序进行加工，这样每个程序所需刀具数就不一定超过40把。

5. 数控系统及驱动电动机的选择

数控系统是数控机床的核心部分，现在数控系统的品牌很多，国内的有华中数控，国外的有FANUC、SIEMENS等，同一品牌又分为不同档次，选择时要把握实用的原则，选择可靠性高的产品。

数控机床的驱动电动机包括进给驱动伺服电动机和主轴驱动电动机两大类。电动机的功率与体积成正比，因此选择时要处理好电动机功率和体积的关系。具体选择方法如下：

（1）进给驱动伺服电动机的选择

1）当机床作空载运行时，在整个速度范围内，加在伺服电动机轴上的负载转矩应在电动机连续额定转矩范围以内，即应在转矩-速度特性曲线的连续工作区内。

2）最大负载转矩、加载周期以及过载时间都应在电动机特性曲线的允许范围以内。

3）电动机在加速或减速过程中的转矩应在加减速区或间断工作区之内。

4）对要求频繁起动、制动以及周期性变化的负载，它的一个周期中的转矩均方根值必须小于电动机的连续额定转矩。

5）加在电动机轴上的负载惯量大小对电动机的灵敏度和整个伺服系统精度都将产生影响。通常，当交流电动机负载惯量小于电动机转子惯量时，上述影响不大，但当负载惯量达到甚至超过转子惯量的3倍时，就会使灵敏度和响应时间受很大影响，甚至会使伺服放大器不能在正常调节范围内工作。推荐负载惯量J_L和电动机惯量J_M之间的关系为$J_L/J_M<3$，最佳为$J_L/J_M=1$。

（2）主轴驱动电动机选择

1）所选择的电动机应能满足机床设计的切削功率要求。

2）根据要求的主轴加减速时间计算出的电动机功率不应超过电动机的最大输出功率。

3）在要求主轴频繁起动、制动的场合，应计算平均功率，其值不能超过电动机连续额定输出功率。

4）在要求有恒表面速度控制的场合，恒表面速度控制所需的切削功率和加速所需功率之和应在电动机能够提供的功率范围之内。

6. 工时和节拍的估算

选择机床时必须作可行性分析：一年之内该机床能加工出多少典型零件。对每个典型零件，按照工艺分析，可以初步确定一个工艺路线，从中挑出准备在数控机床上加工的工序内容，根据机床配置的刀具情况来确定切削用量，并计算每道工序的切削时间 $t_{切}$ 及相应辅助时间 $t_{辅}$，其中 $t_{辅} \approx (10\% \sim 20\%) t_{切}$。中小型加工中心每次换刀时间为 10～20s。这时单工序时间为 $t_{工序} = t_{切} + t_{辅} + n(10 \sim 20)\mathrm{s}$，其中 n 为换刀次数。然后计算工件总工时，按 300 个工作日，两班制，一天有效工作时间 15h 计算，就可以算出机床的年生产能力。在算出所占工时和节拍后，考虑设计要求或工序平衡要求，可以重新调整在加工中心的加工工序数量，达到整个加工过程的平衡。对于加工工件品种较多，又希望经常开发新工件的生产要求，在机床的满负荷工时计算中，必须考虑更换工件品种所需的机床调整时间。作为选机估算可以根据加工品种多少乘以修正系数。这个修正系数可根据用户单位的使用技术水平估算得出。

7. 机床选择功能及附件的选择

在选购数控机床时，除了认真考虑它应具备的基本功能及基本件，还应选择一些选择件、选择功能及附件。选择的基本原则是：全面配置、长远综合考虑。对一些价格增加不多，但对使用带来很多方便的选择件，尽可能配置齐全，附件也应配置成套，保证机床到厂后能立即投入使用。应避免花费几十万元购买了一台机床，到用户厂后因缺少一个十几元或几百元的附件而长期不能正常使用的情况发生。

8. 技术服务

数控机床要得到合理使用，发挥其技术和经济效益，仅有一台好的机床是不够的，还必须有好的技术服务。对一些新的用户来说，最困难的不是设备，而是缺乏一支高素质的技术队伍。因此，新用户在选择设备时就应该考虑到这些设备的操作、程序编制、机械和电气维修人员的培养。

任务二　调试数控机床

任务内容： 数控机床安装的前期准备、初就位、系统连接调试、通电试车、调试和试运行整个过程，并指出验收时的几点注意事项。

任务目标： 通过学习，应具备简单数控机床安装、调试和验收能力。

数控机床从厂家运送到用户后，要经历安装、调试和验收几个阶段才能正常使用，它的成败直接关系到机床正常使用后的使用寿命和生产率。

一、数控机床的安装

安装调试工作是指机床安装到工作场地直至能正常工作的这一阶段所做的工作。对于小型的数控机床，这项工作比较简单，而大中型数控机床由于机床厂发货时已将机床解体成几部分，到用户后要进行组装和重新调试，工作就较复杂。现以需要组装的加工中心为例介绍安装调试过程。

1. 准备工作

1）做好机床安装基础，小型机床只对水平有一定要求，不用地脚螺栓，通过支承调节水平，而大中型机床的安装则需要做地基，用户在机床到达之前应按机床厂提供的机床安装地基图做好机床基础，在安装地脚螺栓的部位做好预留孔。精密机床还需增加防振沟，甚至对周围环境温度和湿度都有特殊要求。

2）电网电压波动必须严格控制在±(10%~15%）之间，否则不仅会使数控机床系统不能正常工作，而且会对数控机床电器元件造成损害。另外，机床安装位置要远离电焊机等干扰源。

2. 机床初就位

机床运输到购买单位后，购买者在拆箱前，要先观察包装箱是否完好无损，确认后再拆箱。机床拆箱后首先要找到随机的文件资料，按照机床装箱单清点各包装箱内零部件、电缆、资料等是否齐全。然后按照机床说明书把组成机床的各大部件分别在地基上就位。就位时，垫铁、调整垫板和地脚螺栓等也应相应对号入座。

就位时注意先找正安装水平基准面，然后再分别进行组装，组装前要把导轨和滑动面、接触面上的防锈漆涂料清洗干净，并涂上一层薄润滑油，接着把各基础零部件按图样分别安装到主机上，如立柱、刀库安装到床身上，数控电气柜、交换工作台等按要求就位。组装使用原有定位块和定位销，以便将来调平，保证将电缆、油管、气管严格按照电气连接说明书和气液管路图，一一对号接好，并可靠接触密封，电缆要拧紧紧固螺钉。总之，初就位是下一步调试成功的关键。

3. 数控系统的连接和调试

数控系统的参数调试

（1）数控系统的开箱检查 无论是单个购入的数控系统还是与机床配套整机购入的数控系统，到货开箱后都应进行仔细检查。检查包括系统本体和与之配套的进给速度控制单元和伺服电动机，主轴控制单元和主轴电动机的包装是否完整无损，实物和订单是否相符。此外，还应检查数控柜内各插接件有无松动，接触是否良好。

（2）系统外围电缆的连接 外部电缆连接是指数控装置与外部 MDI/CRT 单元、强电柜、机床操作面板、进给伺服电动机动力线与反馈线、主轴电动机动力线与反馈线的连接以及与手摇脉冲发生器等的连接。应使这些连接符合随机提供的连接手册的规定。

（3）数控系统地线以及电源线的连接 地线连接指地线要采用一点接地法，如图 7-1 所示，即辐射式接地法，这种接地法要求将数控柜中的信号地、强电地、机床地等连接到公共接地点上。而且，数控柜与强电柜之间应有足够粗的保护接地电缆，如截面面积为 5.5~14mm^2 的接地电缆。而总的公共接地点必须与大地接触良好，一般要求接地电阻小于 4~7Ω。

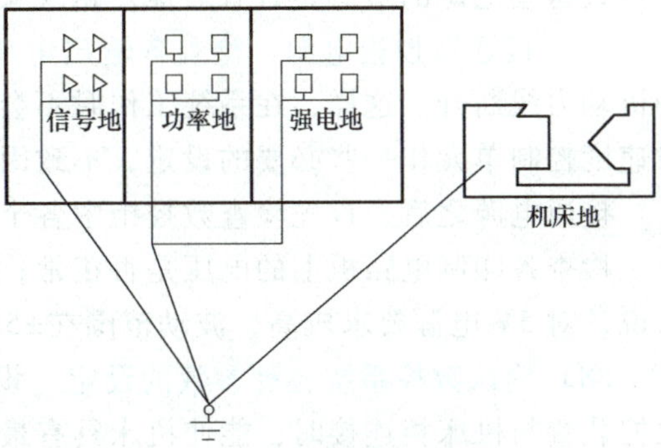

图 7-1 一点接地法

电源线连接应在切断数控柜电源开关的情况下连接数控柜电源变压器初级的输入电缆。必须检查电源变压器和伺服变压器的绕组抽头连接是否正确。进口的数控系统或数控机床更要如此，因为有些国家的电源电压等级与我国电源电压等级不一致。

(4) 设定的确认　数控系统内的印制电路板上有许多用短路棒短路的设定点，需要对其适当设定以适应不同型号机床的要求。一般来说，用户购入的整台数控机床，这项设定已由机床制造厂完成，用户只需确认一下即可。但对于单体购入的数控装置，用户则必须根据需要自行设定。因为数控装置出厂时是按标准方式设定的，不一定适合具体用户的要求。设定确认工作应按随机维修说明书的要求进行。设定确定的内容随数控系统而异，一般有以下三个方面：

1）确认控制部分印制电路板上的设定。主要确认主板、ROM板、连接单元、附件轴控制板以及旋转变压器或感应同步器控制板上的设定。这些设定与机床返回基准点的方法、速度反馈用检测元件、检测增益调节及分度精度调节等有关。

2）确认速度控制单元印制电路板上的设定。在直流速度控制单元和交流控制单元上都有许多设定点，用于选择检测元件种类，回路增益以及各种报警等。

3）确定主轴控制单元印制电路板上的设定。无论是直流或是交流主轴控制单元上，均有一些用于选择主轴电动机电流极限和主轴转速等的设定点。但数字式交流主轴控制单元上已用数字式设定代替短路棒设定，故只能在通电时才能进行设定和确认。

(5) 输入电源电压、频率及相序的确认

1）检查确认变压器的容量是否满足控制单元和伺服系统的电能消耗。

2）检查电源电压波动范围是否在数控系统的允许范围之内。一般日本生产的数控系统允许在电压额定值的85%~110%范围内波动，而欧美国家生产的一些系统要求较高。如不能满足则需要外加交流稳压器。

3）对于采用晶闸管控制元件的速度控制单元和主轴控制单元的供电单元，一定要检查相序。否则在相序不对情况下接通电源，可能使速度控制单元的输入熔断器烧毁。

相序检查方法有两种：一种是用相序表测量，当相序接法正确时，相序表按顺时针方向旋转，如图7-2a所示；另一种是用双线示波器来观察两相之间的波形，如图7-2b所示，两相波形在相位上相差120°。

(6) 确认直流电源单元的电压输出端是否对地短路　各种数控系统内部都有直流稳压电源单元，为系统提供所需的5V、15V、24V等直流电压。因此，在系统通电前，应用万用表检查这些电源的负载是否有对地短路现象。

(7) 接通数控柜电源，检查各输出电压　在接通电源之前，为了确保安全，可先将电动机动力线断开。这样，在系统工作时不会引起机床运动。但是，应根据维修说明书的介绍对速度控制单元作一些必要的设定，不致因断开电动机动力线而报警。

接通电源之后，首先检查数控柜中各个风扇是否旋转，借此也可确认电源是否已接通。

检查各印制电路板上的电压是否正常，各种直流电压是否在允许的波动范围之内。一般来说，对5V电源要求较高，波动范围在±5%，因为它是供给逻辑电路用的。

(8) 确认数控系统各种参数的设定　设定系统参数（包括PLC参数等）的目的，是当数控装置与机床相连接时，能使机床具有最佳的工作性能。即使是同一种数控系统，其参数设定也因机床而异。随机附带的参数表是机床的重要技术资料，应妥善保管，不得遗失，否则将给机床的维修和恢复性能带来困难。

显示参数的方法，随各类数控系统而异，大多数可通过按压MDI/CRT单元上的“PARAM”（参数）键来显示已存入系统存储器的参数。显示的参数内容应与机床安装调试完成

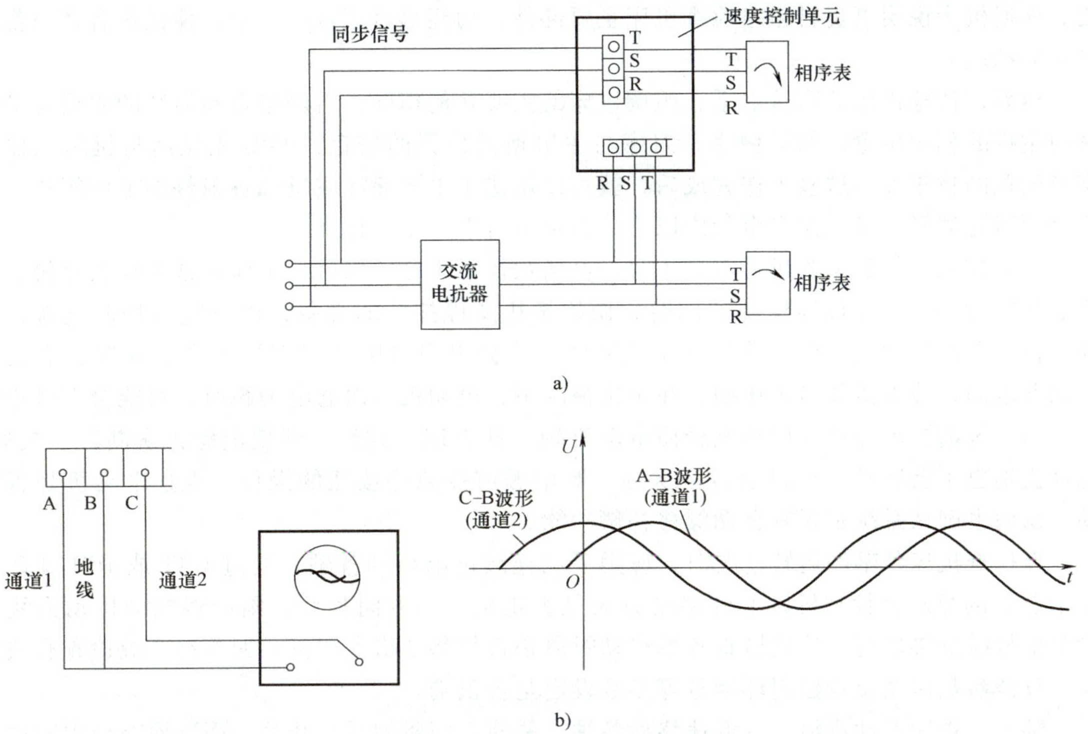

图 7-2 相序检查方法图

a）相序表法 b）示波器法

后的参数表一致。

如果所用的进给和主轴控制单元是数字式的，那么它的设定也都是数字设定参数，而不是用短路棒。此时，须根据随机所带的说明书予以确认。

（9）确认数控系统与机床侧的接口　现代数控系统一般都具有自诊断的功能。在显示屏 CRT 画面上可以显示出数控系统与机床侧的接口以及数控系统内部的状态。在带有可编程序控制器（PLC）时，可以反映出从 NC 到 PLC，从 NC 到 MT（机床）以及从 MT 到 PLC，从 PLC 到 NC 的各种信号状态。至于各个信号的含义及相互逻辑关系，随每个 PLC 的梯形图（即顺序程序）而异。用户可根据机床厂提供的梯形图说明书（内含诊断地址表），通过自诊断画面确认数控系统与机床之间的接口信号状态是否正确。

完成上述步骤，可以认为数控系统已经调整完毕，具备了与机床联机通电试车的条件。此时，可切断数控系统的电源，连接电动机的动力线，恢复报警设定。

4. 通电试车

按机床说明书要求给机床润滑油箱、润滑点灌注规定标号的油液和油脂，清洗液压油箱及过滤器，灌入规定标号的液压油，液压油事先要经过过滤。接通外界输入的气源。

机床通电操作可以是一次性全面供电，也可以是各部件分别供电，然后再做总供电试验。分别供电比较安全，但时间较长。通电后首先观察有无报警故障，然后用手动方式陆续起动各部件。检查安全装置是否起作用，能否达到额定的工作指标。例如，起动液压系统时判断液压泵电动机转动方向是否正确，液压泵工作后液压管道中是否形成油压，各液压元件是否正常工作，有无异常噪声，各接头有无渗漏，液压系统冷却装置能否正常工作等。总之，根据机床说明书资料粗略检查机床主要部件，功能是否正常、齐全，使机床各环节都能操作运动起来。

然后，调整机床的床身水平，粗调机床的主要几何精度，再调整重新组装的主要运动部件与主机的相对位置，如机械手、刀库与主机换刀位置的校正，APC 托盘站与机床工作台交换位置的找正等。这些工作完成后，就可以用快干水泥灌注主机和各附件的地脚螺栓，把各个预留孔灌平，等水泥完全凝固以后，就可进行下一步工作。

在数控系统与机床联机通电试车时，虽然数控系统已经确认，工作正常无任何报警，但为了预防意外，应在接通电源的同时，做好按压急停按钮的准备，以备随时切断电源。例如，伺服电动机的反馈信号线接反了或断线，均会出现机床“飞车”现象，这时就需要立即切断电源，检查接线是否正确。在正常情况下，电动机首次通电的瞬时，可能会有微小转动，但系统的自动漂移补偿功能会使电动机轴立即返回。此后，即使电源再次断开、接通，电动机轴也不会转动。可以通过多次通、断电源或按急停按钮的操作，观察电动机是否转动，从而也确认系统是否有自动漂移补偿功能。

在检查机床各轴的运转情况时，应用手动连续进给移动各轴，通过 CRT 或 DPL（数字显示器）的显示值检查机床部件移动方向是否正确。如方向相反，则应将电动机动力线及检测信号线反接才行。然后检查各轴移动距离是否与移动指令相符。如不符，应检查有关指令、反馈参数以及位置控制环增益等参数设定是否正确。

随后，再用手动进给，以低速移动各轴，并使它们碰到行程开关，用以检查超程限位是否有效，数控系统是否在超程时发出报警。

最后还应进行一次返回机械零点动作。机床的机械零点是以后机床进行加工的程序基准位置，因此，必须检查有无返回机械零点功能以及每次返回机械零点的位置是否完全一致。

二、数控机床的调试

数控系统的限位参数的设置

调试在安装完成后进行，内容有机床精度和功能的调试和试运行。

1. 机床精度和功能的调试

在已经固化的地基上用地脚螺栓和垫铁精调机床主床身的水平，找正水平后移动床身上的各运动部件（柱、溜板和工作台等），观察各坐标全程内机床的水平变化情况，并相应调整机床几何精度，使之在公差范围之内。使用的检测工具有精密水平仪、标准方尺、平尺、平行光管等。在调整时，主要以调整垫铁为主，必要时可稍微改变导轨上的镶条和预紧滚轮等。一般来说，只要机床质量稳定，通过上述调试可将机床调整到出厂精度。

让机床自动运动到刀具交换位置（可用 G28　Y0　Z0 或 G30　Y0　Z0 等程序），用手动方式调整装刀机械手和卸刀机械手相对主轴的位置。在调整中采用一个校对心棒进行检测，有误差时可调整机械手的行程，移动机械手支座和刀库位置等，必要时还可以修改换刀位置点的设定（改变数控系统内的参数设定）。调整完毕后紧固各调整螺钉及刀库地脚螺栓，然后装上几把接近规定允许重量的刀柄，进行多次从刀库到主轴的往复自动交换，要求动作准确无误，不撞击，不掉刀。

带 APC 交换工作台的机床要把工作台运动到交换位置，调整托盘站与交换台面的相对位置，达到工作台自动交换时动作平稳、可靠、正确。然后在工作台面上装上 70%~80%的允许负载，进行多次自动交换动作，正确无误后紧固各有关螺钉。

仔细检查数控系统和 PLC 装置中参数设定值是否符合随机资料中规定的数据，然后试验各主要操作功能及安全措施、常用指令执行情况等。例如，各种运行方式（手动、点动、MDI 及自动方式等），主轴挂档指令，各级转速指令等是否正确无误。

检查辅助功能及附件是否正常工作，例如机床的照明灯、冷却防护罩和各种护板是否完整，往切削液箱中加满切削液，试验喷管是否能正常喷出切削液；在用冷却防护罩条件下切削液是否外漏；排屑器能否正常工作；机床主轴箱的恒温油箱能否起作用等。

2. 试运行

数控机床安装调试完毕后，要求整机在一定负载条件下经过一段较长时间的自动运行，较全面地检查机床功能及工作可靠性。运行时间尚无统一的规定，一般采用每天运行 8h，连续运行 2~3 天或 24h 连续运行 1~2 天。这个过程称为安装后的试运行。试运行中采用的程序称为考机程序，可以直接采用机床厂调试时用的考机程序或自行编制一个。考机程序中应包括：主要数控系统的功能使用，自动更换取用刀库中三分之二的刀具，主轴的最高、最低及常用转速，快速和常用进给速度，工作台面的自动交换，主要 M 指令的使用等。试运行时机床刀库上应插满刀柄，取用刀柄重量应接近规定重量，交换工作台面时也应加上负载。在试运行时间内，除操作失误引起的故障以外，不允许机床有故障出现，否则表明机床的安装调试存在问题。

对一些机电一体化设计的小型机床，它的整体刚性很好，对地基没有什么要求，而且机床到安装地后也不必再组装连接，一般只要通上电源，调整床身水平后就可以投入使用。

三、数控机床的验收

验收是指根据机床出厂检验合格证上规定的验收条件及实际提供的检验手段部分或全部测定机床合格证上各项技术指标。如果各项数据都符合要求，用户应将数据列入该设备进厂的原始技术档案中，以作为日后维修时的技术指标依据。以下介绍用户在机床验收工作中可以做的一些主要工作。

1. 机床性能检验

数控机床性能试验一般有十几项内容。现以一台立式加工中心为例说明一些主要的项目。

（1）主轴系统性能

1）用手动方式选择高、中、低三个主轴转速，连续进行 5 次正转和反转的起动和停止动作，试验主轴动作的灵活性和可靠性。

2）用数据输入方式，主轴从最低一级转速开始运转，逐级提高到允许的最高转速，实测各级转速数，公差为设定值的±10%，同时观察机床的振动。主轴在长时间高速运转后（一般为 2h）允许温升 15℃。

3）主轴准停装置连续操作 5 次，试验动作的可靠性和灵活性。

（2）进给系统性能

1）分别对各坐标进行手动操作，试验正、反方向的低、中、高速度进给和快速移动的起动、停止、点动等动作的平稳性和可靠性。

2）用数据输入方式或 MDI 方式测定 G00 和 G01 指令时各种进给速度，公差在±5%以内。

(3) 自动换刀系统

1) 检查自动换刀的可靠性和灵活性，包括手动操作及自动运行时刀库满负载条件下（装满各种刀柄）的运动平稳性，机械手抓取最大允许重量刀柄的可靠性，刀库内刀号选择的准确性等。

2) 测量自动交换刀具的时间。

(4) 机床噪声　机床空转时的总噪声不得超过标准规定（80dB）。数控机床由于大量采用电调速装置，主轴箱的齿轮往往不是最大噪声源，而主轴电动机的冷却风扇和液压系统液压泵的噪声等可能成为最大噪声源。

(5) 电气装置　在运转试验前后分别作一次绝缘检查，检查接地线质量，确认绝缘的可靠性。

(6) 数字控制系统　检查数控柜的各种指示灯，检查操作面板、电气柜冷却风扇和密封性等动作及功能是否正常可靠。

(7) 安全装置　检查对操作者的安全性和机床保护功能的可靠性。如各种安全防护罩，机床各运动坐标行程极限保护自动停止功能，各种电源电压过载保护和主轴电动机过热、过负荷时的紧急停止功能等。

(8) 润滑装置　检查定时定量润滑装置的可靠性，检查润滑油路有无渗漏，到各润滑点的油量分配等功能的可靠性。

(9) 气、液装置　检查压缩空气和液压油路的密封、调压功能，液压油箱的正常工作情况。

(10) 附属装置　检查机床各附属装置机能的工作可靠性。如切削液装置能否正常工作、排屑器的工作质量、冷却防护罩有无泄漏、APC交换工作台工作是否正常、配置接触式测头的测量装置能否正常工作及有无相应测量程序等。

(11) 连续无载荷运转　综合检查整台机床自动实现各种功能可靠性的最好方法，是让机床长时间连续运行，如8h、16h和24h等，一般数控机床在出厂以前都经过80h自动连续运行，到用户验收时不一定再要求经过这么长时间的检验，但进行一次8~16h的自动连续运行还是必要的，这可以考核机床是否已比较稳定（一般自动化机床8h连续运行不出故障表明可靠性已达到一定水平），而且也能使机床用户对这台机床建立信心。

在连续运行中必须事先编制一个功能比较齐全的程序，它应包括：

1) 轴转动要包括标称的最低、中间及最高转速在内的五种以上速度的正转、反转及停止等运行。

2) 各坐标轴运动要包括标称的最低、中间及最高进给速度及快速移动，进给移动范围应接近全行程，快速移动距离应在各坐标轴全行程的二分之一以上。

3) 一般自动加工所用的一些功能和代码要尽量用到。

4) 自动换刀应至少交换刀库中三分之二以上的刀具，而且都要装上重量在中等以上的刀柄进行实际交换。

5) 必须使用特殊功能，如测量功能、APC交换和用户宏程序等。

用这样的程序连续运行、检查机床各项运动、动作的平稳性和可靠性，并且在规定时间内不允许出故障，否则要在修理后重新开始规定时间考核，不允许分段进行累积到规定运行时间。

2. 数控功能检验

按照该机床配置数控系统的说明书，用手动或自动编程的检查方法，检查数控系统主要的使用功能，如定位、直线插补、圆弧插补、暂停、自动加减速，坐标选择、平面选择、刀具位置补偿、刀具直线补偿、拐角功能选择、固定循环、行程停止、选择停机、程序结束、冷却的起动和停止、单程序段、原点偏置、跳读程序段、程序暂停、进给速度超调、进给保持、紧急停止、程序号显示及检索、位置显示、镜像功能、螺距误差补偿、间隙补偿及用户宏程序等机能的准确及可靠性。

3. 几何精度检验

数控机床的几何精度综合反映了该设备的关键机械零部件和组装后的几何形状误差。数控机床的几何精度检查和普通机床的几何精度检查基本类似，使用的检测工具和方法也很相似，但是检测要求更高。

一台普通立式加工中心的几何精度检测内容有：

1）工作台面的平面度。

2）各坐标轴方向移动的相互垂直度。

3）X 坐标轴方向移动时工作台面的平行度。

4）Y 坐标轴方向移动时工作台面的平行度。

5）X 坐标轴方向移动时工作台面 T 形槽侧面的平行度。

6）主轴的轴向圆跳动。

7）主轴孔的径向圆跳动。

8）主轴箱沿 Z 坐标轴方向移动时主轴轴线的平行度。

9）主轴回转轴线对工作台面的垂直度。

10）主轴箱在 Z 坐标轴方向移动的直线度。

加工中心的几何精度检验

从上述十项精度检验内容中可以看出，第一类精度要求是机床各运动大部件如床身、立柱、溜板、主轴箱等运动的直线度、平行度、垂直度的要求。第二类是对执行切削运动主要部件主轴的自身回转精度及直线运动精度（切削运动中进刀）的要求。因此，这些几何精度综合反映了该机床的机械坐标系的几何精度和代表切削运动的部件主轴在机械坐标系的几何精度。工作台面及台面上 T 形槽相对机械坐标系的几何精度要求反映了数控机床加工中的工件坐标系对机械坐标系的几何关系，因为工作台面及定位基准 T 形槽都是工件定位或工件夹具的定位基准，加工工件用的工件坐标系往往都以此为基准。

目前，国内检测机床几何精度的常用工具有精密水平仪、直角尺、精密方箱、平尺、平行光管、千分表或测微仪、高精度主轴心棒及一些刚性较好的千分表杆等。每项几何精度的具体办法见各机床的检测条件规定。但检测工具的精度等级必须比所测的几何精度要高一个等级，例如，用平尺来检验 X 轴方向移动对工作台面的平行度，要求公差为 0.025mm/750mm，则平尺本身的直线度及上下基面平行度公差应在 0.01mm/750mm 以内。

每种数控机床的检测项目也略有区别，如卧式机床要比立式机床要求多几项与回转工作台有关的几何精度。

在几何精度检测中必须对机床地基有严格要求，必须在地基及地脚螺栓的固定混凝土完全固化以后才能进行。精调时要把机床的主床身调到较精密的水平面，然后再精调其他几何精度。考虑到水泥基础不够稳定，一般要求在使用数个月到半年后再精调一次机床水平。有一些中小型数控机床的床身大件具有很高的刚性，可以在对地基没有特殊要求的情况下保持其几何精度，但为了长期工作的精度稳定性，还是需要调整到一个较高机床水平，并且要求有关垫铁都处于垫紧的状态。

有一些几何精度项目是互相联系的，在立式加工中心检测中，如发现 Y 轴和 Z 轴方向移动的相互垂直度误差较大，则可以适当调整立柱底部床身的地脚垫铁，使立柱适当前倾或后仰，来减小这项误差。但这样也会改变主轴回转轴线对工作台面的垂直度误差，因此，对数控机床的各项几何精度检测工作应在精调后一气呵成，不允许检测一项调整一项，分别进行，否则会造成由于调整一项几何精度而把已检测合格的前几项精度调成不合格。

在检测工作中要注意尽可能消除检测工具和检测方法的误差，例如，检测主轴回转精度时检验心棒自身的振摆和弯曲等误差；在表架上安装千分表和测微仪时由表架刚性带来的误差；在卧式机床上使用回转测微仪时重力的影响；在测头的抬头位置和低头位置的测量数据误差等。

机床的几何精度在机床处于冷态和热态时是不同的，检测时应按国家标准的规定，即在机床稍有预热的状态下进行，所以通电以后机床各移动坐标轴应往复运动几次，主轴按中等的转速回转几分钟之后才能进行检测。

4. 数控柜的外观检查

在数控机床做详细检查验收以前，还应对数控柜的外观进行检查验收，应包括下述几个方面。

（1）外表检查　用肉眼检查数控柜中的 MDI/CRT 单元、位置显示单元、直流稳压单元、各印制电路板（包括伺服单元）等是否有破损、污染，连接电缆捆绑处是否有破损，如采用了屏蔽线还应检查屏蔽层是否有剥落现象。

（2）数控柜内部件紧固情况检查

1）螺钉紧固检查。检查输入变压器、伺服用电源变压器、输入单元、电源单元等到有接线端子处的螺钉是否都已拧紧；凡是需要盖罩的接线端子座（该处电压较高）是否都有盖罩。

2）连接器紧固检查。在数控柜内所有连接器、扁平电缆插座等都有紧固螺钉紧固，以保证它们连接牢固、接触良好。

3）印制电路板的紧固检查。在数控柜的结构布局方面，有的是笼式结构，所有印制电路板都在笼形结构里；有的是主从结构式，即一块大板（也称主板）上插了若干块小板（附加选择板）。但无论是哪种形式，都应检查固定印制电路板的紧固螺钉是否拧紧（包括大板和小板之间的连接螺钉）。还应检查印制电路板上各个 EPROM 和 RAM 片等是否插入到位。

（3）伺服电动机的外表检查　特别是对带有脉冲编码器的伺服电动机的外壳应做认真检查，尤其是后端盖处。如发现有磕碰现象，应将电动机后盖打开，取出脉冲编码器外壳，检查光码盘是否碎裂。

5. 机床的定位精度检查

数控机床的定位精度有其特殊意义，它是表明所测量的机床各运动部件在数控装置控制下运动所能达到的精度。因此，根据实测的定位精度数值，可以判断出这台机床以后自动加工能达到的最好的工件加工精度。

定位精度主要检查内容有：①直线运动定位精度（包括 X、Y、Z、U、W 轴）；②直线运动重复定位精度；③直线运动轴机械零点的返回精度；④直线运动矢动量的测定；⑤回转运动定位精度（转台 A、B、C 轴）；⑥回转运动的重复定位精度；⑦回转轴原点的返回精度；⑧回轴运动矢动量测定。

测量直线运动的检测工具有测微仪、成组量块、标准长度刻线尺和光学读数显微镜及双频激光干涉仪等。标准长度测量以双频激光干涉仪为准。回转运动检测工具有360齿精确分度的标准回转工作台或角度多面体、高精度圆光栅及平行光管等。

6. 实件切削检验

机床切削精度检验，又称动态精度检验，其实质是对机床的几何精度和定位精度在切削加工条件下的一项综合考核。一般来讲，切削精度检验可分为两种：单项加工精度检验和加工一个标准的综合性试件。

（1）单项加工精度检验　以加工中心为例，其切削精度单项检测内容见表7-2。

表7-2　加工中心切削精度检测

序号	检测内容		检测方法	允许误差/mm
1	镗孔精度	圆度	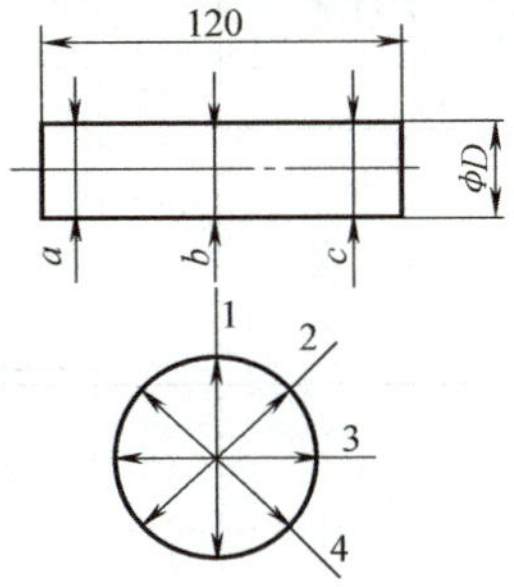	0.01
		圆柱度		0.01/100
2	面铣刀铣平面精度	平面度	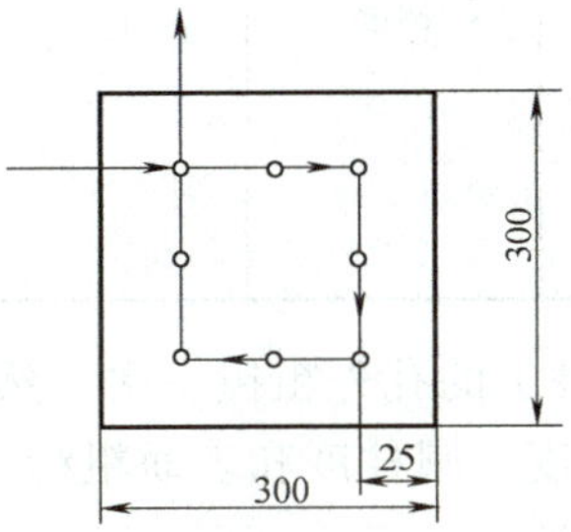	0.01
		阶梯差		0.01
3	面铣刀铣侧面精度	垂直度	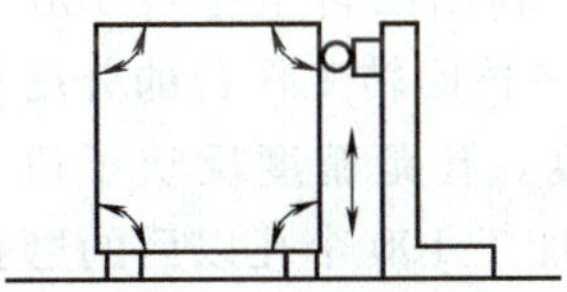	0.02/300
		平行度		0.02/300
4	镗孔孔距精度	X轴方向	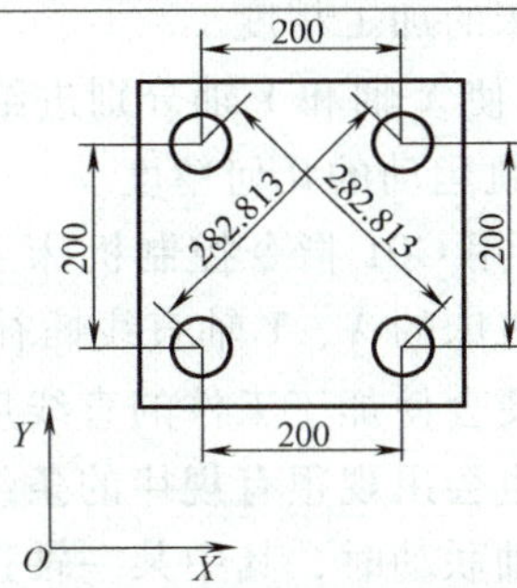	0.02
		Y轴方向		
		对角线方向		0.03
		孔径偏差		0.01

（续）

序号	检 测 内 容		检 测 方 法	允许误差/mm
5	立铣刀铣削四周面精度	直线度	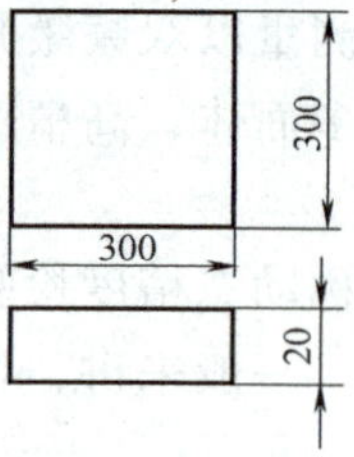	0.01/300
		平行度		0.02/300
		厚度		0.03
		垂直度		0.02/300
6	两轴立铣铣削直线精度	直线度	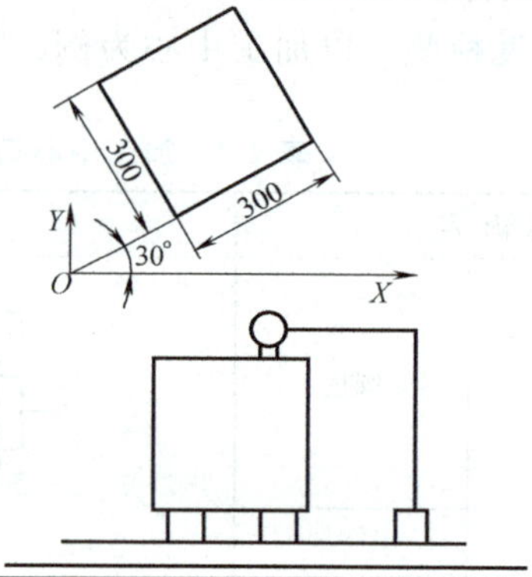	0.015/300
		平行度		0.03/300
		垂直度		0.03/300
7	立铣刀铣削圆弧精度	圆度	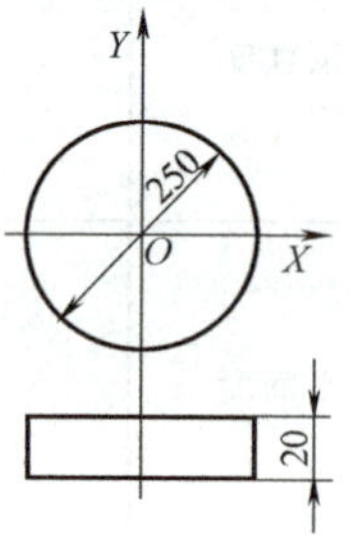	0.02

1）镗孔精度。试件上的孔先粗镗一次，然后按单边余量小于0.2mm进行一次精镗，检测孔全长上各截面的圆度、圆柱度和表面粗糙度。这项指标主要用来考核机床主轴的运动精度及低速走刀时的平稳性。

2）镗孔的同轴度。利用回转工作台180°分度，在对边各镗一个孔，检测两孔的同轴度，这项指标主要用来考核回转工作台的分度精度及主轴对加工平面的垂直度。

3）镗孔的孔距精度。孔距精度反映了机床的定位精度及矢动量在工件上的影响，为此，精镗刀头必须保证加工100个孔以后的磨损量小于0.01mm。用这样的刀头加工，其切削数据才能真实反映机床的加工精度。

4）直线铣削精度。使X轴和Y轴分别进给，用立铣刀侧刃精铣工件周边。该精度主要考核机床X向和Y向导轨运动的几何精度。

5）斜线铣削精度。用G01指令控制机床X轴和Y轴联动，用立铣刀侧刃精铣工件周边。该项精度主要考核机床的X、Y轴直线插补的运动质量。当两轴的直线插补功能或两轴的伺服特性不一致时，便会使加工工件的直线度、对边平行度等精度超差，有时即使几项精度不超差，在加工面上也会出现很有规律的条纹，这种条纹在两直角边上呈现一边密、一边疏的状态，这是由于两轴联动时，其中某一轴进给速度不均匀造成的。

6）圆弧铣削精度。用立铣刀侧刃精铣外圆表面，要求铣刀从外圆切向进刀、切向出刀，铣圆弧过程连续不中断。测量圆试件时，常发现图 7-3a 所示的两半圆错位的图形，这种情况一般都是由一坐标方向或两坐标方向的反向矢动量引起的；出现斜椭圆（见图 7-3b）是由于两坐标的实际系统增益不一致造成的，尽管在控制系统上将两坐标系统增益设置成完全一样，但由于机械部分结构、装配质量和载荷等情况的不同，也会造成实际系统增益的差异；圆周上出现锯齿形条纹，如图 7-3c 所示，其原因与铣四边形时出现条纹的原因类似。

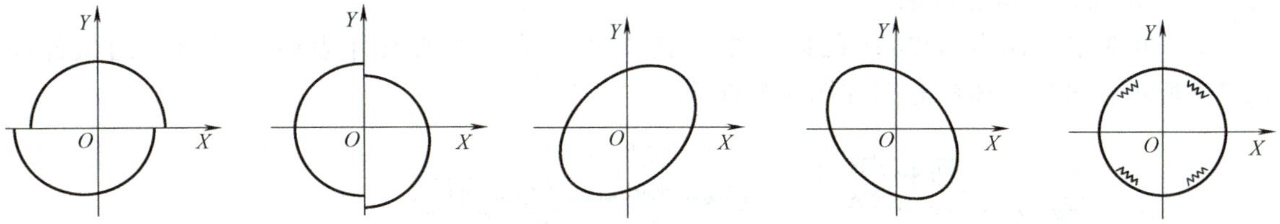

a)　b)　c)

图 7-3　圆弧铣削精度

a）两半圆错位　b）斜椭圆　c）锯齿形条纹

7）过载重切削。在切削载荷为主轴功率 120%～150% 的情况下，机床应不变形，主轴运转正常。

这里还要指出一点，现有机床的切削精度、几何精度及定位精度公差没有完全封闭，即要保证切削精度，必须要求机床的定位精度和几何精度实际数值比公差要高。例如，一台中小型加工中心的直线运动定位公差为±0.01mm/300mm、重复定位公差为±0.007mm、矢动量公差为 0.0015mm，但镗孔的孔距精度要求为 0.02mm/200mm。不考虑加工误差，在该坐标定位时，若在满足定位公差的条件下，只算矢动量公差加重复定位公差（0.015mm + 0.014mm = 0.029mm），即已大于孔距精度公差 0.02mm。可见，机床的几何精度和定位精度合格，切削精度不一定合格。

（2）综合试件检验　根据切削精度单项检验的内容，设计出一个具有包括大多数单项切削检验内容的加工试件，通过试件加工，确定机床的切削精度。这里以普通立式加工中心为例来说明。

1）试件的标准中提供了两种形式，且每种形式具有两种规格。试件的形式、规格见表 7-3，原则上每种形式仅加工一种，在特殊要求情况下，根据需要决定加工试件数量。

表 7-3　试件的形式、规格

形　式	名义规格/mm
A 轮廓加工试件	160 320
B 端铣试件	80 160

2）试件的定位。试件应位于 X 轴行程的中间位置，并沿 Y 轴和 Z 轴在适合试件和夹具定位及刀具长度的适当位置放置。

3）试件的固定。试件应在专用的夹具上安装方便，以达到刀具和夹具的最大稳定性。夹具定位面、夹持面和试件安装基面都应保证平直。安装时应检验试件安装基面与夹具夹持面的平行度，应使用合适的夹持方法，以便刀具能贯穿加工中心孔的全长。建议使用沉头螺钉紧固试件，以避免刀具和试件干涉。试件的总高度取决于所选用的固定方法。

4）轮廓试件加工。该检测包括在不同轮廓上的一系列精加工，用来检查不同运动条件下的机床性能。即仅一个轴线进给、不同进给率的两轴直线插补、一轴进给率非常低的两轴直线插补和圆弧插补。

因为是在不同的轴向高度加工不同的轮廓表面，因此应保持刀具与试件下表面离开零点几毫米的距离，以避免接触。

5）可选用直径为 ϕ32mm 的同一把立铣刀加工试件的所有外表面，所加工的试件如图 7-4 所示，试件实体状态图如图 7-5 所示。

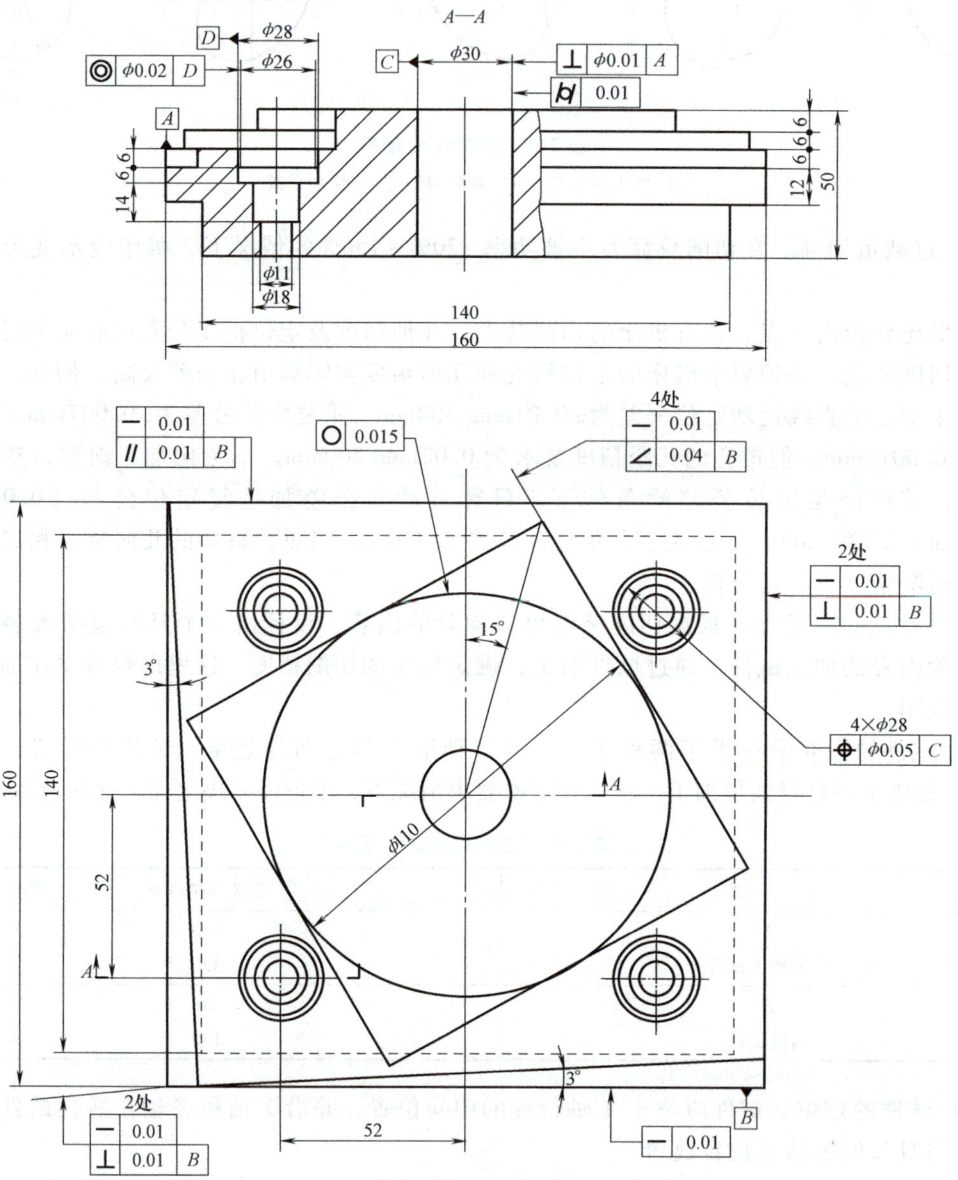

图 7-4 试件图

6）推荐切削参数如下：

① 铸铁件切削速度约为50mm/min；铝件约为300mm/min。

② 进给量为0.05~0.10mm/齿。

③ 所有铣削工序精加工的径向铣削深度应为0.2mm。

7）毛坯和预加工。毛坯底部为正方形底座，高度由安装方法确定。为使切削深度尽可能恒定，精加工前应进行粗加工。

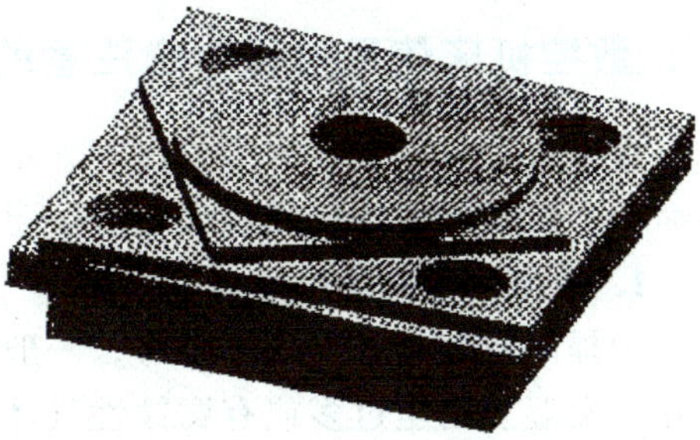

图 7-5　试件实体状态图

8）公差轮廓试件检验项目及检验方法见表7-4。

表 7-4　公差轮廓试件检验项目及检验方法

检验项目		公差/mm		检验工具
		$L=320$	$L=160$	
中心孔	圆柱度	0.015	0.01	三坐标测量仪
	孔轴线与基准面 A 的垂直度	ϕ0.015	ϕ0.01	
正方形	侧面垂直度	0.015	0.01	
	相邻面对基准面 B 的垂直度	0.020	0.01	
菱形	侧面直线度	0.015	0.01	
	侧面对基准面 B 的倾斜度	0.020	0.01	
圆	圆度	0.020	0.015	
	外圆和内孔 C 的同轴度	ϕ0.025	ϕ0.025	
斜面	面的直线度	0.015	0.01	
	3°斜面对基准面 B 的倾斜度	0.020	0.01	
镗孔	孔相对内孔 C 的位置度	ϕ0.05	ϕ0.05	
	内孔与外孔 D 的同心度	ϕ0.02	ϕ0.02	

任务三　保养维护数控机床

任务内容： 数控机床的数控系统和机械部件维护，重点介绍了数控车床和加工中心保养维护的基本知识。

任务目标： 了解数控机床日常的维护常识，具有对一般数控机床的维护保养能力。

数控机床具有集机、电、液于一身的技术密集和知识密集的特点，为了充分发挥其效益，减少故障的发生，必须做好日常维护工作，所以要求维护人员不仅要有机械、加工工艺以及液压、气动方面的知识，还要具备电子计算机、自动控制、驱动及测量技术等知识，这样才能全面了解、掌握数控机床，及时做好维护工作。

一、数控机床使用过程中应注意的问题

保证数控机床正常的维护保养，不仅可以提高企业生产效率，而且可以延长设备的使用寿命，在数控设备的使用过程中应注意以下几个问题：

1. 数控设备的使用环境

为提高数控设备的使用寿命，一般要求要避免阳光的直接照射和其他热辐射，要避免安放在太潮湿、粉尘过多或有腐蚀性气体的场所。精密数控设备要远离振动大的设备，如压力机、锻压设备等。

2. 良好的电源保证

为了避免电源波动幅度大（大于±10%）和可能的瞬间干扰信号等影响，数控机床一般采用专线供电（如从低压配电室分一路单独供数控机床使用）或增设稳压装置等，以减少供电质量的影响和电气干扰。

3. 制定有效操作规程

在数控机床的使用与管理方面，应制定一系列切合实际、行之有效的操作规程。例如润滑、保养、合理使用及规范的交接班制度等，这也是数控机床使用及管理的主要内容。制订和遵守操作规程是保证数控机床安全运行的重要措施之一。实践证明，很多故障都可由遵守操作规程而避免。

4. 数控机床不宜长期封存

购买数控机床以后要充分利用，尤其是投入使用的第一年，使其容易出故障的薄弱环节尽早暴露，得以在保修期内排除。加工中，应尽量减少数控机床主轴的启闭次数，以降低对离合器、齿轮等器件的磨损。没有加工任务时，数控机床也要定期通电，最好是每周通电 1~2 次，每次空运行 1h 左右，以利用机床本身的发热量来降低机内的湿度，使电子元件不致受潮，同时也能及时发现有无电池电量不足报警，以防止系统设定参数丢失。

5. 数控机床的维护保养

数控机床种类多，各类数控机床因其功能，结构及系统的不同，各具不同的特性。其维护保养的内容和规则也各有特色，具体应根据机床种类、型号及实际使用情况，并参照机床使用说明书要求，制订和建立必要的定期、定级保养制度。

二、数控系统的维护

数控系统参数的备份与恢复

1. 严格遵守操作规程和日常维护制度

数控设备操作人员要严格遵守操作规程和日常维护制度，操作人员技术业务素质的优劣是影响故障发生频率的重要因素之一。当机床发生故障时，操作者要注意保留现场，并向维修人员如实说明出现故障前后的情况，以利于分析、诊断出故障的原因，及时排除。

2. 防止灰尘污物进入数控装置内部

机加工车间的空气中一般都会有油雾、灰尘甚至金属粉末，一旦它们落在数控系统内的电路板或电子器件上，容易引起元器件间绝缘电阻下降，甚至导致元器件及电路板损坏。有的用户在夏天为了使数控系统能超负荷长期工作，打开数控柜门和强电柜门来散热，这是一

种极不可取的方法，最终将导致数控系统加速损坏，因此应该尽量少打开数控柜门和强电柜门。

3. 防止系统过热

应该检查数控柜上的各个冷却风扇工作是否正常。每半年或每季度检查一次风道过滤器是否有堵塞现象，若过滤网上灰尘积聚过多，不及时清理，会导致数控柜内温度过高。

4. 直流电动机电刷的定期检查和更换

直流电动机电刷的过度磨损会影响电动机的性能，甚至造成电动机损坏。为此，应对电动机电刷进行定期检查和更换。对于数控车床、数控铣床、加工中心等，应每年检查一次。

5. 定期检查和更换存储用电池

一般数控系统内对 CMOS、RAM 存储器件设有可充电电池维护电路，以保证系统在不通电期间能保持存储器的内容。在一般情况下，即使电池尚未失效，也应每年更换一次，以确保系统正常工作。更换电池应在数控系统供电状态下进行，以防更换时 RAM 内信息丢失。

伺服驱动电池的更换

6. 备用电路板的维护

备用的印制电路板长期不用时，应定期装到数控系统中通电运行一段时间，以防损坏。

三、机械部件的维护

数控车床卡盘的拆装

1. 主传动链的维护

定期调整主轴驱动带的松紧程度，防止因带打滑造成的丢转现象；检查主轴润滑的恒温油箱、调节温度范围，及时补充油量，并清洗过滤器；主轴中刀具夹紧装置长时间使用后，会产生间隙，影响刀具的夹紧，需及时调整液压缸活塞的位移量。

2. 滚珠丝杠副的维护

定期检查、调整滚珠丝杠副的轴向间隙，保证反向传动精度和轴向刚度；定期检查丝杠与床身的连接是否有松动；丝杠防护装置如有损坏要及时更换，以防灰尘或切屑进入。

3. 刀库及换刀机械手的维护

严禁把超重、超长的刀具装入刀库，以避免机械手换刀时掉刀或刀具与工件、夹具发生碰撞；经常检查刀库的回零位置是否正确，检查机床主轴回换刀点位置是否到位，并及时调整；开机时，应使刀库和机械手空运行，检查各部分工作是否正常，特别是各行程开关和电磁阀能否正常动作；检查刀具在机械手上锁紧是否可靠，发现不正常应及时处理。

4. 液压、气压系统维护

定期对各润滑、液压、气压系统的过滤器或分滤网进行清洗或更换；定期对液压系统进行油质化验检查、添加和更换液压油；定期对气压系统分水滤气器放水。

5. 机床精度的维护

定期进行机床水平和机械精度检查并校正。机械精度的校正方法有软硬两种。其软方法主要是通过系统参数补偿，如丝杠反向间隙补偿、各坐标定位精度定点补偿、机床回参考点位置校正等；硬方法一般要在机床大修时进行，如进行导轨修刮、滚珠丝杠副预紧调整反向间隙等。

数控车床卡盘的检验

*任务四 维修数控机床

任务内容： 数控机床维修的一般步骤和方法，并对数控机床的数控系统、机械、液压气压常见故障及排除方法进行阐述。

任务目标： 掌握数控机床故障分类及维修的一般步骤，了解数控机床的常见故障和排除方法。

数控机床在使用中会产生各种各样的故障。数控机床故障是指数控机床丧失其规定性能状态的现象。数控机床的故障会影响企业的生产，所以应该迅速解决故障，恢复数控机床的正常工作状态。

数控机床的故障可按表现形式、性质、起因等多种因素分类。数控机床的故障按过程分类有突然故障和渐变故障；按工作性能分类有完全失效故障和部分失效故障；按使用角度分类有误用故障和本质故障；按照时间分类有早期故障、偶然故障和损耗期故障；按严重性分类有灾难性故障、致命性故障、严重性故障和轻度故障；按数控机床有无诊断可分类为有诊断故障和无诊断故障；按故障性质分类有破坏性故障和非破坏性故障；按数控机床的组成部分分类，可分为机械故障和电气故障，机械故障又可分为主机机械故障、润滑系统故障和液压系统故障，电气故障可分为数控装置故障、伺服系统故障和机床强电故障等。

当数控机床出现故障时，数控机床维修人员要综合运用所有的知识判断引起故障的原因。这就要求数控机床的维修人员不但要有机械、加工工艺以及液压、气动方面的知识，也要具备计算机、自动控制、驱动及测量技术等方面的知识，这样才能全面了解、掌握数控机床，及时搞好维修工作。并且维修人员在维修前应该对数控机床有全面的了解，包括对机床结构特点、机床的梯形图（PLC 程序）、数控系统的工作原理及框图、数控机床电缆连接的了解。

一、数控机床故障诊断与维修的一般步骤

1. 数控机床故障诊断与维修的过程

数控机床故障诊断与维修的过程基本上分为故障原因的调查分析、故障排除和维修总结三个阶段。

（1）故障原因的调查分析　故障原因的调查分析是故障排除的第一阶段。机床出现故障时，不要急于处理，首先要摸清楚故障发生的原因。为此要做好以下几项工作：

1）故障记录。数控机床发生故障时，操作人员应首先停止机床，保护现场，然后对故障进行尽可能详细的记录，并及时通知维修人员。故障记录可为维修人员排除故障提供第一手材料。

2）现场检查，确定原因。这是最关键的一项工作，是对维修人员对机床的熟悉程度、知识水平、实践经验和分析判断能力的综合考验。维修人员排除故障前，应根据故障现象与故障记录，认真对照系统、机床使用说明书对机床进行各项检查，从而对多种可能的原因进行排查。检查时把握先外部后内部，先机械后电气，先静后动，先简单后复杂的原则，从中找出故障的真正原因。

3）排除故障准备工作。有的故障的排除方法可能很简单，有些故障比较复杂，需要一系列的准备工作，如工具仪表的准备、局部的拆卸、零部件的修理、元器件的采购等。

（2）故障排除　此阶段是实施阶段，如前所述，完成了故障分析，就基本完成了故障排除，接下来就是按照相关操作规程具体实施。

（3）维修总结　首先详细记录从故障发生、分析判断到解决的全过程，发现维修中缺少的资料、工具、维护常识要及时补充。另外，有条件的维修人员还能从较典型的故障排除实践中选取有意义的内容作为研究课题，进行理论探讨，写成论文，从而达到提高的目的。

总之，维修时应记录、检查的原始数据、状态较多，记录越详细，维修就越方便，用户最好根据数控机床的实际情况，编制一份故障维修记录表，在系统出现故障时，操作者可以根据表的要求及时填入各种原始材料，供维修时参考。

2. 数控机床诊断的一般方法

（1）直观法　这是一种最基本、最简单的方法。维修人员通过对故障发生时产生的各种光、声、味等异常现象的观察、检查，可将故障缩小到某个模块，甚至某一块印制电路板。但这要求维修人员具有丰富的实践经验以及综合判断能力。

（2）系统自诊断法　充分利用数控系统的自诊断功能，根据 CRT 上显示的报警信息及各模块上的发光二极管等器件的指示，可判断出故障的大致起因。进一步利用系统的自诊断功能，还能显示系统与各部分之间的接口信号状态，从而找出故障的大致部位。系统自诊断法是故障诊断过程中最常用、有效的方法之一。

（3）参数检查法　数控系统的机床参数是保证机床正常运行的前提条件，直接影响着数控机床的性能。参数通常存放在系统存储器中，一旦电池电量不足或受到外界的干扰，可能导致部分参数丢失或变化，使机床无法正常工作。通过核对、调整参数，有时可以迅速排除故障，特别是对于长期不用的机床，参数丢失的现象经常发生，因此，检查和恢复机床参数是维修中行之有效的方法之一。另外，数控机床经过长期运行之后，由于机械运动部件磨损、电气元器件性能变化等原因，也需对有关参数进行重新调整。

（4）功能测试法　所谓功能测试法是通过功能测试程序检查机床的实际动作，判别故障的一种方法。功能测试可以将系统的功能（如直线定位、圆弧插补、螺纹切削、固定循环、用户宏程序等），用手工编程方法编制一个功能测试程序，并通过运行测试程序，来检查机床执行这些功能的准确性和可靠性，进而判断出故障发生的原因。在长期不用的数控机床再次开机或机床第一次开机时，无论动作是否正常，都应使用本方法进行一次检查，以判断机床的工作状况。

（5）部件交换法　所谓部件交换法，就是在故障范围大致确认，并在确认外部条件完全正确的情况下，利用同样的印制电路板、模块、集成电路芯片或元器件替换有疑点的部件的方法。部件交换法是一种简单易行、可靠的方法，也是维修过程中最常用的故障判别方法之一。交换的部件可以是系统的备件，也可以用机床上现有的同类型部件。通过部件交换就可以逐一排除故障可能的原因，把故障范围缩小到相应的部件上。

必须注意的是：在备件交换之前要仔细检查、确认部件的外部工作部分，在线路中存在短路、过电压等情况时，切不可以轻易更换备件。此外，备件（或交换板）应完好，且与原板的各种设定状态一致。在交换 CNC 装置的存储器板或 CPU 板时，通常还要对系统进行某些特定的操作，如存储器的初始化操作等，并重新设定各种参数，否则系统不能正常工作。这些操作步骤应严格按照系统的操作说明书、维修说明书进行。

(6) 测量比较法 数控系统的印制电路板在制造时，为了调整维修的便利，通常都设置有检测用的测量端子。维修人员利用这些测量端子，可以测量、比较正常的印制电路板和有故障的印制电路板之间的电压或波形的差异，进而分析、判断故障原因及故障所在位置。

通过测量比较法，有时还可以纠正他人在印制电路板上因调整、设定不当而造成的故障，测量比较法使用的前提是：维修人员应了解或实际测量正确的印制电路板关键部位、易出故障部位的正常电压值、正确的波形等，才能进行比较分析，而且这些数据应随时做好记录并作为资料积累。

(7) 原理分析法 这是根据数控系统的组成及工作原理，从原理上分析各点的电平和参数，并利用万用表、示波器或逻辑分析仪等仪器对其进行测量、分析和比较，进而对故障进行系统检查的一种方法。运用这种方法要求维修人员有较高的水平，对整个系统或各部分电路有清楚、深入的了解才能进行。

除了以上介绍的故障检测方法外，还有插拔法、电压拉偏法、敲击法、局部升温法等。这些检查方法各有特点，维修人员可以根据不同的故障现象加以灵活应用，以便对故障进行综合分析，逐步缩小故障范围，排除故障。

二、数控机床机械部分故障的排除

1. 数控机床机械故障的特点

由于数控机床大量采用电气控制与驱动，这就使得数控机床的机械结构与普通机床的机械结构相比，有了简化。但是数控机床由于其自身性能的要求，其机械结构故障呈现出一些新的特征。其常见的机械故障是多种多样的，在此仅介绍一些具有代表性的部件故障。

(1) 进给传动链故障 数控机床普遍采用了滚动摩擦副，所以进给传动链故障大部分是以运动精度下降来表现的。如定位精度下降，反向间隙过大，机械爬行，轴承噪声过大(一般都在撞车后出现)。因此，这部分修理常与运动副预紧力、松动环节和补偿环节有关。

(2) 主轴部件故障 由于使用调速电动机，数控机床主轴箱的内部结构比较简单。可能出现故障的部分有自动换刀部分的刀杆拉紧机构、自动换档机构及主轴运动精度的保持装置等。

(3) 自动换刀装置故障 自动换刀装置用于加工中心等设备，目前50%的机械故障与它有关。其主要故障有刀库运动故障、定位误差过大、机械手夹持刀柄不稳定和机械手运动误差过大等。这些故障最后大多数都造成换刀动作卡住，使整机停止工作。

(4) 各级运动位置检查的行程开关压合故障 在数控机床中，为了保证自动化工作的可靠性，大量采用运动位置检查的行程开关。在机床长期工作中，运动部件运动特性的变化、压合行程开关的机械装置可靠性及行程开关本身品质特性都会大大影响整机的故障率及排除故障的工作。

(5) 配套附件的可靠性 配套附件包括切削液装置、排屑装置、导轨防护罩、切削液防护罩、主轴冷却恒温油箱和液压油箱等，要经常检查它们的运行是否可靠。

2. 数控机床机械故障诊断方法

数控机床机械故障诊断包括对数控机床运行状态的识别、对其运行过程的监测以及对其运行发展趋势的预测三个方面。通过对数控机床机械装置的某些特征参数，如振动、噪声和温度等进行测定，将测定值与规定的正常值进行比较，以判断机械装置的工作状态是否正常。若对机械装置进行定期或连续监测，便可获得机械装置状态变化的趋势性规律，从而对机械装置的运行状态进行预测和预报。随着电子测试技术、信号处理技术以及计算机技术的迅猛发展，数控机床机械故障诊断的方法已从传统的凭感觉器官和经验来判定故障的部位和原因，发展到采用先进测试仪器和手段乃至故障诊断专家系统等现代化的故障诊断方法来对机械故障进行诊断和预测。

数控机床故障诊断经常使用的是简易诊断法。简易诊断法是靠人的感官功能（视、听、触、嗅等），借助一些常用工具、量具对机床的运行状态进行监测和判断。在对机械故障进行诊断之前，通常应了解下列情况：

1）机床开动时有何异常现象，故障是在什么情况下发生的，操作者都做过什么操作。

2）对比故障前后工件的精度和表面粗糙度，以便分析故障产生的原因。

3）主轴系统、进给系统是否能正常工作，有无异常现象出现。

4）润滑油牌号是否符合规定，用量是否适当。

5）以前曾发生过什么故障，是如何处理的，机床何时进行过保养检修等。

在听取故障情况介绍时，要特别仔细，并认真做好记录，重要的地方要重新确认一下。在了解基本情况之后，要仔细观察数控机床的机件有无松动、裂纹及其他损伤；可以检查润滑是否正常，有无干摩擦和跑、冒、滴、漏现象；可以观察机床外表颜色是否发生变化，以判断机床转动部位有无长时间受热升温的现象；还可观看油箱内油的稀稠、颜色是否异常，油箱内沉积物中金属磨粒的多少、大小及特点，以判断润滑油是否变质及相关机件的磨损情况；还可观察机床主传动及进给系统的传动轴、滚珠丝杠是否变形，轮系中的各主要零件有否跳动超差等。

利用听觉细心判断数控机床运转的声响。这是因为机床正常运转时，所发出的声响总是具有一定的音律和节奏，并保持一定程度的稳定。利用听觉对发生了故障的机床所出现的重、杂、怪、乱的异常噪声与机床的正常声响进行比对，判断机床内部是否出现松动、撞击、不平衡等隐患。维修人员可以用锤子轻轻敲击零件，根据声音判别零件是否缺损，有无裂纹产生。

人的手指触觉是很灵敏的，可以较准确地分辨出80℃以内的温度，其误差可准确到3～5℃。经验告诉我们，当机床温度在0℃左右时，手感冰凉，若触摸时间较长会产生刺骨痛感；10℃左右时，手感较凉，但一般能忍受；20℃左右时，手感稍凉，随着接触时间延长手感渐温；30℃左右时，手感微温，有舒适感；40℃左右时，手感较热，有微烫感觉；50℃左右时，手感较烫，若用掌心按较长时间，会有汗感；60℃左右时，手感很烫，但一般能忍受10s的时间；70℃左右时，手感烫得灼痛，一般只能忍受3s长的时间，并且手的触摸处会很快变红；80℃以上时，瞬时接触手感“麻辣火烧”，时间过长，可出现烫伤。所以，在采用手指触觉判断温度高低时，应注意触摸方法，一般先用右手微微弯曲的食指、中指、无名指指背中节部位试探并触及机床表面，无灼痛感时，才可用手指肚或手掌触摸机床表面，以判断其温升情况。

另外，用手触摸机床表面可以感觉出振动的强弱以及是否产生冲击，从而判断机床振动的情况，同时还可用手指直接感觉出机床的移动部件是否在爬行。

利用人的嗅觉对机床的某些部位因剧烈摩擦使附着的油脂或其他物质发生氧化、蒸发以及因各种原因引起的燃烧发出的气味进行判断，往往可收到较好的效果。该方法一方面可帮助维修人员迅速找到故障部位，另一方面可根据气味的种类判别是何种材料发出的，以便为诊断故障原因提供依据。

因此，采用简易诊断法来判断数控机床的故障，是定性、粗略和经验性的，但对数控机床的管理及维修仍有现实的意义。

3. 刀库及自动换刀装置故障分析与排除

为进一步提高数控机床的加工效率，数控机床正向着一次装夹完成多工序加工的方向发展，因而就出现了各种加工中心。加工中心要完成对工件的多工序加工，必须要在加工过程中自动更换刀具，要做到这一点，就要配备刀库及自动换刀装置。刀库与自动换刀装置是影响数控机床或加工中心自动化程度及工作效率的重要部分，及时对刀库及自动换刀装置的故障进行诊断及排除，对于用好数控机床或加工中心有着极其重要的现实意义。据资料统计，加工中心刀库与自动换刀装置中的换刀机械手是可靠性最为薄弱的环节，其中刀库的主要故障通常为：刀库不到位、刀库不动作、刀库不回零、定位销松动、刀套松刀或掉刀等；而换刀机械手的主要故障通常为：掉刀、卡刀、机械手动作不到位或根本无动作、机械手夹持刀柄不稳定甚至产生抖动、机械手臂弯曲或下沉等。其故障原因有：

1）刀库、机械手的机械结构复杂，是机、电、液、气相结合的部件。机构越复杂，发生故障的可能性越大。经分析可知，大多数故障与电气控制、反馈、动力、液压、气动等有关。

2）刀库和机械手的定位精度要求较高，刀具不到位、不回零的现象占很大比例。

3）换刀机构的工作过程是步进式的，即每一动作完成后，均需有反馈信号给数控系统确认，确认后才能开始下一个动作。因此应选用可靠性高的开关，并要避免对换刀机构中的开关的撞击，在装配、调试时避免开关过压或压不上。

4）立式加工中心机械手掉刀故障比较突出，这不仅与刀具超重有关，而且与提供夹紧力的活动销、锁紧销、弹簧等有关。

三、数控机床液压与气动系统故障的排除

液压、气动系统是现代数控机床的重要组成部分，各种液压、气动元器件在机床工作过程中的状态直接影响机床的工作状态。因此，液压、气动部件的维护、故障诊断维修对数控机床是非常重要的。

加工中心气压液压回路的维护

1. 液压系统故障

液压系统可能出现的故障是多种多样的，不同的数控机床由于所用的液压装置的组合元件不同，出现的故障也就不同。即使是同类数控机床，因装配调整等诸多外界因素影响，所出现的故障也各不相同。如有的故障是某一液压元件失灵而引起的，有的故障是系统中各液压元件综合性因素所造成的。机械、电气以及外部因素也会引起液压系统故障。由于往往观察不到液压装置内部的情况，所以液压系统的故障不能像有些机械故障那样一目了然，这就给故障诊断及后续的维修带来了许多的困难。但是液压系统中一些带有共性的特点能为故障诊断及维护、维修提供参考。

（1）以维护为主，维修为辅 认真加强维护管理工作，尽可能减少设备故障的发生。维护工作就是及时发现一切不利因素，并将它们消除在故障发生之前。为做好维护工作，通

常根据液压系统的情况和实际经验，制订维护规章制度，规定各项工作的要求和检修周期，采用日常维护与定期检查相结合的方法来保证液压系统的工作效能。日常维护，每天都要检查。通过检查，可以及早地发现一些异常现象，如外泄漏、压力不稳定、温升较高、声音异常和油液变色等。此外，还应对液压泵起动前后、运转和停止等各种情况进行检查，以便建立起保养维护档案，为日后掌握和分析故障情况积累资料。需要定期检查的内容有：规定必须作定期维护的基础零部件，日常检查中发现的不利现象而又未及时排除的、潜在的故障预兆等。这样做好定期检查工作可及早发现潜在故障，及时进行修复或排除，从而提高液压系统的寿命及可靠性。

（2）液压系统常见的故障　做好对液压系统的日常维护与定期检查工作，并不能完全避免液压系统的故障，这种情况是由液压系统的复杂性决定的。

1）液压系统外漏。液压系统产生外漏的原因主要有振动、腐蚀、压差、温度、装配不良等。另外，液压元件的质量、管路的连接、系统的设计、使用维护不当也会引起外漏。产生外漏的部位也很多，例如接头、接合面、密封面以及壳体（包括焊缝）等。外漏是液压系统最为常见且需认真对待的故障。排除此类故障通常是采用提高几何精度、降低表面粗糙度和加强密封的方法来进行的，尤其要注意容易被人们忽视的管接头漏油，该情况约占漏油故障比例的3%～4%。无论采用何种形式的管接头，都要确保其密封面能够紧密接触，且紧固螺母和接头上的螺纹要配合适当，用合适的扳手拧紧，注意要松紧适度。另外，元件接合面间、液压控制阀、液压缸等的漏油多数情况是由于密封装置因设计、加工、装配、调整时的不正确导致密封装置失效或受损造成的。解决这些故障的最有效的办法就是严格检查各处的密封装置，发现失效要及时更正，发现密封件破损要及时更换，这样才能防止漏油情况的发生。

2）液压系统压力不能建立或不能提高。产生该类故障的主要原因是系统压力油路和回油路短接，或者有较严重的泄漏；也可能是液压泵本身根本无压力油输入液压系统或压力不足；或者是电动机方向反转、功率不足以及溢流阀失灵等因素。

该类故障排除可采用下列方法：对照元件仔细检查进、出油口的方位是否接错、管路是否接错、电动机旋转是否反向；检查各元件（尤其是液压泵）有否泄漏，紧固各连接处，严防空气混入，如元件本体有砂眼等缺陷，应立即更换；对于磨损严重的元件应进行修整，当杂质微粒卡住元件时应进行清洗或更换；检查压力表开关是否堵塞，如堵塞应进行清洗，以防不能正确反映系统中的压力。

3）噪声和振动。液压系统的噪声或振动也是较常见的故障之一，这类故障影响液压系统的工作性能，降低液压元件寿命，影响工件的加工精度，降低生产率，甚至使机床及部件加速变形、磨损和损坏。

这类故障的产生原因有多种，较常见的有：各种液压元件的间隙因磨损增大，导致高、低压油路互通，引起压力波动、油量不足，发出噪声；各液压元件精度不高，密封不严，产生漏气现象或油液中混入的空气析出形成空穴现象；液压油液不清洁，有杂质混入液压元件，使元件内零件运动不灵活产生噪声，以及电动机与液压泵连接时所产生的松动、碰撞、不同轴等造成的振动；电动机由于动平衡不良或轴承损坏等产生的振动等。其解决办法为：及时修复或配换各液压元件中有关零件；认真检查液压元件（尤其是液压泵）的接合面是否牢靠，密封件有否损坏，进、出油口管接头是否拧紧；在管路安排上，使进、回油管尽可能相距远一些，同时避免回油飞溅产生气泡；及时清洗各元件中的杂质，提高油液的清洁度，使各种液压元件运动灵活，消除噪声或将噪声减小。另外，提高零件的加工精度，使电动机主轴与液压泵传动轴的同轴度尽可能提高；将电动机主轴、转子、风扇等旋转件一同进行动平衡，并检查轴承精度；在电动机机座与机床接触处加防振垫等措施也可有效地减少振动的发生。

4）油温过高。油温升高到一定的限度，将会给数控机床的正常工作带来严重的影响，如使机床热变形而破坏数控机床的精度，影响加工质量；使液压油的物理性能恶化，油液变质产生氧化物杂质堵塞液压元件间的配合间隙或缝隙，甚至会使热膨胀系数不同的相对运动件之间的配合间隙变小而卡住，从而丧失正常工作能力；也可能使配合间隙增大或使液压油的黏度降低，致使泄漏增加，从而降低工作速度，造成工作速度不稳定，降低工作压力而影响切削力和夹紧力等。引起油温过高的因素很多，最主要的是液压系统在工作过程中大量的油液由压力阀溢回油箱，从而使液压能变为热能。排除因油温过高而引起故障的办法有下列几种：

首先，在决定所用液压元件时，应合理选用相应的泵、阀等元件，尽量采用简单的回路，使系统中无多余元件，避免因能量损失过大而引起的发热。其次，应优化液压系统的设计，大量采用卸荷设计，使非工作过程中的能量损耗尽量减小；在管路布置时，尽量减少弯管，缩短管道长度，减少管道截面突变等。有条件时应定期进行保养、清洗，经常保持管道内壁光滑，合理选择液压油的黏度和质量。最后，在制造加工时，应努力提高相对运动件的加工精度和装配质量，改善其润滑条件；改善油箱的散热条件，有效地发挥箱壁的散热作用；适当地增加油箱的容积，适时采取强制冷却等。

2. 气动系统故障

气动系统在现代数控机床上的应用是较为普遍的。如工件、刀具定位面（如主轴锥孔）和交换工作台的自动吹屑，封闭式机床安全防护门的开关，加工中心上机械手的动作和主轴松刀等都离不开气动系统。因此，气动系统的故障诊断及排除对于数控机床能否正常工作将起到非常重要的作用。气动系统常见的故障形式有：

（1）执行元件的故障 对于数控机床而言，较常用的执行元件是气缸，气缸的种类很多，但其故障形式却有着一定的共性。主要是气缸的泄漏、输出力不足、动作不平稳、缓冲效果不好以及外载造成的气缸损伤等。

产生上述故障的原因有以下几类：密封圈损坏、润滑不良、活塞杆偏心或有损伤、缸筒内表面有锈蚀或缺陷、进入了冷凝水杂质、活塞或活塞杆卡住；缓冲部分密封圈损坏或性能差、调节螺钉损坏、气缸速度太快；由偏心负载或冲击负载等引起的活塞杆折断。

排除上述故障的办法通常是在查清了故障原因后，有针对性地采取相应措施。常用的办法有：更换密封圈，加润滑油，清除杂质；重新安装活塞杆使之不受偏心负荷；检查过滤器是否正常，不正常要更换；更换缓冲装置调节螺钉或其密封圈；避免偏心载荷和冲击载荷加在活塞杆上或在回路中设置缓冲机构。在采用这些办法时，有时要多管齐下才能将同时出现的几种故障现象消除。

（2）控制元件的故障 数控机床所用气动系统中控制元件的种类较多，主要是各种阀类，如压力控制阀、流量控制阀和方向控制阀等。这些元件在气动控制系统中起着信号转换、放大、逻辑程序控制作用以及压缩空气的压力、流量和流动方向的控制作用。对可能出现的故障进行诊断及有效地排除是保证数控机床气动系统能正常工作的前提。

1）在压力控制阀中，减压阀常见的故障有二次压力升高、压降很大（流量不足）、漏气、阀体泄漏、异常振动等。

造成这些故障的原因有：调压弹簧损坏，阀座有伤痕或阀座橡胶剥离，阀体中进入灰尘，阀活塞导向部分摩擦阻力大，阀体接触面有伤痕等。

排除方法较为简单，首先是找准故障部位，查清故障原因，然后对出现故障的地方进行处理。如将损坏了的弹簧、阀座、阀体、密封件等更换掉；同时清洗、检查过滤器，不再让杂质混入；注意所选阀的规格，使其与需要相适应等。

2）溢流阀常见的故障有：压力虽已上升但不溢流，压力未超过设定值却溢出，有振动发生，从阀体和阀盖向外漏气等。

产生这些故障的原因多数是由于阀内部混入杂质或异物，将孔堵塞或将阀的移动零件卡死；调压弹簧损坏，阀座损伤；膜片破裂，密封件损伤；压力上升速度慢，阀放出流量过多引起振动等。

解决方法也较简单，将破损了的零件、密封件、弹簧进行更换。注意清洗阀内部，微调溢流量，使其与压力上升速度相匹配。流量控制阀较为简单，使用节流阀控制流量，如出现故障可参考前面所述进行解决。

3）方向控制阀中以换向阀的故障最为多见且典型。常见故障为阀不能换向、阀泄漏、阀产生振动等。

造成这些故障的原因如下：润滑不良，滑动阻力大；密封圈压缩量大或膨胀变形；尘埃或油污等被卡在滑动部分或阀座上；弹簧卡住或损坏；密封圈压缩量过小或有损伤；阀杆或阀座有损伤；壳体有缩孔；压力低（先导式）、电压低（电磁阀）等。

其解决办法也很简单，即针对故障现象，有目的地进行清洗，更换破损零件和密封件，改善润滑条件，提高电源电压，提高先导阀操作压力。

四、数控机床电气系统故障的排除

数控机床由数控系统和机床本体构成，机械故障、液压气压故障属于机床本体故障，电气控制系统故障主要包括数控系统、伺服系统、强电柜和输入/输出装置故障等。

资料表明：数控设备的操作保养和调试不当占整个系统故障产生原因的57%，伺服系统、电源及电气控制部分的故障占整个故障的37.5%，而数控系统的故障占5.5%。显然，电气系统的故障诊断及维护是数控机床维护和故障诊断的重点部分。

1. 数控系统故障

数控装置控制系统故障主要利用自诊断功能报警号，计算机各板的信息状态指示灯，各关键测试点的波形、电压值，各有关电位器的调整、各短路棒的设定、专用诊断元件，并参考控制系统维修手册、电气图册等加以排除。控制系统常见故障如下：

（1）电池报警故障　当数控机床断电时，为保存好机床控制系统的机床参数及加工程序，需靠后备电池予以支持。这些电池到了使用寿命其电压低于允许值时，就产生电池故障报警。当报警灯亮时，应及时予以更换，否则，机床参数就容易丢失。因为换电池容易丢失机床参数，因此应该在机床通电时更换电池，以保证系统能正常工作。

（2）键盘故障　在用键盘输入程序时，若发现有关字符不能输入、不能消除，程序不能复位或显示屏不能变换页面等故障，应首先考虑有关按键是否接触不良，予以修复或更换。若不见成效或者所用按键都不起作用，可进一步检查该部分的接口电路、系统控制软件及电缆连接状况等。

(3) 熔丝故障　控制系统内熔丝烧断故障，多出现于对数控系统进行测量时的误操作，或由于机床发生了撞车等意外事故。因此，维修人员要熟悉各熔丝的保护范围，以便发生问题时能及时查出并予以更换。

(4) 刀位参数的更改　以FANUC 0iT系统控制的F12数控车床带有两个换刀台，在加工过程中，由于机床突然断电或因意外操作了急停按钮，使机床刀具的实际位置与计算机内存的刀位号不符，如果操作者不注意，往往会发生撞车或打刀报废工件等事故。因此，一旦发现刀位不对时，应及时核对控制系统内存刀位号与实际刀台位置是否相符。若不符，应参阅说明书介绍的方法，及时调整控制系统内存中的刀位号与刀台位置一致。

(5) 控制系统的NOT READY（没准备好）故障　首先，检查CRT显示面板上是否有其他故障指示灯亮及故障信息提示。若有问题应按故障信息目录的提示去解决。其次，检查伺服系统电源装置是否有熔丝断、断路器跳闸等问题。若合闸或更换了熔丝后断路器再跳闸，应检查电源部分是否有问题；检查是否有电动机过热，大功率晶体管组件过电流等故障而使计算机监控电路起作用；检查控制系统各板是否有故障灯显示。最后，检查控制系统所需各交流电源、直流电源的电压值是否正常。若电压不正常也可造成逻辑混乱而产生“NOT READY”故障。

(6) 机床参数的修改　对每台数控机床都要充分了解并掌握各机床参数的含义及功能，它不仅能帮助操作者很好地了解该机床的性能，而且有利于提高机床的工作效率或用于排除故障。例如，西门子7ME系统控制的FP5C加工中心，随着温度及使用状况的变化，可能会使伺服系统的漂移值超过给定的允许值，使机床不能工作并产生报警，及时对控制系统的TE16参数值作适当更改并进行手动补偿即可排除该故障。再如，该机床有时出现进给轴时走时停的现象，这是由于行程开关接触电阻过大，使有关信号没能及时发出。若不属上述原因，可对有关轴位置测量回路调整，使感应同步器产生的正弦信号与DEST信号的相位对齐，并对TE7参数进行必要的修改使故障排除。

2. 伺服系统故障

伺服系统故障可利用CNC控制系统自诊断的报警号，CNC控制系统及伺服放大驱动板上的各信息状态指示灯、故障报警指示灯，参阅有关维修说明书上介绍的关键测试点的波形、电压值，CNC控制系统、伺服放大驱动板上有关参数的设定，短路销的设置及相关电位器的调整，功能兼容板或备板的替换等方式来解决。比较常见的故障有：

(1) 伺服超差　所谓伺服超差，即机床的实际进给值与指令值之差超过限定的允许值。对于此类问题应作如下检查：

1) 检查CNC控制系统与驱动放大模块之间、CNC控制系统与位置检测器之间、驱动放大器与伺服电动机之间的连线是否正确、可靠。

2) 检查位置检测器的信号及相关的D-A转换电路是否有问题。

3) 检查驱动放大器输出电压是否有问题。若有问题，应予以修理或更换。

4) 检查电动机轴与传动机械间是否配合良好、是否有松动或间隙存在。

5）检查位置环增益是否符合要求。若不符合要求，对有关的电位器应予以调整。

（2）机床停止时，有进给轴振动

1）检查高频脉动信号并观察其波形及振幅，若不符合要求应调节有关电位器。

2）检查伺服放大器速度环的补偿功能。若不合适，应调节补偿用电位器。

3）检查位置检测用编码盘的轴、联轴器、齿轮是否啮合良好，有无松动现象。若有问题应予以修复。

（3）机床运行时声音不好，有摆动现象

1）首先检查测速发电机换向器表面是否光滑、清洁，电刷与换向器间是否接触良好，因为问题往往出现在这里，若有问题应及时进行清理或修整。

2）检查伺服放大部分速度环的功能，若不合适应予以调整。

3）检查伺服放大器位置环的增益。

4）检查位置检测器与联轴器间的装配是否有松动。

5）检查由位置检测器来的反馈信号的波形，若有问题，应进行修理或更换。

（4）飞车现象（即通常所说的失控）

1）位置传感器或速度传感器的信号反相或者是电枢线接反了，即整个系统不是负反馈而变成正反馈了。

2）速度指令不正确。

3）位置传感器或速度传感器的反馈信号没有接或者是有接线断开情况。

4）CNC 控制系统或伺服放大驱动有故障。

5）电源板有故障而引起的逻辑混乱。

（5）所有的轴均不运动

1）用户的保护性锁紧（如急停按钮、制动装置等）没有释放，或有关运动的相应开关位置不正确。

2）主电源熔丝断。

3）由于过载保护用断路器动作或监控用继电器的触点未接触好，处于常开状态而使伺服放大部分信号没有发出。

（6）机床定位精度不准

1）滑板运行时的阻力太大。

2）位置环的增益或速度环的低频增益太低。

3）机械传动部分有反向间隙。

4）位置环或速度环的零点平衡调整不合理。

5）由于接地、屏蔽不好或电缆布线不合理，而使速度指令信号受到噪声干扰。

（7）零件加工表面粗糙

1）首先检查测速发电动机换向器的表面光滑状况以及电刷的磨合状况。若有问题，应修整或更换。

2）检查高频脉冲波形的振幅、频率及滤波形状是否符合要求，若不合适应予以调整。

3）检查切削条件是否合理、刀尖是否损坏，若有问题需改变加工状态或更换刀具。

4）检查机械传动部分的反向间隙，若不合适应调整或进行软件上的反向间隙补偿。

5）检查位置检测信号的振幅是否合适，并进行必要的调整。

6）检查机床的振动状况，如机床水平状态是否符合要求、机床的地基是否有振动、主轴旋转时机床是否振动等。

综合训练

训练项目一　数控车床日常保养训练

1. 训练目的

通过对数控车床CK5085di型的维护保养，主要掌握以下内容：

1）CK5085di型数控车床机械部分维护。

2）CK5085di型数控车床电气和数控系统维护。

3）CK5085di型数控车床液压系统维护。

2. 硬件要求

CK5085di型数控车床、棉布、柴油、螺钉旋具、百分表、塞尺、万用表、吹风机等。

3. 训练步骤

(1) 外观保养

1）用毛刷将导轨、刀架和拖板等处切屑清除干净。

2）用棉布蘸柴油擦洗机床内外表面，并检查机床内外有无磕、碰、拉伤现象。在擦洗床身导轨时应反复移动尾座，擦净底面与导轨的接触面，最后用干棉布把各部位重新擦净。

3）将所有的加工面抹上润滑油防锈。

(2) 主轴部分保养

1）检查主轴驱动带松紧，通过调节螺钉进行适当调整。

2）检查主轴箱油质，判断是否需要更换润滑油，若无需更换，则清洗油泵滤芯，分别检查主轴箱和液压油箱油量是否充足。所需润滑油牌号为46hl。

(3) 尾座部分保养　移动尾座，清理底面、导轨接触面杂质后均匀涂上油膜，最后取下顶尖清理锥孔。

(4) 进给传动部分保养　首先清洗滚珠丝杠上旧的润滑脂，涂上新油脂，检查、调整滚珠丝杠副的轴向间隙，保证间隙在0.04mm左右。检查导轨镶条松紧，适当调整间隙。

(5) 电气部分保养　在确认机床总电源关掉以后，打开电气柜。

1）用吹风机吹净电气柜内元器件、冷却风扇及过滤网上的尘土，更换柜内干燥剂。

2）检测电源模块的各路输出电压、数控单元参考电压等是否在规定范围内。

3）对伺服电动机电刷、换向器等进行检查、调整、维修或更换，使其工作状态良好。检查电动机端部的冷却风扇运转是否正常并清扫灰尘，检查电动机各连接插头是否松动。

(6) 其他部分保养

1）分别检查主轴箱润滑系统和丝杠、导轨润滑系统的油箱，判断油液是否变质需更换，是否不足需添加；检查所有滤芯、滤网，判断是否应清洗或更换。

2）起动机床，检查油泵有无异常噪声，油压及油温是否正常；检查各自动润滑部位是否有润滑油，各管路、接头是否有泄漏；切削液系统工作是否正常。

3）对各手动润滑部位加注润滑油，清理机床周围，达到清洁。

(7) 认真填写好交接班记录及其他记录，撰写训练报告

4. 相关要求

1）维护前要仔细阅读机床说明书，维护过程中有教师全程指导。

2）维护时保证机床断电，保证人身安全。

3）维护完成后教师要先进行验收，合格后再对机床要进行运行检验，及时调整。

4）教师验收标准：设备内外清洁，呈现本色；油路畅通，油标明亮，油位清晰可见；机床操作灵活，各环节运转正常。

训练项目二　加工中心日常保养训练

1. 训练目的

通过对 THS5640/2 型立式加工中心的维护保养，主要掌握以下内容：

1）加工中心机械部分维护。

2）加工中心电气数控系统维护。

3）加工中心液压系统维护。

2. 硬件要求

THS5640/2 型立式加工中心、棉布、柴油、螺钉旋具、万用表、百分表、塞尺、吹风机等。

3. 训练步骤

1）用毛刷将工作台、床身、导轨等处切屑清除干净。

2）分两次使用棉布蘸柴油擦净机床内外表面，并检查机床内外有无磕、碰、拉伤现象，所有的加工面抹上润滑油防锈。

3）清扫 X、Y、Z 的行程开关，检查 X、Y、Z 轴的运动是否顺畅。

4）分别给主轴冷却油箱、液压箱、导轨加注相应标号与油量的油液，给机床切削液箱加好切削液，并清洗油泵滤芯。

5）检查刀库转动是否顺畅，刀柄是否有损伤，主轴锥孔内是否有污物，锥面是否受损。

6）擦净电气柜空调以及电气柜进出线处的粉尘，用吹风机吹净电气柜内强电盘、伺服单元、主轴单元浮尘。

7）检查机床的电磁阀、接触器和继电器动作是否正常，必要时更换。

8）通过参数法对移动轴精度进行调整。

4. 相关要求

1）维护前要仔细阅读机床说明书，维护过程中有教师全程指导。

2）保证维护是在机床断电情况下进行，保证人身安全。

3）维护完成后教师要先进行验收，合格后再对机床要进行运行检验，及时调整。

4）教师验收标准：设备内外清洁，呈现本色；油路畅通，油标明亮，油位清晰可见；机床操作灵活，各环节运转正常。

加工中心定期维护表见表 7-5。

表 7-5 定期维护表

序号	检查周期	检查部位	检查要求
1	每天	导轨润滑油箱	检查游标、油量，及时添加润滑油，润滑液压泵能定时起动打油及停止
2	每天	X、Y、Z 轴向的导轨面	清除切屑及脏物，检查润滑油是否充分，导轨面有无划伤损坏
3	每天	压缩空气气源压力	检查气动控制压力，应在正常范围
4	每天	气源自动分水滤气器、自动空气干燥器	及时清理分水滤气器中滤出的水分，保证自动空气干燥器工作正常
5	每天	气液转换器和增压器油面	发现油面不够时及时补足油
6	每天	主轴润滑油恒温油箱	工作正常、油量充足并调节温度范围
7	每天	机床液压系统	油箱、液压泵无异常噪声，压力表指示正常，管路及各接头无泄漏，工件油面高度正常
8	每天	液压平衡系统	平衡压力指示正常，快速移动时平衡阀工作正常
9	每天	CNC 的输出/输入单元	显示器显示正常，机械结构润滑良好
10	每天	各种电气柜散热通风装置	各电气柜冷却风扇工作正常，风道过滤网无堵塞
11	每天	各种防护装置	导轨、机床防护罩等应无松动、漏水
12	每周	清洗各电气柜过滤网	
13	每半年	滚珠丝杠副	清洗丝杠上旧的润滑脂，涂上新油脂
14	每半年	液压回路	清洗溢流阀、减压阀、过滤器，清洗油底壳，更换或过滤液压油
15	每半年	主轴润滑恒温油箱	清洗过滤器，更换润滑油
16	每年	检查并更换直流伺服电动机电刷	检查换向器表面，吹净炭粉，去除毛刷，更换长度较短的电刷，并应跑合后才能使用
17	每年	润滑液压泵、过滤器清洗	清理油底壳，更换过滤器
18	不定期	检查各轴导轨上镶条、压紧滚轮松紧状态	按机床说明书调整
19	不定期	冷却水箱	检查液面高度，切削液太脏时需要更换并清理水箱底部，经常清洗过滤器
20	不定期	排屑器	经常清理切屑，检查有无卡住等
21	不定期	清理废油池	及时取走废油池中废油
22	不定期	调整主轴驱动带松紧	按机床说明书调整

复习思考题

1. 简述数控机床的选用原则。
2. 选择数控机床应注意哪几个方面？
3. 数控机床安装、调试和验收各有何作用？

4. 数控机床验收应从哪几个方面入手？
5. 数控功能检验包括哪些内容？
6. 为什么要对数控机床进行维护？主要维护内容有哪些？
7. 简述数控机床维修的一般步骤。
8. 举例说明部件交换法在数控机床维修中的应用。
9. 简述数控车床日常保养的内容。
10. “接地”的作用是什么？在数控机床中有哪些“接地”？
11. 数控机床机械故障诊断常采用什么方法？各方法如何使用？

素养提升

“深海钳工”第一人——管延安

管延安，曾担任中交港珠澳大桥岛隧工程V工区航修队钳工，参与港珠澳大桥岛隧工程建设，负责沉管二次舾装、管内电气管线、压载水系统等设备的拆装维护以及船机设备的维修保养等工作。18岁起，管延安就开始跟着师傅学习钳工，“干一行，爱一行，钻一行”是他对自己的要求，以主人翁精神去解决每一个问题。通过二十多年的勤学苦练和对工作的专注，一个个细小突破的集成，一件件普通工作的累积，使他精通了錾、削、钻、铰、攻、套、铆、磨、矫正、弯形等各门钳工工艺，因其精湛的操作技艺被誉为中国“深海钳工”第一人，成就了“大国工匠”的传奇，先后荣获全国五一劳动奖章、全国技术能手、全国职业道德建设标兵、全国最美职工、中国质量工匠、齐鲁大工匠等称号。

学习项目八

机床的数控化改造

任务一　了解机床改造

任务内容： 了解数控机床改造的目的、原则、主要内容和一般步骤。

任务目标： 了解数控机床改造的现状和发展趋势，掌握数控机床改造的原则和内容。

机床的技术改造是应用新的技术，特别是微电子技术的成就和先进经验，改变原有机床的结构，安装或更换新部件、新附件、新装置，或将单台机组组成流水线、自动线所采取的技术措施，以补偿机床的有形磨损和无形磨损。机床经过技术改造可以改善原机床的技术性能，增加机床的某些功能，提高可靠性，使之达到或局部达到新机床的技术水平；某些技术功能甚至还可以超过现有同类型机床的水平，而所需费用则低于购置新机床的费用。

一、机床技术改造的原则

机床的技术改造要遵循针对性、先进适用性、可行性和经济性的原则。

1）要从实际出发，按照生产工艺要求，针对生产中的薄弱环节，采用不同的新技术，以企业的产品更新换代、发展品种、提高产品质量为目标，结合机床在生产过程中所处的位置及其技术状况，来决定哪些机床必须改造以及怎样改造。

2）采用的技术要先进适用。机床的种类很多，由于生产工艺和生产批量不同，机床的技术状况不一样，采取的技术标准应有高有低，要讲求先进适用，不要盲目追求高指标，更不能为改造而改造。

3）制订技术改造方案时，采用的新技术一定要有充分把握。必须经实践证明是可行的，经技术论证适用于改造机床。

4）要有实实在在的经济效益。制订机床技术改造方案时，要进行可行性分析，综合考虑投入的人力、物力和创造的效益，力求以较少的投入获得较大的效益。

二、机床技术改造的方向和途径

新技术革命对机械工业的发展产生了重大影响，尤其是微电子技术和计算机技术的应用，有力地推动了数控机床的技术进步，也为采用新技术改造现有设备提供了广阔的前景。

近年来，机械工业采用新技术，特别是微电子技术改造现有机床进展很快，取得了明显的效果。机床技术改造的方向和途径是：

（1）恢复原功能　对机床、生产线存在的故障部分进行诊断并恢复。

（2）数控化　在普通机床上增加数显装置或数控系统，改造成 NC 机床、CNC 机床。

（3）更新　为提高精度、效率和自动化程度，对机械、电气部分进行翻新，对机械部分重新装配加工，恢复原精度，对其不满足生产要求的 CNC 系统以最新 CNC 进行更新。

（4）技术更新或技术创新　为提高性能或档次，或为了使用新工艺、新技术，在原有基础上进行较大规模的技术更新或技术创新，较大幅度地提高技术水平和档次的更新改造。

三、机床技术改造的一般步骤

普通机床的数控化改造是根据实际生产的需要而提出来的，改造的目的是使改造后的机床具有一定的柔性，提高生产效率和质量，解决复杂零件的加工问题。机床改造的一般步骤如下所述：

1. 明确数控改造的任务和目标

在确定机床数控化改造的总体方案时，首先要提出明确的技术指标。例如，有的是为了解决难加工的曲线曲面，有的是为了提高劳动生产率，有的是为了提高零件加工的精度等，一般都应有明确的工艺目的，由此确定改造的对象和技术要求，将具体的技术参数用文件形式描述下来，编写出设计任务书，作为设计的原始依据。

2. 总体方案设计

总体方案设计的内容包括：系统运动方式的确定，伺服系统的选择，执行机构的结构及传动方式的确定，数控系统的选择等。应根据设计任务和要求进行调研，查阅技术资料，提出系统的总体方案，并对方案进行分析比较和论证，最后确定总体方案。确定方案时，应仔细考虑机床与控制部分相互间的各种要求，做出合理的设计，不仅要考虑各种高效能、自动化要求，也要考虑被改造机床的具体条件，使技术的先进性与经济的合理性有效地统一起来。

3. 设计计算及结构改装

根据改造后机床的加工工艺范围，初步选定切削用量，刀具运动路线等，计算切削力及切削功率，从而计算出进给系统需要的功率和力矩等，以选择数控系统及驱动元件。多数微机数控装置配用步进电动机，也有一些性能要求较高的系统采用直流（交流）伺服电动机。机床的工作台（或刀架）及其传动机构是机床改造的重点，改造的质量直接影响伺服系统的品质，可以说机床的数控改造是从机械部分改造的整体方案入手的。设计时可借鉴数控机床的结构特点及设计要求。另一方面，随着数控机床的发展，许多数控机床的零配件也已经开始成批生产，形成专门的配套供应，如滚珠丝杠副、车床的自动换刀刀架等目前都有现成产品供应，这给机床改造工作带来很大方便。

为防止出错，机械、液压气动回路、软件、接口电路和强电逻辑回路需交叉设计，还应充分注意信号检测元件的安装、连接设计。

4. 制造、安装、调试

制造、安装、调试是改造的关键之一。一般应预先将数控系统、接口电路等脱机运行，机械及液压气动装置也应单独运行，在确定无误后，才能联机调试。调试时应遵循先手动、后自动，先空运行、后试切的原则。

调试合格后，要按设计要求进行负荷切削试验和各项精度指标的考核，直至加工出合格的产品为止，然后交车间使用，并协助培训操作和维修人员。设备投产后要及时总结，在可能的条件下，采用更新的技术，进一步完善原设计。

四、机床技术改造的现状与发展

目前，世界上一些工业发达国家，正根据现代科学技术发展的特点，改造现有的机床折旧体制，缩短折旧期，加快更新步伐。加速机床更新虽然可以在技术上取得竞争优势，但由于经济上的不景气和财力不足，又不允许大量更新。据一些资料统计，美国、加拿大、法国、德国、日本、意大利、英国等主要工业国家，目前役龄在15年以上的机床约占40%。由于企业资金缺乏，普遍重视对现有机床的改造。自20世纪60年代以来，国外机床改造市场十分活跃，机床改造也正在逐步从机床制造业中分化出来，美国目前已有200多家机床改造专业公司，许多大企业都制订了机床改造的长远规划。机床改造主要是实现数控改造。数控系统改装大体可分为两类；一类是在现有普通机床上加装数控装置和可编程序控制器，另一类是采用更先进的数控系统代替现有数控机床的控制装置。

近20多年来，我国积极地引进了世界先进技术与设备，一方面与世界先进机床制造厂合作，不断生产出具有世界先进水平的各类机床；另一方面直接购进了大量的各类机床。这一切都对我国国民经济的快速发展起到了巨大的作用。但是，这些机床往往长期运转甚至超负荷使用，同时又缺少认真的维修与保养，造成机床严重磨损，丧失了精度；有些机床则由于企业人员及产品结构的改变，或由于技术力量不足而被长期闲置，需要使用时却发现早已锈迹斑斑，电控系统不能起动；由于新产品制造的需要，原有机床性能已不能满足使用要求，急需更新升级改造；计算机及网络技术的飞速发展，造成数控系统、驱动系统厂的产品更新加快，原有产品过早停产，给备件更换与维修带来一定困难；数控系统的使用寿命一般在5~10年，而我国目前役龄超过10年的传统机床超过60%，约450万台。上述诸多因素都需要对机床进行大修及数控化升级改造。

企业考虑到节约成本，就需要对旧机床进行大批改造，对于企业来说，只需花费购买相同新机床30%以下的费用即可获得相同的使用效果。另外，机床改造相对于购买新机床，具有下列优势：

1）交货期短。尤其是大型机床和特殊专用机床优势更加明显。

2）性能更稳定。各基础件经长期时效，几乎不会产生应力变形而影响精度；各功能部件经长期磨合，功能稳定性、可靠性好。

3）设计风险小。新机床设计中带来的技术、方案风险在大修改造中几乎不存在。

4）可以更充分地体现用户的意愿。用户与维修人员可以依照实际需要和机床长期使用情况，在大修改造中提出对机床性能、操作与维修等方面的改进（包括增、改）意见，有权选择机械零部件、数控系统等电气设备的规格、型号、性能等。

5）更有利于使用与维护。由于用户、维修人员不仅可以直接参与改造方案的制订，而且可以参与改造的全过程，可以直接获取各种技术信息，更深入地掌握机床的结构及性能特点，从而增强使用与维修的自主能力。

6）可以更快地获取最新的更实用的备件。

7）节省大量投资，降低投资风险。

因此，随着机床改造技术不断提高，技术人员队伍不断壮大，数控机床改造的社会化、专业化也就不可避免地成为了大趋势。

任务二 了解机床的经济型数控化改造

任务内容：了解数控改装主要技术方案的选择，特别是机械传动系统经济型数控化改造。

任务目标：掌握机床经济型数控化改造的方案选择、改造方法。

一、数控化改造主要技术方案的选择

机床的数控化改造一般是指对现有普通机床或已落后的数控机床，经过一定的机床改装过程并配上经济型数控装置或标准型数控系统，使改造后的数控机床大大提升数控加工能力，数控化改造主要技术方案的选择主要内容如下：

1. 数控系统的选择

目前，市场上有各种经济型和标准型数控系统供应，总的来说，经济型数控系统具有结构简单、操作方便、技术容易掌握及制造成本低等优点，在中小型机床数控化改造中应用较多；标准型数控系统具有更为完善的性能，与机械、强电结合更为方便，可靠性较高，一般用于大型、中型机床的数控化改造。在选择时，还应考虑机床的控制轴数与联动控制轴数、控制方式、脉冲当量等。

2. 控制方式的选择

通常控制系统的控制方式分为开环、闭环和半闭环三种。开环控制无位置检测装置，加工精度由执行元件和传动机构来保证，且用步进电动机为驱动元件，定位精度低，但投资少，安装调试方便，因此一般用于经济型机床改造。半闭环控制改造虽然费用多，但控制精度较高，且多以直流、交流伺服电动机为驱动元件，速度比开环控制方式高，安装调试也较方便，因此适用于控制精度要求高的机床改造。闭环控制一般安装线位移检测元件，工作量大，费用高，调试困难，机床改造一般不采用这种控制方式。

3. 伺服驱动元件的选择

目前，在机床数控化改造中常用的驱动元件有步进电动机、直流伺服电动机、交流伺服电动机。这些驱动元件配以适当的驱动装置，即组成伺服驱动系统。

4. 机械部分的改造设计方案的选择

（1）主传动系统改造　普通机床主传动系统一般采用普通交流电动机拖动，变速通过齿轮箱内滑移齿轮位置的转换实现，如果自动变速需要增加液压拨叉和电气离合器，但这样需要重新设计和制造主轴箱，增加改造周期和总费用。所以机床的经济型改造一般保持原机床的主传动系统不变。另外，如果有加工螺纹要求，应在主轴相应部位安装主轴脉冲编码器。

（2）进给传动系统改造　进给系统改造主要提高移动部件灵活性，减少和消除传动间隙，特别是减少反向间隙，改造工作量较大。通常改造的部位有导轨副、传动元件及联轴器等。

1）导轨副。普通机床多为滑动导轨，在低速时易出现爬行现象，直接影响运动部件的

定位精度。鉴于改为滚动导轨和静压导轨的复杂性，一般采用贴塑导轨。即在原导轨上粘结上聚四氟乙烯导轨软带，能有效防止爬行，具有自润滑性，提高导轨寿命，且零部件不需更换，加工部位少，改造工作量小、周期短、费用低。

2）传动元件。将普通滑动丝杠副改为滚珠丝杠副，这样才能体现数控机床移动部件灵敏、精度高、无爬行的特点。

3）联轴器。为消除传动系统中的反向间隙，提高重复定位精度，伺服驱动元件一般采用无键联接，如锥销刚性联轴器、锥环联轴器等。

二、机械传动系统经济型数控化改造

经济型数控化改造为保证机床改造后有较高的静动态刚度、运动副之间的摩擦因数小，传动无间隙，除了增加数控系统之外，还需对数控机床机械部分，特别是机械传动系统进行改造。下面以数控车床为例介绍其改造内容和方法。

对于普通车床的机械传动链的改造主要包括主传动系统改造、主轴脉冲编码器的安装、进给传动系统改造和自动回转刀架的安装。

1. 主传动系统改造

对于传统卧式车床进行数控化改造，一般可保留原有的主传动系统和变速操纵结构，既保留了车床原有的功能，又简化了改造量。如果想提高车床自动化程度，可以采用双速或四速电动机代替原有主轴电动机，这样就增加了电动机功率，但也增加了电动机尺寸，改造起来相对困难些。

2. 主轴脉冲编码器的安装

对于数控车床，要加工螺纹或者丝杠，配备主轴脉冲编码器是必需的，它作为车床主轴位置信号的反馈元件，与车床主轴同步转动，发出主轴角位移信号，以便进给装置的速度与之协调。主轴脉冲编码器安装方式一般与主轴同轴安装，连接可采用刚性连接和柔性连接两种方式。刚性连接时常用轴套连接。此方式对连接件的制造精度和安装精度有较高要求，否则，同轴度误差最终会引起主轴脉冲发生器发生偏转，造成信号不准，严重时损坏光栅盘。柔性连接是通过波形管或橡胶管等弹性元件连接，这样在实现角位移传递的同时，又能吸收主轴的部分振动，从而使得主轴脉冲编码器转动平稳，信号更加准确。

3. 进给传动系统改造

数控系统通过控制步进电动机实现进给运动，步进电动机一般通过减速器与丝杠连接，减速比的大小与进给方向的脉冲当量、步进电动机的步距角和丝杠导程有关。经济型车床脉冲当量横向一般取 0.005mm，纵向取 0.01mm。

（1）横向进给传动系统　图 8-1 所示为用于 C620、C618、C616、C630 型车床的横向进给系统改造图。此结构紧凑，并可保留横向手动功能。

（2）纵向进给传动系统　纵向进给系统改造图如图 8-2 所示。其关键在于保证改造后的步进电动机轴与丝杠的同轴度要求。此结构改造后保留了原车床纵向手动功能。

4. 自动回转刀架的安装

快速准确换刀是每台数控机床必须具备的功能。对数控车床，市场上有电动刀架供应。车床转位刀架有立轴式和卧轴式两种类型。立轴式转位刀架多为四工位，卧轴式转位刀架有六工位和八工位。

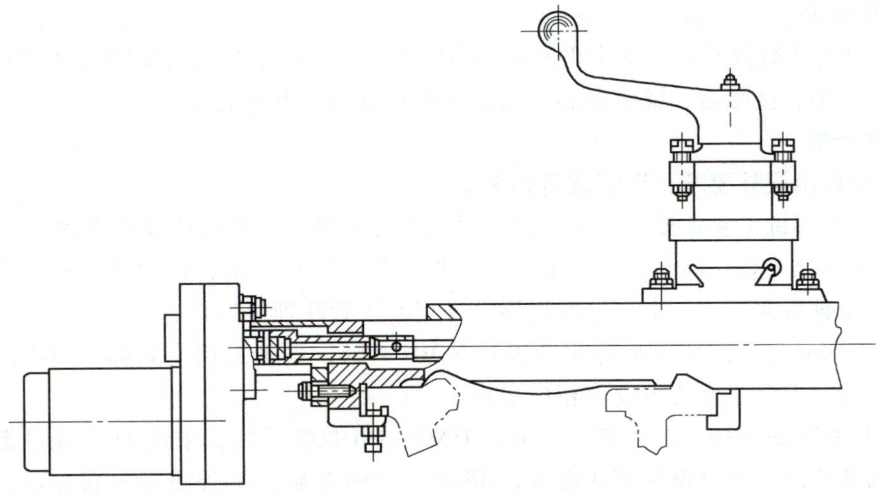

图 8-1　横向进给传动系统改造图

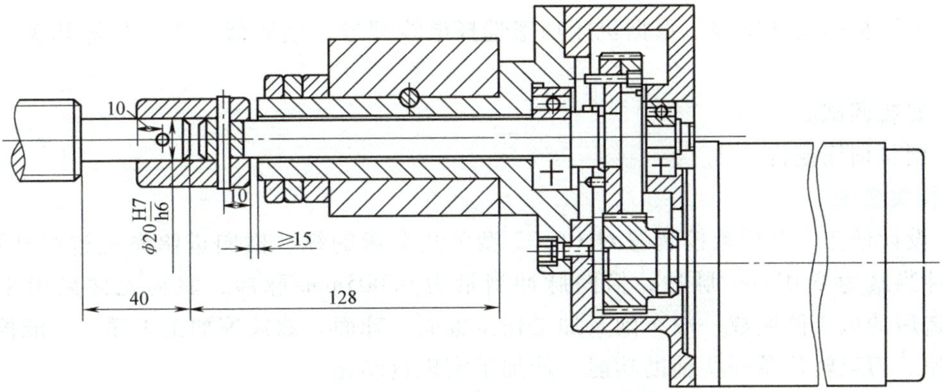

图 8-2　纵向进给传动系统改造图

电动刀架的安装较方便。产品出厂时已备有连接孔，改造时将卧式车床上的原刀架拆下，将电动刀架装上即可。但安装时应注意以下两点：一是电动刀架的两个侧面应分别与车床纵向和车床横向的进给方向平行；二是电动刀架与系统的连线可沿横向工作台右侧先走线到车床后面，再沿车床后导轨上拉出的铁丝滑线，走线到系统。这样可避免走线杂乱无章，并可对线路起到保护作用。

综合训练

训练项目　数控化改造实例

1. 训练目的

通过对 C6132 型卧式车床的数控化改造，主要掌握以下内容：

1）机床整体改造的方案制订和选择。

2）机床本体的拆装。

3）数控系统和机床本体的连接和调试。

2. 硬件要求

C6132 型卧式数控车床，华中世纪星 HNC—18i 数控系统及相关说明书和资料，步进电动机，回转刀架，接触器，继电器和电线以及螺钉旋具，万用表等。

3. 训练步骤

1）教师提出设计要求，讲解改造相关案例。

2）学生查阅机床和数控系统相关说明书及相关资料，制订最佳技术方案。

3）机械部分改装：拆除手动刀架和小拖板，装上数控刀架；拆除光杠进给箱，换上滚珠丝杠副；主轴后端增加一个光电编码器，采用波纹管联轴器进行连接。

4）电气部分改装：采用步进驱动模块 ZDHB2068，主轴采用变频器 SJ300 控制电动机变速和正反转，刀架正反转由改变相序实现。

5）数控系统的连接，选择华中世纪星 HNC—18i 数控系统，采用 LCD 显示器，具有直线、圆弧插补功能，程序键盘方式输入，RS232，USB 传输，并提供编码器接口，步进驱动接口，数控刀架接口和开关量输入/输出接口。其中开关量包括冷却控制、主轴起停控制、刀架控制信号、超程回零信号等。

6）电气柜的设计安装，根据机床功率选择电线型号，接触器、继电器等相关元件，最后布线。

7）安装调试。

8）撰写训练报告。

4. 相关要求

1）设计任务。利用数控装置对 C6132 型卧式车床的纵、横向进给系统进行开环控制，纵向脉冲当量为 0.01mm/脉冲，横向脉冲当量为 0.005mm/脉冲，驱动元件采用步进电动机。改造后的机床能完成一般车削及加工任意锥面、球面、螺纹等加工工序，并能控制主轴起停变速、刀架转位及一些辅助功能，使加工实现自动化。

2）总体方案要求，系统应采用轮廓控制形式。控制系统硬件由微机部分、键盘及显示器、I/O 接口及光电隔离电路、步进电动机功率放大电路等组成。纵向、横向均采用步进电动机→减速齿轮→滚珠丝杠副→溜板的传动方式。刀架更换为四刀位自动回转刀架。

复习思考题

1. 为什么要对数控机床进行改造？
2. 简述机床数控化改造的一般步骤。
3. 机床数控化改造的方向和途径有哪些？
4. 经济型数控机床改造的前景如何？
5. 在数控化改造中，如何选择技术方案？

素养提升

国家技能大师——张德勇

张德勇是中国嘉陵工业股份有限公司（集团）的钳工高级技师，19 岁入行，20 岁开始独立承担项目，27 岁拿到技师资格，32 岁成为高级技师。他在钳工岗位上一干就是二十多年，设备大修、新造、工装、夹具制作及工程项目制作、安装、调试、新品开发等，他都手到擒来，“切、锉、削、磨、攻……钳工就是手上功夫，实践性强，所以工作时间越长、经验越多，解决问题的办法就越丰富。”张德勇把钳工比作“万金油”，那些机器不适宜或不能解决的加工，都可以由钳工来解决。2005 年，中核集团一个高精密检测专用设备改造项目颇为棘手，张德勇主动承接了这项改造任务。通过查找大量资料，认真分析技术要点，仅用了半个月，就独立完成了 500 余个零部件的安装。最终，各项技术指标完全符合设备技术验收标准。

“人的价值不在于赚多少钱，而在于能在岗位上创造多少价值。”这是张德勇作为一个大国工匠的初心。

附录

二维码索引

资源名称	二维码	页码	资源名称	二维码	页码
001 数控机床的组成		1	007 主轴支承		36
002 数控机床简介及数控机床组成		4	008 数控机床主轴准停装置及准停		41
003 数控机床的分类及应用范围		6	009 进给变速传动装置		49
004 中国数控机床发展		21	010 滚珠丝杠副		52
005 华中五轴机械结构及基本操作		24	011 进给传动机构结构分析与调整导轨		58
006 主传动		28	012 回转工作台结构分析		65

（续）

资源名称	二维码	页码	资源名称	二维码	页码
013 分度工作台结构分析		65	021 自动换刀装置结构分析		90
014 机床支承件结构分析		71	022 加工中心机械手自动换刀过程演示		93
015 转塔式自动换刀装置		75	023 液压传动系统工作原理及液压传动系统组成		95
016 带有刀库的自动换刀装置		77	024 重物举升		95
017 无机械手加工中心的自动换刀过程		78	025 重物下落		95
018 有机械手加工中心的自动换刀过程		79	026 工作台向右运动		96
019 机械手的形式与种类		84	027 工作台向左运动		96
020 滚珠丝杠副：实操		89	028 手动工作台往复运动液压系统原理		96

（续）

资源名称	二维码	页码	资源名称	二维码	页码
029　调压回路		138	037　YT4543 型动力滑台液压系统工作过程		151
030　减压回路		139	038　数控车床液压系统控制		152
031　顺序动作回路		139	039　卡盘高压夹紧		153
032　卸荷回路		140	040　卡盘高压松开		153
033　调速回路		140	041　卡盘低压夹紧		153
034　常用快速运动回路视频		143	042　卡盘低压松开		153
035　速度换接回路		144	043　回转刀架动作		153
036　方向控制回路		145	044　尾座套筒伸缩动作		153

（续）

（续）

资源名称	二维码	页码	资源名称	二维码	页码
061　数控铣床的工艺范围		207	069　JCS-018A 型立式加工中心的组成		218
062　数控铣床的分类		208	070　JCS-018A 型立式加工中心的主传动系统		221
063　数控铣床的基本组成		208	071　JCS-018A 型立式加工中心的进给传动系统		222
064　XKA5750 型数控铣床传动系统		210	072　JCS-018A 型立式加工中心的自动换刀装置		223
065　XKA5750 型数控铣床工作台纵向传动机构		212	073　卧式加工中心的基本布局和结构形式		228
066　XKA5750 型数控铣床升降台传动机构		214	074　TH6350 型卧式加工中心的基本组成		229
067　数控回转工作台的结构及工作原理		215	075　TH6350 型卧式加工中心的主传动系统		230
068　立式加工中心基本布局和结构形式		218	076　TH6350 型卧式加工中心的进给传动系统		231

（续）

资源名称	二维码	页码	资源名称	二维码	页码
077 TH6350 型卧式加工中心的自动换刀装置		232	084 加工中心的几何精度检验		273
078 数控电加工机床		249	085 数控系统参数的备份与恢复		280
079 数控压力机		256	086 伺服驱动电池的更换		281
080 数控折弯机		257	087 数控车床卡盘的拆装		281
081 数控激光切割机床		258	088 数控车床卡盘的检验		281
082 数控系统的参数调试		267	089 加工中心气压液压回路的维护		286
083 数控系统的限位参数的设置		270			

参 考 文 献

[1] 王明耀，李海涛. 机械制造技术 [M]. 3 版. 北京：机械工业出版社，2021.
[2] 王德发. 机械设备控制技术 [M]. 2 版. 北京：机械工业出版社，2017.
[3] 马振幅. 液压与气压传动 [M]. 3 版. 北京：机械工业出版社，2017.
[4] 李芝. 液压传动 [M]. 3 版. 北京：机械工业出版社，2020.
[5] 左健民. 液压与气动技术 [M]. 4 版. 北京：机械工业出版社，2023.
[6] 张群生. 液压与气压传动 [M]. 4 版. 北京：机械工业出版社，2019.
[7] 丁加军. 设备故障诊断与维修 [M]. 2 版. 北京：机械工业出版社，2018.
[8] 韩鸿鸾，孙永伟. 数控机床的结构与维护 [M]. 2 版. 北京：机械工业出版社，2021.